Aachener Bausachverständigentage 1995
Öffnungen in Dach und Wand
– Türen, Fenster, Oberlichter –
Konstruktion und Bauphysik
Rechtsfragen für Baupraktiker

Register für die Jahrgänge 1975–1995

Aachener Bausachverständigentage 1995

REFERATE UND DISKUSSIONEN

Balkow, Dieter	Dämmende Isoliergläser - Bauweise und bauphysikalische Probleme
Dahmen, Günter	Rolläden und Rolladenkästen aus bauphysikalischer Sicht
Erhorn, Hans	Die Bedeutung von Mauerwerksöffnungen für die Energiebilanz von Gebäuden
Froelich, Hans	Dachflächenfenster - Abdichtung und Wärmeschutz
Horstmann, Herbert	Lichtkuppeln und Rauchabzugsklappen - Bauweisen und Abdichtungsprobleme
Kolb, Emil A.	Die Rolle des Bausachverständigen im Qualitätsmanagement
Memmert, Albrecht	Das Berufsbild des unabhängigen Fassadenberaters
Motzke, Gerd	Übertragung von Koordinierungs- und Planungsaufgaben auf Firmen und Hersteller, Grenzen und haftungsrechtliche Konsequenzen für Architekten und Ingenieure
Oswald, Rainer	Die Abdichtung von niveaugleichen Türschwellen
Pohl, Wolf-Hagen	Der Wärmeschutz von Fensteranschlüssen in hochwärmegedämmten Mauerwerksbauten
Pohlenz, Rainer	Schallschutz - Fenster und Lichtflächen
Schmid, Josef	Funktionsbeurteilungen bei Fenstern und Türen
Gerwers, Werner Löfflad, Hans Schulze, Jörg Willmann, Klaus	Der Streit um das „richtige" Fenster im Altbau

Aachener Bausachverständigentage 1995

Öffnungen in Dach und Wand
– Fenster, Türen, Oberlichter –
Konstruktion und Bauphysik

mit Beiträgen von

Dieter Balkow
Günter Dahmen
Hans Erhorn
Hans Froelich
Werner Gerwers
Herbert Horstmann
Hans Löfflad

Rainer Oswald
Wolf-Hagen Pohl
Rainer Pohlenz
Josef Schmid
Jörg Schulze
Klaus Willmann

Rechtsfragen für Baupraktiker

mit Beiträgen von

Emil A. Kolb
Albrecht Memmert
Gerd Motzke

Register für die Jahrgänge 1975–1995

Herausgegeben von Rainer Oswald
AIBau – Aachener Institut für Bauschadensforschung und angewandte Bauphysik

BAUVERLAG GMBH · WIESBADEN UND BERLIN

Die Deutsche Bibliothek – CIP-Einheitsaufnahme

Öffnungen in Dach und Wand : Fenster, Türen, Oberlichter –
Konstruktion und Bauphysik / mit Beitr. von Dieter Balkow ...
Rechtsfragen für Baupraktiker [u. a.] / mit Beitr. von Emil A.
Kolb ... [Gesamtw.]: Aachener Bausachverständigentage 1995.
Hrsg. von Rainer Oswald. – Wiesbaden ; Berlin : Bauverl., 1995
   ISBN 3-7625-3250-8
NE: Oswald, Rainer [Hrsg.]; Balkow, Dieter; Aachener
   Bausachverständigentage <1995>; Rechtsfragen für Baupraktiker

Referate und Diskussionen der Aachener Bausachverständigentage 1995

Das Werk einschließlich aller seiner Teile ist urheberrechtlich geschützt. Jede Verwertung außerhalb des Urheberrechtsgesetzes ist ohne Zustimmung des Verlags unzulässig und strafbar. Das gilt insbesondere für Vervielfältigungen, Übersetzungen, Mikroverfilmungen und die Einspeicherung und Verarbeitung in elektronischen Systemen.

© 1995 Bauverlag GmbH, Wiesbaden und Berlin

Druck- und Verlagshaus Hans Meister KG, Kassel

ISBN 3-7625-3250-8

Vorwort

Neue technische Entwicklungen und die geänderte energetische Bewertung der Bauwerksöffnungen machen es notwendig, daß sich in der Praxis stehende Sachverständige, Architekten und Ingenieure erneut mit der Konstruktion und Bauphysik von Fenstern, Türen und Oberlichtern auseinandersetzen.

Der vorliegende Tagungsband der Aachener Bausachverständigentage 1995 befaßt sich daher mit dem Beitrag der Bauwerksöffnungen zur Energiebilanz von Hochbauten, der besonders deutlich in den neuen Berechnungsverfahren der Wärmeschutzverordnung 1995 ablesbar ist. Als weitere, in diesem Themenzusammenhang wichtige Aspekte werden die Neuentwicklungen bei hochdämmenden Isoliergläsern, die größere Bedeutung eines sorgfältigen Wärmeschutzes der Fensteranschlüsse sowie die wärmeschutztechnischen Eigenschaften von Rolläden und Rolladenkästen dargestellt.

Genaue Kenntnisse über die Schallschutzeigenschaften von Fenstern sind insbesondere seit dem Vorliegen der Neufassung von DIN 4109 wichtig.

Der Sachverständige hat häufig Feuchtigkeitsprobleme an Bauwerksöffnungen zu bearbeiten. Beiträge zur Abdichtung von niveaugleichen Schwellen, von Lichtkuppeln und Dachflächenfenstern sind daher von großem praktischen Interesse. Auch der Vortrag zu den Möglichkeiten der Funktionsbeurteilung von Fenstern und Türen im eingebauten Zustand greift einen Problemkreis auf, mit dem Sachverständige und Bauleiter häufig konfrontiert werden.

Untersuchungen zum Altbaubestand zeigen, daß insbesondere in den neuen Bundesländern der Austausch von Fenstern in sehr großem Umfang erforderlich ist. Der Streit um das „richtige" Fenster im Altbau hat daher hohe Aktualität. Im Tagungsteil „Das aktuelle Thema – pro und contra" – wird über Rahmenmaterialien und Bauweisen von neuen Fenstern in Altbauten im Widerstreit zwischen Wirtschaftlichkeit/Funktionalität und Denkmalschutz/Ökologie kontrovers diskutiert.

Auch die juristischen und berufsständischen Themen des vorliegenden Tagungsbandes stehen im engen Zusammenhang mit dem technischen Rahmenthema: die haftungsrechtlichen Konsequenzen der gerade bei Fassaden meist praktizierten Firmenplanung, das Berufsbild des Fassadenberaters sowie die Aufgaben des Sachverständigen im Qualitätsmanagement.

Die abgehandelten Themen werden durch die ebenfalls abgedruckten Podiumsdiskussionen abgerundet – insbesondere werden in den Diskussionsbeiträgen noch offene Fragen und Streitpunkte deutlich erkennbar. Unter der aktiven Mitarbeit der Tagungsteilnehmer ist so eine Informationsquelle der Bauwerksöffnungen entstanden. Mein Dank gilt den Referenten und den Tagungsteilnehmern.

Prof. Dr.-Ing. Rainer Oswald

Inhaltsverzeichnis

Motzke, Übertragung von Koordinierungs- und Planungsaufgaben auf Firmen und Hersteller, Grenzen und haftungsrechtliche Konsequenzen für Architekten und Ingenieure 9

Kolb, Die Rolle des Bausachverständigen im Qualitätsmanagement 23

Erhorn, Die Bedeutung von Mauerwerksöffnungen für die Energiebilanz von Gebäuden 35

Balkow, Dämmende Isoliergläser - Bauweise und bauphysikalische Probleme 51

Pohl, Der Wärmeschutz von Fensteranschlüssen in hochwärmegedämmten Mauerwerksbauten 55

Schmid, Funktionsbeurteilungen bei Fenstern und Türen 74

Memmert, Das Berufsbild des unabhängigen Fassadenberaters 92

Pohlenz, Schallschutz - Fenster und Lichtflächen 109

Oswald, Die Abdichtung von niveaugleichen Türschwellen 119

Das aktuelle Thema: Der Streit um das „richtige" Fenster im Altbau
  1. Beitrag von Schulze 125
  2. Beitrag von Löfflad 127
  3. Beitrag von Gerwers..................................... 131
  4. Beitrag von Willmann 133

Dahmen, Rolläden und Rolladenkästen aus bauphysikalischer Sicht 135

Horstmann, Lichtkuppeln und Rauchabzugsklappen - Bauweisen und Abdichtungsprobleme 142

Froelich, Dachflächenfenster - Abdichtung und Wärmeschutz 151

Podiumsdiskussionen 159

Aussteller 185

Register 1975-1995 187

Übertragung von Koordinierungs- und Planungsaufgaben auf Firmen und Hersteller, Grenzen und haftungsrechtliche Konsequenzen für Architekten und Ingenieure

Prof. Dr. jur. Gerd Motzke, Richter am Oberlandesgericht München (Bausenat in Augsburg), Honorarprofessor für Zivilrecht und Zivilverfahrensrecht an der Universität Augsburg

I. Der personelle und normenmäßige Rahmen

Die Befassung mit der Übertragung von Koordinierungs- und Planungsaufgaben auf Firmen und Hersteller setzt die Festlegung der Verantwortlichkeiten der angesprochenen Beteiligten – Firmen, Hersteller, Planer und Ingenieure – im Planungs- und Koordinierungsbereich voraus.

1. Baubeteiligte und Aufgabenzuteilung

Was originäre Planungs- und/oder Koordinierungsaufgabe der am Bau beteiligten Unternehmer ist, wird diesen von einem anderen Baubeteiligten nicht übertragen, sondern muß zur mangelfreien Herstellung des versprochenen Werks aus Gründen der Sachgesetzlichkeit des Bauens erbracht werden. Hinsichtlich der Architekten und Ingenieure betreffenden Planungs- und Koordinierungsaufgabe ist zu beachten, daß die Gruppe der Planer sich im Lager des Auftraggebers befindet: Architekten und Ingenieure sind bezüglich der Ausführungsplanung Erfüllungsgehilfen des Auftraggebers im Verhältnis zum Unternehmer. Der Bauherr schuldet dem Unternehmer die Ausführungsplanung wie auch die Koordinierung als Teil seiner Mitwirkungspflichten, seiner Bauherrnverantwortung. Der Kreis der im Thema angeführten Baubeteiligten muß deshalb um den Bauherrn/Auftraggeber erweitert werden, für den Architekten und Ingenieure tätig werden.

Mit der Übertragung der Koordinierungs- wie auch der Planungsaufgabe auf den Unternehmer ist demnach grundsätzlich eine Aufgabenmehrung und Verantwortungssteigerung für die Unternehmerschaft verbunden. Dasselbe gilt bei Übernahme durch einen Hersteller, dessen Profession eigentlich der Produktverkauf und allenfalls die Produktberatung ist. Ob damit eine Haftungsentlastung für die Planer verbunden ist, ist die Frage; deren Beantwortung hängt davon ab, ob der Planer mit der Übertragung von Koordinierungs- und Planungsaufgaben auf Firmen und Hersteller eine *Substitution* vornimmt und sich damit der eigenen Aufgabenerfüllung entledigt oder ob diese Dritten lediglich als *Erfüllungshilfen* der Planer in dessen Rechtsverhältnis zum Auftraggeber/Bauherrn eingesetzt werden.

2. Normen und Wertungen

Der Zuweisung von Verantwortlichkeiten im Planungs- und Koordinierungsbereich liegen Sachgesetzlichkeiten des Planens und Bauens zugrunde. Diese finden ihre Grundlage und Ausprägung in Rechtsnormen wie auch in technischen Regelwerken und Allgemeinen Technischen Vertragsbedingungen für Bauleistungen (ATVen = VOB/C). Das einschlägige *Regelwerk* – Honorarordnung für Architekten und Ingenieure (HOAI), VOB/B, VOB/C und die Ausführung selbst betreffende technische Regelwerke, wie z. B. DIN-Normen – ermöglicht es, auf Aufgaben und Verantwortlichkeiten der Baubeteiligten zu schließen und den Stellenwert der Übertragung von Koordinierungs- und Planungsaufgaben auf Firmen und Hersteller einzuordnen.

II. Planung und Koordinierung als Bauherrnaufgabe

Planung und Koordinierung sind Teil der den Bauherrn betreffenden Mitwirkungspflichten. Enthält sich das BGB in § 642 einer näheren Befassung, ist die VOB um so konkreter. Nach § 3 Nr. 1 VOB/B sind die für die Ausführung nötigen

Unterlagen dem Auftragnehmer unentgeltlich und rechtzeitig zur Verfügung zu stellen. Gemäß § 4 Nr. 1 Abs. 1 VOB/B hat der Auftraggeber das Zusammenwirken der verschiedenen Unternehmer zu regeln; dabei hat der Auftraggeber auch die Kompetenz, solche Anordnungen zu treffen, die zur ordnungsgemäßen Ausführung der Leistung notwendig sind (§ 4 Nr. 1 Abs. 3 VOB/B).

Koordinierung und Ausführungsplanung wird damit eine dienende Funktion zugewiesen; ihr Zweck ist die ordnungsgemäße, mangelfreie Errichtung des körperlichen Bauwerks. Bleiben diese Maßnahmen aus, behandelt das BGB die Situation nach den Regeln des Annahmeverzugs mit der Folge, daß der Unternehmer eine Entschädigung verlangen kann (§§ 642 BGB). Außerdem billigt das Gesetz (§ 643 BGB) dem Unternehmer eine Möglichkeit zu, sich vom geschlossenen Bauvertrag zu lösen.

Mit *Tatbeständen der faktischen Übertragung* oder Übernahme von Planungs- und Koordinierungsaufgaben durch Unternehmer und Hersteller samt ihren Folgen für den Architekten/Ingenieur befaßt sich die BGB-Regelung ausdrücklich nicht.

Die Zuweisung von Planungsaufgaben an den Unternehmer/Firma spricht die VOB/B an verschiedenen Stellen an; § 2 Nr. 9 bestimmt die Vergütungspflicht des Auftraggebers, wenn dieser Zeichnungen, Berechnungen oder andere Unterlagen, die der Auftragnehmer nach dem Vertrag, besonders den Technischen Vertragsbedingungen oder der gewerblichen Verkehrssitte nicht zu beschaffen hat, vom Unternehmer verlangt. Deren Vorlage an den Auftraggeber fordert § 3 Nr. 5 VOB/B. Details sind punktuell auch Aussagen der VOB/C zu entnehmen, dort meist im Abschnitt 4, wobei stellenweise planerische oder konstruktive Leistungen des Unternehmers als Besondere Leistungen nach Abschnitt 4.2 eingestuft werden.

Welche Konsequenz sich hieraus für das Verhältnis des Auftraggebers zum Architekten und Ingenieur ergibt, kann der VOB-Regelung nicht entnommen werden. Aufschlüsse kann insoweit die Einbeziehung der HOAI-Regelung liefern, die mit der Aufgabenbeschreibung auch Koordinierungs- und Planungsverantwortlichkeiten zuweist.

III. Regelungen der HOAI zur Planung und Koordinierung

1. Die verschiedenen Planungsleistungen

Die Architekten/Ingenieure erbringen die Planungsleistungen zum Zweck der Erfüllung ihres Planervertrags. Die Planung ist Teil ihres Werks, das darin besteht, das körperliche Bauwerk mangelfrei, im vereinbarten Kostenrahmen und genehmigungsfähig entstehen zu lassen. Die einzelnen Planungsstadien beschreibt die HOAI in verschiedenen Leistungsbildern und differenziert zwischen der Objektplanung für Gebäude (§ 15) und Objektplanung für Ingenieurbauwerke und Verkehrsanlagen (§ 55). Dabei dient die Entwurfsplanung der Erstellung der Genehmigungsplanung wie auch der Werkplanung. Entwurfsplanung und Genehmigungsplanung schuldet der Planer allein dem Auftraggeber, der insoweit gegenüber dem später beauftragten Unternehmer nicht in der Pflicht ist. Die Werkplanung schuldet der Planer dem Auftraggeber, der diesbezüglich – also nur hinsichtlich der Werkplanung – dem Unternehmer gegenüber mitwirkungspflichtig ist (§ 3 Nr. 1 VOB/B). Die in § 3 Nr. 1 VOB/B genannten, für die Ausführung nötigen Unterlagen, die dem Auftragnehmer unentgeltlich und rechtzeitig zu übergeben sind, stellen die Werkplanung dar, die der Planer in der Phase 5 der §§ 15; 55 HOAI zu erbringen hat.

2. Die Werkplanung

Nur die *Werkplanung* hat Bezug zur Unternehmerleistung und ist die planerische Vorleistung zur Erstellung des körperlichen Bauwerks.

a) Leistungsbild Objektplanung für Gebäude

Nach § 15 Abs. 2 Nr. 5 HOAI wird als Grundleistung die Darstellung der ausführungsreifen Lösung verlangt, d. h. die zeichnerische Objekterfassung mit allen für die Ausführung notwendigen Einzelangaben, z. B. endgültige, vollständige Ausführungs-, Detail- und Konstruktionszeichnungen im Maßstab 1:50 bis 1:1. Erforderlich sind Angaben zu Konstruktionen, Materialien, Bauelementen und Bauteilen wie z. B. über die Fußbodenhöhe, den Fußbodenaufbau, Angaben über Wärmedämmung und Feuchtigkeitsabdichtungen.

Davon grenzt sich ab die Besondere Leistung: Prüfen der vom bauausführenden Unternehmen aufgrund der *Leistungsbeschreibung mit*

Leistungsprogramm ausgearbeiteten Ausführungspläne auf Übereinstimmung mit der Entwurfsplanung. Der Bezug zu § 9 Nr. 10 bis 12 VOB/A verdeutlicht eine erste Form der *Übertragung von Planungsaufgaben auf den Unternehmer*, und zwar im *Rahmen der Ausschreibungsphase*: Bei der Leistungsbeschreibung mit Leistungsprogramm übernimmt es der Unternehmer, die Ausführungsplanung zu erstellen. Die Aufgabe des Planers und damit auch dessen Einstandspflicht beschränkt sich auf die Prüfung, ob diese Ausführungsplanung mit der Entwurfsplanung übereinstimmt und den Anforderungen des Bau- bzw. Raumbuchs genügt. Eine Verantwortlichkeit für die innere Richtigkeit dieser vom Unternehmer so angebotenen Ausführungsplanung unter technischen oder kostenmäßigen Gesichtspunkten wird vom Planer nicht übernommen.

Dem liegt zugrunde, daß der Partner von vornherein nicht die Aufgabe (als Grundleistung) hat, eine Ausführungsplanung zu erarbeiten. Diese Grundleistung wird durch die Besondere Leistung Aufstellen einer detaillierten Objektbeschreibung als Baubuch oder Raumbuch zur Grundlage der Leistungsbeschreibung mit Leistungsprogramm ersetzt.

Eine von vornherein eingeschränkte Verantwortlichkeit der Planer besteht auch hinsichtlich des Prüfens und Anerkennens von Plänen Dritter (nicht an der Planung fachlich Beteiligter) auf Übereinstimmung mit den Ausführungsplänen. Zu diesen Plänen Dritter zählen z. B. Werkstattzeichnungen der Unternehmer oder Fundamentpläne der Maschinenlieferanten. Diese Leistung – Prüfen durch den Architekten – stellt nach der Wertung der HOAI (§ 15 Abs. 2 Nr. 5 rechte Spalte) eine Besondere Leistung dar. Sie betrifft inhaltlich lediglich die Übereinstimmung mit den Ausführungsunterlagen. Die spezifische Richtigkeit dieser Planungen ist nicht Prüfungsgegenstand des Architekten. Den Hintergrund bildet die Tatsache, daß diese auf Übereinstimmung zu prüfenden Pläne (zum Beispiel Werkstattzeichnungen der Unternehmen, Aufstellungs- und Fundamentpläne von Maschinenlieferanten) von vornherein in der alleinigen Verantwortung der Firmen und Hersteller liegen, was z. B. der DIN 18 379 (Raumlufttechnische Anlagen), Abschnitt 3.1.2, und DIN 18 380 (Heizanlagen) und zentrale Wassererwärmungsanlagen), Abschnitt 3.1.2, zu entnehmen ist. Die genannten Allgemeinen Technischen Vertragsbedingungen für Bauleistungen (AT-Ven) beruhen insoweit auf dem Gedanken, daß Firmen und Hersteller hinsichtlich der *Richtigkeit der Montagepläne, Werkstattzeichnungen, Stromlaufpläne, Fundamentpläne* originär – und damit ohne einen Übertragungsakt – in der Verantwortung stehen. Dem korrespondiert die Verpflichtung des Architekten, diese Pläne lediglich auf die Übereinstimmung mit seinen Ausführungsplänen zu prüfen; die technische Richtigkeit dieser Montage- und Werkstattplanungen ist nicht Prüfgegenstand des Architekten.

b) Leistungsbild Objektplanung für Ingenieurbauwerke und Verkehrsanlagen

In ähnlicher Weise stellt sich die Werkplanung im Bereich des Leistungsbildes Objektplanung für Ingenieurbauwerke und Verkehrsanlagen (§ 55 Abs. 2 Nr. 5 HOAI) dar. Gefordert wird die zeichnerische und rechnerische Darstellung des Objekts mit allen für die Ausführung notwendigen Einzelangaben einschließlich Detailzeichnungen in den erforderlichen Maßstäben. Auffallend ist, daß das Aufstellen eines Bau- bzw. Raumbuchs bzw. die Prüfung der vom Unternehmer als Bieter aufgrund einer Leistungsbeschreibung mit Leistungsprogramm ausgearbeiteten Ausführungspläne auf Übereinstimmung mit der Entwurfsplanung nicht als katalogisierte Besondere Leistung erscheint.

c) Leistungsbild Tragwerksplanung nach § 64 Abs. 3 Nr. 5 HOAI

Der Tragwerksplaner hat Schaltpläne, Bewehrungspläne und Stahlbaupläne – keine Werkstattzeichnungen – zu erstellen.

d) Leistungsbild Technische Ausrüstung (§ 73 HOAI)

Das Leistungsbild Technische Ausrüstung fordert eine zeichnerische Darstellung unter Beachtung der durch die Objektplanung integrierten Fachleistungen (§ 73 Abs. 3 Nr. 5 HOAI). Ausdrücklich wird darauf hingewiesen, daß die Erstellung von *Montage- und Werkstattzeichnungen* nicht zum Grundleistungspaket zählt, wohl aber das Anfertigen von *Schlitz- und Durchbruchsplänen*. Die Prüfung und die Anerkennung von Schalplänen des Tragwerksplaners und von Montage- und Werkstattzeichnungen auf Übereinstimmung mit der Ausführungsplanung wird als Besondere Leistung angeführt.

Auch dieser durch den Verordnungsgeber vorgenommenen Aufgabenverteilung liegt ein Konzept über die die Baubeteiligten treffenden Verantwortlichkeiten zugrunde: *Montage- und Werkstattzeichnungen obliegen originär den Firmen und Herstellern*; deren Prüfung durch den Planer erfolgt nur auf die Übereinstimmung mit der Planung, nicht auf die inhaltliche/sachliche Richtigkeit. Diese Prüfung ist zudem eine Besondere Leistung, die demnach nur bei Beauftragung durch den Auftraggeber/Bauherrn zu erbringen ist. Demgegenüber hat der Planer der Technischen Ausrüstung als Grundleistung *Schlitz- und Durchbruchspläne* zu erstellen. Daraus ist zu entnehmen, daß der Auftraggeber/Bauherr dem Unternehmer solche Schlitz- und Durchbruchspläne grundsätzlich zu stellen hat. Daraus darf allerdings nicht geschlossen werden, daß derartige Planungen nicht den Unternehmern beauftragt werden könnten. Die ATV DIN 18 379 und 18 380 bestätigen im Gegenteil im Abschnitt 4.2.1 die Möglichkeit, die *Planungen für Schlitze und Durchbrüche* an Unternehmer zu vergeben (als Besondere Leistung). Bei Einschaltung eines Fachplaners für Technische Ausrüstung und Beauftragung auch mit den Grundleistungen der Ausführungsplanung liegt dieser Vergabe an den ausführenden Unternehmer dann entweder eine *Substitution* oder die *Einschaltung dieses Unternehmers als Erfüllungshilfe* des Fachplaners zugrunde.

Hat sich der Bauherr einen Fachplaner erspart und ist lediglich ein Objektplaner nach § 15 HOAI oder § 55 HOAI tätig gewesen, kann der Beauftragung des ausführenden Unternehmers mit der Erstellung der Schlitz- und Durchbruchspläne nicht ein Übertragungsakt vom Architekten/Ingenieur als Objektplaner auf den Unternehmer zugrunde liegen. Denn die Erstellung von Schlitz- und Durchbruchsplänen ist nicht Grundleistung des Objektplaners.

3. Die Koordinierung

Die *Koordinierungsaufgabe* des Planers findet in der HOAI ausdrücklich nur unter einem ganz bestimmten Aspekt Erwähnung: In der Phase 8 heißt es im Leistungsbild Objektplanung für Gebäude, daß der Architekt die an der Objektüberwachung fachlich Beteiligten, also die *Sonderfachleute*, koordinieren müsse (3. Grundleistung in der Leistungsphase 8). Im übrigen befaßt sich die erste Grundleistung der Leistungsphase 8 allein mit der Überwachung der Ausführung des Objekts auf Übereinstimmung mit der Baugenehmigung, den Ausführungsplänen und den Leistungsbeschreibungen sowie mit den allgemein anerkannten Regeln der Technik und den einschlägigen Vorschriften.

Die Beschreibung der örtlichen Bauüberwachung in § 57 HOAI schweigt sich zur *Koordinierungsaufgabe* gleichfalls aus. In anderen Leistungsbildern (§ 64 für die Tragwerksplanung und § 73 für die Technische Ausrüstung) sind Festlegungen zur Koordinierung von vornherein nicht zu erwarten. Denn diesen Fachplanern weist die HOAI von vornherein keine eigenständige Koordinierungsaufgabe zu. Der Leistungsbeschrieb verwendet an vielen Stellen (so in § 73 Abs. 3 Nr. 8 HOAI) den Begriff des Mitwirkens und betont damit die zentrale Stellung des objektüberwachenden Architekten/Ingenieurs.

Hieraus darf nicht der Schluß gezogen werden, daß damit die Unternehmer sich von vornherein selbst zu koordinieren hätten und die Koordinierung nicht Aufgabe des Auftraggebers wäre. Hiergegen spricht deutlich § 4 Nr. 1 VOB/B, der mit dem *Koordinierungsgebot des Auftraggebers* eine *Sachgesetzlichkeit* der Baupraxis formuliert. Inhaltlich obliegt das *Abstimmungsgebot* dem Planer in der Planungs- und Ausschreibungsphase; die Schnittstellen der Gewerke, die Verträglichkeit der Baustoffe, das zeitliche und sachgesetzliche Ineinandergreifen der verschiedenen Leistungen sind Sache des Objektplaners. Die Koordinierungsaufgabe des Objektplaners wird demnach in § 15 Abs. 2 Nr. 8 HOAI in mehrfacher Weise unzulänglich erfaßt: Einmal beschränkt sie sich nicht darauf, die an der Objektüberwachung fachlich Beteiligten (=Fachplaner) lediglich im Objektüberwachungsbereich zu koordinieren. Zum anderen hat sie insbesondere bereits in der Planung und Ausschreibung ihren Stellenwert und betrifft das Zusammenpassen und Abstimmen der verschiedenen Leistungen. Demnach durchzieht die Koordinierungsaufgabe das gesamte Leistungsbild des Objektplaners.

IV. Regelungen zu Planung und Koordinierung in VOB/B und Allgemeinen Technischen Vertragsbedingungen für Bauleistungen (VOB/C) sowie DIN-Normen

1. Aussagen zu Planungsaufgaben in der VOB/B

Die VOB/B weist die Planungsaufgabe generell und deutlich dem Auftraggeber/Bauherrn in dessen Verhältnis zum Unternehmer zu. § 3 Nr. 1 VOB/B bestimmt, daß die für die Ausführung nötigen Unterlagen dem Auftragnehmer unentgeltlich und rechtzeitig zu übergeben sind. Bauen beruht demnach auf dem Trennungsprinzip: Die Erstellung des Bauwerks als körperliche Sache ist Angelegenheit der Unternehmer; die geistigen Grundlagen, nämlich die dafür nötigen Pläne, haben die Planer zu schaffen.

Daß diese an sich scharfe Grenzziehung auch verschwimmen und sich der Unternehmer der Planung annehmen kann, folgt andererseits aus § 3 Nr. 5 VOB/B, wonach Zeichnungen, Berechnungen, Nachprüfung von Berechnungen oder andere Unterlagen zur Angelegenheit des Unternehmers werden können. Als Grundlage kommen der Vertrag, insbesondere Technische Vertragsbedingungen, die gewerbliche Verkehrssitte oder das besondere Verlangen des Auftraggebers (§ 2 Nr. 9 VOB/B) in Betracht. Die *Planungsaufgabe* erfüllt der Auftraggeber im Verhältnis zum Unternehmer regelmäßig durch Einschaltung der Planer; hiermit wird er seiner Mitwirkungspflicht und Bauherrnverantwortung gerecht. Kommt es zur Ausschreibung der Baumaßnahme nach den Regeln der *Ausschreibung mit Leistungsprogramm* (§ 9 Nr. 10 bis 12 VOB/A), reduziert sich die Planungsaufgabe des Bauherrn/Auftraggebers auf die Erstellung des Leistungs- und Anforderungsprogramms; dem Unternehmer wächst die Planungsverantwortung nach Art dieser Aufgabenstellung von selbst als vertraglich geschuldete Leistung zu.

2. Aussagen zu Planungsaufgaben in den ATV

Die inhaltliche Ausgestaltung und Detaillierung der Ausführungsplanung kennt Grenzen. Grundsätzlich soll die Ausführungsplanung realisierungsfähige Zeichnungen und Beschreibungen beinhalten. § 3 Nr. 1 VOB/B beschränkt die Planungsaufgabe des Auftraggebers auf die *für die Ausführung nötigen* Unterlagen*. Ergänzend und in Übereinstimmung mit § 3 Nr. 5 VOB/B weisen die ATV den Unternehmern stellenweise die Aufgabe der Ausführungsplanung unter Entlastung des Planers zu. Hierbei ist eine gewerkespezifische Beurteilung erforderlich. Der Zugriff erfolgt auf den Abschnitt 3 der jeweils einschlägigen ATV, der die Ausführung regelt. Die Regelungen zur Ausführung enthalten stellenweise Aussagen über Planungsanforderungen an Unternehmer, womit zugleich eine Reduzierung der Planungsaufgabe der Objekt- oder Fachplaner einhergeht.

Beispiele:

Erdarbeiten, DIN 18 300 Abschnitt 3.1.1: Die Wahl des Bauverfahrens und -ablaufes sowie die Wahl und der Einsatz der Baugeräte sind Sache des Auftragnehmers.

Bohrarbeiten, DIN 18 301 Abschnitt 3.2.2: Bei Bohrungen, die nicht der Untersuchung des Baugrundes dienen, bestimmt die Wahl des Bohrverfahrens und -ablaufs der Auftragnehmer, das gilt auch für den Einsatz der Bohrgeräte.

Verbauarbeiten, DIN 18 303 Abschnitt 3.2.1: Die Wahl der Verbauart bleibt dem Auftragnehmer überlassen.

Diese Wahlfreiheit besteht auch für die *Rammarbeiten* nach DIN 18 304 Abschnitt 3.1.2.

Deutliche Planungsleistungen werden dem Unternehmer im Bereich der *Wasserhaltung* durch die DIN 18 305 Abschnitt 3.2.1 zugewiesen: Der Auftragnehmer hat Umfang, Leistung, Wirkungsgrad und Sicherheit der Wasserhaltungsanlage dem vorgesehenen Zweck entsprechend zu bemessen.

Dränarbeiten, DIN 18 308 Abschnitt 3.1.1: Die Wahl des Bauverfahrens und -ablaufs sowie die Wahl und der Einsatz der Baugeräte sind Sache des Auftragnehmers.

Umfangreiche Ausführungsplanungskompetenz wird dem Unternehmer im Bereich der DIN 18 313, *Schlitzwandarbeiten* mit stützenden Flüssigkeiten, zugebilligt.

Dieser Regelungsstruktur entspricht auch, daß im Abschnitt 0 der einschlägigen ATV die Angaben zur Ausführung dünn ausfallen, womit die gewerkespezifischen Anforderungen an die Planung und die Ausschreibung dieser Leistungen durch den Objektplaner erheblich zurückgeschraubt werden. Der Planer kann sich auf die Vorgabe von Leistungszielen und Anforderungskriterien beschränken. Die Bestimmung der hierfür erforderlichen Baumaßnahmen ist nach gewerkespezifischer Einschätzung von vornherein Sache des ausführenden Unternehmers. Deshalb hat der BGH (BauR 1994, 236, 237) zutreffend bei einer Leistungsbeschreibung für Wasserhaltungsmaßnahmen diesen Beschrieb für vollständig gehalten, wenn danach der Unternehmer die Kanalbaugrube durch Wasserhaltungsmaßnahmen nach seiner Wahl trocken zu halten hatte. Die insoweit geforderte Leistung ist über den zu erreichenden Erfolg vollständig beschrieben. Die Mitwirkungsaufgabe des Auftraggebers/Bauherrn beschränkt sich nach DIN 18 305 Abschnitt 0.2, auf Angaben zu Zweck, Umfang und Absenkungsziele, Grundwasserstand, Absenkungstiefe usw., sowie Boden- und Wasserverhältnisse (DIN 18 305 Abschnitt 3.1.2; § 9 Nr. 3 Abs. 3 VOB/A). Hieraus wird deutlich, daß die VOB/C im einzelnen das in § 3 Nr. 1 VOB/B enthaltene *Trennungsprinzip* maßgeblich konkretisiert und so strukturiert, daß zur sachgerechten Bauausführung notwendige Planungsaufgaben unter Entlastung des Bauherrn/Planers den Firmen zugewiesen werden.

Hierin liegen keine speziellen Übertragungsakte, sondern die Ausführungsleistung des Unternehmers (der Firma) ist nach der Überzeugung der Bauschaffenden oder nach der gewerblichen Verkehrssitte um Planungselemente angereichert. Die Ausführungsverantwortung der Unternehmer/Firmen wird nach Maßgabe der VOB/C durch „vertragstechnische Normung" um die Planungsverantwortung erweitert. Die Planungsverantwortung des Planers und damit die Mitwirkungspflicht des Auftraggebers/Bauherrn erfährt eine erhebliche Einschränkung und Entlastung.

Im *Bereich der Technischen Ausrüstung* finden sich ähnliche Strukturen. Dort werden dem Unternehmer beginnend ab DIN 18 379, Raumlufttechnische Anlagen, als *eigenständiger planerischer Leistungsbereich* zugewiesen: Montage- und Werkstattzeichnungen, Stromlaufpläne und Fundamentpläne (vgl. Abschnitt 3.1.2). Damit korrespondiert die Regelung in der HOAI: Diese Planungen sind nach § 73 Abs. 3 Nr. 5 HOAI (Ausführungsplanung) nicht Teil des dem Fachplaner obliegenden Grundleistungspaketes. Eine Überschneidung ist lediglich insoweit angelegt, als in der Nr. 5 als Besondere Leistung katalogisiert die Anfertigung von Stromlaufplänen auftaucht. Planungsleistungen, wie Entwurfs-, Ausführungs-, Genehmigungsplanung und die Planung von Schlitzen und Durchbrüchen, werden als Besondere Leistung bezeichnet.

Die Aufnahme dieser Positionen in den Katalog der Besonderen Leistungen nach Abschnitt 4.2 der einschlägigen ATV weist aus, daß dieser Bereich grundsätzlich in der Verantwortung anderer steht. Nach der DIN 18 381, Gas-, Wasser- und Abwasser-Installationsanlagen innerhalb von Gebäuden, kann dem Unternehmer nach Abschnitt 3.1.5 die Leitungsführung überlassen bleiben; in der Folge hat der Unternehmer einen Ausführungsplan zu erstellen. In diesem Fall ist nach der Regelung das *Einverständnis des Auftraggebers* einzuholen, damit danach die erforderlichen Fundament-, Schlitz-, Durchbruchs- und Montagepläne erstellt werden können (beachte: Fundament- und Montagepläne sind nach DIN 18 381 Abschnitt 3.1.2 Sache des Unternehmers; Schlitz- und Durchbruchspläne sind nach § 73 Abs. 3 Nr. 5 HOAI Grundleistung des Fachplaners; zur Aufgabe des ausführenden Unternehmers werden diese Pläne nur bei entsprechender Beauftragung, was sich aus der Wertung in DIN 18 381 Abschnitt 4.2.20 als Besondere Leistung ergibt). Das Einverständnis begründet nach der Regelung keine Einschränkung der Verantwortung des Auftragnehmers (DIN 18 381 Abschnitt 3.1.5).

3. Aussagen zu Planungsaufgaben in Ausführungsnormen, vor allem DIN-Normen

Die Festlegungen in DIN-Normen oder nach allgemein anerkannten Regeln der Technik konkretisieren die *Feststellung in der HOAI*, wonach für die Ausführungsplanung kennzeichnend ist die „Zeichnerische Darstellung des Objekts mit allen für die Ausführung notwendigen Einzelangaben, z. B. endgültige, vollständige Ausführungs-, Detail- und Konstruktionszeichnungen im Maßstab 1:50 bis 1:1" (vgl. § 15 Abs. 2 Nr. 5 HOAI, 1. Grundleistung). Was dabei *notwendig* durch den Planer zu erledigen ist, und was Sache des Unternehmers ist, erfährt eine konkretisierende Festlegung durch die Technikregeln. Die Regeln vermitteln stellenweise deutlich den Eindruck, daß die Planungsverantwortung je nach der Bedeutung der Tätigkeit den Baubeteiligten getrennt oder Planern und Ausführenden zur gemeinsamen Abstimmung zugewiesen wird.

Aussagen zu Planungsaufgaben in DIN-Normen sind nicht selten zu finden. Diese sind zum Teil auch mit klaren *Aussagen über die Verantwortlichkeit* verbunden.

Beispiel Estrich:

Nach DIN 18 560 Teil 2 Abschnitt 6.3.3 ist über die Anordnung der Fugen ein *Fugenplan* zu erstellen, aus dem Art und Anordnung der Fugen zu entnehmen sind. *Der Fugenplan ist vom Bauwerksplaner zu erstellen und als Bestandteil der Leistungsbeschreibung dem Ausführenden vorzulegen.*

Nach DIN 18 560 Teil 1 Abschnitt 6.1 ist *Anhydritestrich* gegen Feuchtigkeit zu schützen. Bereiche im Estrich, in denen mit einer Feuchtigkeitsanreicherung zu rechnen ist, müssen durch Dampfsperren davor geschützt werden. *Eine solche Maßnahme ist vom Planverfasser bei der Bauwerksplanung festzulegen.*

Umgekehrt darf daraus nicht der Schluß gezogen werden, daß der ausführende Unternehmer durch DIN-Normen (Technikregeln für die Ausführung) auf die bloße Ausführung nach planerischen Vorgaben Dritter verwiesen wird. Daß die Ausführung nicht allein händisch, also mit der Kelle, sondern auch mit dem Kopf zu erfolgen, also die Planung einzuschließen hat, ergeben folgende Beispiele:

Beispiele Fliesen

Nach DIN 18 515 Teil 1, Außenwandbekleidungen (Fassung März 1992), sind die Fugen formatabhängig in bestimmten Breiten anzulegen. Den im Abschnitt 6.5.1 vorgestellten Rahmen legt der Unternehmer fest. *Die Fugenbreite plant und legt der Unternehmer fest.*

Anders die Regelung hinsichtlich der *Bewegungsfugen* in derselben DIN: Nach Abschnitt 6.5.3 sind zum Abbau von schädlichen Spannungen in der Außenwandbekleidung Bewegungsfugen anzuordnen. *Die Lage und die Maße sind zwischen Planung und Ausführung abzustimmen.* Solche Aussagen fehlen bezüglich der *Festlegung der Feldbegrenzungsfugen*, die nach Abschnitt 6.5.3.2 in Abständen von 3 bis 6 m anzuordnen sind. Diese Anordnung trifft wegen der Sachzugehörigkeit zur Ausführung der Unternehmer, was nach Abschnitt 6.5.3.3 auch für die *Anschlußfugen* z. B. zu Fenster- oder Türzargen gilt.

Als Ergebnis läßt sich festhalten: DIN-Normen enthalten teilweise klare Aussagen über eigenständige Planungsverantwortung der Planer, eigenständige Planungsverantwortung der Unternehmer und gemischte Verantwortungsstrukturen. Das bestätigt ein Blick in die Flachdachrichtlinie und sonstige Regelwerke: Diese enthalten häufig klärende Hinweise, was aus fachtechnischer Sicht jeweils Sache des Planers und was Sache des Unternehmers ist.

Die im Thema angesprochene Frage nach der Rechtsfolge der Übertragung von Planungs- und Koordinierungsaufgaben auf Unternehmer und Hersteller beantwortet sich deshalb in dem Zusammenhang wie folgt: Technikregeln (hier: DIN-Normen) weisen im Einzelfall Planungsverantwortung zu, worin ein von den Baubeteiligten unabhängiger, allein durch die gewerbliche Verkehrssitte und die entsprechenden Fachkreise aus Theorie und Praxis geprägter Festlegungsakt zu sehen ist. An einer „Übertragung" im Einzelfall fehlt es, da Unternehmern und Firmen die ihnen nach Technikregeln bereits zukommende Planungsaufgabe nicht vertragsrechtlich ein weiteres Mal übertragen zu werden braucht.

4. Aussagen zur Koordinierung

Die Koordinierung der einzelnen Unternehmer ist grundsätzlich *Sache des Auftraggebers*. Die Koordinierung ist Teil der Planungsaufgabe und wächst deshalb dem Unternehmer nur dann und in dem Umfang zu, als er selbst Planungsaufgaben zu erfüllen hat. Regelungsgrundlage ist § 4 Nr. 1 VOB/B.

Inhaltlich ist die *Koordinierung* von der *Bauaufsicht* und davon zu unterscheiden, ob und welche *Prüfungspflichten* den nachfolgenden Unternehmer bezüglich der Tauglichkeit der Vorleistung des Unternehmers treffen (zur Prüfungspflicht vgl. § 3 Nr. 3; § 4 Nr. 3 und § 13 Nr. 3 VOB/B).

a) Inhalte der Koordinierungsaufgabe

Die Koordinierungsaufgabe ist ihrem Wesen nach Planungstätigkeit (BGH BauR 1972, 112 = NJW 1972, 447). Koordinierung ist die technische Abstimmung der verschiedenen Leistungen, z. B. wie der Putz aufgebaut sein muß, damit er für das Verfliesen mit Platten geeignet ist (BGH NJW 1971, 1800). In erster Linie geht es demnach darum, die Koordinierungsaufgabe in Verbindung mit der Planungsaufgabe zu sehen. In dem Umfang, in welchem dem Unternehmer

Planungsaufgaben zuwachsen, ist er auch für die Koordinierung verantwortlich. Hat er nach den technischen Regelwerken für die Abstimmung seiner Leistung auf die Leistung des Vorunternehmers Sorge zu tragen, ist die Koordinierung Sache des Unternehmers.

b) Regelung der Koordinierungsaufgabe

Auf der Grundlage des § 4 Nr. 1 Abs. 1 VOB/B gilt, daß sich die Unternehmer grundsätzlich nicht selbst zu koordinieren haben (vgl. dazu OLG Köln BauR 1990, 729, 730). Der Auftraggeber hat das Zusammenwirken der verschiedenen Unternehmer zu regeln; er ist berechtigt, Anordnungen zu treffen, die zur vertragsgemäßen Ausführung der Leistung notwendig sind (§ 4 Nr. 1 Abs. 3 S. 1 VOB/B). Der Auftraggeber ist den beteiligten Unternehmern gegenüber zur Koordinierung verpflichtet. Bei Unterbleiben hat der Bauherr die Folgen zu tragen; etwaige Fehlleistungen können nicht mit Erfolg auf andere abgewälzt werden (so OLG Köln BauR 1990, 729, 730).

Das zeichnet andererseits den Unternehmer nicht völlig von jeder koordinierenden Mitwirkungsmaßnahme frei, soweit dieser fachspezifische Einsatz zum Gelingen des Werks erforderlich ist. In den ATVen (VOB/C) finden sich stellenweise Aussagen über *Mitwirkungspflichten des Unternehmers bezüglich der Koordinierung*. So heißt es z. B. in der DIN 18 338, Dachdeckungs- und Dachabdichtungsarbeiten, Abschnitt 3.1.1: „Der Auftragnehmer hat dem Auftraggeber die Maße für Dachlatten- oder Pfettenabstände, Gratleisten, Kehlschalungen, Traufen, Dübel usw. anzugeben, wenn er die Unterlage für seine Dachdeckung nicht selbst ausführt." Hieraus wird erkennbar: Der Dachdecker und der Zimmerer haben sich nicht selbst zu koordinieren. Der Dachdecker hat dem Planer die Koordinierungsgrundlagen zu verschaffen.

Das gilt so auch für DIN 18 381, Gas-, Wasser- und Abwasser-Installationsanlagen innerhalb von Gebäuden, nach Abschnitt 3.1.2: „Der Auftragnehmer hat dem Auftraggeber vor Beginn der Montagearbeiten alle Angaben zu machen, die für den reibungslosen Einbau und ordnungsgemäßen Betrieb der Anlage notwendig sind." Derartige Angaben werden auch bezüglich der Gewichte von Einbauteilen, Stromaufnahmen und gegebenenfalls den Anlaufstrom der elektrischen Bauteile wie auch sonstige Erfordernisse für den Einbau zu dem Zweck erwartet, daß der Planer des Auftraggebers die notwendige Abstimmung mit den anderen Gewerken vornehmen kann. Das gilt gemäß Abschnitt 3.1.10 der DIN 18 381 auch bezüglich der in das Bauwerk abzuleitenden Reaktionskräfte, deren Ermittlung und Bekanntgabe an den Auftraggeber dem Auftragnehmer obliegt.

Diese der Koordinierungsaufgabe vorgelagerte und von dieser zu trennende *Informationspflicht* des Unternehmers schlägt nach der DIN 18 381 Abschnitt 3.1.2 in eine *Koordinierungsmaßnahme* insofern um, als der Gas-, Wasser- und Abwasser-Installationsanlagenbauer die von ihm zu erbringenden Montage- und Werkstattplanungen soweit erforderlich mit dem Auftraggeber abzustimmen hat. Dem ähnlich ist der Abschnitt 3.1.12 der DIN 18 381 strukturiert.

Im wesentlichen beruhen die DIN 18 380 und 18 379 auf denselben Prinzipien wie die DIN 18 381, deren gemeinsamer Nenner ist, daß der *Fachunternehmer* im technischen Ausrüstungsbereich stellenweise *Informationspflichten* und eingeschränkt *Abstimmungsaufgaben* zu erfüllen hat. Generell bleibt das Prinzip erhalten, daß die *Koordinierungsaufgabe Sache des Auftraggebers* und seines Planers ist. Diese endet allerdings dort, wo es sich um Spezialwissen handelt.

Das liegt wohl der Feststellung des BGH (BauR 1975, 130, 132) zugrunde, es sei Sache des Abdichtungsunternehmers gewesen, die Arbeit mit der nachfolgenden Firma zu koordinieren. In dieselbe Richtung gehen Ausführungen des BGH (BauR 1970, 57), wenn es dort heißt: „Es gehört zu den vom Putzer zu erbringenden Leistungen, daß er sich vor Anbringung des Unterputzes Gewißheit darüber verschafft, welche Art von Verblendung aufgebracht werden soll, falls bei einer Z-Verblendung ein besonderes Mischverhältnis für den Unterputz zu beachten ist."

Im *Verhältnis zwischen Vor- und Nachunternehmer* kann demnach in Spezialbereichen den Vorunternehmer durchaus eine Koordinierungspflicht treffen, denn der vorleistende Unternehmer hat seine Leistung so zu erbringen, daß sie eine geeignete Grundlage für die darauf aufzubauende weitere Leistung ist. Das ist die von ihm zu verlangende Abstimmung mit der nachfolgenden Werkleistung (BGH BauR 1970, 57). In welcher Weise die Beurteilung vom Einzelfall abhängt, zeigt andererseits die Entscheidung des OLG Hamm (BauR 1991, 788, 790), wonach der Architekt die Verblender- und Plattierungsarbeiten zu koordinieren und einer einheitlichen Planvorgabe zu unterstellen hat. Der Vorunternehmer (Maurer) wird für entlastet gehalten, weil er nicht wissen konnte, welche Nachfolgeleistungen anfallen und wie diese an seine Leistung anknüpfen, wenn es ihm an Planvorlagen fehlte. Die Frage, ob sich ein solcher Maurer nicht hinsichtlich der nachfolgenden Leistungen zu erkundigen hat, wird nicht aufgeworfen. Andererseits hat ein Unternehmer, der viele Subunternehmer einsetzt, die Aufgabe zu erfüllen, diese Subunternehmer zu koordinieren, weil er für das Gesamtergebnis verantwortlich ist (OLG Celle BauR 1994, 627, 628).

V. Übertragungstatbestände und Verantwortlichkeit

Zur Übertragung von Planungs- und Koordinierungsaufgaben auf Firmen und Hersteller kann es auf verschiedene Weise kommen. Ihnen wird hier als gemeinsam vorausgesetzt, daß erst der von den Baubeteiligten vorgenommene *Übertragungsakt* die Verantwortlichkeit begründet, eine solche also zuvor über Normen oder ein Technisches Regelwerk nicht besteht. Den Übertragungsakten kommt unterschiedliche Qualität zu, sie weisen auch unterschiedliche Erscheinungsformen auf.

1. Offene Übertragungstatbestände

Werden dem Unternehmer offen Planungs- und damit auch Koordinierungsaufgaben übertragen, übernimmt er auch die Haftung für die Richtigkeit dieser Planungsaufgabe. Die Ausführungsverantwortung und die Planungsverantwortung stehen selbständig nebeneinander, was auch bei einem VOB-Bauvertrag zur Folge hat, daß die kurze Verjährungsfrist der VOB/B (§ 13 Nr. 4) allein für die Bauausführungsleistung, nicht aber für die Planungsleistung gilt (vgl. zu diesem Problem umfassend Korbion in Festschrift für Locher, S. 127 ff; BGH BauR 1987, 702, 704 gegen die Anwendung der VOB-Verjährungsfrist auf selbständig zu wertende Planungsleistungen eines Generalunternehmers; OLG Hamm NJW 1987, 2092 für die Anwendung der VOB-Verjährungsfrist; OLG Düsseldorf NJW-RR 1991, 219 gegen die Anwendung der VOB-Verjährungsfrist auf Planungsarbeiten).

a) Das ist deutlich im Rahmen einer *Leistungsbeschreibung mit Leistungsprogramm* der Fall. Dabei erstellt der Unternehmer den Entwurf nebst einer Darstellung der Bauausführung einschließlich Leistungsverzeichnis, das auch Mengen- und Preisangaben einschließen kann. Damit übernimmt der Unternehmer selbstverständlich die Verantwortung für die Ordnungsmäßigkeit und Richtigkeit der Ausführungsplanung. Ausführungs- und Planungsverantwortung sind in einer Person vereinigt, was zu einer entsprechenden Haftungspotentierung führt.

Ist bei dem den Bauherrn beratenden Architekten die Objektüberwachung nach § 15 Nr. 8 HOAI verblieben, trifft den Planer in dem Zusammenhang die Verpflichtung, die Ausführungsplanung auf ihre Richtigkeit zu überprüfen (OLG Bamberg BauR 1991, 791).

b) Eine *offene Übertragung* mit denselben Folgen für die Verantwortlichkeit zu Lasten des Unternehmers findet auch dann statt, wenn sich der ausschreibende Planer im Rahmen der *Angebotsphase Ausführungsdetails* anbieten läßt. Beurteilt sich bei der Ausschreibung nach Leistungsprogramm der Übergang der Planungsverantwortung auf den Unternehmer global und umfassend, erweist sich der Übergang der Verantwortung hier eingeschränkt.

Kennzeichnendes Merkmal dieses Vorgangs ist im Verhältnis zwischen Auftraggeber und Unternehmer folgendes: Inhalte der Mitwirkungspflichten des Auftraggebers werden zum Gegenstand eines Geschäfts mit dem Unternehmer gemacht. Der Auftraggeber befreit sich im Verhältnis zum Unternehmer von diesen Mitwirkungspflichten teilweise durch einen rechtsgeschäftlichen Übertragungsakt, auf den der Unternehmer bei entsprechendem Angebot eingeht.

Im *Verhältnis zwischen Auftraggeber und Planer* ist zu unterscheiden. Der Planer ist mit diesen Aufgaben von vornherein nicht betraut gewesen, weil ihm in diesem Bereich die Ausführungsplanung einvernehmlich nicht übertragen worden war oder weil es sich um Spezialfragen des in Betracht kommenden Gewerks handelt. Dann können den Planer allenfalls Prüfungspflichten und Verantwortlichkeiten im Rahmen von *Freigabeerklärungen* treffen. *Prüfungsgegenstand* ist analog der Beschreibung in § 15 Abs. 2 Nr. 5 HOAI (rechte Spalte) bezüglich der Leistungsbeschreibung mit Leistungsprogramm nur die Übereinstimmung mit der Entwurfsplanung.

17

War dem Planer jedoch die Ausführungsplanung übertragen und macht er Details davon zum Gegenstand der Ausschreibung, worauf der anbietende Unternehmer eingeht, setzt der Planer den Unternehmer hinsichtlich der *ausgeschriebenen Ausführungsplanung* als *Erfüllungsgehilfen* ein. Der Planer muß sich dann das Versagen des Unternehmers gemäß § 278 BGB wie eigenes Verschulden zurechnen lassen. Der das Planungsdetail erarbeitende Unternehmer erfüllt faktisch Aufgaben des Planers und wird damit zum Erfüllungsgehilfen. Denn *Erfüllungsgehilfe ist*, wer nach den rein tatsächlichen Vorgängen des gegebenen Falles mit dem Willen des Schuldners bei der Erfüllung der diesem obliegenden Verbindlichkeit als dessen Hilfsperson tätig wird (BGH ZfBR 1992, 31; BGHZ 98, 330, 334). Das falsche Ausführungsplanungsdetail begründet im Verhältnis zum Bauherrn sowohl einen Planungsfehler des Architekten als auch des Unternehmers.

2. Die faktische Übernahme infolge einer Planungs-/Koordinierungslücke

Bei der *faktischen Übernahme der Planungs- oder Koordinierungsverantwortung* durch einen Unternehmer infolge einer Planungs- oder Koordinierungslücke geht es um folgende praktische Handlungsmöglichkeiten:

- Der Unternehmer meldet Behinderung an, weil der Auftraggeber seiner Mitwirkungspflicht nicht nachgekommen ist.
- Hierdurch kommt es zum Baustillstand.
- Der Unternehmer kann die fehlende Mitwirkung des Auftraggebers durch die *eigene Leistung* ersetzen. Hierzu wird es kommen, wenn der Bauherr auf der Durchführung der Maßnahme besteht, andererseits die an sich gebotene Mitwirkung jedoch versagt. Nur bei der letzten Alternative kommt es zur Frage der Rechtsfolge der faktischen Übernahme von Koordinierungs- oder Planungsleistungen.

Nach OLG Köln (BauR 12990, 729, 730) trägt der Bauherr das Risiko einer mangelhaften Koordination oder fehlenden Abstimmung wie auch der fehlenden Übereinstimmung der einzelnen Leistungen. Unterbleibt die Planungs- und Abstimmungsaufgabe des Bauherrn, hat dieser die Folge hieraus zu tragen. Er kann etwaige Fehlleistungen nicht mit Erfolg auf andere abwälzen. Die Unternehmer können gleichsam unkoordiniert und ohne Rücksicht auf die fehlende Abstimmung „vor sich her arbeiten".

Bei dieser Fallgestaltung sind zwei Alternativen zu berücksichtigen:

- Der Unternehmer übernimmt die Abstimmungs- und Planungsaufgabe nicht.
- Der Unternehmer übernimmt die Abstimmungs- und Planungsaufgabe.

Letzteres wird das häufigere sein; denn wenn der Unternehmer für die fachliche Richtigkeit der Leistung einzustehen hat und die fehlende Planung oder Abstimmung der Leistung erkennt, muß er aus fachmännischer Sicht handeln und entweder von der Ausführung Abstand nehmen oder die seiner Meinung nach fehlende Planung oder Abstimmung selbst vornehmen. Die Ausführung der Leistung ohne Rücksichtnahme auf die Tauglichkeit in Beziehung auf Drittleistungen und die gebotene Abstimmung begründen regelmäßig die Fehlerhaftigkeit der Leistung selbst, wenn diese den Funktionstauglichkeitskriterien nicht genügt.

Typisches Beispiel ist der Fugenplan bei Estricharbeiten (vgl. DIN 18 560 Teil 2 Abschnitt 6.3.3). Ohne einen solchen kann nicht gearbeitet werden. Legt der Unternehmer die Fugen fest, begründet dies die Einstandspflicht für die Richtigkeit des unternehmerischen Fugenplans. Dasselbe gilt im Bereich der *Balkonsanierung*, wenn die Maßnahme angesichts ihrer Komplexität eine Planung voraussetzt. Spart der Bauherr den Planer ein, begründet dies ein Mitverschulden, andererseits sind die beteiligten Unternehmer gewährleistungspflichtig (OLG Köln OKG Report 1994, 171). Andererseits gilt aber auch, daß ein Unternehmer, der das Fehlen einer Planung erkannt hat, keinen Vertrauensschutz für sich in Anspruch nehmen kann, was je nach den Umständen des Einzelfalls zur Versagung des Mitverschuldenseinwandes führen kann (OLG Hamm NJW-RR 1994, 1111 = BauR 1994, 632, 633).

Zu einer faktischen Übernahme kann es auch im Rahmen einer die Bedenkenanmeldung des Unternehmers sprengenden Tätigkeit kommen (*aus Bedenkenmitteilung wird Raterteilung*).

Beispiel: Auf die Bedenkenanmeldung wird der Unternehmer in die Planung/Koordinierung eingebunden, indem der objektüberwachende Architekt die Frage stellt, auf welche Weise die Leistung nach Meinung des die Bedenken anmeldenden Unternehmers ausgeführt werden sollte. Darauf erteilt der Unternehmer einen Rat, nach dem dann auch gebaut wird. Für die Richtigkeit des Rats besteht Einstandspflicht. Grundsätzlich ist die Beratung von der Prüfungs- und Bedenkenmitteilungspflicht zu unterscheiden; die Beratung geht über die Prüfungs- und Bedenkenmitteilungsaufgabe hinaus (vgl. Piel in Festschrift für Soergel, S. 237 ff). Sofern nicht etwas anderes vereinbart ist, hat der Unternehmer für die Richtigkeit seines Ratschlags einzustehen, und zwar primär nach Gewährleistungsregeln, wenn die eigene Leistung dadurch mangelbehaftet wird; ansonsten (so Piel a. a. O., S. 245) nach den Regeln der positiven Vertragsverletzung oder aus einem selbständigen Beratungsvertrag, wenn die Voraussetzungen hierfür vorliegen (nach Piel muß dann Beratung einen außergewöhnlich großen Umfang haben).

Mit der *Raterteilung*, die über die Bedenkenmitteilung hinausgeht und sich vom Schema der Übertragung von Planungs- und Koordinierungsaufgaben unterscheidet, wird das "Frontdenken", das die VOB/B mit ihrem Trennungs- und Bedenkenmitteilungsprinzip beherrscht, bereits aufgeweicht. Darüber hinaus gibt es in der VOB/B Ansätze zu einer Mitverantwortung, die durch die Begründung gemeinschaftlicher Leistungsfestlegungskompetenz und das Fehlen von Übertragungsakten gekennzeichnet sind. Hierbei handelt es sich anders formuliert um vereinzelte *Ansätze kooperativer Bauweisen*.

3. Ansätze kooperativer Bauweise in der VOB mit der Folge der Mitverantwortung

a) Das Modell der VOB/B

Das Modell der VOB/B ist das der *getrennten Verantwortung*. Es findet seine strenge Ausprägung im *Trennungsprinzip* und *Kontrollprinzip* (§ 3 Nr. 1; § 3 Nr. 3 und § 4 Nr. 3 VOB/B), die keine Vermengung von Verantwortlichkeiten gestatten, sondern zu klaren Aufgabenzuweisungen führt (vgl. § 13 Nr. 3 VOB/B).

b) Das Kooperationsmodell nach VOB/C und DIN-Normen

Das *Kooperationsmodell* führt zur Mitverantwortung; es findet keine Übertragung statt, sondern die Verantwortung wird von vornherein aufgeteilt.

Beispiele ergeben sich aus der VOB/C in Sondersituationen: Kennzeichnend ist das dort stellenweise enthaltene *Gebot zur gemeinsamen Festlegung* (vgl. DIN 18 300 Abschnitt 3.3.1). Wenn die Festlegung falsch erfolgt, stehen beide (Unternehmer und eingeschalteter Planer) für die Mangelhaftigkeit ein. Ein derartiges Vorgehen kennt z. B. auch die DIN 18 305 (Wasserhaltungsarbeiten) in den Abschnitten 3.3.3 und 3.4.2. Wenn die Bewegungsfugen nach DIN 18 515 (Außenwandbekleidungen) Teil 1 Abschnitt 6.5.3 zwischen Planung und Ausführung abzustimmen sind, begründet auch dies eine kooperative Bauweise mit von vornherein geteilter, aber dennoch bestehender Gesamtverantwortung.

VI. Haftungsfolgen aus Übertragungs- bzw. Übernahmeakten

Die sich aus der Übertragung von Planung und/oder Koordinierung auf Unternehmer ergebenden Folgen für den Objektplaner sind im Detail unter Berücksichtigung des Regelungsinhalts der HOAI einzelfallorientiert zu prüfen. Eine allgemein gültige Antwort ist nicht auffindbar.

1. Regelungskonsequenzen aus der HOAI

Die HOAI erhält eine Regelung für den Fall der Leistungsbeschreibung mit Leistungsprogramm. Nach dem Konzept der HOAI (§ 15 Abs. 2 Nr. 5, Besondere Leistung) beschränkt sich die Verantwortlichkeit des Planers bei Wahl der Ausschreibung gemäß § 9 Nr. 10 bis 12 VOB/A: Der Planer trägt keine Richtigkeitsverantwortung für die Ausführungsplanung, die vom Unternehmer stammt. Diese verantwortet allein der Unternehmer. Der Planer hat nach dem Aufgabenbeschrieb der HOAI, der die Werkverantwortung einschränkt, lediglich die Pflicht, die Ausführungspläne auf Übereinstimmung mit der Entwurfsplanung und nicht auf die inhaltliche Richtigkeit zu prüfen. Denn die Ausführungsplanung liegt nicht in der Verantwortung des Planers, der Unternehmer erfüllt nicht eine Aufgabe des Planers als dessen Erfüllungsgehilfe, sondern der Aufgabenbereich des Planers ist von vornherein auf die Erstellung eines Bau- oder Raumbuchs beschränkt.

Merkwürdig ist, daß ähnliches im Leistungsbild Objektplanung für Ingenieurbauwerke und Verkehrsanlagen fehlt.

2. Der Planer fordert zum Angebot von Details auf

Fordert der Planer im Rahmen der Ausschreibung zur Abgabe von Planungsdetails auf, ist für die Haftungslage zwischen den verschiedenen Baubeteiligten auf folgender Basis zu unterscheiden:

a) Die Ausführungsplanung ist Sache des Architekten geblieben. Er zieht hierzu den Unternehmer heran.

Dem Auftraggeber steht dann im Falle eines Planungsfehlers der Planer wie auch der Unternehmer ein. Der Planer muß es sich gefallen lassen, daß der *Unternehmer als ein Erfüllungsgehilfe* behandelt wird, da er im Verhältnis zum Planer rein faktisch in Erfüllung der planerischen Verpflichtungen tätig geworden ist. Das Versagen des Unternehmers wird deshalb dem Planer angelastet. Der Unternehmer steht auch dem Auftraggeber gegenüber ein, da er nach dem Vertrag die Planung des Details übernommen hat.

Eine Reduzierung der Unternehmerhaftung um den Haftungsanteil des Planers findet nicht statt, da in beiden Fällen ein Planungsversagen inmitten liegt.

b) Oblag dem Planer der fragliche Ausschreibungsbereich nicht, und übernimmt der Unternehmer die Planungsaufgabe, steht er allein für deren Richtigkeit ein. Die Prüfungspflicht des Planers beschränkt sich analog den Ausführungen zur Situation der Leistungsbeschreibung mit Leistungsprogramm inhaltlich auf die Übereinstimmung mit der Entwurfsplanung.

3. Planer ermöglicht Alternativangebote oder Alternativplanungen

Nach OLG Köln (BauR 1993, 744, 745) steht der Unternehmer allein für den Fehler seines Alternativangebots ein, wenn der Architekt den Vorschlag (es ging um eine andere Art der Dacheindeckung, nämlich mit Welleternit) übernommen hat. Die Frage, ob den Planer in einer solchen Situation eine Prüfungspflicht trifft, wird nicht erörtert.

Die Haftung des Planers kann entgegen OLG Köln nicht verneint werden: Den Planer trifft die Planerverantwortung, das hat er durch seine Planung zum Ausdruck gebracht. Bei der Übernahme eines Alternativvorschlags übernimmt er dessen Risiken und Gefahren voll, wenn es sich nicht um den Bereich einer Fachplanungsleistung handelt. Denn die Planung ist seine Aufgabe und Verantwortung. Es geht auch nicht nur darum, diese Unternehmerplanung auf Brauchbarkeit und Tauglichkeit zu prüfen und die Verantwortung lediglich soweit übernehmen zu müssen, als bei dieser Brauchbarkeits- und Tauglichkeitsprüfung vorwerfbar Unterlassungen unterlaufen. Die Prüfung beschränkt sich auch nicht auf die Übereinstimmung mit dem Entwurf oder sonstige Planungsleistungen. Mit der Übernahme einer Planungsleistung eines anderen, die die Aufgabenfelder des Architekten betrifft, findet auch Verantwortungsübernahme statt. Der Planer macht praktisch nachträglich den Unternehmer, der einen Alternativentwurf einreicht, zum *Erfüllungsgehilfen*, wenn der Objektplaner diesen Alternativplan übernimmt.

4. Der Unternehmer bietet von sich aus eine Alternativplanung an

Bietet der Unternehmer von sich aus eine Alternativplanung an, die der Objektplaner übernimmt, müssen die zu 3. dargestellten Grundsätze gleichfalls gelten. Die Einstandspflicht des Objektplaners ist jedoch abzulehnen, wenn dieser die Alternativplanung ablehnt, sie aber vom fachkundigen Bauherrn eigenverantwortlich übernommen und weiterverfolgt wird. Ein solches „an sich Ziehen der Planung" durch einen vom Architekten dennoch nicht im Stich gelassenen Bauherrn entläßt den Architekten aus der planerischen Gewährungspflicht (vgl. BGH BauR 1989, 97, 100).

5. Planungslücke des Architekten – stillschweigende Auffüllung durch Unternehmer

Füllt der Unternehmer eine *Planungslücke* aus, damit die nach technischer Überzeugung planungsbedürftige Ausführung überhaupt möglich wird, gerät der Unternehmer in die Haftung, wenn diese Planung fehlerhaft ist. Das beste Beispiel ist der *fehlende Fugenplan* für die Estrichverlegung; die Anordnung der Fugen erfolgt durch den Estrichleger im Zuge der Verlegung. Arbeitet der Unternehmer ohne Plan in einer planungsbedürftigen Angelegenheit und hat er auch keinen Plan verlangt, kann er sich nicht darauf berufen, er habe ohne Plan arbeiten müssen (BGH BauR 1974, 63, 64): Stellenweise erkennt der BGH allerdings die fehlende Planung durchaus als Mitverschuldensmoment an, so wenn eine Abdichtung der Fugen zwischen Alt- und Neubau nicht geplant und dem Unternehmen auch nicht in Auftrag gegeben worden war (BGH BauR 1987, 86, 88).

Das Planungsunterlassen begründet auch einen Planungsfehler zu Lasten des Architekten. Der Planer gerät allerdings nicht auf die Weise in die Gewährleistung, daß ihm der Planungsfehler des Unternehmers über dessen Erfüllungsgehilfenstellung zugerechnet wird. Auf diese Weise mißlingt die Zurechnung des Fremdversagens, da der Planer den Unternehmer weder als Erfüllungsgehilfen eingeschaltet, noch dessen Planung willentlich übernommen hat.

Der Planungsfehler liegt in der Planungsunterlassung, worauf der Objektplaner jedoch als zu beseitigenden Mangel nicht hingewiesen wurde. Ihm ist infolge der Auffüllung der Planungslücke durch den Unternehmer auch die Nachbesserung verwehrt worden. Die Planung hätte im Verlauf der Ausführung vorgenommen werden können. Eine Mängelbeseitigungsaufforderung ist nicht ergangen. Der Unternehmer hat versagt, in dem er die fehlende Planung nicht gerügt hat, wozu nach § 4 Nr. 3 VOB/B Veranlassung bestand. Der Planer kann also trotz Planungsversagens mangels Einhaltung der Abwicklungsregeln nicht in die Verantwortung genommen werden.

6. Bedenkenanmeldung und Übergang in die Beratung

Der Unternehmer kommt in die Haftung, er steht für die Richtigkeit und Raterteilung ein (vgl. Piel in Festschrift für Soergel, S. 237, 245), wenn er aus der Bedenkenanmeldung zur Beratung übergeht und gemäß dem erteilten Rat dann auch gebaut wird.

Da es sich infolge der Übernahme des Rats um *Formen der Kooperativen Bauausführung* handelt, und Maßnahmen vorliegen, die entweder die Planungs- oder die Koordinierungsverantwortung des Architekten betreffen, bleibt der Planer mit in der Verantwortung.

Das ist nur dann anders, wenn hierdurch nicht mehr die Planung des Architekten verwirklicht wird und der Bauherr unter Umgehung des Bedenken anmeldenden Planers den Rat des Unternehmers in die Tat umsetzt (BGH BauR 1989, 97, 100).

VII. Die Übertragung von Koordinierungs- und Planungsaufgaben auf Hersteller

1. Der Einbeziehungsvorgang

Regelmäßig wird bei Vorgängen, die eine Einbindung der Baustoffhersteller in den Planungs- und/oder Koordinierungsprozeß bewirken, keine unmittelbare Beziehung des Herstellers zum Auftraggeber/Bauherrn begründet. Der Hersteller wird vom Unternehmer oder Objektplaner zugezogen. Die Zuziehung dient der Hilfestellung in der Aufgabenerfüllung. Dem Hersteller kommt weder nach der Rechts- noch nach der technischen Normenlage eine von dieser Zuziehung unabhängige und eigenständige Kompetenz bei der Abwicklung eines Bauobjekts zu.

2. Erfüllungsgehilfenstellung für Planer oder Unternehmer

Durch die Zuziehung wird der *Hersteller* faktisch zum *Erfüllungsgehilfen* des Baubeteiligten, der den Bauproduktenhersteller in das Baugeschehen einbezieht. Aus der Sicht des Planers kann es um die Hilfestellung z. B. bei der Planung und Ausschreibung oder der Objektüberwachung gehen. Das Versagen des Herstellers in diesem Bereich muß sich der Planer nach § 278 BGB wie eigenes Verschulden zurechnen lassen. Eine Übertragung der Planer treffenden Aufgabe auf einen Dritten mit der Folge, daß der Planer nur für die ordnungsgemäße Auswahl nach § 664 BGB einzustehen hätte, findet nicht statt (*keine Substitution*). Dasselbe gilt aus der Sicht des Unternehmers, wenn dieser z. B. im Ausführungsbereich den Hersteller zur Einweisung in die Stoffapplikation oder zur Prüfung der geeigneten Untergrundverhältnisse zuzieht.

Im Verhältnis zum Auftraggeber bleiben allein Objektplaner und Unternehmer in der Pflicht. Eine Übertragung von Verantwortlichkeiten unter Entlastung der dem Bauherrn eigentlich Pflichtigen findet nicht statt.

3. Internes Verhältnis

Das interne Verhältnis von Planer zum Hersteller sowie Unternehmer zum Hersteller ist äußerst problematisch. Der Einzelfall entscheidet, wobei der Gegenstand der Tätigkeit, die eingeschaltete Person, der Zusammenhang mit anderen rechtsgeschäftlichen Vorgängen, die Bedeutung der Angelegenheit und ähnliches eine Rolle spielen. Neben der Information stehen Handreichungen im Ausführungsbereich oder dem Bereich der Textierung von Leistungsverzeichnissen. Die Palette der Einsatzmöglichkeit kann – dies gerade beim Planen und Bauen im Bestand – um die Untersuchung der vorhandenen Substanz erweitert werden und damit gemäß § 15 Abs. 4, § 55 Abs. 5 HOAI typische *Planungsleistungen* erfassen. Diese Tätigkeiten gehen regelmäßig über bloße *Werbemaßnahmen* hinaus und gewinnen an Bedeutung, je objektnäher sie erfolgen. Erfolgen die Aktivitäten des Herstellers gegenüber dem Unternehmer auf der Grundlage eines später abzuschließenden Kaufvertrages über das einzusetzende Produkt, wickeln sich die Gewährleistungsfragen regelmäßig nach Kaufrecht ab (BGH NJW 1983, 2697 = BauR 1983, 584). Fehlt es hieran, was regelmäßig der Fall sein wird, wenn die Hilfestellung gegenüber einem Planer erbracht wird, kommt der *stillschweigende Abschluß eines Beratervertrages* in Betracht (vgl. BGH NJW-RR 1992, 1011; BGH BB 1990, 1368 und LG Tübingen NJW-RR 1989, 1504). Dessen Kriterien sind: Die nachgefragte Auskunft oder Beratung ist für deren fachunkundigen oder nicht so fachkundigen Empfänger von Bedeutung, worum der Auskunfterteilende/Berater weiß. Von der Auskunft/Beratung macht deren Empfänger eine Entscheidung abhängig, an der der sachkundige Auskunfterteilende zumindest ein eigenes wirtschaftliches Interesse hat. Hierbei handelt es sich um Indizien, die einen Anhalt dafür geben können, ob die Beteiligten nach dem objektiven Gehalt ihrer Erklärung die Auskunft/Beratung zum Gegenstand vertraglicher Pflichten und Rechte machen wollen. Die bloße Hingabe einer *Gebrauchsanweisung* begründet keinen stillschweigend geschlossenen Beratungsvertrag (BGH NJW 1989, 1029). Auf der Grundlage eines solchen Vertrages haftet der Berater bei vorwerfbaren Beratungsfehlern nach den *Regeln der positiven Vertragsverletzung* 30 Jahre.

Erbringt der Hersteller nach dem Leistungsinhalt *praktisch Planungsleistungen*, was gerade bei Übernahme von Planungsleistungen nach § 15 Abs. 4, § 55 Abs. 5 HOAI im Bereich der Instandsetzung und Modernisierung erfolgen kann, dürften jedoch regelmäßig *stillschweigend geschlossene Planungsverträge* vorliegen, womit sich die Haftung unter Verjährungsgesichtspunkten nach § 638 BGB beurteilt. Darauf, ob dem Hersteller für die erbrachte Beratungs- oder Planungsleistung eine Vergütung zusteht, kommt es für die Beurteilung der Einstandspflicht des Hersteller nicht an. Selbstverständlich sind hiervon Hilfestellungen zu unterscheiden, die sich in *Laborleistungen* erschöpfen. Solche Leistungen des Produktherstellers sind nicht anders zu beurteilen als die von sonst eingeschalteten Laboratorien oder Instituten. Ihnen kommt Planungscharakter nicht zu. Inhaltlich ist jedoch ein bestimmter, durch Arbeit zu erbringender Erfolg geschuldet, nämlich z. B. einen Bohrkern zu entnehmen und zu untersuchen. Damit liegt ein Werkvertrag vor.

Insgesamt vermittelt die Normenlage ein äußerst komplexes Bild hinsichtlich der die Baubeteiligten von Hause aus treffenden Planungs- und Koordinierungsaufgaben. Die Notwendigkeit, zwischen den einzelnen Tatbeständen und Normfestlegungen zu unterscheiden, erschwert den Zugriff über die Entscheidung im Einzelfall, was gerade dann gilt, wenn es bei der Übertragung von Koordinierungs- und Planungsaufgaben auf Firmen darum geht, die beim Objektplaner verbliebene Verantwortlichkeit zu beschreiben.

Die Rolle des Bausachverständigen im Qualitätsmanagement

Dipl-Ing. (FH) Emil A. Kolb

1. Die Geschichte des Sachverständigenwesens

Die Geschichte des Sachverständigenwesens sowohl im Straf- als auch im Zivilprozeß reicht in Deutschland tief in die mittelalterliche Stadt zurück. Im Strafverfahren spielte der „Sachverständigenbeweis" eine wichtige Rolle. Im Zivilbereich bestellten die Zünfte und Gilden zunächst Sachverständige, um bestimmte Prüfaufgaben zu erledigen. So kontrollierten sie die Qualität von Dienstleistungen und Waren zum Schutze der Allgemeinheit und zur Wahrung der Berufsehre.

Zur Unterstützung des Handelsverkehrs stellten teilweise die kaufmännischen Gilden und zum Teil die von ihnen beherrschten Stadtverwaltungen, Makler, Wäger und andere Vertrauenspersonen als „Handelsfunktionäre" an. Die Qualitätskontrolle auf dem Gebiet der Gütererzeugung lag bei den „Schaumeistern".

Die Stadt Köln berief bereits im Mittelalter Taxatoren und Gerichtskäufer, also Sachverständige, die in Pfandangelegenheiten tätig waren.

Vereidigte Eichmeister, Meßmeister und Wägemeister, deren Tätigkeit Maß- und Gewichtsbetrügereien vorbeugen sollten, konnten unmittelbar von den Kaufleuten in Anspruch genommen werden. Weizenmesser und Wollwieger waren für das Messen und Wiegen im Getreide- und Textilhandel tätig. Baumeister prüften die Qualität von Tragwerken für Gebäude.

Nachdem mit der Gründung des Deutschen Reiches im Jahre 1871 zum erstenmal die Möglichkeit geschaffen wurde, das Prozeßrecht einheitlich zu regeln, wurden sowohl in die Strafprozeßordnung als auch in die Zivilprozeßordnung von 1877 die Pflichten und Rechte der Sachverständigen im Rechtsstreit festgeschrieben.

Grundlage für die öffentliche Bestellung und Vereidigung von Sachverständigen wurde die ebenfalls aus dieser Zeit stammende Gewerbeordnung mit ihrem § 36.

2. Das Sachverständigenwesen in Europa

a) Die bereits oben dargestellten Erfordernisse, daß regional oder auch überregional anerkannte Regeln für Maße und Gewichte auch tatsächlich eingehalten wurden, die Notwendigkeiten, gerade im Gebäudebau von Städten dafür Sorge zu tragen, daß Mindesthöhen bei Räumen und Mindeststärken in Gebälk und Mauerwerk eingehalten wurden, konnten nicht verhindern, daß die sich in Europa bildenden Staaten zum Teil völlig unterschiedliche Wege bei den Berufsbildern der Sachverständigen der verschiedenen Fachgebiete einschlugen.

Während in der nachnapoleonischen Zeit ab 1815 gerade im preußischen Herrschaftsgebiet Verwaltungsreformen dazu führten, daß sich das allgemeine Polizeirecht in die verschiedensten Gebiete, insbesondere das des Gewerberechtes, aber auch des Baurechtes, aufspaltete, mit der Folge, daß die einhergehende Industrialisierung die Überprüfung der Einhaltung vom Gesetzgeber vorgegebener Maße und Normen durch unabhängige Sachverständige verlangte, was letztendlich seinen Niederschlag in den Regelungen des § 36 Gewerbeordnung und des § 402 Zivilprozeßordnung fand, beließen nahezu alle anderen europäischen Staaten das Sachverständigenwesen in einer Art rechtsfreiem Raum.

b) Das **britische Königreich** ließ und läßt es bis heute zu, daß sich nahezu jeder ohne staatliche Zulassung und ohne Nachweis einer besonderen Qualifikation als Sachverständiger bezeichnen und Gutachten für Industrie und Gericht erstatten darf.

Potentielle Auftraggeber wenden sich bei der Suche nach Sachverständigen nicht an eine mit den deutschen Kammern vergleichbare Institution, sondern entweder an die berufsständischen Organisationen, z. B. das Royal Institute of Chartered Surveyors, das Royal Institute of British Architects oder an das Chartered Institute of Arbitrators. Diese, Berufsverbänden ähnelnden Organisationen führen Listen von Sachverständigen, in die Mitglieder aufgenommen werden, die über mehrjährige Berufserfahrung verfügen.

Die Mitglieder dieser, Berufsverbänden vergleichbaren Organisationen sind an der Einhaltung der eigenen Verhaltensrichtlinien gebunden und müssen über eine angemessene Berufshaftpflichtversicherung verfügen. Eine Beleihung mit hoheitlichen Rechten entsprechend der in Deutschland üblichen öffentlichen Bestellung und Vereidigung von Sachverständigen durch eine Kammer gibt es nicht.

Für Gerichtssachverständige gibt es keinerlei Beschränkungen. Voraussetzung ist lediglich, daß ein Sachverständiger auf seinem Gebiet kompetent ist.

Auch das Nichtvorhandensein der erforderlichen Sachkunde verhindert nicht seine Beauftragung als Sachverständiger in einem Rechtsstreit. Seine fehlende Qualifikation ist lediglich bei der richterlichen Beweiswürdigung zu berücksichtigen.

Nur in ganz wenigen Bereichen greift der Staat durch Regulierung in das Sachverständigenwesen ein. Hier ist als Beispiel die Überprüfung von Kraftfahrzeugen in periodischen Zeitabständen zu nennen, die durch staatlich zugelassene Werkstätten erfolgt. Die hier in Frage kommenden Sachverständigen werden vom Verkehrsministerium in einem besonderen Verfahren zugelassen. Voraussetzung ist, daß die Prüfer mindestens zwanzig Jahre alt sein und in der Regel drei Jahre in einer Kraftfahrzeugwerkstatt beschäftigt sein müssen.

c) In **Frankreich** kann sich jeder ohne staatliche Zulassung und Nachweis seiner Qualifikation als Sachverständiger betätigen und sich auch so bezeichnen. Ausnahmen gibt es nur für bestimmte Bereiche, in denen es dann auch besondere Zulassungsvoraussetzungen gibt: Hierzu zählen die Landwirtschafts- und Grundstückssachverständigen, die in einer bei den zuständigen Ministerien geführten Liste aufgenommen sein müssen. Über die Aufnahme in die Liste entscheidet eine Kommission. Der Bewerber muß entweder ein Diplom oder ein dreijähriges Praktikum bei einem Landwirtschafts- und Grundstückssachverständigen nachweisen oder, ohne Diplom, zehn Jahre bei einem solchen Sachverständigen tätig gewesen sein. Sachverständiger vor Gericht kann nur sein, wer auf einer Liste bei einem Appellations- oder einem Kassationsgerichtshof steht. Über die Aufnahme in die Liste entscheidet jährlich eine beim Gericht eingerichtete Fachkommission.

Der Bewerber muß dort seine besondere Sachkunde, seine berufliche Praxis sowie seine persönliche Integrität nachweisen. Ferner ist Voraussetzung, daß der Sachverständige bei einem Appellationsgericht seinen Wohnsitz oder seine gewerbliche Niederlassung im Bezirk dieses Gerichts hat.

Im außergerichtlichen Bereich darf jeder als Sachverständiger tätig werden. Hier ist es üblich, daß die vorhandenen Berufsverbände, z. B. die Chambre des Experts immobiliers, über Sachverständigenlisten verfügen.

d) Die **Niederlande** kennen ebenfalls kein, dem deutschen System vergleichbares Regelwerk für die Bestellung von Sachverständigen. Jeder kann sich ohne staatliche Zulassung und ohne Nachweis einer besonderen Qualifikation als Sachverständiger betätigen. Infolgedessen gestaltet sich die Suche nach einem qualifizierten Sachverständigen unter Umständen schwierig. Die Benennung geeigneter Personen erfolgt meist über Berufsverbände oder Versicherungsunternehmen.

Soweit ein Sachverständiger im Gerichtsverfahren erforderlich ist, machen die Parteien dem Gericht einen entsprechenden Vorschlag; das Gericht bestellt daraufhin den Sachverständigen und beeidigt ihn für dieses Verfahren.

Im Bereich der Sicherheitsprüfungen können nur staatlich anerkannte Unternehmen beauftragt werden.

e) Das Sachverständigenwesen in **Portugal** unterliegt überhaupt keiner gesetzlichen Vorschrift oder einer Regelung. Es gibt auch keine übergeordneten Verbände oder Institutionen, wo Sachverständige integriert oder organisiert sind. Mithin kann jeder ohne staatliche Zulassung und Qualifikation Gutachten für jedermann erstatten und sich selber als Sachverständiger bezeichnen.

Ausnahmen bestehen nur im Bereich bestimmter Anlagen und Einrichtungen, die in bezug auf ihre Betriebsgenehmigung und Betriebssicherheit von staatlichen Behörden überprüft werden.

Vor Gericht treten Sachverständige lediglich als von Parteien benannte Zeugen auf. Ein Gutachten entspricht in seiner Beweisfunktion einer Zeugenaussage. Listen mit Sachverständigen stehen den Gerichten nicht zur Verfügung.

f) In **Spanien** kann grundsätzlich jede Person ohne staatliche Zulassung als Sachverständiger Gutachtentätigkeit anbieten. Jedoch muß der Sachverständige in vielen Bereichen Qualifikationen besitzen, deren Nachweis er dadurch erreicht, daß er Mitglied eines Berufsverbandes oder einer Art Berufskammer ist. Für die Mitgliedschaft in diesen Kammern ist eine bestimmte berufliche Qualifikation durch Diplome oder andere Berufsabschlüsse nachzuweisen.

Zur Überprüfung der Einhaltung öffentlich-rechtlicher Sicherheitsvorschriften sind nur besondere, staatlich zugelassene Sachverständige befugt. Meist sind dies Gutachterfirmen, die in den staatlichen Registern beim Ministerium für Industrie und Energie eingetragen sein müssen.

Sachverständige, die vor Gericht auftreten wollen, unterliegen den Regelungen des Art. 615 der Spanischen Zivilprozeßordnung. Danach müssen diese Sachverständigen Berufstitel mit Bezug auf das jeweilige Sachgebiet besitzen, über das ein Gutachten zu erstellen ist. Soweit berufsrechtliche Regelungen hier allerdings nicht vorhanden sind, darf jede für ein bestimmtes Thema sachlich anerkannte Person als Sachverständiger auftreten.

g) Zum Schluß ein Blick auf ein nicht der Europäischen Union angehörendes Land Europas, der **Schweiz.**

Auch hier kann jedermann ohne staatliche Zulassung und Qualifikation Privatgutachten erstatten und sich als Sachverständiger bezeichnen.

Aufgrund der schweizerischen Bundesverfassung ist das Zivil- und Strafprozeßrecht Sache der einzelnen Kantone. Infolgedessen richtet sich die Bestellung von Sachverständigen vor Gericht nach dem jeweiligen Kantonsrecht, dessen einzelne Bestimmungen stark voneinander abweichen. So kann beispielsweise in einigen Kantonen jeder Einwohner, der die erforderlichen Fachkenntnisse aufweist oder einen einschlägigen Beruf öffentlich ausübt, verpflichtet werden, vor Gericht Gutachten zu erstellen.

Im Planungs- und Baubereich können aufgrund der einschlägigen Gesetze fachkundige private Personen zur Vornahme von Kontrollen ermächtigt werden.

3. Die Situation in Europa mit Einführung des Europäischen Binnenmarktes zum 1.1.1993

Die Beschreibungen des Sachverständigenwesens einiger Mitgliedsländer der Europäischen Union und auch der Schweiz haben aufgezeigt, daß Europa von einem einheitlichen Sachverständigenwesen weit entfernt ist.

In Europa sind lediglich hinsichtlich einer gesetzlichen Festschreibung des Sachverständigenwesens Deutschland und Österreich vergleichbar. Das österreichische System der Beeidigung von Sachverständigen durch Gerichte und das deutsche System der öffentlichen Bestellung und Vereidigung von Sachverständigen durch Kammern weisen starke Parallelen auf und können in vielen Gebieten sogar als deckungsgleich bezeichnet werden.

Versuche seitens der Bundesrepublik Deutschland, das in Deutschland bewährte Sachverständigensystem über die Europäische Kommission in die Mitgliedsländer der Europäischen Union zu übertragen und den Partnern in Europa die Übernahme dieses Systems der Bestellung von Sachverständigen durch Kammern oder vergleichbare Institutionen anzubieten, scheiterten in den Mitgliedsländern am nachvollziehbaren Festhalten am eigenen Sachverständigensystem.

Da aber der Europäische Binnenmarkt mit seinen zunehmenden Verflechtungen in den Bereichen des Handels, der industriellen Produktion und des Dienstleistungssektors die Angleichung verschiedenster Maß- und Normungssysteme zwingend erfordert, war und ist es unumgänglich, im Bereich des Sachverständigenwesens ebenfalls eine Vereinheitlichung herbeizuführen, die die Einhaltung einheitlicher Maße und Normen in allen Bereichen des Handels, der Produktion und des Dienstleistungswesens, insbesondere aber im weiten Sektor des Bauwesens, gewährleistet.

4. Europa und die Zertifizierung

a) Das ursprünglich in Großbritannien entstandene System der Akkreditierung und Zertifizierung von Produkten, Dienstleistungen und Personen, welches zunehmend Aufmerksamkeit und Interesse in Europa findet, bietet eine Möglichkeit, eine Harmonisierung des Sachverständigenwesens in der Europäischen Union herbeizuführen.

Die Kommission der Europäischen Gemeinschaften hat daraus deshalb ein europäisches System der Qualitätssicherung entwickelt, dessen Verfahren und Instrumente dem Kunden (zumindest theoretisch) die Möglichkeit geben sollen, Vertrauen in die am Markt angebotenen Produkte oder Dienstleistungen zu haben. Dieses System der Qualitätssicherung läßt sich am besten mit den Begriffen Akkreditierung, Zertifizierung und Auditierung umreißen.

Bevor auf die Konzeption dieses Systems vertieft eingegangen wird, soll der Inhalt dieser drei Begriffe kurz definiert werden:

Akkreditieren heißt vereinfacht, die Kompetenz durch Durchführung von Prüfungen zu bestätigen.

Zertifizieren heißt vereinfacht, die Übereinstimmung mit einem Sollwert oder einer Vorgabe festzustellen, wobei der Sollwert oder die Vorgabe in der Regel in Normen, technischen Spezifikationen, aber auch Ausbildungssystemen o. ä. festgelegt ist. Zertifiziert werden können Produkte, Qualitätssicherungssysteme, aber auch Personen, z. B. Sachverständige.

Auditieren ist der Vorgang der Überprüfung, ob Kompetenz, z. B. in einem Laboratorium, bei der Entwicklung und Produktion des Betriebes oder aber auch bei einer Zertifizierungsstelle, hier wäre dies eine Zertifizierungsstelle für Sachverständige, vorliegt.

Auf den Bereich des Sachverständigenwesens übertragen, würde das wie folgt aussehen: Eine Zertifizierungsstelle für Sachverständige, die wiederum durch eine Akkreditierungsstelle akkreditiert ist, prüft das Vorhandensein der besonderen Sachkunde bei einem Sachverständigen für ein oder mehrere Fachgebiete und erteilt bei erfolgreicher Prüfung dem Sachverständigen darüber ein Zertifikat. Diese Sachverständigenzertifizierungsstelle unterliegt einer regelmäßigen Auditierung, d. h. Kontrolle durch die Akkreditierungsstelle in bezug auf die Einhaltung vorgegebener Qualitätsnormen für die Zertifizierung von Sachverständigen. Eine vergleichbare Auditierung, d. h. Kontrolle, führt die Sachverständigenzertifizierungsstelle in regelmäßigen Abständen beim einzelnen Sachverständigen durch, und zwar im Laufe des Zeitraumes, für den das dem Sachverständigen ausgestellte Zertifikat gilt.

b) Bevor hier weiter auf Einzelheiten eingegangen werden soll, ist es notwendig, einige Fragen zu beantworten, die für den weiteren Aufbau des Systems der Zertifizierung von Sachverständigen von grundlegender Bedeutung sind. Das System der öffentlichen Bestellung und Vereidigung von Sachverständigen nach § 36 Gewerbeordnung durch Kammern verknüpft die Bestellung auf einem bestimmten Gebiet des Sachverständigenwesens immer mit dem Nachweis der besonderen Sachkunde durch die Person des Sachverständigen. Das heißt, die Qualifikation und Kompetenz ist immer an die einzelne Person gebunden.

Demgegenüber ist auch ein System der Qualifikation denkbar, welches nicht an die einzelne Person gebunden ist, sondern an ein Sachverständigenbüro als solches. Dies würde auf das uns bekannte Bestellungssystem übertragen bedeuten, daß nicht die Person des Sachverständigen durch die Kammer bestellt würde, sondern lediglich von seiten eines Sachverständigenbüros der Nachweis geführt werden müßte, daß ein Sachverständigenbüro bei der Erstellung von Gutachten die Einhaltung eines vorgegebenen Verfahrensablaufes einhält, unabhängig davon, welcher einzelne Sachverständige dieses Büros ein Gutachten im Einzelfall erstellt hat. Mit anderen Worten, es ist zu fragen, bei wem die Qualifikation, also die besondere Sachkunde, vorauszusetzen ist: bei einem Sachverständigenbüro als Gesamtheit oder bei der Einzelperson des in einem solchen Sachverständigenbüro tätigen Sachverständigen.

Diese Frage der *Systemqualifikation* oder der *Qualifikation einer Person* ist für den Auf- und Ausbau eines Systems der Akkreditierung und Zertifizierung im Sachverständigenwesen von grundlegender Bedeutung.

In den meisten Ländern der Europäischen Union ist die Zertifizierung im Bereich des Qualitätsmanagements nicht an Personen gebunden, sondern führt zu einer Zertifizierung eines Systems, in dem Produkte hergestellt, Qualitätssicherungsmaßnahmen durchgeführt oder Dienstleistungen erbracht werden. Im Sachverständigenbereich ist eine Harmonisierung zur Personenzertifizierung nicht nur wünschenswert, sondern notwendig.

Unter kontroversen Diskussionen hat man sich im Bereich des Sachverständigenwesens der

Bundesrepublik Deutschland bei der Einführung der Zertifizierung dafür entschieden, am aus der Kammerbestellung bewährten System der Personenprüfung festzuhalten und mithin auch im Bereich der Zertifizierung von Sachverständigen zukünftig den Nachweis des Vorliegens der besonderen Sachkunde beim einzelnen Sachverständigen zu verlangen und sich nicht lediglich auf die Einhaltung des vorgegebenen Qualitätsstandards bei einem Sachverständigenbüro ohne Ansehung der Person des einzelnen Sachverständigen zu beschränken.

c) Anwendbarkeit der DIN EN ISO 9000 ff.-Reihe

In den letzten Jahren hat sich vor allem ein Zertifikat zunehmend international durchgesetzt, nämlich das Zertifikat nach DIN EN ISO 9000 ff. Diese Form der Standardisierung von Unternehmensabläufen ist wohl vorwiegend auf Unternehmer aus dem angelsächsischen Raum zurückzuführen. Besonders amerikanische Unternehmen legen Wert darauf, daß ihre ausländischen Töchter nach gleichen Kriterien zu bewerten sind wie die Muttergesellschaften.

Sind Sie schon zertifiziert? Immer häufiger werden Bauunternehmer mit dieser Frage konfrontiert. Vor allem bei privaten Auftraggebern findet man in Ausschreibungsunterlagen die Forderung nach einem QM-System des Auftragnehmers.

Qualitätsmanagement oder auch kurz QM ist auf dem Vormarsch und alles deutet darauf hin, daß in absehbarer Zeit kein Bauunternehmen mehr auf die Einführung von QM wird verzichten können.

Qualitätssicherung ist nichts Neues. Schon seit Jahren wird es in der Industrie im Bereich der Serienfertigung praktiziert. In der Bauwirtschaft sieht das ganz anders aus. Jedes neue Bauprojekt wird mit anderen Partnern, Bauherrn, Planern, Ingenieuren und Arbeitsgruppen, an anderen Orten, unter wechselnden Umständen und Einflüssen durchgeführt. Eine der Hauptfehlerquellen am Bau sind die Schnittstellen zwischen den Partnern. Dem kann nur abgeholfen werden, wenn diese die gleiche Sprache sprechen. Qualitätsmanagement-Normen sollen dies ermöglichen. Die Vorteile liegen vor allem in der Senkung von Kosten durch stetige Fehlerreduktion, der verbesserten Transparenz der Unternehmensorganisation und der Erhöhung der Kundenzufriedenheit.

Wenn der Auftraggeber einen Nachweis über ein QM-System verlangt, so hat er grundsätzlich zwei Möglichkeiten:
– Er überzeugt sich selber, ob der mögliche Auftragnehmer die Forderungen der Qualitätsnormenelemente einhält oder
– er greift zurück auf die Bescheinigung Dritter – ein Zertifikat einer akkreditierten Zertifizierungsstelle, die die Übereinstimmung des Unternehmenssystems mit der jeweiligen Norm bestätigt.

Was steckt nun hinter diesen Normen? Die Norm besitzt sogenannte Qualitätselemente, die jedes Unternehmen als Abläufe bei der Erledigung eines Auftrages mindestens beachten sollte, um so die Voraussetzung für eine gleichbleibende Qualität bzw. ständig steigende Qualität zu schaffen.

Die Norm gibt aber keine Garantie dafür, daß Produkte bzw. Dienstleistungen eine hohe Qualität aufweisen. Sie soll nur dokumentieren, daß das Unternehmen alle Forderungen des Qualitätsnormenspektrums erfüllt und daher Voraussetzung für eine gute Qualität bietet.

Wäre diese Norm auch auf den Sachverständigen anwendbar? Sicherlich ist bei größeren Sachverständigenbüros eine Optimierung der Organisation zu erreichen.

Wie sieht es jedoch mit der Qualität des einzelnen Sachverständigen aus? Hier kommt es auf den Sachverstand des einzelnen an; es ist die Person gefordert. Selbst bei der besten Organisation des Büros kann man auf die Erfahrung und den Sachverstand des einzelnen nicht verzichten.

Ähnlich wie beim System der Zertifizierung haben in Deutschland die Bestellungsbehörden als unabhängige Dritte den Sachverstand des Sachverständigen durch die öffentliche Bestellung und Vereidigung nach außen dokumentiert. Die Industrie- und Handelskammern haben durch die Erarbeitung von Bestellungsvoraussetzungen für einzelne Fachgebiete mit dazu beigetragen, daß Qualitätsniveaus von Sachverständigen vergleichbar wurden. Durch den § 36 Gewerbeordnung wurde den Bestellungskörperschaften der Auftrag gegeben, solche Sachverständige auszuwählen, die die fachliche und persönliche Sachkunde nachweisen.

Die Systemzertifizierung nach DIN EN ISO 19000 ff. reicht daher für einen solchen Qualitätsnachweis nicht aus.

d) Anwendbarkeit der DIN EN 45 013

Im Rahmen des globalen Konzepts zur Harmonisierung des freien Waren-, Dienstleistungs- und Personenverkehrs haben sich die Länder der EU auf die Verabschiedung von Normen geeinigt. Eine Kategorie ist die Normenreihe 45 000 ff. Hier geht es vor allem um den Kompetenznachweis von Prüf- und Zertifizierungsstellen und darum, gegenseitiges Vertrauen in Stellen zu schaffen, die Zertifikate ausstellen. Es soll sichergestellt werden, daß diese Stellen unabhängig von kommerziellen Interessen der Zertifikatsbenutzer sind.

Eine dieser gemeinsam verabschiedeten Normen, die Europa-Norm 45 013, gibt die Kriterien für eine Zertifizierungsstelle vor, die Personal zertifizieren kann. Diese Kriterien zielen vor allem auf die organisatorische Struktur der Zertifizierungsstelle ab. In ähnlicher Weise wie die öffentliche Bestellung soll diese Stelle die Kompetenz von Personal feststellen. Dazu muß sie zuerst nachweisen, daß sie in der Lage ist, die geforderten Kriterien zu erfüllen.

Während im Rahmen des § 36 Gewerbeordnung vom Staat beliehene Stellen die öffentliche Bestellung und Vereidigung durchführen, werden im Rahmen der Normenreihe 45 000 ff. private Stellen tätig. Im Zuge der Deregulierungspolitik der Europäischen Kommission ist die Zertifizierung von Sachverständigen größtenteils aus dem geregelten Bereich herausgehalten worden. Jedoch greift man auch im geregelten Bereich zunehmend auf das System der Akkreditierung und Zertifizierung zurück (z. B. beim Medizinproduktegesetz).

5. Beschreibung der Personalzertifizierung am Beispiel des Bausachverständigen

a) Systembeschreibung

Ausgehend von den bereits oben kurz beschriebenen Begriffen Akkreditierung, Zertifizierung und Auditierung soll nun das vollständige System der Zertifizierung von Sachverständigen erläutert werden.

Bevor allerdings der Ablauf einer Sachverständigenzertifizierung beschrieben wird, ist es nochmals erforderlich, einen Blick auf den abstrakten Bereich zu werfen. Ein Sachverständiger, der seine Zertifizierung auf einem bestimmten Fachgebiet erstrebt, beantragt diese bei einer Zertifizierungsstelle. Eine Zertifizierungsstelle leitet ihre Kompetenz zur Zertifizierung von einer Akkreditierungsstelle ab, die sich nach einer Europanorm akkreditiert.

Akkreditierung ist eine vertrauensbildende Maßnahme, durch die eine autorisierte Stelle, die Akkreditierungsstelle, die Kompetenz eines Prüflaboratoriums oder einer Stelle, bestimmte Prüfungen oder Aufgaben auszuführen, formell anerkennt.

Da es sich, wie bereits oben dargelegt, bei der Zertifizierung von Sachverständigen um eine Personenzertifizierung handelt, wird die zuständige Zertifizierungsstelle für Sachverständige von seiten der Akkreditierungsstelle nach der Europanorm EN 45 013 formell anerkannt, also akkreditiert. Die Akkreditierungsstelle leitet ihre Kompetenz zur Akkreditierung von Zertifizierungsstellen wiederum vom **Deutschen Akkreditierungsrat DAR** ab, der bei der Bundesanstalt für Materialforschung und -prüfung BAM angesiedelt ist.

Die Einrichtung des Deutschen Akkreditierungsrates unter dem Dach der Bundesanstalt für Materialforschung und -prüfung rührt daher, daß im Gegensatz zu vielen europäischen Ländern die Bundesrepublik Deutschland keine nationale Organisation für die Akkreditierung von Laboratorien oder Zertifizierungsstellen geschaffen hat, sondern die Entwicklung dem freien Markt überließ. Als Folge entstand deshalb ein heterogenes, dezentrales und somit schwer überschaubares System, dessen europäische Akzeptanz schwer zu erreichen ist, obwohl es anerkannt fachkompetent und flexibel arbeitet.

Um für dieses System in Zukunft ein möglichst hohes Maß an Effektivität und Transparenz zu gewährleisten und insbesondere die Kompatibilität mit den Akkreditierungssystemen der europäischen Nachbarn zu sichern, legte der Bundesverband der Deutschen Industrie BDI 1988 ein von allen Seiten miterarbeitetes und akzeptiertes Organisationskonzept vor, das nach seiner Modifikation die Grundlage des gegenwärtigen Systems der Akkreditierung und Zertifizierung bildet.

Der aufgrund dieses Organisationskonzeptes unter dem Dach der Bundesanstalt für Materialforschung und -prüfung 1991 eingerichtete Deutsche Akkreditierungsrat stellt somit das deutsche Gegenstück zu den Akkreditierungsorganisationen der europäischen Nachbarn dar. Er besteht aus einer gleichen Anzahl von Vertretern der privaten Akkreditierungsstellen und Vertretern des sogenannten geregelten Bereiches und – als ständigen Mitgliedern – jeweils eines Repräsentanten des Bundeswirtschaftsministeriums, des Bundesinnenministeriums und des Deutschen Instituts für Normung.

Der DAR hat folgende Aufgaben:
1. Koordination der in Deutschland erfolgten Tätigkeiten auf dem Gebiet der Akkreditierung und Anerkennung von Prüf- und Kalibrierlaboratorien, Zertifizierungs- und Überwachungsstellen;
2. Koordination der privaten Akkreditierungsstellen im sogenannten nichtgeregelten Bereich mit den im sogenannten geregelten Bereich tätigen amtlichen Akkreditierungsstellen;
3. Wahrnehmung der deutschen Interessen in nationalen, europäischen und internationalen Einrichtungen, die sich mit allgemeinen Fragen der Akkreditierung bzw. Anerkennung beschäftigen;
4. Führen eines zentralen deutschen Akkreditierungs- und Anerkennungsregisters.

An dieser Stelle muß die Aufteilung des deutschen Systems der Akkreditierung und Zertifizierung in den sogenannten geregelten und den sogenannten nichtgeregelten Bereich erläutert werden. Von der Überlegung ausgehend, die Akkreditierung und Zertifizierung von Qualitätssicherungs- bzw. Qualitätsmanagementsystemen in den Bereichen Produktion, Dienstleistungserbringung und Personen nur mit einem Mindestmaß an staatlicher Regulierung zu belasten, beabsichtigt die Europäische Union, nur solche Fachgebiete qua Gesetz einer Akkreditierung bzw. Zertifizierung zu unterwerfen, die sicherheitsrelevant sind. Hier sind beispielhaft zu nennen: der Gesundheitsbereich, der Arbeitsschutz sowie der Umweltsektor. Auf diesen Gebieten wird die Europäische Union künftig Richtlinien erlassen, in denen die grundlegenden Anforderungen, d. h. die Schutzziele, definiert sind. Man spricht deshalb bei diesen Bereichen, die einer *gesetzlichen* Regulierung unterliegen, vom *geregelten* oder auch *harmonisierten* Bereich. Als Beispiel sind die Sachverständigen zu nennen, die zukünftig im Bereich der Überprüfung von Medizinprodukten und Medizintechnik tätig sind. Da es sich hier um einen geregelten Bereich handelt, erfolgt ihre Zertifizierung mittels einer Verordnung zum Medizinproduktegesetz durch die Zentralstellen der Länder für Sicherheitstechnik.

Im Gegensatz zum *geregelten* oder auch *harmonisierten* Bereich steht der größere *nichtgeregelte* oder *nichtharmonisierte* Bereich.

Dieser nichtgeregelte Bereich, in dem sich das Sachverständigenwesen, jedenfalls in der Bundesrepublik Deutschland, nahezu ausschließlich befindet, kann und soll sich seine „Gesetze" für das Vorhandensein von Kompetenz und hoher Qualifikation weitestgehend selbständig schaffen. Dieser Entscheidung liegt die Überlegung zugrunde, daß sich am Markt letztendlich nur Qualität behaupten kann.

Für den gesetzlich nichtgeregelten oder auch nichtharmonisierten Bereich ist die Schaffung unabhängiger Akkreditierstellen – meistens in der Regie der betroffenen oder interessierten Industrieverbände oder Institutionen – in privater Trägerschaft vorgesehen. Die *Trägergemeinschaft für Akkreditierung TGA* wurde zur Koordination und Vertretung der privaten Akkreditierer geschaffen. Sie soll für ein einheitliches Erscheinungsbild, vereinheitlichte Verfahrensregeln, Schlichtung im Streitfall und somit für internationale Akzeptanz sorgen. Gemäß eines bestehenden Konsenses ist die TGA einzige Akkreditierungsstelle für Zertifizierungsstellen nach den Europanormen EN 45 012 und 45 013, also für die Bereiche Qualitätssicherungs- bzw. Managementsysteme und Personal.

Wie bereits oben ausgeführt, hat man sich in Deutschland bei der Zertifizierung von Sachverständigen in konsequenter Fortführung des Systems der öffentlichen Bestellung und Vereidigung von Sachverständigen durch die Kammern, also einer personenbezogenen Bestellung, ebenfalls für die Zertifizierung von Personen und gegen die Zertifizierung von Systemen entschieden. Demnach unterliegt die Akkreditierung einer Zertifizierungsstelle für Personen, hier also für Sachverständige, der Europanorm 45 013 und fällt in den Aufgabenbereich der Trägergemeinschaft für Akkreditierung TGA. Bisher ist in der Bundesrepublik Deutschland noch keine Personenzertifizierungsstelle für Sachverständige durch die TGA akkreditiert worden.

Das bei der Industrie- und Handelskammer zu Köln angegliederte *Institut für Sachverständigenwesen IfS* hat bei der TGA einen Antrag auf Akkreditierung als Zertifizierungsstelle für Sachverständige zunächst für die Fachgebiete
1. Bewertung von bebauten und unbebauten Grundstücken,

2. Bewertung von Maschinen und
3. Bewertung von Kraftfahrzeugen und Kraftfahrzeugschäden

gestellt. Nach und nach werden weitere Bereiche des Sachverständigenwesens hinzukommen. Als nächstes werden die Akkreditierungen auf den Gebieten
– Schäden an Gebäuden,
– EDV und Elektronik und
– Gebäudetechnik

beantragt werden. Weitere Fachgebiete sind in Vorbereitung.

Wie bereits oben ausgeführt, erfolgt die Akkreditierung von Personalzertifizierungsstellen im sogenannten nichtgeregelten Bereich. Dies hat zur Folge, daß bei der Trägergemeinschaft für Akkreditierung TGA in einzurichtenden *Sektorkomitees* die Richtlinien und Qualitätsstandards für die Zertifizierung von Sachverständigen für jedes Fachgebiet erarbeitet werden müssen.

Diese Sektorkomitees umfassen bis zu 15 Vertreter der mit dem Sachverständigenwesen zusammenarbeitenden Institutionen, d. h. der Industrie, den Versicherungen, den Banken, den Kammern, den Prüforganisationen sowie den Verbänden und Fachverbänden.

Die Zertifizierungsstelle muß die Prüfungsverfahren für jeden Fachbereich in ihrem Qualitätssicherungshandbuch darstellen. Jeder Bereich wird von der TGA, dem Akkreditierer, überprüft. Erfüllt dieses Verfahren die in den Sektorkomitees festgelegten Richtlinien und Qualitätsstandards, erfolgt die Akkreditierung der Zertifizierungsstelle in den einzelnen beantragten Fachgebieten des Sachverständigenwesens.

Im Qualitätssicherungshandbuch der Zertifizierungsstelle ist genau festgelegt, wie die Zertifizierungsstelle arbeitet, welcher Prüfungs- und Überprüfungsmethoden sie sich bei der Zertifizierung von Sachverständigen bedient und wie die dem Akkreditierungs- und Zertifizierungssystem immanenten, in feststehenden Zeiträumen durchzuführenden Überwachungen, sprich Überprüfungen der Sachverständigen, durchzuführen sind. Dieser Verpflichtung, sich einer regelmäßigen Überprüfung durch Audits zu unterwerfen, unterliegt auch die Zertifizierungsstelle. Diese Auditierungen werden in unregelmäßigen Abständen durch den Akkreditierer, im Falle des IfS durch die TGA, durchgeführt.

Die Überwachungen der Sachverständigen werden nach dem bisherigen Erkenntnisstand in mehrjährigen Abständen erfolgen. Die Abstände sind abhängig von den einzelnen Fachgebieten. Nach der ersten Prüfung des Sachverständigen erfolgt dessen Zertifizierung. Sie wird übergangslos erneuert bzw. verlängert, wenn die erfolgte Überwachung positiv verlaufen ist.

Wie sieht nun eine Zertifizierungsstelle für Sachverständige aus? Die Struktur einer Zertifizierungsstelle für Sachverständige läßt sich am ehesten von ihrem Aufgabenbereich her erfassen. Diese Aufgabe besteht darin, einen die Zertifizierung beantragenden Sachverständigen daraufhin zu prüfen, ob er die vorgegebenen Kriterien erfüllt, mittels derer er nachweist, daß er auf einem bestimmten, von ihm zuvor angegebenen Fachgebiet über besondere Sachkunde verfügt.

Nach einer Definition des Deutschen Akkreditierungs-Rates DAR, die dieser auf einer am 1. März diesen Jahres stattgefundenen Sitzung festgelegt hat, versteht man unter einem *Sachverständigen*: „Eine integere Person, die auf einem oder mehreren bestimmten Gebieten über besondere Sachkunde und Erfahrung und die Fähigkeit, die Beurteilung eines Sachverhaltes in Wort und Schrift nachvollziehbar darzustellen, verfügt und aufgrund eines Auftrages über einen ihr vorgelegten oder von ihr festgestellten Sachverhalt objektiv allgemeingültige Aussagen trifft."

Beantragt eine Institution bei der zuständigen Akkreditierungsstelle, also im Sachverständigenbereich bei der TGA, ihre Akkreditierung als Personalzertifizierungsstelle nach der bereits vorhin erwähnten Europanorm 45013, so hat sie im Zuge ihres Akkreditierungsverfahrens nachzuweisen, daß sie für diejenigen Gebiete, auf denen sie Sachverständige zu zertifizieren beabsichtigt, Verfahren dokumentiert, mittels derer sie das Vorhandensein der geforderten Sachkunde bei zu zertifizierenden Sachverständigen nachvollziehbar feststellt. Das Qualitätssicherungshandbuch hat insbesondere die Abläufe von schriftlichen und/oder mündlichen Prüfungsverfahren wiederzugeben, nach denen das Zertifizierungsverfahren für Sachverständige abläuft.

Des weiteren ist inhaltlich genau festzulegen, in welchen Zeitabschnitten und unter welchen Voraussetzungen bei jedem zu zertifizierenden Sachverständigen turnusmäßig durchzuführende Folgeprüfungen, Überwachungen genannt, zu erfolgen haben.

An eine Zertifizierungsstelle für Personen sind folgende allgemeine Anforderungen zu stellen:
1. Alle Anbieter bzw. Personen müssen Zugang zu den Diensten der Zertifizierungsstelle haben.
2. Es dürfen keine unangemessenen finanziellen oder andere Bedingungen gestellt werden.
3. Das Verfahren, nach dem die Zertifizierungsstelle arbeitet, muß ohne Diskriminierung angewendet werden.

Darauf aufbauend ergibt sich die organisatorische Struktur einer Zertifizierungsstelle. Diese Struktur ist allen Zertifizierungsstellen, die sich mit Produktzertifizierung, der Zertifizierung von Qualitätssicherung- bzw. Qualitätsmanagementsystem sowie der Personalzertifizierung beschäftigen, gemeinsam und muß durch das Vorhandensein folgender Unterlagen dokumentiert werden:
1. Ein Organigram, aus dem Verantwortlichkeit und hierarchischer Aufbau der Stelle und insbesondere die Beziehung zwischen Prüf-, Überwachungs- und Zertifizierungsfunktionen bzw. zwischen Begutachtungs- und Zertifizierungsfunktionen klar hervorgehen.
2. Angaben darüber, wie die Stelle finanziell getragen wird.
3. Beschreibung der Zertifizierungssysteme einschließlich der Regeln und Verfahren zur Zertifizierung.
4. Eindeutige Dokumentation der Rechtsform.
5. Allgemeine Aussage über den Verwendungsbereich der Prüfungseinrichtungen.
6. Einzelheiten der dokumentierten Verfahren zur Überwachung von Genehmigungsinhabern bzw. Anbietern bzw. Antragstellern.
7. Ein Verzeichnis der Unterauftragnehmer und Einzelheiten der dokumentierten Verfahren zur Begutachtung und Überwachung ihrer Kompetenz.
8. Einzelheiten über Beschwerdeverfahren gegen Entscheidungen der Zertifizierungsstelle.

Des weiteren müssen folgende Anforderungen an die Kompetenz und Verläßlichkeit von Zertifizierungsstellen gestellt werden, die sich auf die Bereiche
– Verwaltungsstruktur und Organisation,
– Lenkungsgremium,
– Dokumentationen und Aufzeichnungen,
– Zertifizierungsverfahren,
– Prüf- und Überwachungseinrichtungen,
– Qualitätssicherungssysteme,
– Vertraulichkeit,
– Beschwerden und Beanstandungen,
– Entzug und Annullierung erteilter Zertifikate
beziehen.

Diese aufgeführten Kriterien werden in den von seiten der für die Zertifizierungsstelle akkreditierenden Stelle bei den turnusmäßig durchzuführenden Auditierungen der Zertifizierungsstelle auf ihre Einhaltung geprüft. Diese Überprüfungen erfolgen in der Regel jährlich.

b) Ablauf in der Praxis

Wie erfolgt nun die Zertifizierung eines Sachverständigen in der Praxis? Ein Sachverständiger, der die Zertifizierung auf einem bestimmten Fachgebiet anstrebt, z. B. im Bereich Bauschäden, hat einen diesbezüglichen Antrag an die Zertifizierungsstelle zu richten. Für jeden einzelnen Zertifizierungsbereich ist ein Anforderungsprofil vorgegeben, welches Grundlage zur Erlangung des angestrebten Kompetenzzertifikates durch die nach der Europanorm 45013 akkreditierte Zertifizierungsstelle ist. Grundsätzlich können selbständige und angestellte Sachverständige zertifiziert werden.

Für den Bereich der Sachverständigen für Bauschäden können definitive Angaben über das Anforderungsprofil erst nach Abschluß der Arbeit des zuständigen Sektorkomitees bei der Trägergemeinschaft für Akkreditierung gemacht werden, die das entsprechende Anforderungsprofil bzw. die Qualifikationsvoraussetzungen festlegen.

Es ist jedoch davon auszugehen, daß das Anforderungsprofil im Bereich der Sachverständigen für Bauschäden vergleichbar mit dem Anforderungsprofil ist, das die Kammern für eine öffentliche Bestellung und Vereidigung voraussetzen. Dies sind insbesondere im Hinblick auf die Vorbildungsvoraussetzungen ein abgeschlossenes Studium an einer Technischen Hochschule oder einer Fachhochschule bzw. eine handwerkliche fachbezogene Berufsausbildung mit dem Abschluß des Meistertitels.

Der erlernte Beruf muß mindestens drei Jahre ausgeübt worden sein. Darüber hinaus muß eine mindestens zweijährige Sachverständigentätigkeit auf dem angestrebten Zertifizierungsgebiet nachgewiesen werden.

Die persönlichen Voraussetzungen eines Antragstellers entsprechen ebenfalls den Anforderungen, die von den Kammern für die öffentliche Bestellung und Vereidigung verlangt werden. Es sind das Vorhandensein der besonderen Sachkunde, die praktische Erfahrung und Fähigkeit, Gutachten zu erstatten, die Erfordernis der Gewähr für Unparteilichkeit und Glaubwürdigkeit sowie die Einhaltung der Pflichten der Zertifizierungsrichtlinien. Es dürfen keine grundlegenden Bedenken gegen die Eignung der Antragsteller bestehen, insbesondere muß er in geordneten wirtschaftlichen Verhältnissen leben und darf nicht vorbestraft sein.

Befindet sich der Antragsteller in einem Angestelltenverhältnis, so hat er schriftlich zu erklären, daß er seinen Beruf als Sachverständiger weisungsfrei, persönlich ausübt und keinen Parteivorgaben unterliegt.

Die von ihm gefertigten Gutachten sind selbst zu unterschreiben und mit dem ihm verliehenen Stempel zu versehen.

Der Prüfungsablauf kann ebenfalls vor Festlegung durch das zuständige Sektorkomitee nicht differenziert beschrieben werden.

Die Prüfung wird sich jedoch je nach Zertifizierungsgebiet unterschiedlich gestalten, wobei davon auszugehen ist, daß die Prüfung regelmäßig einen schriftlichen, einen praktischen und einen mündlichen Teil beinhaltet.

Bei Nichtbestehen der Prüfung ist eine Wiederholungsprüfung möglich. Allerdings kann diese regelmäßig nicht unmittelbar angeschlossen werden, da der die Prüfung wiederholende Antragsteller ausreichend Zeit für den Ausgleich festgestellter Schwachpunkte in seinem Wissens- und Sachgebiet haben muß. Nach Bestehen der Prüfung erfolgt die Aushändigung des Prüfungszertifikates.

Der nunmehr für ein bestimmtes Fachgebiet zertifizierte Sachverständige unterliegt für den Zeitraum, für den die zeitlich befristete Zertifizierung ausgesprochen ist, einer Überwachung. Diese Überwachung erfolgt unregelmäßig und stichprobenartig. Es ist davon auszugehen, daß eine Überwachung, die in der Regel die Vorlage von Gutachten umfaßt, höchstens einmal im Jahr erfolgt. Sofern allerdings begründeter Anlaß vorliegt, daß der zertifizierte Sachverständige gegen die fachspezifischen Zertifizierungsrichtlinien verstößt, insbesondere bei der Zertifizierungsstelle Beschwerden über seine Gutachtertätigkeit vorgebracht werden, wird er zur Stellungnahme aufgefordert, die bei Nichtentkräftung der Beschwerden zu einer außerordentlichen Auditierung führen kann.

Nach Bestehen der Zertifizierungsprüfung händigt die akkreditierte Zertifizierungsstelle dem zertifizierten Sachverständigen das Kompetenzzertifikat, einen Sachverständigenausweis und einen Stempel aus. Ausweis und Stempel bleiben Eigentum der Zertifizierungsstelle und sind nach Ablauf bzw. Nichtverlängerung der Zertifizierung an diese unverzüglich zurückzugeben. Die Zertifizierungsstelle macht die Kompetenzzertifizierung öffentlich bekannt. Name, Adresse und Sachgebietsbezeichnung des Sachverständigen können gespeichert und in Listen oder auf sonstigen Datenträgern veröffentlicht und auf Anfrage jedermann zur Verfügung gestellt werden.

Der Sachverständige hat seine Tätigkeit gewissenhaft, unabhängig und unparteiisch durchzuführen. Hier kann wiederum auf die Anforderungen im Zusammenhang der öffentlichen Bestellung und Vereidigung durch die Kammern verwiesen werden. Nach Ablauf der Zertifizierung erfolgt eine erneute Prüfung, die in der Regel gegenüber der Erstzertifizierungsprüfung vereinfacht ist. Je nach Fachgebiet ist daran zu denken, daß auf Antrag des Sachverständigen die Zertifizierung verlängert wird, sofern nicht zwingende Gründe gegen eine Verlängerung sprechen.

Die Erstzertifizierung sowie die Folgezertifizierungen sind kostenpflichtig. Zur Höhe der Zertifizierungskosten können zum jetzigen Zeitpunkt noch keine detaillierten Aussagen gemacht werden.

6. Zukunftsperspektiven für das Sachverständigenwesen

a) Das Institut für Sachverständigenwesen IfS in Köln wurde von seinen Mitgliedern beauftragt, Vorbereitungen zu treffen, um als Zertifizierungsstelle anerkannt zu werden. Es bietet als Sachverständigenforum die Grundlage für die Beteiligung aller interessierten Gruppen. Eine Satzungsänderung im Oktober 1993 hat mit dazu beigetragen, daß der Vorstand des Instituts der Zusammensetzung eines Lenkungsgremiums gerecht wird.

Das IfS hat sich zunehmend als Gesprächsforum für die verschiedenen Bestellungskörperschaften, Sachverständigenverbände und Prüforganisationen entwickelt. Durch die Möglichkeit des Meinungsaustausches und der Zusammenarbeit unter einem gemeinsamen

Dach wurden anerkannte Standards für Sachverständigenleistungen erarbeitet. Ziel ist es, ein hohes Niveau für Gutachten von Sachverständigen sicherzustellen.

Es hat, wie bereits oben ausgeführt, die Akkreditierung in den Bereichen Kfz-Schäden und -bewertung, Bewertung von Maschinen und Bewertung von unbebauten und bebauten Grundstücken beantragt. Die speziellen Anforderungen werden zur Zeit in den Sektorkomitees erstellt. Weitere Sachgebiete sind in Vorbereitung. Im Bereich Kfz-Schäden ergibt sich bereits auf nationaler Ebene ein Handlungsbedarf. Wegen der Vielzahl von Anerkennungen und Zertifikaten ist der Markt für Auftraggeber und Verbraucher unübersichtlich geworden. Durch ein einheitliches Anforderungsprofil und ein einheitliches Zertifizierungssystem können qualifizierte Sachverständige einen Wettbewerbsvorteil erlangen.

In den beiden anderen Gebieten, Maschinenbewertung und Bewertung von bebauten und unbebauten Grundstücken, treffen Sachverständige entweder auf ausländische Konkurrenz in Deutschland oder betätigen sich auf internationalem Terrain. Das Institut möchte diesen Sachverständigen die Möglichkeit anbieten, ihre Qualität durch ein Zertifikat zu dokumentieren, um sich im Wettbewerb durchsetzen zu können.

Ziel des Institutes ist es, unter Einbindung der Verbände, Organisationen und Kammern gemeinsame Vorgaben für die einzelnen Sachgebiete zu verabschieden, um einer Zersplitterung im Sachverständigenwesen entgegenzuwirken. Ein gemeinsames Vorgehen der deutschen Organisation würde mit dazu beitragen, Interessen und Standards erfolgreich in EU-Gremien einzubringen und zu verteidigen.

b) Das System der Zertifizierung von Sachverständigen durch eine unabhängige, nichtstaatliche Institution gibt erstmals die Möglichkeit, eine Art „europäische Bestellung von Sachverständigen" zu erreichen.

Es bietet den bisher in der Regel überwiegend national tätigen Sachverständigen die Möglichkeit, europaweit tätig zu werden, ohne daß sie Gefahr laufen, aufgrund eines fehlenden Qualifikationsnachweises nicht anerkannt zu werden.

Damit bei der Zertifizierung von Sachverständigen ein einheitlich hohes Qualitätsniveau, vergleichbar dem der öffentlichen Bestellung und Vereidigung durch die Kammern gewährleistet ist, darf es bei diesem neuen System der „europaweiten Bestellung von Sachverständigen" nicht zu einer Zersplitterung kommen, wie dies zunehmend im derzeitigen deutschen Bestellungssystem durch die Schaffung immer neuer Bestellungsinstitutionen der Fall ist.

Jüngstes Beispiel für die Schaffung eines neuen Sachverständigentypus ist die von einzelnen Bundesländern in der Umsetzung befindliche Absicht, Prüfaufgaben der Baugenehmigungsbehörden aus dem staatlich regulierten Bereich herauszunehmen und auf einen neu zu schaffenden Sachverständigen, den staatlich anerkannten Sachverständigen, zu übertragen. So begrüßenswert die hinter diesen Überlegungen stehenden Deregulierungsabsichten sind, dürfen sie doch nicht dazu führen, daß durch die Schaffung weiterer Bestellungskörperschaften und -institutionen sowie vom bisherigen Anforderungsprofil des öffentlich bestellten und vereidigten Sachverständigen abweichende Qualitätskriterien eine weitere Zersplitterung im Sachverständigenwesen hervorgerufen wird.

Der letztendlich Leidtragende ist der Verbraucher, der nicht mehr zwischen den einzelnen, auf verschiedenen Fachgebieten durch verschiedenste Bestellungskörperschaften bestellten, anerkannten, vereidigten, beeidigten oder sonstwie zugelassenen Sachverständigen zu unterscheiden in der Lage ist. Aus diesem Grund ist es im Interesse des Verbrauchers unabdingbar, **auch** im sogenannten „ungeregelten Bereich", in welchem die Zertifizierung von Sachverständigen nahezu ausschließlich erfolgt, zu einer freiwilligen Beschränkung von seiten aller Beteiligten auf wenige Zertifizierungsstellen zu gelangen.

Das Institut für Sachverständigenwesen und die in räumlicher und personeller Beziehung dazu eingerichtete Zertifizierungsstelle bieten die Gewähr, daß aufgrund der Mitgliedschaft aller Kammern, des DIHT, des ZDH, des BVS sowie der anderer Sachverständigenverbände, der namhaften Prüforganisationen sowie weiterer im Sachverständigenwesen bedeutsamer Institutionen eine breite Basis geschaffen wird, auf der ein kontinuierlicher Aufbau eines Systems für die Zertifizierung von Sachverständigen in Deutschland möglich ist.

Zum Schluß noch ein Ausblick auf die Zukunft des öffentlich bestellten und vereidigten Sachverständigen. Selbstverständlich ist es nicht

Sinn und Zweck des Aufbaus eines Zertifizierungssystems für Sachverständige in Deutschland, das seit über einem Jahrhundert bewährte Institut des öffentlich bestellten und vereidigten Sachverständigen abzulösen. Angestrebt ist ein partnerschaftliches Miteinander des bisherigen Bestellungssystems durch die Körperschaften öffentlichen Rechtes mit dem auf den Grundsätzen des Privatrechtes basierenden System der Zertifizierung von Sachverständigen. Es ist davon auszugehen, daß beide Systeme miteinander harmonieren werden. Ob und inwieweit das System der Sachverständigenzertifizierung bei der zunehmenden Europäisierung der Güterproduktion und der Erbringung von Dienstleistungen einmal eine größere Bedeutung haben wird als das System der öffentlichen Bestellung und Vereidigung von Sachverständigen durch Kammern, ist eine Frage, die der Markt im Laufe der nächsten Jahrzehnte selbständig zu entscheiden hat.

Die Bedeutung von Mauerwerksöffnungen für die Energiebilanz von Gebäuden

Dipl.-Ing. Hans Erhorn, Fraunhofer-Institut für Bauphysik, Stuttgart

1. Einleitung

Mauerwerksöffnungen unterliegen einem steten Wandel in der Beanspruchung. Im Verlauf ihrer Geschichte haben sie sich von der Rauchöffnung zur Energiegewinnungsfläche entwickelt, wie [1] zeigt. Der im deutschen Sprachgebrauch übliche Ausdruck „Fenster" ist ein Lehnwort aus dem Lateinischen. Die Römer nannten die Öffnungen in den Wänden „fenestra", während die Griechen ihre Lichtöffnungen als „phaino" bezeichneten. Dies bedeutet „Sichtbarmachen" und ist mit dem Begriff Phantasie verwandt. Ursprünglich war das Fenster eine Öffnung, aus der der Rauch ungehindert abziehen konnte. Um Licht in die Räume zu lassen, diente die Türöffnung, und wenn es zu dunkel wurde, zündete man ein Feuer an.

Bei den Ägyptern diente etwa 2000 Jahre v. Chr. die Öffnung in der Wand nur zur Lüftung und Kühlung. Sie war eine Art Oberlicht, aus dem man nicht herausschauen konnte, und wurde bei Sandstürmen mit Vorhängen verschlossen.

Von einem Fenster kann man erst 1800 bis 1400 v. Chr. sprechen, als es auf Kreta, speziell in den minoischen Palästen, zu relativ großen Öffnungen in der Außenwand kam. Die Griechen entwickelten diese Fensterarchitektur weiter. So entstanden breite Brüstungen zum Hinauslehnen, und zum Verschließen wurden die Fenster mit Holzläden versehen.

Die Römer waren die ersten, die beim Bau von Fenstern Glas verwendeten. Dieses Glas war allerdings nur lichtdurchlässig, hindurchsehen konnte man noch nicht. Die damalige Glasherstellungstechnik erlaubte nur kleine Formate, die einzeln gerahmt aneinandergesetzt wurden.

In unserem Raum waren die Öffnungen bis in das 12. Jahrhundert hinein mit Holzläden ausgestattet, die Schutz vor Regen, Kälte und Schnee geben sollten. Um durchsehen zu können, ließ man kleine Aussparungen in den Holzläden, die mit ölgetränktem Leinen oder Pergament bespannt wurden. Ganz allmählich wurde Glas dann auch in Mitteleuropa eingeführt. Da es sehr kostspielig war, fand es zuerst nur in den Bauten wohlhabender Bürger Verwendung. Die Formate waren allerdings noch verhältnismäßig klein (Butzenscheiben).

Bedeutender war der Einsatz im Sakralbau in Form der bleiverglasten Kirchenfenster. In der romanischen Fensterarchitektur waren die einzelnen Fensterteile selbst nur noch durch Säulen voneinander getrennt. Mitte des 13. Jh. konnte man aufgrund der fortschreitenden Gebäudekonstruktion höhere Räume erstellen und somit zwei Fenster übereinander anordnen. So entstand das Fensterkreuz. Im 15. Jahrhundert wurden dann die Flügelrahmen nicht mehr am Mauerwerk, sondern am Blendrahmen befestigt, um dem ständigen Zug entgegenzuwirken. In diesem Zusammenhang ist festzustellen, daß in Gebieten mit starkem Windaufkommen und somit höherer Schlagregenhäufigkeit die Fensterentwicklung dahin ging, daß sich die Flügel nach außen öffnen ließen. Durch den Winddruck wurden die Fensterflügel an den Rahmen gepreßt. In mehr gemäßigten Regionen, wo der Winddruck eine geringere Rolle spielte, waren sie so angeschlagen, daß man sie nach innen öffnen konnte.

Mit der Erfindung des Kristallglases im 17. Jh. war das Glas aus der Fensterarchitektur nicht mehr wegzudenken. Durch das in den Raum einfließende Licht und die damit zu erzeugenden Wirkungen gewann das Glas immer mehr an Bedeutung und Funktion. Infolgedessen änderte sich auch zwangsläufig die Art der Rahmenkonstruktion. Das Holz als ein natürlicher Werkstoff, der dem Verfall ausgesetzt ist, konnte den vielfältigen Anforderungen nicht mehr genügen. Man suchte darum nach anderen Materialien und fand, daß Eisen bzw. Stahl diesen neuen Anforderungen genügen könnte.

Eine Revolution in der bautechnischen Verwendung des Glases kündigte sich 1851 in London an. Innerhalb von nur 6 Monaten entstand dort für die Weltausstellung Paxton's Kristallpalast.

35

Er bestand aus vorgefertigten, genormten Teilen und wurde vollständig aus Glas und Eisen errichtet. Im verglasten Eisenskelettbau konstruierte man von nun an Bahnhofshallen, Galerien und Ausstellungsgebäude.

Der Stahlbau und die Stahlbetonbauweise am Anfang des 20. Jahrhunderts gingen noch weiter, indem nun nur noch rasterartige Vorhangfassaden aus Glas vor die Stahl- und Stahlbetonskelette der Hochbauten gehängt wurden. Nicht zuletzt durch die Architekten des Bauhauses in Dessau setzte sich die Glasarchitektur weltweit durch.

In den letzten Jahren wurden dann zunehmend Aluminiumlegierungen als Rahmenmaterial verwendet. Speziell auf dem Gebiet des Wärmeschutzes sind die Anforderungen an die Weiterentwicklung der Fenstertechnologie immer komplexer geworden.

In der Geschichte des Fenster, beginnend mit der Zweckmäßigkeit von Raumöffnungen über die Lichtführung in das Innere des Gebäudes sind wir heute zum Fenster als Energiegewinnfläche gelangt. Der zeitliche Ablauf der Veränderungen ist in Abbildung 1 zusammenfassend dargestellt.

2. Energiebilanzen von Gebäuden

Mittels der Energiebilanz kann der Energieumsatz eines Gebäudes beschrieben werden. Je nach Gebäudeart und -nutzung ergeben sich unterschiedlich gewichtete Energiebilanzanteile. So weisen Wohn- und Verwaltungsgebäude stark unterschiedliche Bilanzanteile für die einzelnen Energieeinträge auf. In Abbildung 2 ist der Energieverbrauch eines durchschnittlichen Einfamilienhauses in konventioneller Bauweise dem eines zukunftsorientierten Niedrigenergiehauses (NEH) gegenübergestellt. Das Bild zeigt, daß der weitaus größte Energieverbrauch im Heizungsbereich auftritt, gefolgt vom Energieverbrauch für Haushaltszwecke und dem Warmwasser. Im Niedrigenergiehaus werden daher auch weiter vorrangig Maßnahmen zur Reduzierung des Heizwärmeverbrauchs greifen. Bei den Maßnahmen zur Reduzierung des Heizwärmeverbrauchs nimmt, wie später gezeigt wird, das Fenster eine hervorragende Rolle ein. Keinen Einfluß dagegen hat das Fenster auf den Energieverbrauch für Warmwasser und nur einen untergeordneten auf den Energieverbrauch für Haushaltszwecke. Es fallen hierin nur ca. 3 kWh/m$^2 \cdot$ a für die Beleuchtung der Räume an, welche ggf. teilweise durch Tageslicht substituiert werden könnten.

Ganz anders verhält sich, wie Abbildung 3 zeigt, die Energiebilanz bei Verwaltungsgebäuden. Zwar dominiert auch hier bisher der Energieverbrauch für Heizzwecke gegenüber den Aufwendungen für Licht und Kraft, aber gegenüber dem Wohnungsbau sind diese Einsparpotentiale zum einen deutlich größer und zum anderen wesentlich durch die Fenster beeinflußt. Ein tageslichtorientiertes Gebäude erlaubt den Stromeinsatz für die Beleuchtung deutlich zu reduzieren. Unter den Aufwendungen für Kraft ist auch der Energiebedarf für Kühlung enthalten, der ganz wesentlich durch die Befensterung des Gebäudes beeinflußt wird. Bei den Verwaltungsgebäuden gilt es daher, künftig nicht mehr nur auf die Reduzierung der Heizenergie zu schauen, sondern eine Gesamtenergiebetrachtung übers ganze Jahr anzustellen. Die Notwendigkeit hierzu wird deutlicher, wenn anstelle der Energieverbräuche die Energiekosten betrachtet werden, da die für Licht und Kraft notwendige elektrische Energie ein Mehrfaches der für die Beheizung üblicherweise eingesetzten Energieträger Öl und Gas kostet.

Bei der Erstellung einer Gesamtenergiebilanz ist üblicherweise festzustellen, daß sich die Fenster konkurrierend auf die einzelnen Energiebilanzanteile auswirken. Während größere Fenster üblicherweise die elektrische Beleuchtungsenergie reduzieren, können sie andererseits durch die größeren solaren Gewinne die Kühllasten erhöhen. Wie bei den Energieanteilen für Licht und Kraft kann das Fenster auch bei der Heizenergie konkurrierende Einflüsse haben. Hierzu ist es notwendig, die Energiebilanz eines Gebäudes während der Heizperiode, die auch analog in der Sommerperiode für Kühlenergie gilt, zu betrachten. In Abbildung 4 sind die einzelnen Energiebilanzanteile graphisch dargestellt. Das Gebäude verliert im Winter über die Gebäudehülle aufgrund der vorherrschenden Temperaturdifferenzen Wärme (Transmissionswärmeverluste). Daneben geht die Wärme aufgrund der erforderlichen Außenlufterneuerung in der Regel über Fensterlüftung verloren. Diese Verluste müssen zu Sicherstellung behaglicher Raumtemperaturen durch solare und interne Gewinne und, soweit diese nicht ausreichen, durch zusätzliche Heizenergie gedeckt werden. Das Fenster wirkt hierbei auf die Transmissionswärmeverluste über die Fenstergröße und den Wärmeschutz des Fenstersystems, auf die Lüftungswärmeverluste

Zeit		
2000 v. Chr.	Ägypter:	Fenster diente zur Lüftung
1800–1400 v. Chr.	Griechen:	auf Kreta: minoische Paläste, Holzläden zum Verschließen
um Chr.	Römer:	Verwendung von Fensterglas: lichtdurchlässig, aber undurchsichtig
bis ins 12. Jh.	Europa:	Holzläden als Wetterschutz, kleine Aussparungen in Läden, um hindurchzusehen, mit ölgetränktem Leinen / Pergament bespannt allmählich Einführung von Glas im Sakralbau: bleiverglaste Kirchen-Fenster romanische Fensterarchitektur: Fensterteile waren durch Säulen voneinander getrennt
Mitte des 13. Jh.		höhere Räume: Anordnung von zwei Fenstern übereinander: Fensterkreuz
15. Jh.		Flügelrahmen wurden nicht mehr am Mauerwerk, sondern am Blendrahmen befestigt
17. Jh.		Erfindung des Kristallglases, Rahmenkonstruktion änderte sich: statt Holz Eisen, Stahl
1851		London, Weltausstellung; Kristallpalast: verglaster Eisenskelettbau wurde für Bahnhofshallen, Galerien eingesetzt
Anfang 20. Jh.		Stahlbau, Stahlbetonbau: rasterartige Vorhangfassaden aus Glas vor Stahl, Glasarchitektur: z. B. Bauhaus
neueste Zeit		Aluminiumlegierungen als Rahmenmaterial, Anforderungen werden immer komplexer

Abb. 1: Darstellung der Entwicklung im Fensterbereich in den letzten 4000 Jahren.

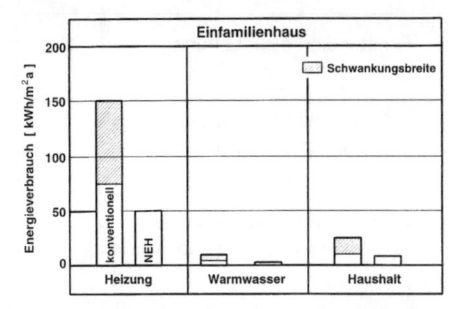

Abb. 2: Energieverbrauchsanteile für Heizung, Warmwasser und Haushaltszwecke in durchschnittlichen konventionellen Einfamilienhäusern und in zukunftsorientierten Niedrigenergiehäusern (NEH).

Abb. 3: Energieverbrauchsanteile für Heizung, Licht und Kraft in durchschnittlichen konventionellen Verwaltungsgebäuden und in zukunftsorientierten Niedrigenergiegebäuden.

Energiebilanz

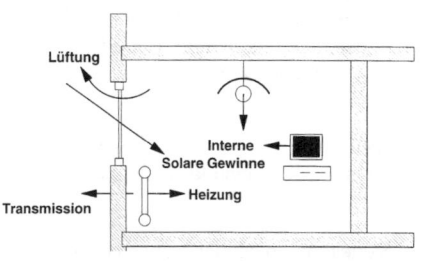

Abb. 4: Energiebilanz eines Raumes während der Heizperiode. Die Wärmeverluste durch Transmission und Lüftung müssen durch die Energieeinträge aus solaren und internen Gewinnen und der Heizwärme abgedeckt werden, um behagliche Raumtemperaturen sicherzustellen.

über die Luftdichtigkeit des Fenstersystems und auf die solaren Gewinne über die Fenstergröße und -transparenz sowie indirekt auf die internen Gewinne über die Tageslichtausnutzung ein. Im folgenden werden die einzelnen Bilanzanteile diskutiert und der Fenstereinfluß hierbei jeweils gesondert dargestellt.

2.1 Transmissionswärmeverluste

Die Transmissionswärmeverluste werden durch die Größe der einzelnen Bauteile in der wärmetauschenden Gebäudehülle und durch deren Wärmeschutz bestimmt. In den letzten Jahren haben sich die energetischen Kennwerte (k-Wert) der einzelnen Bauteile deutlich verbessert. Tabelle 1 gibt eine Übersicht über die Entwicklung der k-Werte einzelner Bauteile in den letzten 25 Jahren. In diesem Zeitraum wurde eine Verbesserung des Wärmeschutzes der

Tab. 1: Gegenüberstellung der k-Werte der einzelnen wärmetauschenden Bauteile eines Gebäudes für unterschiedliche Anforderungsniveaus. Innerhalb der letzten 25 Jahre hat sich eine Verbesserung von über 75 % bei allen Bauteilen ergeben.

Wärmeschutz im Vergleich (k-Werte in W/m²K)					
Bauteil	Altbau vor 1970	WSVO 1984	WSVO 1995	Niedrigenergiehaus	Ultra-Haus
Wand	1,4	0,6	0,5	0,18	0,1
Fenster	5,2	2,6	1,8	0,95	0,75
Verglasung	5,7	3,1	2,0	0,7	0,5
Dach	1,0	0,3	0,22	0,18	0,12
Kellerdecke	0,8	0,55	0,35	0,24	0,24

einzelnen Bauteile zwischen 75 und 95 % erreicht. Zu erkennen ist aber auch, daß Fenster stets die schlechtesten Kennwerte aufweisen. Während hierbei früher die Verglasung den Wärmeschutz des Fensters begrenzte, haben sich zwischenzeitlich die Verhältnisse verändert. Die Rahmenentwicklung hält der Entwicklung im Glasbereich nicht stand, so daß der Rahmen die Verglasungskennwerte im Gesamtsystem Fenster um bis zu 50 % verschlechtert, obwohl er in aller Regel nur bis zu 20 % der Gesamtfläche ausmacht. Hier besteht erhöhter Entwicklungsbedarf, will man die innovativen Entwicklungen im Glasbereich nicht beim Fenster ad absurdum führen.

Obwohl alle Bauteile prozentual etwa die gleichen Verbesserungen erreichten, wurden aufgrund der schlechteren energetischen Qualitäten im Fensterbereich die größten absoluten Einsparwerte erzielt. In Abbildung 5 sind für 5 unterschiedliche Niedrigenergiedoppelhäuser, die in [2] wissenschaftlich ausgewertet wurden, und ein konventionelles grundrißgleiches Gebäude die auf die Wohnfläche bezogenen Transmissionswärmeverluste der einzelnen Bauteile der wärmetauschenden Gebäudehülle in der Heizperiode einander gegenübergestellt. Es handelt sich hierbei um ein durchschnittliches Doppelhaus mit Einliegerwohnung, welches eine Gesamtwohnfläche von ca. 180 m^2 aufweist. Aus dem Bild ist zu erkennen, daß die Fenster, obwohl sie jeweils nur ca. 20 % aller Bauteilflächen ausmachen, den größten Wärmeverlust aufweisen. Dies trifft in gleicher Weise für die traditionelle Bauweise wie für die Niedrigenergiebauweise zu. Mittels der in den Niedrigenergiehäusern verwendeten Wärmeschutzverglasungen konnten gegenüber der im Referenzhaus verwendeten Isolierverglasung die wohnflächenbezogenen Transmissionswärmeverluste um mehr als 20 kWh/m$^2 \cdot$ a reduziert werden. Dies war die vom Ertrag her größtmögliche Energiesparmaßnahme, die nur zu unerheblichen Mehrkosten führt. Die Außenwand, die ca. 250 % größer war als die Fensterfläche, trug zur Reduzierung der Transmissionswärmeverluste in etwas geringerem Maße bei, obwohl hier zum Teil mit extremen Dämmstärken gearbeitet wurde. Deutlich untergeordnete Bedeutung haben die restlichen Bauteile, da sie entweder an Bereiche mit höherem Temperaturniveau angrenzen oder auch heute schon energetisch hochwertig ausgeführt werden, so daß das mögliche Energiesparpotential nur noch sehr begrenzt ist.

Die mittels des k-Wertes beschreibbaren Transmissionswärmeverluste machen jedoch nur einen Teil der Gesamtverluste aus, da hiermit nur die Wärmeverluste beschreibbar sind, die durch einen ungestörten Bauteilbereich abströmen. Bauteilanschlüsse oder wechselnde Baukonstruktionen verursachen darüber hinaus Wärmeabflüsse über auftretende Wärmebrücken. Hier unterscheidet man geometrisch bedingte von konstruktionsbedingten Wärmebrücken. Während Bauteilecken und Wand- und Deckenanschlüsse geometrische Einflüsse haben, wirkt sich das Fenster durch die Einbausituation rein konstruktiv aus. Die Wirkung geometrisch bedingter Wärmebrücken kann in aller Regel, wie es auch das Rechenverfahren der Wärmeschutzverordnung vorsieht, durch die Anwendung von Außenabmessungen zufriedenstellend berücksichtigt werden. Konstruktive Auswirkungen sind hiermit nicht berücksichtigbar.

Am Beispiel des in [3] verwendeten Beispielraumes werden im folgenden diese Einflüsse aufgezeigt. Abbildung 6 zeigt die schematische Darstellung des Raumes mit einer Außenwand und einem darin befindlichen Fenster. Für diesen Raum wurden die Transmissionswärmeverluste nach drei unterschiedlichen Methoden ermittelt. Die Ergebnisse sind in Abbildung 7 dargestellt. Bei Berücksichtigung mehrdimensionaler Wärmeleitung ergeben sich die größten Verlustwerte, wie die linke Darstellung zeigt. Ermittelt man die Transmissionswärmeverluste nach der Rechenvorschrift der DIN 4108 und legt als wärmetauschende Bauteiloberfläche die raumseitige Ansichtsfläche der Fassade zugrunde, so ergeben sich die in der Mitte des Bildes dargestellten Ergebnisse. Im Bereich der Wand werden mit dieser Methode deutlich zu geringe Wärmeverluste ermittelt. Unberücksichtigte Wärmebrücken ergeben so einen Wärmeverlust, der ca. 30 % unter den tatsächlich auftretenden Werten liegt. Beim Fenster stellen sich sehr viel kleinere Abweichungen zwischen der ein- und zweidimensionalen Betrachtung ein. Setzt man bei der Berechnung nicht die raumseitige, sondern die außenseitige Ansichtsfläche ein, wie es das Berechnungsverfahren der Wärmeschutzverordnung vorsieht, so verringern sich bei der Wand die Differenzen zwischen ein- und zweidimensionaler Betrachtung auf etwa die Hälfte, beim Fenster bleiben die Verluste aufgrund gleichgroßer Flächen unverändert. Aus der Betrachtung läßt sich ableiten, daß die bei diesem Beispielraum

Bauteile

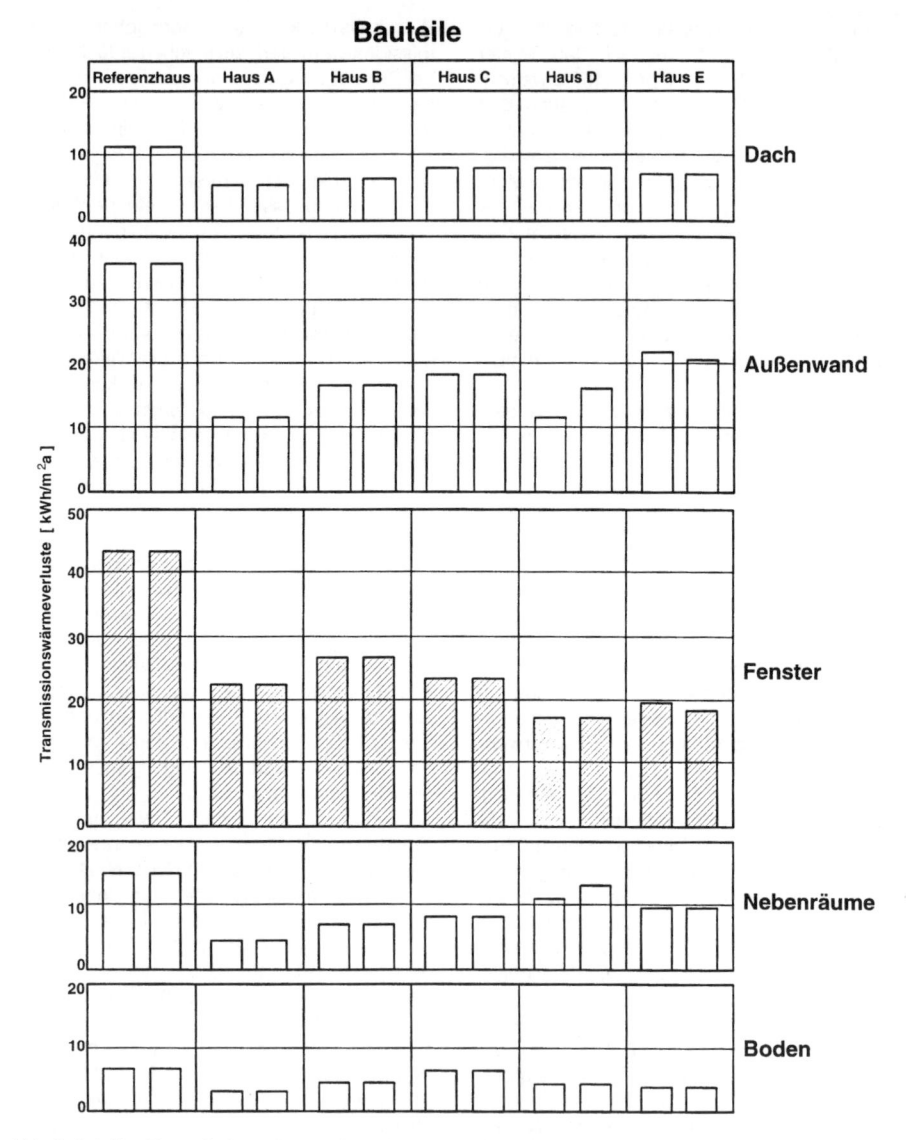

Abb. 5: Anteilige Transmissionswärmeverluste, bezogen auf die Wohnfläche der einzelnen wärmetauschenden Bauteile der Gebäudehülle für konventionelle Gebäude und für unterschiedliche Niedrigenergiehäuser, nach [2].

vorliegenden Wärmebrücken zu groß sind, um die Anforderungen der Wärmeschutzverordnung zu erfüllen. Die maximale Größe des Wärmebrückeneinflusses liegt bei 15 % der Transmissionswärmeverluste der Außenwand. Bei der genauen Analyse der Wärmebrücken ist festzustellen, daß der wesentliche Anteil durch die Mauerwerksöffnung entsteht. die Wärmebrückeneinflüsse durch einbindende Bauteile (Innenwand, Decke) sind in aller Regel kleiner als die über die Konstruktionsdicke berücksichtigten zusätzlichen Wärmeverluste. Daraus läßt sich ableiten, daß Mauerwerksöffnungen ein besonderes Augenmerk gewidmet werden

Beispielraum

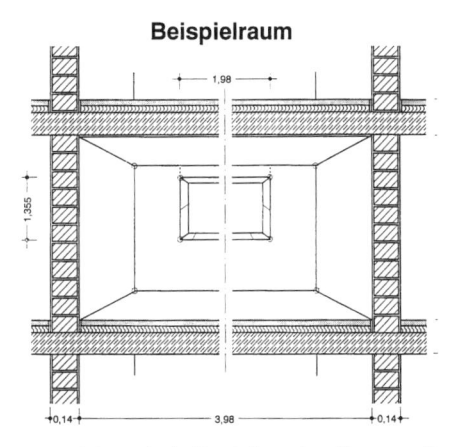

Abb. 6: Schematische Darstellung eines Raumes mit einer Außenwand und einem darin befindlichen Fenster, wie er zu Berechnung des Wärmebrückeneinflusses in [3] verwendet wurde.

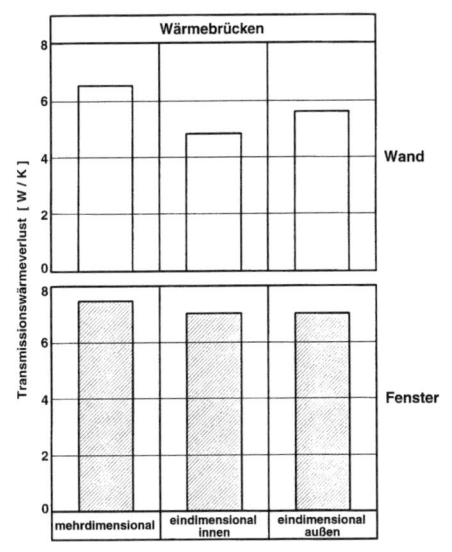

Abb. 7: Darstellung der Transmissionswärmeverluste für die Außenbauteile des Raumes in Bild 6, ermittelt nach unterschiedlichen Berechnungsmethoden. Links sind die Wärmeverluste dargestellt, die sich aufgrund mehrdimensionaler Wärmeleitung ergeben, in der Mitte sind die Wärmeverluste dargestellt, die sich nach dem Berechnungsansatz der DIN 4108 ergeben und rechts die, die sich nach der Rechenvorschrift der Wärmeschutzverordnung einstellen.

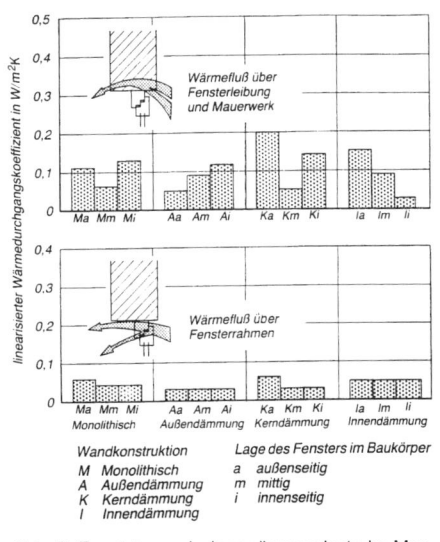

Wandkonstruktion
M Monolithisch
A Außendämmung
K Kerndämmung
I Innendämmung

Lage des Fensters im Baukörper
a außenseitig
m mittig
i innenseitig

Abb. 8: Zusatztransmissionswärmeverluste im Mauerwerksöffnungsbereich für unterschiedliche Konstruktionen und Fenstereinbaupositionen, nach [4].

muß. Es muß versucht werden, hier die Wärmebrückeneinflüsse durch geeignete konstruktive Maßnahmen zu minimieren. Als erstes Kriterium gilt hier, die Einbaupositionen des Fensters so zu wählen, daß möglichst geringe zusätzliche Wärmeverluste auftreten. In [4] wurden für übliche Konstruktionen verschiedene Einbausituationen untersucht. In Abbildung 8 sind die Ergebnisse getrennt für Mauerwerk und Fensterrahmen dargestellt. Es ist zu erkennen, daß ungünstige Einbausituationen zu erheblichen Mehrverlusten führen können.

Bei gedämmten Konstruktionen sollte der Fensterrahmen immer nah der Dämmebene positioniert werden, bei monolithischen in der Konstruktionsmitte. Eine weitere Reduzierung der Zusatzwärmeverluste durch die Wahl der energetisch günstigsten Einbaupositionen ist durch konstruktive Maßnahmen im Laibungsbereich möglich. In Abbildung 9 ist dieser Einfluß für den Fenstersturzbereich einer kerngedämmten Konstruktion aufgezeigt. Durch die Anordnung einer Dämmschicht in Laibungsbereich konnte der zusätzliche Verlust quasi eliminiert werden. Hier können Hartschaumplatten, Verbundplatten oder Dämmputze praktisch zu den gezeigten Abminderungen führen, ohne daß hierdurch deutliche Mehrkosten entstehen. Neben den mehrdimensionalen Wärmeströmen im Lai-

Fenstersturz

Zusatzverlust 0,10 W/mK   **Zusatzverlust 0,02 W/mK**

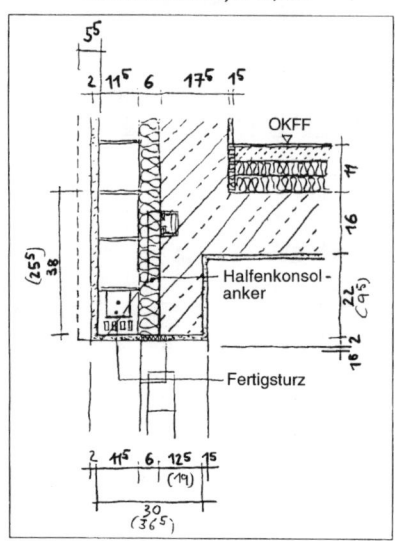

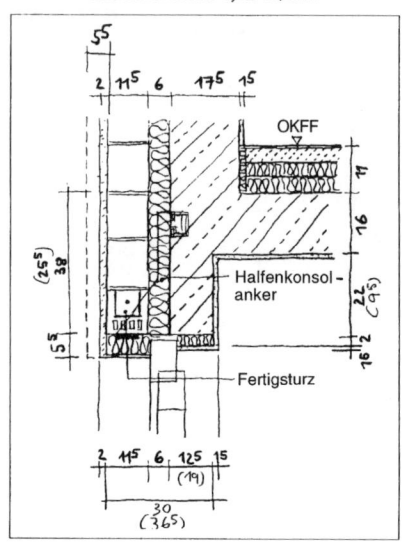

Abb. 9: Gegenüberstellung der Zusatzwärmeverluste im Sturzbereich bei herkömmlichem Einbau und bei wärmetechnischen Verbesserungen im Laibungsbereich.

bungsbereich hat auch der Rolladen einen wesentlichen Einfluß auf die Wärmeverluste im Mauerwerksöffnungsbereich. Bisher übliche Ausführungen, bei denen der Rolladen oberhalb der Fensterkonstruktion mit raumseitiger Revisionsöffnung angeordnet ist, führen zu deutlich höheren Wärmeverlusten als, wie in Abbildung 10 dargestellt, eine Positionierung der Rolladen vor der Dämmebene. Durch diese energetisch günstige Einbausituation werden sowohl die Transmissionswärmeverluste wie auch die Infiltrationsverluste erheblich gemindert. Die Lösung der Anordnung von Fenster und Rolladen bestimmt wesentlich die zusätzlichen Wärmeverluste eines Gebäudes. Es bedarf hier einer besonders sorgfältigen Planung, um nicht die Anstrengungen im ungestörten Bauteilbereich in diesen Anschlußpunkten wieder zunichte zu machen. Es erlaubt sich daher auch die Frage, ob der Rolladen, dessen vorrangige Aufgabe häufig die des temporären Wärmeschutzes ist, aufgrund der fortgeschrittenen Fensterentwicklung überhaupt noch seine energetische Berechtigung hat. In aller Regel ist durch Verzicht auf Rolläden und eine Umverlagerung der Investitionen in den Bereich hochwertiger Verglasungen ein deutlich größerer Energiesparerfolg zu erzielen wie auch die Vermeidung zusätzlicher Wärmeverluste im Sturzbereich.

Dies zeigt, daß die Ausführung der Mauerwerksöffnung zu erheblichen Transmissionswärmeverlusten führen kann. Das Wissen um mehrdimensionale Wärmeströme und deren Unterbindung durch geeignete konstruktive Lösungen ist vorrangige Aufgabe für den Konstrukteur.

2.2 Lüftungswärmeverluste

Neben den Transmissionswärmeverlusten beeinflussen die Mauerwerksöffnungen auch in erheblichem Maße die Lüftungswärmeverluste. Dies erfolgt zum einen direkt dadurch, daß die in Mauerwerksöffnungen installierten Fenster und Türen durch Öffnen zum Luftaustausch beitragen. Daneben beeinflußt aber auch die Dichtigkeit des Fensters und die Luftdichtigkeit der Einbaufuge die Lüftungswärmeverluste über Infiltration indirekt.

In Abbildung 11 ist für ein Gebäude mit und für ein Gebäude ohne Wohnungslüftungssystem das Lüftungsverhalten der Bewohner durch Fensteröffnen monatlich dargestellt. Im oberen

Rolladeneinbau

ungünstig   **günstig**

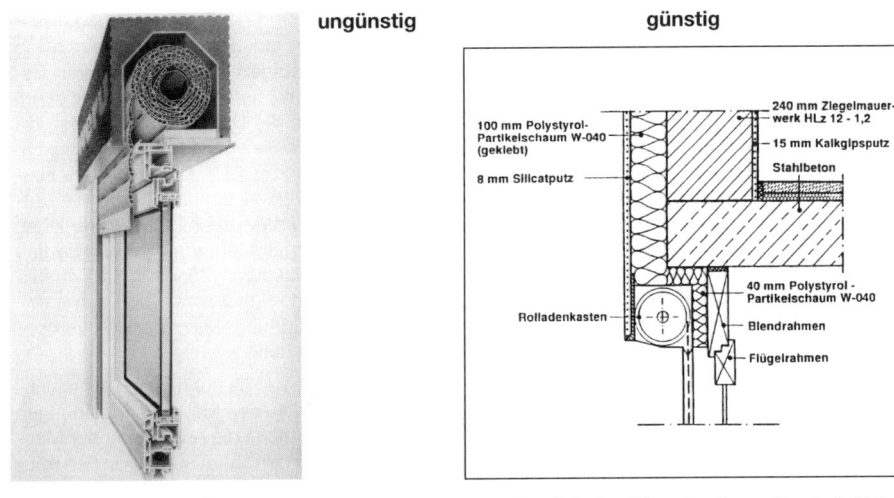

Labels (günstig): 100 mm Polystyrol-Partikelschaum W-040 (geklebt); 8 mm Silicatputz; 240 mm Ziegelmauerwerk HLz 12 - 1,2; 15 mm Kalkgipsputz; Stahlbeton; Rolladenkasten; 40 mm Polystyrol-Partikelschaum W-040; Blendrahmen; Flügelrahmen

Abb. 10: Gegenüberstellung energetisch ungünstiger und günstiger Rolladeneinbausituationen. Durch die Rolladen kann es leicht zu erheblichen Mehrverlusten im Bereich der Mauerwerksöffnung kommen. Der Verzicht auf Rolladen führt häufig zu den geringsten Energieverlusten.

Lüftungsverhalten

Haus ohne Wohnungslüftung   Haus mit Wohnungslüftung

F : Fensterlüftung
L : Lüftungsanlage

Luftwechsel [h^{-1}]

Fensteröffnungszeit [h / d]

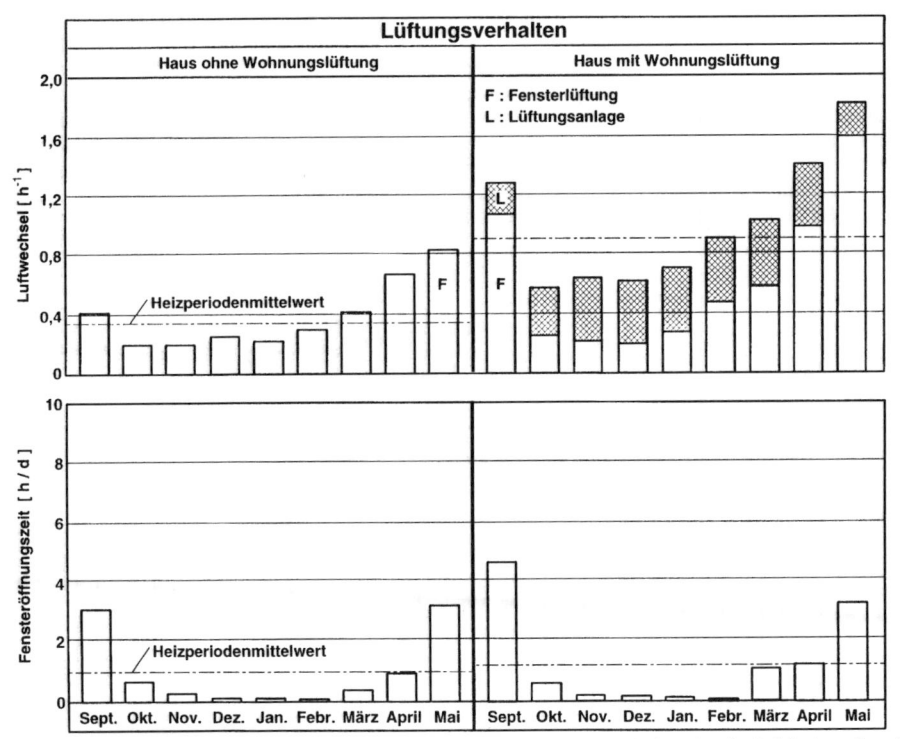

Heizperiodenmittelwert

Sept. Okt. Nov. Dez. Jan. Febr. März April Mai   Sept. Okt. Nov. Dez. Jan. Febr. März April Mai

Abb. 11: Jahreszeitliches Fensteröffnungsverhalten und daraus resultierender Luftwechsel in Gebäuden mit und ohne Wohnlüftungsanlage, nach [2].

Teil des Bildes sind die sich einstellenden Luftwechsel in den Gebäuden dargestellt. Die Graphik zeigt, daß in den meßtechnisch begleiteten Gebäuden kein signifikanter Unterschied im Fensteröffnungsverhalten festzustellen war. Offensichtlich öffnen die Bewohner in den milderen Jahreszeiten deutlich länger, in den kalten dagegen nur sehr kurz ihre Fenster. Der Luftwechsel in den Wohnungen setzt sich aus einem Grundluftwechsel aus Luftundichtigkeiten von ca. 0,2 h^{-1} und einem fensteröffnungsbedingten Luftwechsel von im Mittel ca. 0,2 h^{-1} zusammen. Bei den Gebäuden mit Wohnungslüftungssystemen kommt noch der anlagenbedingte Luftwechsel von ca. 0,4 h^{-1} hinzu.

Während der anlagen- und nutzungsbedingte Luftwechsel durch die Mauerwerksöffnung nicht beeinflußt wird, ist die Höhe des Infiltrationsluftwechsels meist abhängig vom Anschluß zwischen Fenster und Wand. In Abbildung 12 sind Ergebnisse der Luftdichtigkeitsmessungen nach der Blower-Door-Methode der 12 Häuser im Forschungsvorhaben [2] dargestellt. Es sind sehr große Unterschiede zwischen den Häusern festzustellen. Beeinflußt wird dies zum einen durch die Ausführung der Winddichtung im Dachbereich und zum anderen durch die Güte der Fenstereinbaufuge. Im Haus C, in dem aufgrund der gewählten Dachkonstruktion die Lüftungsverluste in diesem Bereich quasi Null waren, ergeben sich Undichtigkeiten durch Montage- und Bewegungsfugen bei Fenster und Türen von ca. 1 h^{-1}. Die Auswirkung dieser Undichtigkeiten auf den Luftwechsel sind in Abbildung 13 aufgezeigt. Die im unteren Bereich mit U bezeichneten Anteile sind die durch Undichtigkeiten der Gebäudefassade bewirkten Luftwechsel. Sie betragen bei den Häusern zwischen 0,1 und 0,4 h^{-1}. Die durch das Fensteröffnen bewirkten und die durch die Lüftungsanlagen verursachten Luftwechsel liegen in der gleichen Größenordnung. Daraus läßt sich ableiten, daß durch Mängel in der Bauausführung leicht der Luftwechsel und damit einhergehend die Lüftungswärmeverluste verdoppelt werden können.

Neben der Güte der Ausführung der Anschlußfugen im Bereich der Mauerwerksöffnungen beeinflußt auch noch die Anordnung der Mauerwerksöffnung den Luftaustausch in den Räumen. In Abbildung 14 zeigt sich, daß eine horizontal angeordnete Mauerwerksöffnung deutlich geringere Luftwechselraten ermöglicht als vertikal angeordnete Mauerwerksöffnungen. Dies ist wichtig bei der Konzeption von natürlichen Lüftungsstrategien. Um einen möglichst großen und damit effektiven Luftaustausch sicherzustellen, sollten Mauerwerksöffnungen eine große Höhendifferenz aufweisen, um thermische Auftriebskräfte auszunutzen.

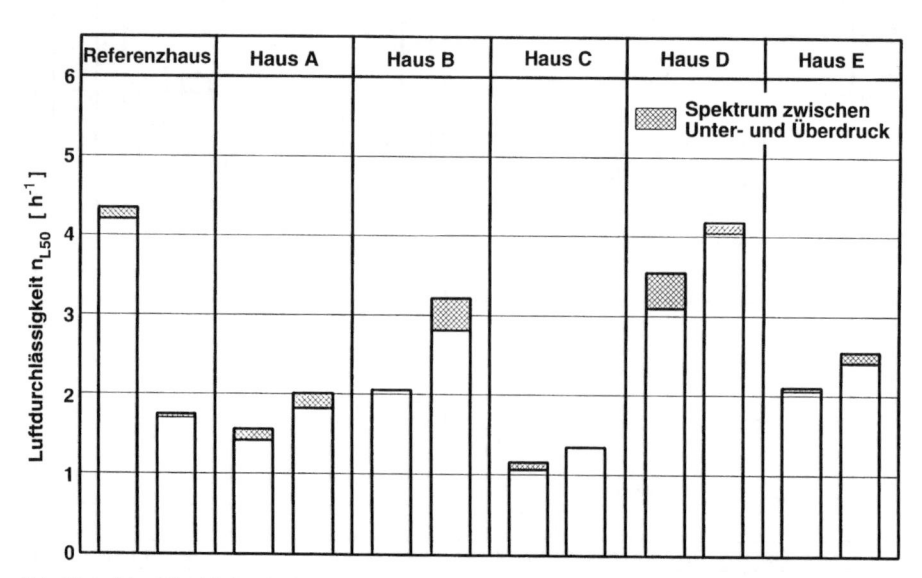

Abb. 12: Luftdurchlässigkeiten in den untersuchten Häusern des Forschungsvorhabens Niedrigenergiehäuser Heidenheim, gemäß [2], gemessen nach der Blower-Door-Methode.

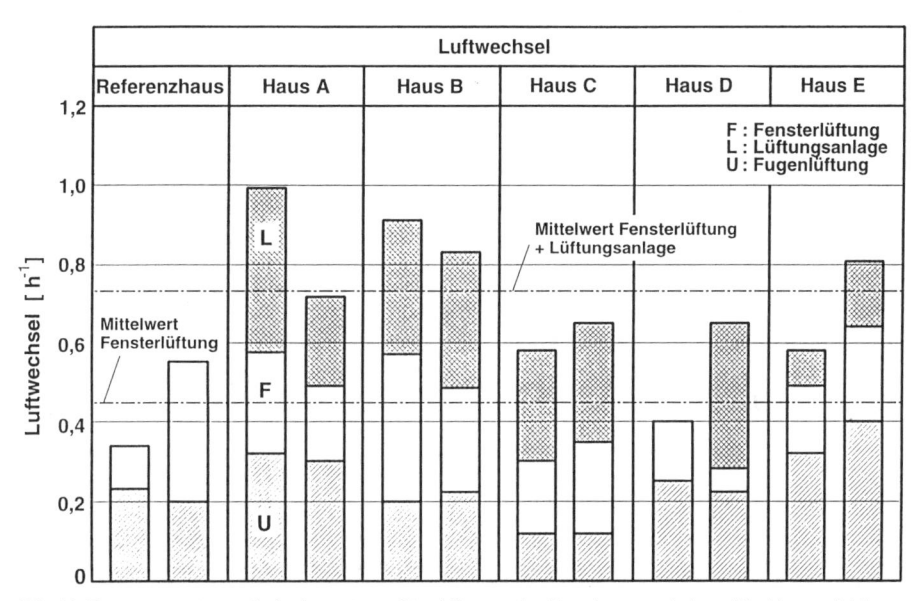

Abb. 13: Zusammensetzung der in den untersuchten Häusern des Forschungsvorhabens Niedrigenergiehäuser Heidenheim aufgetretenen Luftwechselraten.

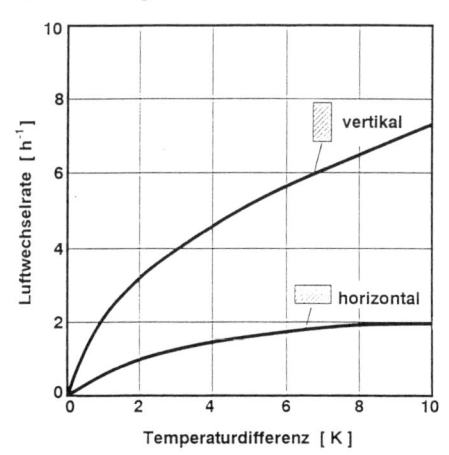

Abb. 14: Einfluß der Lage der Mauerwerksöffnung auf die erzielbare Luftwechselrate.

Zusammenfassend kann festgestellt werden, daß die Lage der Mauerwerksöffnung entscheidend für die Effizienz von Fensterlüftung ist und die Montagefuge im Bereich der Mauerwerksöffnung den Luftwechsel im Gebäude erheblich beeinflussen kann. Das Fenster hat somit auch auf diesen Energiebilanzanteil einen großen Einfluß.

2.3 Solare Gewinne

Die passiven Solargewinne werden ausschließlich über die Fenster und Türen der beheizten Gebäudezonen erzielt. Sie bewegen sich bei üblichen Gebäudegrundrissen zwischen 20 und 30 kWh/m²·a. In Abbildung 15 sind die im Vorhaben [2] gemessenen Solargewinne dargestellt. Es ist zu erkennen, daß die Gewinne in den Niedrigenergiehäusern durchweg kleiner sind als die im grundrißgleichen Referenzhaus. Dies resultiert aus der Entwicklung in der Glastechnologie. In Abbildung 16 ist diese Entwicklung anhand der energetisch relevanten Fensterkennwerte dargestellt. Mit abnehmendem Wärmedurchgangskoeffizienten reduziert sich auf der Gesamtenergiedurchlaßgrad des Fensters. Dies ist durch die Verwendung infrarotreflektierender Beschichtungen im Glaszwischenraum bedingt. Somit geht mit der deutlichen Reduzierung der Transmissionswärmeverluste bei den energetisch hochwertigen Fenstern zugleich auch die Reduzierung der Solargewinne einher. Vor der Entscheidung, welches Fenster gewählt wird, gilt es, zu prüfen, ob die mit der Reduzierung der Transmissionswärmeverluste einhergehende Solargewinnminderung die Energiebilanz positiv oder negativ beeinflußt. Aus bisherigen Erfahrungen ist bei Südfassaden mit k-Werten von 1 W/m²k der

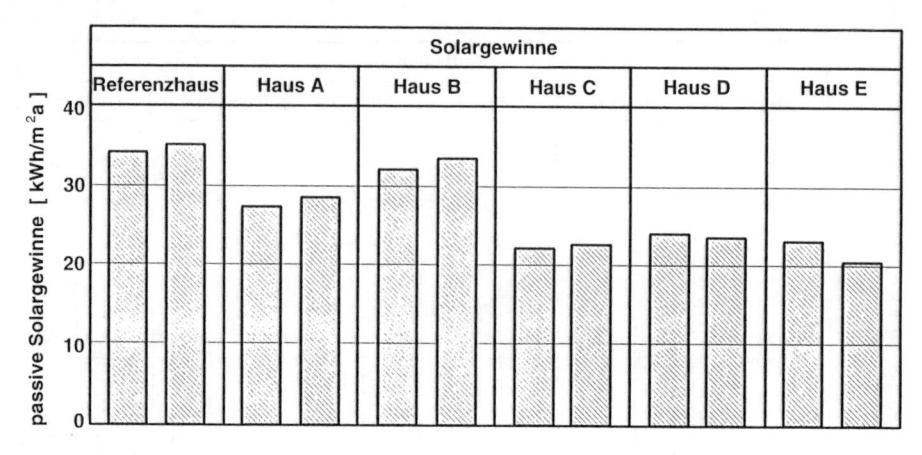

Abb. 15: Passive Solargewinne in den Häusern des Demonstrationsvorhabens Niedrigenergiehäuser Heidenheim, gemäß [2].

Grenzwert erreicht, bei dem eine weitere k-Wert-Verbesserung zu höheren Energieverbräuchen führen würde. Bei den nicht nach Süden orientierten Fassaden kommt dieser Umschlagpunkt erst bei kleineren k-Werten. Es ist daher zu erwarten, daß künftig die Befensterung von Gebäuden orientierungsabhängig unterschiedlich ausgeführt wird.

Die deutliche Verbesserung der Fenstersysteme könnte jetzt dazu führen, daß zur Erhöhung der Solargewinne die Fenster vergrößert werden. Dies ist grundsätzlich möglich, stößt aber an Grenzen, wenn es in Zeiten eines solaren Überangebotes zu Überhitzungssituationen in den Häusern kommt. In dem Demonstrationsvorhaben Landstuhl [6] konnte anhand verschiedener Solarhäuser gezeigt werden, daß ein sehr hoher Fensteranteil in der Fassade nicht mehr zu weiterer Energieeinsparung führt.

Bei der Planung der Gebäude wurden von Architekten unterschiedliche Strategien hinsichtlich des Energiekonzeptes verfolgt. Während einige Gebäude so konzipiert waren, daß sie sehr kleine Verluste aufweisen, wurde bei anderen Gebäuden versucht, die Solargewinne zu maximieren. Um die Auswirkungen der unterschiedlichen Planungsstrategien aufzuzeigen, wurden die Energiebilanzen des Solarhauses mit dem größtmöglichen passiven Solargewinn, im folgenden „gewinnmaximiertes Solarhaus" genannt, mit denen des Solarhauses mit dem geringsten Transmissionsverlust, im folgenden „verlustminimiertes Solarhaus" genannt, verglichen.

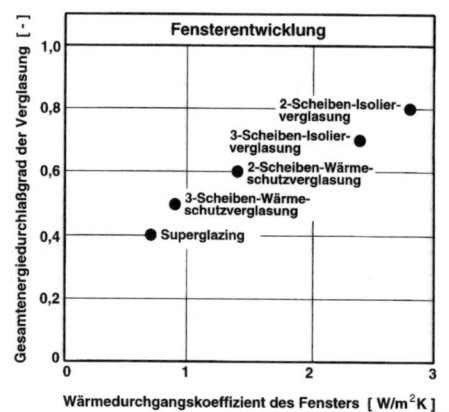

Abb. 16: Entwicklung der für die Energiebilanz maßgeblichen Fensterkennwerte moderner Verglasungssysteme, gemäß [5].

Gewinnmaximiertes Solarhaus

Das Gebäude ist ein dreigeschoßiges Einfamilienhaus mit Einliegerwohnung. Der Entwurf hebt sich durch seinen achteckigen, nach Süden völlig geöffneten und nach Norden nahezu opak ausgeführten Grundriß besonders von der traditionellen Gebäudeplanung ab. In Abbildung 17 oben ist das Solarhaus in Ansicht und Grundriß dargestellt.

Verlustminimiertes Solarhaus

Dieses Solarhaus ist ein zweigeschoßiges Einfamilienhaus mit Wintergarten. Der Entwurf

Gewinnmaximiertes Solarhaus

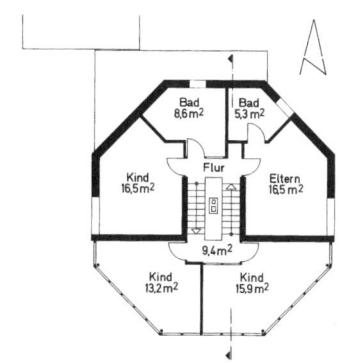

Verlustminimiertes Solarhaus

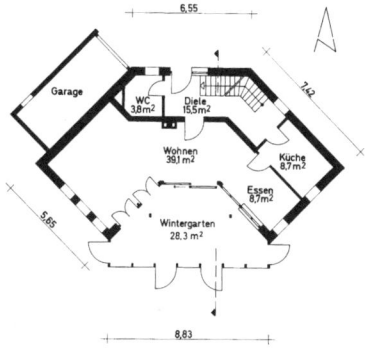

Abb. 17: Darstellung der Ansichten und der Grundrisse der betrachteten Solarhäuser.

zeichnet sich besonders durch seinen hufeisenförmigen Grundriß aus, mit dem es gelungen ist, die Nordräume mit Pufferräumen zu belegen und die großflächigen Südverglasungen mit einem Wintergarten zu überdecken, der eine sehr geringe wärmetauschende Fläche hat. Das Gebäude ist in Bild 17 unten in Ansicht und Grundriß dargestellt.

Für die Gebäude wurden meßtechnisch die Energiebilanzen über zwei Heizperioden erfaßt. Um vergleichbare Aussagen machen zu können, sind daneben noch Energiebilanzen unter normierten Wetter- und Nutzerbedingungen ermittelt worden. Hierbei wurden die Energieanteile auf die jeweils zu beheizende Wohnfläche bezogen, um die unterschiedlich großen Gebäude miteinander vergleichen zu können. In Abbildung 18 sind die Energiebilanzen getrennt nach Verlust- und Gewinnanteilen für die zwei betrachteten Solarhäuser dargestellt.

Im Vergleich wirken sich die deutlich geringeren Transmissionswärmeverluste des verlustminimierten Solarhauses positiver auf die Energieverbräuche aus als die großen Solargewinne des gewinnmaximierten Solarhauses. Die Lüftungswärmeverluste sind bei beiden Objekten etwa gleich groß. Eine erhöhte Lüftung über den hygienisch erforderlichen Mindestluftwechsel hinaus erfolgt im wesentlichen nur beim gewinnoptimierten Solarhaus. Dies ist hier auch erforderlich, um ein Überwärmen des Gebäudes in der Übergangsjahreszeit und im Sommer zu vermeiden.

Die Ergebnisse zeigen, daß die in der neuen Wärmeschutzverordnung gewählte Begrenzung von maximal 2/3 einer Fassadenfläche als anrechenbare Solarfläche richtig ist, da größere Flächenanteile nicht zu weiterer Einsparung führen.

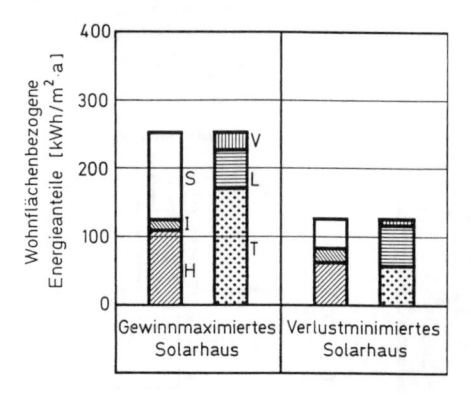

Abb. 18: Gegenüberstellung der Anteile der Energiebilanz unter normierten Wetter- und Nutzerrandbedingungen in der Heizperiode für die zwei Solarhäuser. Die linken Säulen stellen die Energieverbräuche, die rechten die Gebäudeenergieverluste dar. Die einzelnen Anteile sind:

Verbrauch
H: Heizenergie
I: Interne Gewinne
S: Solarenergiegewinnung

Verluste
T: Transmissionswärmeverluste
L: Lüftungswärmeverluste bei Mindestluftwechsel
V: Zusätzlicher Lüftungswärmeverlust bei geöffneten Fenstern.

2.4 Interne Gewinne

Wie bei allen bisher erörterten Energiebilanzanteilen wirkt sich die Mauerwerksöffnung auch auf die internen Gewinne aus. Dies erfolgt durch Substitution von elektrischem Licht durch Tageslicht. In Abbildung 19 ist der Einfluß der Erhöhung des Tageslichtquotienten auf die jährliche Lichteinschaltzeit nach [7] dargestellt. Es ist zu erkennen, daß besonders im Bereich kleiner Tageslichtquotienten eine Erhöhung zu einer deutlichen Reduzierung des Kunstlichtanteils führt.

In Abbildung 20 ist dargestellt, wie die Anordnung der Mauerwerksöffnung den Tageslichtquotienten im Raum beeinflußt. Die Höhe der Mauerwerksöffnung bestimmt entscheidend die Lichtausbeute. Wenn über dem Fenster kein Sturz ausgebildet ist, wird bis zu einer ca. 30 % größeren Raumtiefe der Beispielraum ausgeleuchtet. Aus tageslichttechnischer Sicht ist es daher richtig, Fenster möglichst hoch im Raum anzuordnen. Eine mögliche Alternative ist eine Anordnung von Lichtbändern unterhalb der Geschoßdecke zur tageslichttechnischen Versorgung tieferer Raumzonen.

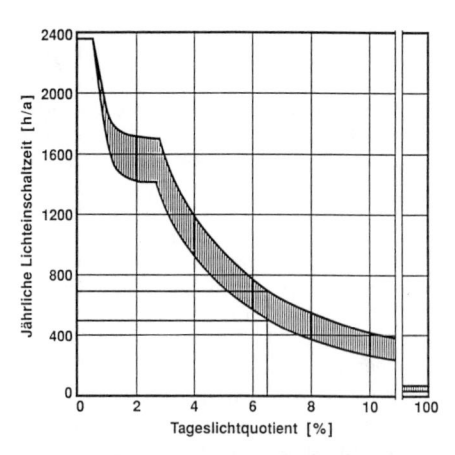

Abb. 19: Jährliche Einschaltzeit kontrollierter Ergänzungsbeleuchtung in Abhängigkeit vom Tageslichtquotienten, nach [7]. Der schraffierte Bereich gibt die Streubreite der jährlichen Lichteinschaltzeiten für alle Klimazonen in Deutschland wieder.

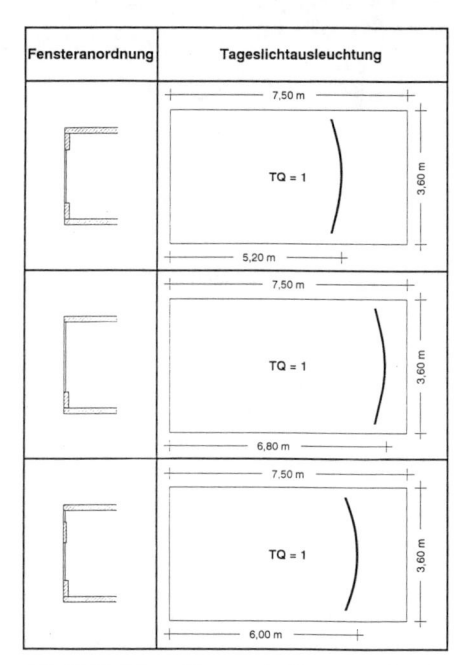

Abb. 20: Einfluß von Mauerwerksöffnungen auf Raumausleuchtung mit Tageslicht.

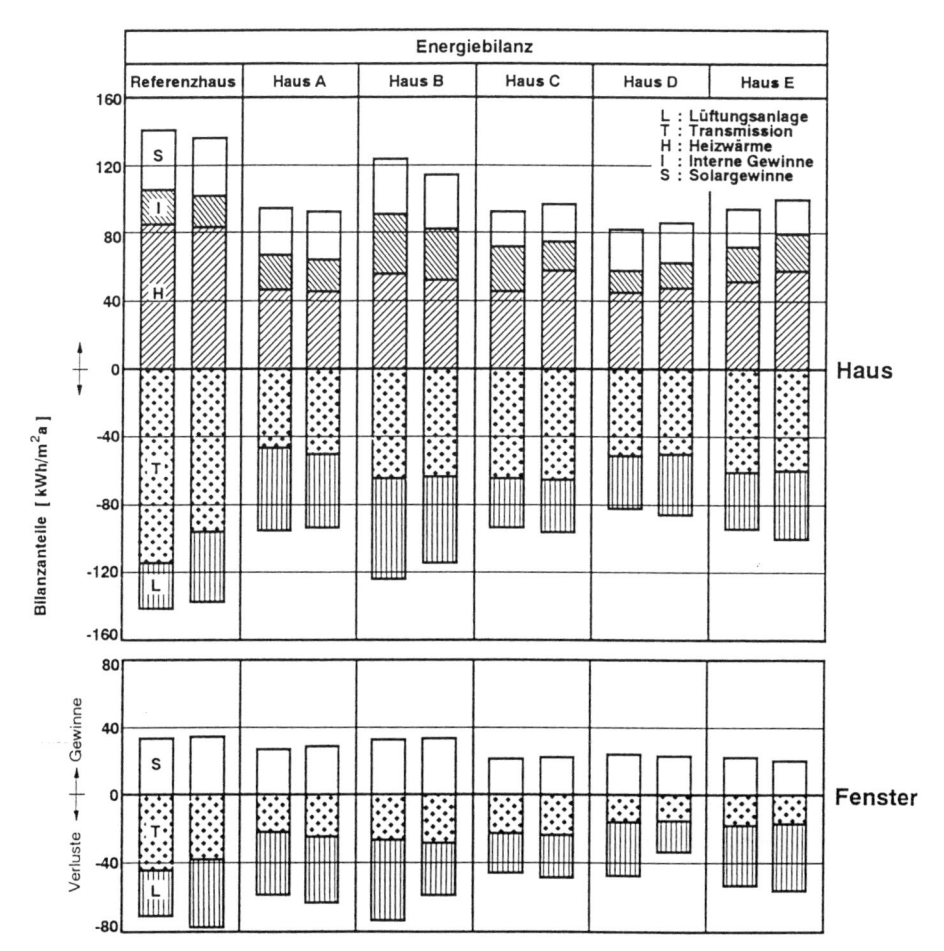

Abb. 21: Gemessene Energiebilanz der Häuser im Vorhaben [2] mit allen Anteilen für das Gesamtgebäude und das Einzelbauteil Fenster (Anteil an der Gebäudehülle ca. 20 %).

3. Gesamtenergiebilanz

Werden die einzelnen Einflüsse der Mauerwerksöffnung auf die Energiebilanz aufaddiert, ergeben sich die in Abbildung 21 für das Vorhaben [2] dargestellten Verhältnisse. Die Fenster haben die Energieverluste stärker beeinflußt als die Energiegewinne. So sind ca. 2/3 der Verluste durch die Fenster bedingt, die Gewinne dagegen werden nur zu 1/3 vom Fenster beeinflußt. Dennoch wirkt bei beiden Bilanzanteilen das Fenster überproportional mit, da der Anteil der Fenster an der Gebäudehülle nur ca. 20 % ausmachte. Dies zeugt von der großen Bedeutung der transparenten Bauteile am Energieumsatz eines Gebäudes.

Der Nutzer eines Gebäudes kann über die angesprochenen Einflüsse hinaus durch sein Verhalten die Energiebilanz eines Gebäudes deutlich verändern. Auch hier stellt das Fenster wieder das Bauteil dar, an dem durch Benutzereinflüsse die größten Veränderungen möglich sind. In Abbildung 22 sind die durch Nutzerverhalten bewirkten Mehr- und Minderverbräuche bei den Häusern des Demonstrationsvorhabens [2] dargestellt. Hierzu ist der Fenstereinfluß gesondert aufgeführt. Das Bild zeigt, daß Mehrverbräuche fast ausschließlich auf Fenstereinflüsse zurückzuführen sind. Wesentlich ist dabei das Lüftungsverhalten der Hausbewohner.

Nutzerverhalten

Heizwärme [kWh/m² a]

Mehrverbrauch ← → Minder-

Temperatur

Lüftung

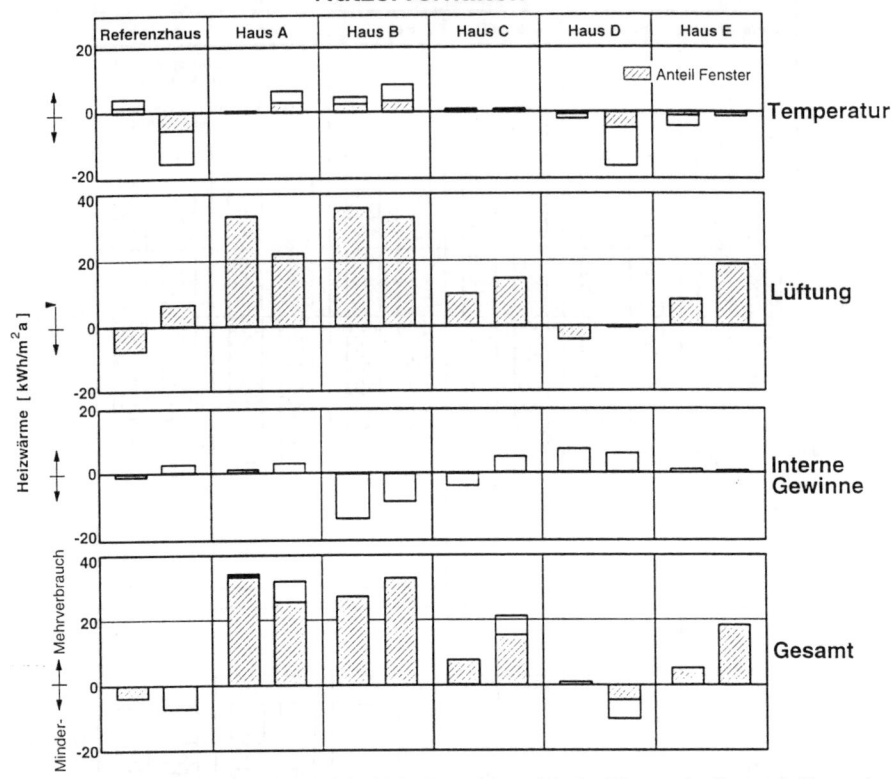

Interne Gewinne

Gesamt

Anteil Fenster

Abb. 22: Einfluß des Nutzerverhaltens auf den Heizwärmeverbrauch in den Häusern des Demonstrationsvorhabens Heidenheim. Der schraffierte Bereich zeigt, welche Einflußbereiche fensterbezogen sind.

4. Zusammenfassung

Im Artikel wurde die besondere Bedeutung von Mauerwerksöffnungen auf die Energiebilanz von Gebäuden dargestellt. Die Ausführungen zeigen, daß häufig konkurrierende Einflüsse auftreten, die vor der Auswahl der Fenstergröße, -anordnung und -ausführung genau abgeschätzt werden müssen, um eine positive Beeinflussung der Energiebilanz sicherzustellen.

5. Literatur

[1] Schreck, H.; Hillmann, G. und Nagel, O.: Überblick über die Ergebnisse der internationalen Arbeitsgruppe IEA-EC-Annex XII. Bericht des Fraunhofer-Institut für Bauphysik, Stuttgart (1988).
[2] Reiß, J. und Erhorn, H.: Niedrigenergiehäuser Heidenheim. Bericht WB 75/1994 des Fraunhofer-Institut für Bauphysik, Stuttgart (1994).
[3] Hauser, G. und Stiegel, H.: Wärmebrückenatlas für den Mauerwerksbau. Bauverlag, Wiesbaden (1990).
[4] Erhorn, H. und Gertis, K.: Auswirkungen der Lage des Fensters im Baukörper auf den Wärmeschutz von Wänden. Fenster und Fassade 11 (1984), H. 2, S. 53–57.
[5] Erhorn, H.; Gierga M.; Reiß J. und Volle, U.: Niedrigenergiehäuser. Zielsetzung, Konzepte, Entwicklung, Realisierung, Erkenntnisse. Fraunhofer-Institut für Bauphysik (Eigenverlag), Stuttgart (1994).
[6] Erhorn, H.; Oswald, D. und Reiß, J.: Solarhäuser auf dem Prüfstand. Mitteilung 176 des Fraunhofer-Instituts für Bauphysik, Stuttgart (1992).
[7] Szerman, M.: Vereinfachte Bestimmung der Lichteinschaltzeiten tageslichtabhängig geregelter Beleuchtung mit Hilfe des Tageslichtquotienten. Mitteilung 262 des Fraunhofer-Instituts für Bauphysik, Stuttgart (1994).

Dämmende Isoliergläser
Bauweise und bauphysikalische Probleme

Dipl.-Ing. Dieter Balkow, Aachen

Die Forderung nach mehr Wärmeschutz in der Außenhülle zur Reduzierung des Energiebedarfs und Verringerung des CO_2-Gehaltes der Luft hat dazu geführt das normale Isolierglas weiter zu entwickeln. Ein normales Isolierglas weist einen Wärmedurchgangskoeffizienten von ca. 0,3 W/m²K für Scheibenzwischenräume von ca. 10,5 mm bis 16 mm auf. Grundlage hierfür ist die DIN 4108, Teil 4, Tabelle 3, in der der amtliche Rechenwert für Verglasungen und Fenster aufgeführt wird.

Isoliergläser der heutigen Generation besitzen auf einer der zum Scheibenzwischenraum hin liegenden Oberflächen eine sog. emissionsarme Schicht, die die Reflexion der Wärmestrahlung reduziert. Wärmestrahlung in diesem Sinne ist nicht die Sonneneinstrahlung im Bereich von 300 nm bis ca. 2500 nm sondern die Wärmestrahlung, die sich aufgrund der Eigentemperatur in dem Raum ergibt. Sie liegt weit höher bei ca. 6000–10 000 nm.

Der k-Wert der Verglasungen liegt heute z. B. bei Dreifachverglasungen mit zwei emissionsarmen Schichten bei 0,7 W/m²K bis zu 2,1 W/m²K für normale Gläser mit einer Schicht.

Der Wärmedurchgangskoeffizient wird einmal bestimmt durch:
- Art der Beschichtung
- Gasfüllung
- Größe der SZR
- Anzahl der SZR's

Die Art und Weise der Beschichtung hängt von dem jeweiligen Verfahren und dem Produkt ab. Entscheidend hierfür ist das Emissionsverhalten der Schicht, es kann bei ca. 5 % bis zu 20 % liegen.

Die Gasfüllung im Scheibenzwischenraum beeinflußt die Konvektion und damit den Wärmetransport über Luftbewegung von der warmen zur kalten Scheibe. Hier werden heute neben Argon die Gasprodukte Krypton und in Einzelfällen auch Xenon verwendet.

Die Größe des Scheibenzwischenraumes hat ebenfalls einen Einfluß auf die Konvektion. So kann es bei gewissen Gasfüllungen, aber auch bei Luft infolge Vergrößerung des Scheibenzwischenraumes, wieder zu einer Verschlechterung infolge höherer Konvektion kommen.

Mehrere Scheibenzwischenräume verhindern einerseits die Konvektion von der inneren warmen Scheibe zur äußeren kalten Scheibe und ermöglichen andererseits den Einsatz einer zweiten oder dritten beschichteten Oberfläche zur Reduzierung der Wärmeabstrahlung (Abb. 1).

- k-Wert 1,1–2,2 W/m²K
je nach
  – Art der Beschichtung
  – Gasfüllung
  – Größe des SZR
bei normalem Isolierglas mit 1 Schicht
- k-Wert ca 0,7–0,9 W/m²K bei Dreifach-Isoliergläsern mit 2 Schichten

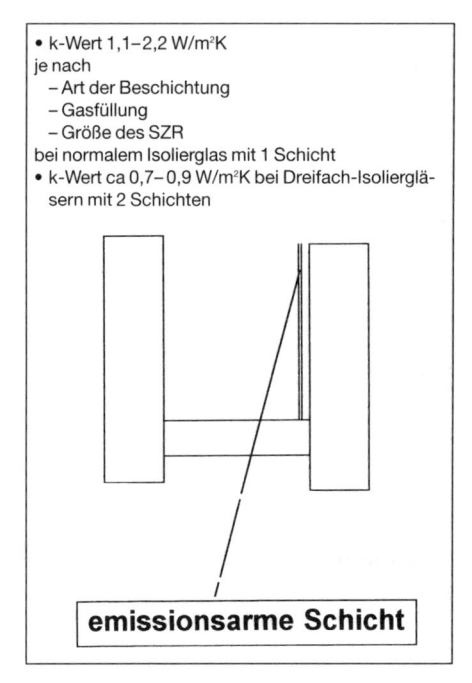

Abb. 1: Einfluß der emissionsarmen Schicht auf den k-Wert

Wie wirkt nun die Beschichtung auf den Wärmetransport?

Für den Wärmedurchgangskoeffizienten ist einmal die Wärmeleitung, aber andererseits auch die Wärmestrahlung entscheidend. Die rauminnere Scheibe heizt sich durch die Raumluft und die Energiequellen im Raum auf. Im Glas wird die von der Oberfläche aufgenommene Energie zu der anderen Oberfläche, d. h. der, die zum Scheibenzwischenraum hin zeigt, transportiert. Von dort aus wird sie über den Scheibenzwischenraum durch Konvektion wieder abgeführt, aber gleichzeitig wirkt die Oberfläche als Strahler zur gegenüberliegenden Oberfläche der äußeren Scheibe. Von dort geht die Energie dann nach außen. Es wird nun durch die oben aufgezählten Maßnahmen erreicht, daß der konvektive Anteil des Wärmetransportes durch Gasfüllungen und der Strahlungsanteil durch Beschichtung reduziert wird (s. Abb. 2).

- Wärmetransport durch Isolierglas
  - Wärmeleitung
  - Wärmestrahlung

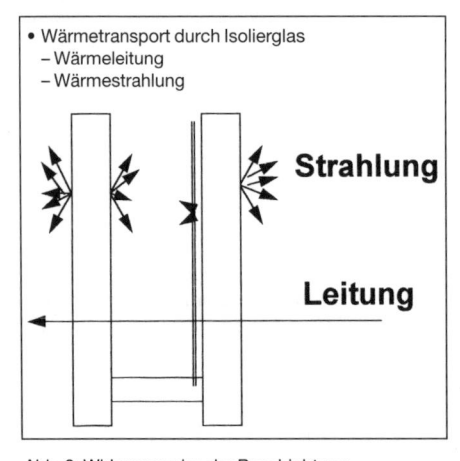

Abb. 2: Wirkungsweise der Beschichtung

Art der Beschichtung

Man unterscheidet heute zwei Arten der Beschichtung. Die sog. „Online-Beschichtung" wird während der Glasherstellung noch auf die heiße Glasoberfläche aufgebracht. Demgegenüber steht das sog. „Offline"-Verfahren, bei dem die Beschichtung auf die kalte Glasoberfläche in einem Vakuumverfahren, z. B. „Magnetron-Verfahren", erfolgt. Die Schichten setzen sich meistens aus Zinnoxid, Silber, Wismut usw. zusammen. Es sind Schichtkombinationen, die einmal Schutzschichten darstellen, andererseits auch Haftschichten zum Glas und Funktionsschichten zur Reduzierung der Emission.

Zusammenfassend kann man also feststellen, daß der Einfluß der Glasdicke auf den k-Wert nur ganz gering, der des Scheibenzwischenraumes und der Gasfüllung größer, der Einfluß der Beschichtung sehr groß ist. Um das letzte Quantum an Wärmedämmung zu erreichen, kann dann durch die entsprechende Zusammenstellung von Beschichtung, Gasfüllung und Scheibenzwischenraum eine Optimierung stattfinden. Allgemein kann festgestellt werden, daß der Haupteinflußfaktor die Beschichtung ist.

Welche Eigenschaften von Wärmedämmgläsern sind heute zu berücksichtigen?

Hauptsächlich ist der k-Wert zu beachten, d. h. der Wärmedurchgangskoeffizient. Er gibt an, wieviel Energie bei einer Temperaturdifferenz von 1 Kelvin (K) zwischen innen und außen durch die Scheiben hindurchgeht.

Der Gesamtenergiedurchlaßgrad (g-Wert) gibt an, wieviel Energie der Sonne, die auf die Scheiben strahlt, durch die Scheibe hindurchtritt. Dieser Energieanteil wird heute als „solarer Gewinnfaktor" angesetzt. Er hilft, Energie für die Heizung zu sparen.

Der Lichttransmissionsgrad ist ein Maß dafür, wieviel sichtbarer Anteil der Sonneneinstrahlung in den Raum fällt und es damit ermöglicht wird, im Raum zu arbeiten, eine freie ungehinderte Durchsicht zu haben und gleichzeitig durch bewußte Nutzung des Raumes Energie für Tageslichtergänzungsbeleuchtung zu sparen und damit die Ausleuchtung des Raumes so lange wie möglich mit Tageslicht durchzuführen.

Welche Anforderungen sind nun an Wärmedämmgläser zu stellen?

Wärmedämmgläser sollten heute einen niedrigen k-Wert aufweisen, eine hohe Lichttransmission und einen hohen Gesamtenergiedurchlaßgrad besitzen, im äußeren Erscheinungsbild farbneutral wie normales Glas wirken und keine erhöhte Reflexion aufweisen. Diese Wunschträume von Verglasungen können mehr oder weniger bei verschiedenen Produkten erreicht werden. Die Auswahl auf dem Markt ist heute groß genug, um individuelle Anforderungen zu erfüllen.

Welche Anforderungen sind nun an Sonnenschutzgläser gegenüber Wärmeschutzgläsern zu stellen?

Der Wärmedurchgangskoeffizient sollte auch niedrig sein. Der Lichttransmissionsgrad wird je nach Nutzung geringer sein, da auch der Gesamtenergiedurchlaßgrad gegenüber Wärmedämmgläsern geringer ist, denn gerade Sonnenschutzgläser sollen ja die eingestrahlte Gesamtenergie der Sonne reduzieren.

Die Reflexionsfarben bzw. die Eigenfarben können nach Wunsch blau, neutral, silber, grün, bronze oder blau-silber sein. Sie sind ein individuelles Gesaltungsmerkmal und bestimmen neben der Funktion der Scheibe auch die Ästhetik von Gebäuden.

Mit Sonnenschutzgläsern kann Glas neben einem Funktionselement auch ein Gestaltungselement werden. Farbig abgestimmte Brüstungselemente sind zu erhalten.

Hohe Wärmedämmung, welche Folgen ergeben sich für Glas und Rahmen?

Wärmedämmung infolge Beschichtung und Gasfüllung ergibt in den Einzelscheiben der Isolierglaseinheit unterschiedliche Scheibentemperaturen in der Mitte und am Rand. Bei fehlender Sonneneinstrahlung, also nachts, werden die äußere Scheibe und der äußere Rahmenanteil meistens kalt sein, während die innere Scheibe und der innere Rahmenanteil warm sind. Mit Sonneneinstrahlung steigt die Temperatur der bestrahlten Scheibe und des Rahmens, jedoch bleibt der Rand der Scheibe im Falz kalt. Die innere Scheibe kann, je nach Art und Weise der Beschichtung und Eigenfarbe des Glases, ebenfalls bei Sonneneinstrahlung kühler oder wärmer als die äußere sein.

Wärmeschutzschichten behindern die Energieabstrahlung der Scheiben untereinander. Die Scheibentemperaturen können sich angleichen oder aber, je nach Art und Weise der Beschichtung, stark voneinander abweichen. Hohe Temperaturdifferenzen können zum Glasbruch führen. Weiterhin entscheidend ist die Temperaturdifferenz zwischen der Scheibenmitte und der Kante. Ist sie hoch, ist Glasbruch eher möglich.

Der Scheibenzwischenraum von Isoliergläsern ist nach außen hermetisch abgeschlossen. Der Pumpeffekt bei Temperaturänderungen bzw. bei Druckschwankungen in ihm kann neben einem Aus-/Einbauchen auch bei kleinen Abmessungen (40 × 70 cm) zu Glasbruch führen.

Welche Auswirkungen hat nun diese physikalische Eigenschaft auf das Glas und den Rahmen?

Der Randverbund der Isolierglaseinheiten hat eine geringere Wärmedämmung als die Scheibenmitte.

Der Randverbund liegt im Rahmen, der je nach seiner Ausbildung (Flächenverhältnis des Rahmens außen zu innen bzw. Lage der Dämmschicht im Rahmen) unterschiedliche Eigenschaften aufweist. Der k-Wert der Verglasungen in Verbindung mit dem Rahmen hat Einfluß auf das Gesamtverhalten des Fensters und die Temperatureigenschaften der einzelnen Bauelemente.

In dem Vorschlag zur europäischen Norm prEN 30 077 wird ein Korrekturfaktor für Fenster angegeben, der die verringerte Wärmedämmung des Randverbundes berücksichtigt. Er wird angegeben mit 0,03 bis 0,07 W/mK und ist damit im Fenster abhängig von der Rahmen- und Kantenlänge.

Diese Korrektur wird z. Zt. bei der Ermittlung der Rechenwerte zum Nachweis nach der Wärmeschutzverordnung nicht berücksichtigt.

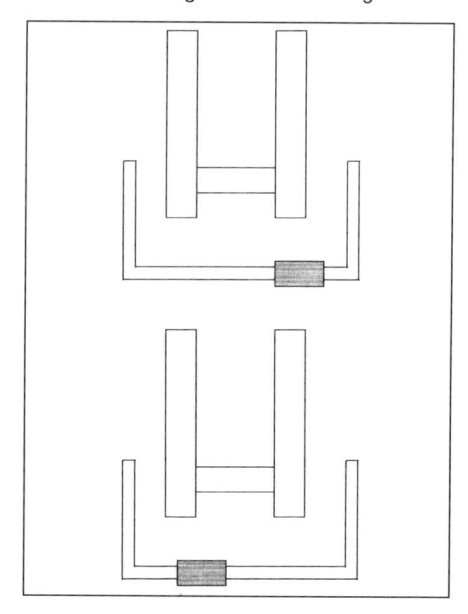

Abb. 3: Lage der Wärmedämmung in der Konstruktion

Die Lage der Wärmedämmung in der Konstruktion hat ebenfalls einen Einfluß auf das Temperaturverhalten der Kante der Isolierglaseinheit. Liegt die Wärmedämmung mehr im inneren Bereich, kommt es im äußeren Bereich bei Aufheizung der äußeren Scheibe zu einer Abstrahlung der Glaskante zum kalten Rahmenprofil. Liegt dagegen die Wärmedämmung der Rahmenkonstruktion mehr außen, wird auch hier die Abstrahlung der Scheibenkante zum kalten Rahmen reduziert, da der innere Flächenanteil größer ist (Abb. 3).

Die Temperatureinflüsse auf Rahmen, Glaskante und Glasmitte haben Einfluß auf die Bewegungen der Materialien untereinander und können Glasbruch zur Folge haben. Erforderlich ist, daß die elastischen Elemente zwischen Glas und Rahmen ausreichend dimensioniert sind und es nicht durch falsche Materialauswahl zu einer Einspannung der Scheiben kommt.

Dehnfugen sind bei sämtlichen Bauten und Konstruktionen erforderlich. Gleiches gilt für Glaskonstruktionen. Infolge ihrer Transparenz und der vielfältigen Funktionen kann es hier mehr oder weniger zu erhöhten Absorptionen kommen, die sich negativ auf das Gesamtverhalten auswirken können. Nur die Kenntnis der gesamten Bauphysik an dieser Stelle ermöglicht auch in Zukunft, mit Glas problemlos zu konstruieren. Die Konstruktionen müssen den neuen physikalischen Eigenschaften der Verglasungen angepaßt werden. Es geht nicht an, alte Konstruktionen mit neuen Gläsern zu füllen, dies kann zu Problemen führen. Nur mit dem richtigen Glas und dem darauf abgestimmten Rahmen läßt sich das Problem lösen.

Der Wärmeschutz von Fensteranschlüssen in hochwärmegedämmten Mauerwerksbauten

Univ.-Prof. Dipl.-Ing. Wolf-Hagen Pohl, Universität Hannover

1 Vorbemerkungen

Die negativen Folgen des verstärkten Umgangs mit Energie auf unsere Umwelt sind uns allen mehr oder weniger bekannt. Zur Eindämmung dieser Problemstellungen – Reduzierung des Energieverbrauchs mit den Zielen: Schonung der Ressource Energie, Minimierung von Schadstoffausstoß und Minimierung des Ausstoßes klimarelevanter Gase, vor allem von Kohlendioxid – ist es im Baubereich nicht allein mit einem weiteren Minimieren von k-Werten der Außenbauteile getan.

Die zwingend erforderliche Änderung in der Einstellung im Umgang mit Energie verlangt von uns über das Minimieren von k-Werten für die Bauteile der wärmeübertragenden Umfassungsfläche hinaus eine verstärkte Beschäftigung mit den Nahtstellen, den Anschlußpunkten verschiedener Bauteile, dem Detail. Dies ist erforderlich, da mit steigendem Wärmedämmstandard die Wärmeverluste über Wärmebrücken und über unkontrollierte Lüftungsvorgänge infolge Luftundichtheiten in den wärmeübertragenden Außenbauteilen relativ gesehen stark anwachsen. In diesem Zusammenhang sind zwei technische Aspekte bei der „Ausbildung" von Anschlußpunkten und Details künftig mehr denn je zu beachten; es sind dies:

Die Forderung: Wärmebrücken in ihren Auswirkungen zu minimieren
Die Lösung: Aufstellen und Umsetzen eines Wärmedämmkonzeptes

und

Die Forderung: Luftundichtheiten in der Gebäudehüllfläche zu minimieren
Die Lösung: Aufstellen und Umsetzen eines Luftdichtheitskonzeptes

Das Planen und Umsetzen beider Konzepte mit dem Ziel, die prinzipielle Leistungsfähigkeit der hochwärmegedämmten Außenbauteile voll ausschöpfen zu können, kann nur über eine Ganzheitsbetrachtung erreicht werden; dies soll für die Außenwand im Bereich des Anschlußpunktes Fenster vorgenommen werden. Es wird versucht, als Ergebnis nicht nur das „fertige" Detail zu präsentieren, sondern auch die verschiedenen Stationen des Optimierungsprozesses darzustellen und die Einflußfaktoren und ihre Auswirkung herauszuarbeiten.

2 Fensteranschluß, untersuchte Außenwandkonstruktionen

Für die nachfolgend aufgeführten Außenwandkonstruktionen wurde der Anschlußpunkt Fenster untersucht; hierbei wurde für den Dämmstoff die Wärmeleitfähigkeitsgruppe 040 zugrunde gelegt. Die Dämmschichtdicken wurden variiert, neben den aufgeführten Konstruktionen, deren Fensteranschlüsse im Anhang dargestellt werden, wurden bei allen Systemen weitere Anschlüsse mit den Dämmschichtdicken 8 cm und 12 cm untersucht. Bei allen drei Systemen wurde einheitlich ein Holzfenster zugrunde gelegt. Die gewonnenen Erkenntnisse lassen sich, teilweise nur geringfügig modifiziert, auch auf andere Rahmenmaterialien übertragen.

Folgende Fensteranschlüsse werden hier näher vorgestellt:

System 1: Mauerwerk mit Wärmedämmverbundsystem
Dämmschichtdicke s = 16 cm
k = 0,229 W/(m²·K)

System 2: Mauerwerk mit Kerndämmung und Sichtmauerwerk
Dämmschichtdicke s = 15 cm
k = 0,240 W/(m²·K)

System 3: Mauerwerk mit Wärmedämmschicht und hinterlüfteter Bekleidung
Dämmschichtdicke s = 18 cm
k_m = 0,220 W/(m²·K)

3 Fensteranschluß, Wärmedämmkonzept
Hier: Minimierung von Wärmebrückenwirkungen

3.1 Allgemeines zu Wärmebrückensituationen

Bei den angestrebten hochwärmegedämmten Außenbauteilen steigt der Anteil des infolge von Wärmebrücken auftretenden Wärmeverlustes in bezug auf den Gesamtwärmeverlust stark an. Je nach „Qualität" der Wärmebrücken kann in ungünstigen Fällen etwa ein Drittel der Transmissionswärmeverluste über Wärmebrücken erfolgen. Die Planung und Ausführung von „Orten" mit Wärmebrückenwirkungen muß hier daher besonders sorgfältig erfolgen.

Eine rechnerische Erfassung dieser Wärmebrückeneffekte im Hinblick auf die erhöhte Wärmestromdichte (Energieverlust) und die Temperatur der Innenoberfläche setzt einen erheblichen Aufwand voraus. Die sogen. „naive Methode" mit Hilfe der bekannten Gleichungen ($\Delta\vartheta = \vartheta_{Li} - \vartheta_{La}$; $k = 1/(1/\alpha_i + 1/\Lambda + 1/\alpha_a)$; $q = k \cdot \Delta\vartheta$ und $\vartheta_{oi} = \vartheta_{Li} - q \cdot 1/\alpha_i$), die bei ebenen, ungestörten Bauteilflächen angewendet werden kann, ist hier unbrauchbar.

Die numerische Erfassung von Wärmebrücken ist nur mit Hilfe spezieller Programme rechnergestützt möglich. Zur rechnergerechten Beschreibung der Aufgabe teilt man den Bereich der Wärmebrücke in entsprechend kleine Teilbereiche (finite Elemente) auf und ordnet jedem Element das entsprechende Material, d. h. konstante wärmetechnische Eigenschaften zu. Das Ergebnis der Berechnung liefert für die zugrunde gelegten Randbedingungen und den Berechnungsausschnitt bei zweidimensionalen Wärmebrücken den längenbezogenen Gesamtwärmestrom Q für 1 m Bauteilerstreckung und die Temperaturen im Bauteilquerschnitt bzw. auf den Oberflächen ϑ_o Diese können punktweise abgefragt oder als Isothermen (Linien gleicher Temperatur) dargestellt werden.

Wärmebrücken sind örtlich begrenzte Störungen in Bauteilen. Sie können bezüglich der Form punktförmig, linienförmig oder flächig auftreten. Diese Störungen verursachen eine Abweichung der Isothermen (Linien gleicher Temperatur) vom oberflächenparallelen Verlauf im ungestörten Bauteil und bewirken weiterhin einen erhöhten Wärmestrom und niedrige Oberflächentemperaturen auf der Innenseite mit der Gefahr von Tauwasser- und Schimmelpilzbildung; siehe Foto 1 und Foto 2. Bei Wärmebrücken können unterschieden werden:

Foto 1: Fensteranschluß, feuchtetechnische Problemstellung infolge Wärmebrückenwirkung

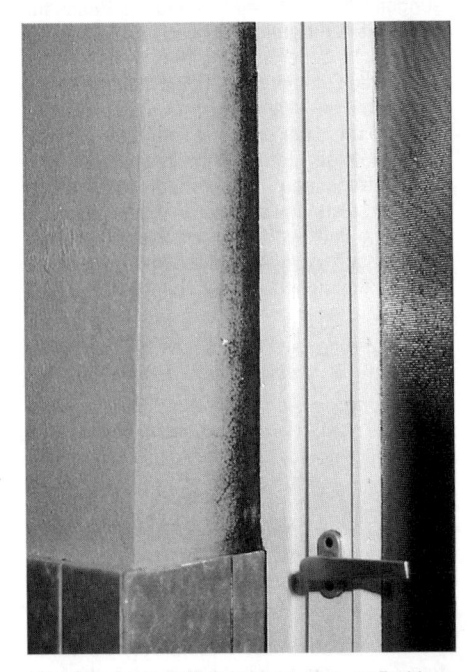

Foto 2: Fensteranschluß, feuchtetechnische Problemstellung infolge Wärmebrückenwirkung

- materialbedingte (stoffliche) Wärmebrücken,
- geometrisch bedingte Wärmebrücken,
- umgebungsbedingte Wärmebrücken,
- massestrombedingte Wärmebrücken.

Geometrisch und stofflich bedingte Wärmebrücken können jeweils isoliert auftreten, häufig wirken sie jedoch an einem „Ort" zusammen. Im folgenden wird im Hinblick auf das hier zu behandelnde Thema nur die prinzipielle Wirkungsweise der material- und geometrisch bedingten Wärmebrücke näher erläutert.

Materialbedingte Wärmebrücken: Sie entstehen, wenn in einem Außenbauteil aus Baustoffen mit kleiner Wärmeleitfähigkeit Bauteile mit wesentlich größerer Wärmeleitfähigkeit in Richtung des Wärmestroms *nebeneinander* vorhanden sind. Dieser Wechsel kann innerhalb einer oder mehrerer Bauteilschichten erfolgen. Diese Wärmebrücken entstehen häufig bei Stabwerkskonstruktionen (Holzbalken, Stahlprofile, Betonstützen usw.) oder bei Verbindungsmitteln (Schrauben, Nägel, sonstige Metallprofile), die tief in Bauteile eingelassen werden bzw. sogar einige Schichten durchstoßen können.

Geometrisch bedingte Wärmebrücken: Sie entstehen immer dann, wenn die wärmeabgebende Oberfläche größer ist als die ihr zugeordnete wärmeaufnehmende Oberfläche. Diese Wärmebrücken entstehen z. B. bei Außenecken eines Gebäudes und auch bei Fensteranschlägen. Bei der Außenecke eines Gebäudes steht einer größeren Auskühlfläche (äußere Begrenzung der Ecke) eine kleinere Erwärmungsfläche (innere Begrenzung der Ecke) gegenüber. Diese geometrische Situation führt zu einer Verzerrung des Wärmeflusses und damit zu einer Verzerrung der Isothermen. Dies trifft sowohl für einschichtige als auch für mehrschichtige Bauteile zu.

Beim Fensteranschluß wirken stoffliche und geometrische Gegebenheiten an einem „Ort" zusammen; der Fensteranschluß stellt somit eine stofflich/geometrische Wärmebrücke dar.

3.2 Spezielle Wärmebrückensituationen am Anschlußpunkt Fenster, rechnerische Abschätzungen – Optimierungsvorgänge

Am Anschlußpunkt Fenster sind beim Entwerfen und Konstruieren im Zusammenhang mit der Problemstellung *Wärmebrückenwirkung* neben den rein stofflichen Einflußfaktoren aus dem Rahmenmaterial und der wärmetechnischen Qualität der Verglasung zwei weitere Aspekte zu berücksichtigen, die oben schon näher erläutert worden sind:

Aspekt 1: Das Überbindemaß der Wärmedämmschicht. Dieses Maß gibt die Dicke bzw. die Überdeckung auf den Blendrahmen des Fensters an. Das Überbindemaß beschreibt in erster Näherung den stofflichen Einfluß der Wärmebrücke; siehe hierzu die Abbildungen 1 und 3.

Aspekt 2: Der Lagefaktor des Fensters. Der Lagefaktor beschreibt in erster Näherung den geometrischen Einfluß der Wärmebrücke; siehe hierzu die Abbildungen 2 und 4.

Anzumerken ist, daß sich beide Aspekte auch wechselseitig beeinflussen können. Die Größenordnung beider Einflüsse wurde für alle Fensteranschlüsse der Systeme 1 bis 3 mit Hilfe eines speziellen Wärmebrückenprogramms rechnergestützt untersucht. Aus der umfangreichen Untersuchung werden hier zwei Situationen näher vorgestellt:

System 1:
Mauerwerk mit Wärmedämmverbundsystem
Wärmedämmschichtdicke s = 16 cm

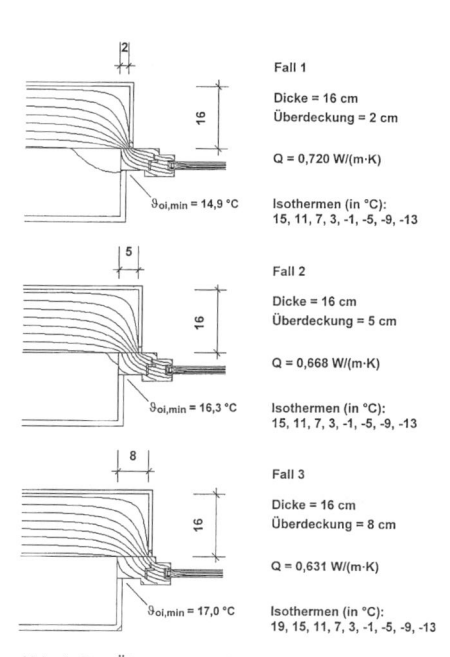

Fall 1
Dicke = 16 cm
Überdeckung = 2 cm
$Q = 0{,}720$ W/(m·K)
$\vartheta_{oi,min} = 14{,}9\ °C$
Isothermen (in °C):
15, 11, 7, 3, -1, -5, -9, -13

Fall 2
Dicke = 16 cm
Überdeckung = 5 cm
$Q = 0{,}668$ W/(m·K)
$\vartheta_{oi,min} = 16{,}3\ °C$
Isothermen (in °C):
15, 11, 7, 3, -1, -5, -9, -13

Fall 3
Dicke = 16 cm
Überdeckung = 8 cm
$Q = 0{,}631$ W/(m·K)
$\vartheta_{oi,min} = 17{,}0\ °C$
Isothermen (in °C):
19, 15, 11, 7, 3, -1, -5, -9, -13

Abb. 1: Das Überbindemaß der Wärmedämmschicht

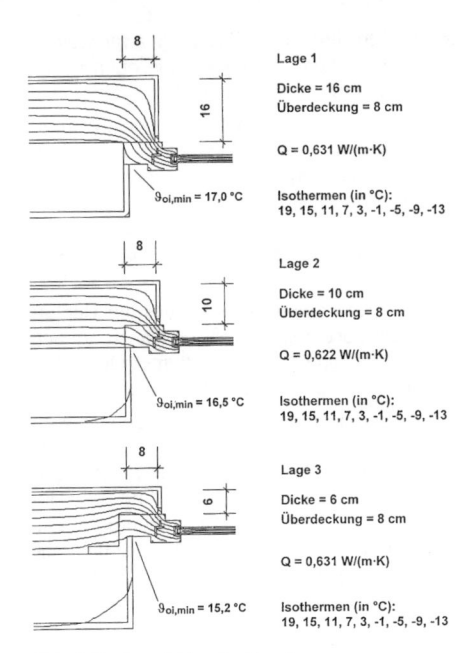

Abb. 2: Der Lagefaktor des Fensters

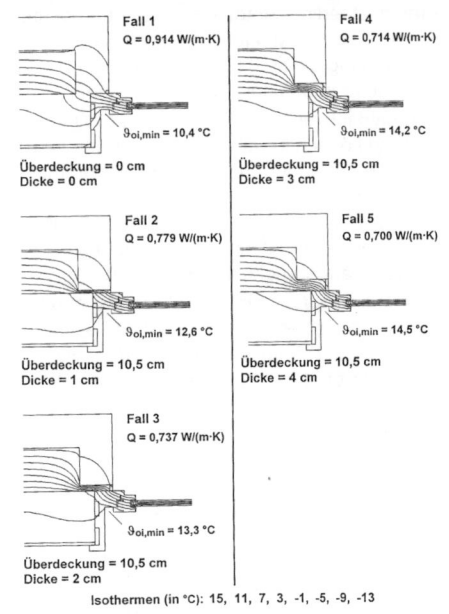

Lage 1
Dicke = 16 cm
Überdeckung = 8 cm
Q = 0,631 W/(m·K)
$\vartheta_{oi,min}$ = 17,0 °C
Isothermen (in °C):
19, 15, 11, 7, 3, -1, -5, -9, -13

Lage 2
Dicke = 10 cm
Überdeckung = 8 cm
Q = 0,622 W/(m·K)
$\vartheta_{oi,min}$ = 16,5 °C
Isothermen (in °C):
19, 15, 11, 7, 3, -1, -5, -9, -13

Lage 3
Dicke = 6 cm
Überdeckung = 8 cm
Q = 0,631 W/(m·K)
$\vartheta_{oi,min}$ = 15,2 °C
Isothermen (in °C):
19, 15, 11, 7, 3, -1, -5, -9, -13

Abb. 3: Das Überbindemaß der Wärmedämmschicht

Fall 1
Q = 0,914 W/(m·K)
$\vartheta_{oi,min}$ = 10,4 °C
Überdeckung = 0 cm
Dicke = 0 cm

Fall 2
Q = 0,779 W/(m·K)
$\vartheta_{oi,min}$ = 12,6 °C
Überdeckung = 10,5 cm
Dicke = 1 cm

Fall 3
Q = 0,737 W/(m·K)
$\vartheta_{oi,min}$ = 13,3 °C
Überdeckung = 10,5 cm
Dicke = 2 cm

Fall 4
Q = 0,714 W/(m·K)
$\vartheta_{oi,min}$ = 14,2 °C
Überdeckung = 10,5 cm
Dicke = 3 cm

Fall 5
Q = 0,700 W/(m·K)
$\vartheta_{oi,min}$ = 14,5 °C
Überdeckung = 10,5 cm
Dicke = 4 cm

Isothermen (in °C): 15, 11, 7, 3, -1, -5, -9, -13

System 2:
Mauerwerk mit Kerndämmung und Schichtmauerwerk
Wärmedämmschichtdicke s = 15 cm

Um die Untersuchung noch überschaubar zu halten, erfolgt die Darstellung und die Diskussion der Ergebnisse der rechnergestützten Untersuchung hier jeweils nur für den *seitlichen Anschluß*. Dies dürfte in erster Näherung zulässig sein, da der obere Anschluß aus energetischer Sicht dem seitlichen sehr ähnlich ist. Für das *gesamte Fenster* ergibt sich, behandelt man aus energetischer Sicht den unteren Anschluß wie einen seitlichen Anschluß, dabei nur ein kleiner „Fehlbedarf", der im Rahmen dieser an baupraktischen Verhältnissen orientierten Betrachtung kaum eine Rolle spielen dürfte.

Für die rechnergestützte Untersuchung des Anschlußpunktes wurden für beide Systeme folgende Daten verwendet:

Wärmedämmschicht:	λ_R = 0,040 W/(m·K)
Innenputz:	λ_R = 0,700 W/(m·K)
Verblendmauerwerk:	λ_R = 0,990 W/(m·K)
Holz:	λ_R = 0,130 W/(m·K)
Innenmauerwerk:	λ_R = 0,990 W/(m·K)
Fenster:	k_F = 1,500 W/(m²·K)

dämmender Stein in
der Fensterlaibung: λ_R = 0,210 W/(m·K)

Die Isothermendarstellung und weitere thermische Angaben die hier untersuchten Varianten der Systeme 1 und 2, und zwar des Aspektes 1 und 2, sind in den Abbildungen 1 und 4 aufgeführt. Die näherungsweise Bestimmung der möglichen Heizenergieeinsparung in der Gegenüberstellung verschiedener Maßnahmen wird mit der thermisch-zeitlichen Randbedingung der Wärmeschutzverordnung 1995, mit dem Faktor 84, vorgenommen. Der ermittelten Heizenergieeinsparung wird dann der jeweils erforderliche baukonstruktive Mehraufwand bzw. Kostenaufwand gegenübergestellt; in jedem Fall ergeben sich *Einzelfallentscheidungen*.

An Hand von zwei Beispielen sollen die Ergebnisse der vorangegangenen Untersuchung diskutiert werden.

Beispiel 1

*System 2: Mauerwerk mit Kerndämmung und Sichtmauerwerk,
Einfluß des Überbindemaßes;* siehe hierzu die Abbildung 3

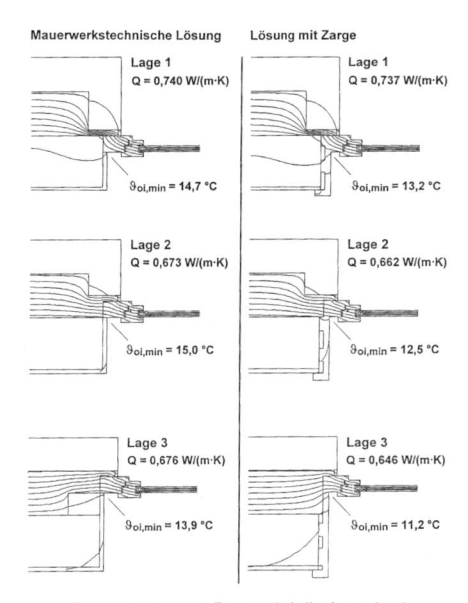

Mauerwerkstechnische Lösung

Lage 1
Q = 0,740 W/(m·K)
$\vartheta_{oi,min}$ = 14,7 °C

Lage 2
Q = 0,673 W/(m·K)
$\vartheta_{oi,min}$ = 15,0 °C

Lage 3
Q = 0,676 W/(m·K)
$\vartheta_{oi,min}$ = 13,9 °C

Lösung mit Zarge

Lage 1
Q = 0,737 W/(m·K)
$\vartheta_{oi,min}$ = 13,2 °C

Lage 2
Q = 0,662 W/(m·K)
$\vartheta_{oi,min}$ = 12,5 °C

Lage 3
Q = 0,646 W/(m·K)
$\vartheta_{oi,min}$ = 11,2 °C

(Dicke der thermischen Trennung bei allen Lagen 2 cm)
Isothermen (in °C): 19, 15, 11, 7, 3, -1, -5, -9, -13

Abb. 4: Der Lagefaktor des Fensters

Erster Schritt
Basissituation: Überdeckung und Überbindemaß 0 cm (Aspekt 1, Fall 1), siehe hierzu Foto 3
Q_1 = 0,914 W/(m·K)

Zweiter Schritt
Variante mit der entsprechenden zu untersuchenden Veränderung:
Breite der thermischen Trennung 10,5 cm; Überbindemaß 2 cm (Aspekt 1, Fall 3)
Q_2 = 0,737 W/(m·K)

Dritter Schritt
Die Differenz der Wärmeströme, der ΔQ-Wert, ergibt das Verbesserungsmaß bezogen auf 1 m Bauteilerstreckung
ΔQ = Q_1 – Q_2 in W/(m·K)
ΔQ = 0,914 – 0,737   W/(m·K)
ΔQ = 0,177   W/(m·K)

Vierter Schritt
Bezogen auf die Abmessungen des betrachteten Fensters ergibt sich bei Verwendung des Faktors 84 im Vergleich zwischen den beiden Varianten die Differenz des Jahres-Transmissionswärmebedarfs für die Beurteilung. (Anmerkung: Für alle Anschlüsse oben, seitlich und unten wird aus Gründen der Vereinfachung die thermische Qualität des seitlichen Anschlages zugrunde gelegt). Abmessungen des Fensters: b = 1,20 m; h = 1,40 m; $l_{ges.}$ = 5,2 m
Q = 84 · ΔQ · l;
Q = 84 · 0,177 · 5,2 kWh/a

Einsparung pro Fenster: Q = 77,3 kWh/a

Fazit:
Unter Zugrundelegung eines mittleren Energiepreises von 0,10 DM/kWh für die nächsten Jahre ergibt sich eine Einsparung pro Fenster von 77,3 · 0,1 = 7,73 DM. Die geschätzten Mehrkosten bei Verwirklichung des Falles 3, es sind dies „zusätzliche" Kosten für etwa 0,6 m² Wärmedämmstoff, s = 2 cm, in Streifen geschnitten, einschließlich Einbau, dürften etwa 6,– bis 10,– DM betragen.

Diese Maßnahme amortisiert sich schon in der zweiten Heizperiode. Betrachtet man diese Maßnahme für ein typisches Einfamilienhaus mit 12 Fenstern – dort sind etwa 63 m dieser Wärmebrückensituation vorhanden – so ergibt sich eine Einsparmöglichkeit von rund *1000 kWh/a!!*

Beispiel 2

System 2: Mauerwerk mit Kerndämmung und Sichtmauerwerk,
Einfluß des Lagefaktors; siehe hierzu die Abbildung 4

Erster Schritt
Basissituation: mauerwerkstechnische Lösung, (Aspekt 2, Lage 1)
Q_1 = 0,740 W/(m·K)

Zweiter Schritt
Variante mit der entsprechenden zu untersuchenden Veränderung:

Foto 3: Thermische Trennung zwischen Blendrahmen und Sichtmauerwerk mit einem Dämmstreifen aus Hartschaum

mauerwerkstechnische Lösung, hochdämmender Stein in der Laibung, (Aspekt 2, Lage 3); siehe hierzu Foto 4
$Q_2 = 0,676$ W/(m·K)

Dritter Schritt
Die Differenz der Wärmeströme, der ΔQ-Wert, ergibt das Verbesserungsmaß bezogen auf 1 m Bauteilerstreckung.

$\Delta Q = Q_1 - Q_2$ in W/(m·K)

$\Delta Q = 0,740 - 0,676$ W/(m·K)

$\Delta Q = 0,064$ W/(m·K)

Vierter Schritt
Bezogen auf die Abmessungen des betrachteten Fensters ergibt sich bei der Verwendung des Faktors 84 im Vergleich zwischen den beiden Varianten die Differenz des Jahres-Transmissionswärmebedarfs für die Beurteilung. (Anmerkung: Für alle Anschlüsse oben, seitlich und unten wird aus Gründen der Vereinfachung die thermische Qualität des seitlichen Anschlages zugrunde gelegt). Abmessungen des Fensters: b = 1,20 m; h = 1,40 m; $l_{ges.}$ = 5,2 m
$Q = 84 \cdot \Delta Q \cdot l$;
$Q = 84 \cdot 0,064 \cdot 5,2$ kWh/a

Einsparung pro Fenster: $Q = 28,0$ kWh/a

Fazit:
Unter Zugrundelegung eines mittleren Energiepreises von etwa 0,10 DM/kWh für die nächsten Jahre, ergibt sich in diesem Fall eine Einsparung pro Fenster von nur 28,0 · 0,1 = 2,80 DM. Die beiden hier im Vergleich stehenden Situationen wurden in bezug auf die Kosten der Fensterbänke innen und außen (jeweils unterschiedliche Breiten) gleich bewertet, so daß diese Kostengruppe hier nicht weiter zu berücksichtigen ist. Die Kosten der Verblendung der Laibung für die Lage 1 betragen etwa 80,- DM pro Fenster. Die Kosten für den hochdämmenden Stein in der Fensterlaibung für die Lage 3 betragen etwa 42,- DM pro Fenster.

Die Frage nach einer Amortisation stellt sich somit hierbei nicht, da sich bei der Wahl der Lage 3 sogar eine Investitionseinsparung von 38,- DM pro Fenster ergibt. Betrachtet man diese Maßnahme für ein typisches Einfamilienhaus, dort sind bei 12 Fenstern etwa 63 m dieser Wärmebrückensituation vorhanden, so ergibt sich für das Haus eine weitere Energieeinsparmöglichkeit von rund 340 kWh pro Jahr. Es ergibt sich darüber hinaus eine einmalige Kosteneinsparung (Investitionseinsparung pro Fenster von 38,- DM) in Höhe von 456,- DM.

Foto 4: Angestrebt wird die Ideallage des Fensters mit Hilfe eines hochdämmenden Stein in der Laibung, mauerwerkstechnische Lösung

Es wurden noch zwei weitere energetische Verbesserungsmaßnahmen rechnerisch abgeschätzt:

– Die Wärmeleitfähigkeit des hochwärmedämmenden Steins in der Laibung wurde von λ_R = 0,210 W/(m·K) auf λ_R = 0,060 W/(m·K) verringert. Hierbei ergibt sich eine Reduzierung des Wärmestroms von $Q = 0,676$ W/(m·K) auf $Q = 0,666$ W/(m·K). Daraus errechnet sich eine Heizenergieeinsparung pro Fenster von nur 4,4 kWh/a. Diese Maßnahme dürfte sich nicht amortisieren.

– Lösung mit Zarge; sie ist in Abbildung 4 als Lage 3 dargestellt. Es ergibt sich eine Heizenergieeinsparung gegenüber der mauerwerkstechnischen Lösung (dort ebenfalls der Lage 3) von 13,1 kWh/a. Dies stellt eine Einsparung pro Fenster von 1,31 DM/a dar. Die Verwirklichung der mauerwerkstechnischen Lösung ergibt einen Kostenrahmen von rund 60,- DM pro Fenster. Die geschätzten Mehrkosten bei Verwirklichung der Zargenkonstruktion betragen etwa 200,- bis 300,- DM pro Fenster. Diese Maßnahme amortisiert sich nicht. Eine Lösung mit einer Zargenkonstruktion, die *allein* aus der Vorgabe heraus, Wärmebrückenwirkungen minimieren zu wollen, eingebaut werden soll, ist aus wirtschaftlicher Sicht nicht zu vertreten und dürfte auch aus gesamtenergetischer Sicht ähnlich zu beurteilen sein (größerer Energieaufwand für Herstellung und Einbau als erzielbare Einsparung). Die Lösung ist daher aus dieser Sicht abzulehnen.

Der Fensteranschluß beim Mauerwerk mit Wärmedämmverbundsystem (System 1) wurde hinsichtlich des Überbindemaßes (Aspekt 1) und des Lagefaktors (Aspekt 2) ebenfalls rechnerisch untersucht. Die entsprechenden Daten:
– geometrische Daten der Variantenbildungen,
– Wärmestrom Q in W/(m·K),
– minimale Oberflächentemperaturen an der Innenseite,
sind in Abbildungen 1 und 2 aufgeführt.

Mit Hilfe dieser Daten und des Vorgehens bei der Auswertung der Untersuchungen für Mauerwerk mit Kerndämmung und Sichtmauerwerk kann für das System 1 das relative Optimum analog bestimmt werden.

Für Wärmebrücken lassen sich nur sehr schwer allgemeingültige Regeln aufstellen, die für alle Konstruktionstypen gleichermaßen Gültigkeit besitzen. Diese Schwierigkeit läßt sich im Vergleich der Fensteranschlüsse des Systems 1 mit denen des Systems 2 sehr gut verdeutlichen.

In der einschlägigen Literatur wird häufig die Empfehlung ausgesprochen, die Mittellinie der Verglasung müsse mit der Mittellinie der Wärmedämmschicht deckungsgleich sein, da dann die Wärmebrückenwirkung am geringsten sei.

Für das *System 2* trifft diese Regel zu, siehe die Daten in der Abbildung 4. Für das *System 1*, mit dem Überbindemaß 8 cm, trifft diese Regel nicht zu (Vergleich Aspekt 2, Lage 1 mit der Lage 3); siehe hierzu die Abbildung 2. Der Grund: Hier dominiert der wärmetechnische Einfluß des Überbindemaßes der Wärmedämmschicht von 8 cm.

Stellt man diese Untersuchung für das Überbindemaß 2 cm an (Aspekt 1, Fall 1), so gilt die o. a. Regel wieder. Das Verbesserungsmaß beträgt hierbei pro Fenster nur rund 18 kWh/a. Zur Realisierung ist eine kleine Zargenkonstruktion oder eine ähnliche baukonstruktive Maßnahme erforderlich; damit ist eine Wirtschaftlichkeit jedoch nicht gegeben.

4 Fensteranschluß, Luftdichtheitskonzept
Hier: Minimierung von Luftundichtheiten

4.1 Grundlagen, Antriebsmotoren, Differenzierung von Luft- und Winddichtheit, rechnerische Abschätzung

Mit steigendem Wärmedämmstandard kommt neben der Minimierung von Wärmebrückenwirkungen vor allem der Verringerung der Lüftungswärmeverluste eine sehr große Bedeutung zu. Mit steigendem Wärmedämmstandard wachsen die Lüftungswärmeverluste relativ stark gegenüber den Transmissionswärmeverlusten an. Bei Gebäuden mit Niedrigenergiehaus-Standard übersteigen die Lüftungswärmeverluste zum Teil sehr deutlich die Transmissionswärmeverluste.

Lüftungswärmeverluste können auf zwei Arten hervorgerufen werden:

Erste Art: Unkontrollierte Lüftungswärmeverluste infolge Luftundichtheiten in den wärmeübertragenden Außenbauteilen.

Zweite Art: Lüftungswärmeverluste über Lüftungsvorgänge zur Sicherstellung eines behaglichen Innenraumklimas (hygienischer Aspekt).

Lüftungswärmeverluste der *ersten Art* können durch eine sorgfältige *Planung* und eine gewissenhafte *Ausführung* minimiert werden. Lüftungswärmeverluste der *zweiten Art* können nur durch ein verantwortungsvolles Verhalten, durch sogenanntes „richtiges Lüften", minimiert werden (gezieltes Öffnen und Schließen der Fenster, d. h. Stoßlüftung) *oder* durch eine z. B. feuchtgesteuerte Bedarfslüftung (Lüftungsanlage *mit* oder *ohne* Wärmerückgewinnung).

Unverzichtbare Voraussetzung, Lüftungswärmeverluste infolge Luftundichtheiten (Lüftungswärmeverluste der ersten Art) wirkungsvoll zu verringern, ist die konsequente Realisierung einer luftdichten Gebäudehülle. Dies gilt ganz besonders für den Fall, daß Lüftungsanlagen mit Wärmerückgewinnung eingebaut werden sollen.

Die Wärmeschutzverordnung 1995 geht hierauf ein, indem sie für die Fenster und Außentüren von beheizten Räumen Grenzwerte für Fugendurchlaßkoeffizienten fordert; weiterhin werden in § 4 der Wärmeschutzverordnung Anforderungen an die Dichtheit der Gebäudehülle gestellt:

„(3) Die sonstigen Fugen in der wärmeübertragenden Umfassungsfläche müssen entsprechend dem Stand der Technik dauerhaft luftundurchlässig abgedichtet sein."

Welche Einflüsse bewirken Wärmeverluste über Undichtheiten? Antriebsmotoren für Wärmeverluste bei Undichtheiten in der wärmeübertragenden Umfassungsfläche eines Gebäudes können sein:

Antriebsmotor 1: Kräfte an der wärmeübertragenden Umfassungsfläche infolge von Windeinfluß

Bei einem durch Wind angeströmten Gebäude bildet sich ein Differenzdruckfeld gegenüber dem statischen Druck der ungestörten Windströmung aus. In der Heizperiode kann für Gebäude bis zu vier Geschossen bei mittleren Windgeschwindigkeiten von einer Druckdifferenz von 10 Pa ausgegangen werden.

Antriebsmotor 2: Kräfte an der wärmeübertragenden Umfassungsfläche infolge von Temperaturunterschied zwischen innen und außen

Die Dichte der Luft ändert sich in Abhängigkeit von Temperatur und Feuchte. Die Außenteile eines Gebäudes grenzen unterschiedlich temperierte Luftmassen (innen – außen) voneinander ab. Aufgrund der unterschiedlichen Dichte der warmen und kalten Luft entstehen Kräfte an der wärmeübertragenden Umfassungsfläche eines Gebäudes. Anmerkung: Ein Gebäude ist in diesem Zusammenhang nichts anderes als ein merkwürdig geformter Schornstein (Kaminzugprinzip). In der Heizperiode kann für Gebäude bis zu vier Geschossen bei mittleren Temperaturdifferenzen zwischen innen und außen von einer Druckdifferenz von 10 Pa ausgegangen werden.

Antriebsmotor 3: Kräfte an der wärmeübertragenden Umfassungsfläche infolge des Betriebs raumlufttechnischer Anlagen

Werden Gebäude mit raumlufttechnischen Anlagen ausgestattet, so können in Räumen sowohl Überdruck- als auch Unterdruckverhältnisse entstehen. Dies kann z. B. durch unterschiedliche Ventilatorleistungen, Reibungsbeiwerte bei Umlenkungen in den Rohrleitungen usw. geschehen. Auch hier können Druckdifferenzen von 10 Pa entstehen.

Neben den drei Antriebsmotoren, die sich gegenseitig abschwächend aber auch verstärkend beeinflussen können, übt auch die „Qualität" der Fuge bzw. Fehlstelle einen Einfluß auf die Größenordnung des auftretenden Luftwechsels und damit der Lüftungswärmeverluste aus.

Die oben aufgeführten Antriebsmotoren rufen Druckdifferenzen zwischen dem Gebäudeinneren und dem Außenraum hervor. Hierbei entstehen Luftvolumenströme, die durch die wärmeübertragende Umfassungsfläche des Gebäudes gelangen, wenn dort Fugen oder Fehlstellen vorhanden sind. In diesem Zusammenhang können für die Heizperiode die folgenden zwei „Fälle" auftreten:

Fall A:
Über Druckdifferenzen wird ein Luftdurchsatz von *innen* nach *außen* hervorgerufen. Hierbei wird konditionierte Innenraumluft (z. B. 20 °C/ 50 % rel. Feuchte) in Richtung des Druckgefälles nach außen transportiert und kalte Außenluft strömt in den Innenraum. Die Größenordnung dieses Luftdurchsatzes ist abhängig von der „Qualität" der Undichtheiten und der Druckdifferenz. Die *luftdichte Schicht* auf der *Innenseite* der Dämmschicht bzw. das *Abdichtungssystem der Fuge* zwischen Blendrahmen und Mauerwerk soll diesen Luftdurchsatz unterbinden; *Forderung: Luftdichtheit.*

Fall B:
Über Druckdifferenzen wird kalte Außenluft in Richtung des Druckgefälles, z. B. durch Wind, nach innen in die Schichten der Außenwand transportiert. Um die wärmetechnische Qualität einer Außenwand negativ zu beeinflussen, ist es in diesem Fall nicht erforderlich, daß die Außenluft bis in das Gebäudeinnere gelangt. Schon durch Luftbewegungen in Form von Rotationsströmungen von Außenluft um den Dämmstoff herum, z. B. beim Wärmedämmverbundsystem bei fehlendem winddichten Anschluß an den Blendrahmen; siehe hierzu Foto 5 und Foto 6, kann die thermische Leistungsfähigkeit der hochgedämmten Außenwand erheblich verringert werden; *Forderung: Winddichtheit.*

In diesem Zusammenhang ist bei Außenwandkonstruktionen mit einer windoffenen äußeren Bekleidung (z. B. das System 3: Mauerwerk mit Wärmedämmschicht und äußerer hinterlüfteter Bekleidung) die Ausbildung einer Wärmedämm-Schutzschicht, bzw. die Herstellung einer *winddichten Schicht* auf der *Außenseite* der Wärmedämmschicht zu empfehlen. Im Bereich des äußeren Anschlusses Blendrahmen – Mauerwerk ist auch bei winddichten äußeren

Schichten (z. B. beim Wärmedämmverbundsystem) immer ein winddichter Anschluß erforderlich.

In Abbildung 5 ist ein Nomogramm dargestellt; mit Hilfe dieses Nomogramms können Wärmeverluste und feuchtetechnische Problemdarstellungen bei Undichtheiten abgeschätzt werden. Mit Hilfe des nachfolgenden Beispiels soll der Einfluß von Undichtheiten deutlich gemacht werden, um Bereitschaft zu wecken, dieser Problemstellung mehr Aufmerksamkeit zu widmen. Die für das nachfolgende Beispiel angenommene Druckdifferenz von nur 6 Pa liegt unter dem Mittelwert für klimatische Verhältnisse in der Heizperiode. Hier kann sowohl für den Antriebsmotor 1 wie auch für den Antriebsmotor 2 bei einem drei- bis viergeschossigen Wohnhaus durchaus eine Druckdifferenz von etwa 10 Pa auftreten.

Beispiel 3

Fensteranschluß mit Luftundichtheit – energetische und feuchtetechnische Problemstellung

Annahmen
Fensterabmessungen: b = 1,2 m, h = 1,40 m
Gesamtumfang: l = 2(1,2 + 1,4) = 5,2 m
Undichtheiten durch planerische und/oder handwerkliche Fehlleistungen. Undichtheit im Bereich der Fensterbank: Fugenlänge l = 30 cm/m (tatsächliche Fugenlänge pro Fenster 5,2 m), Fugenbreite b = 2 mm.
Wirksame Druckdifferenz Δp = 6 Pa

Ergebnisse
Luftdurchsatz (siehe Nomogramm in Abbildung 5 im Anhang): 15 m³/(m·h) !!
Unkontrollierter Lüftungswärmeverlust pro Fenster bei Zugrundelegung der thermischen

Foto 5: Wärmedämmverbundsystem; Problemstellung: Fuge zwischen Hintermauerwerk und Wärmedämmschicht

Foto 6: Anschluß Wärmedämmverbundsystem an Fensterblendrahmen; winddichter Anschluß zur Vermeidung einer Hinterlüftung der Wärmedämmschicht mit Außenluft

und zeitlichen Randbedingungen gemäß Wärmeschutzverordnung 1995:
Q_L = 84 · 5,1 · 0,3 kWh/a
Q_L = 128 kWh/a

Überträgt man diese Situation insgesamt auf ein typischen Einfamilienhaus (wie auch schon bei der Beurteilung der Wärmebrückensituation), dort betrug die Länge des Fensteranschlages (seitlich, oben, unten) insgesamt 63 m, so ergibt sich unter den o. a. Randbedingungen für das ganze Haus (Länge der unteren Anschlüsse: l = 17 m) ein unkontrollierter Lüftungswärmeverlust von
Q_L = 84 · 5,1 · 17,0 · 0,3 kWh/a
QL = 2185 kWh/a

Vergleich:
Das schon mehrfach für Vergleiche „verwendete" Einfamilienhaus (Abmessungen: Grundriß: 10 m · 12 m; eingeschossig mit ausgebautem Dachgeschoß, Dachneigung: 45°; Außenwandfläche: 148 m²), weist bei einer Wärmedämmschicht mit der Dicke s = 15 cm; k_W =

Abb. 5:

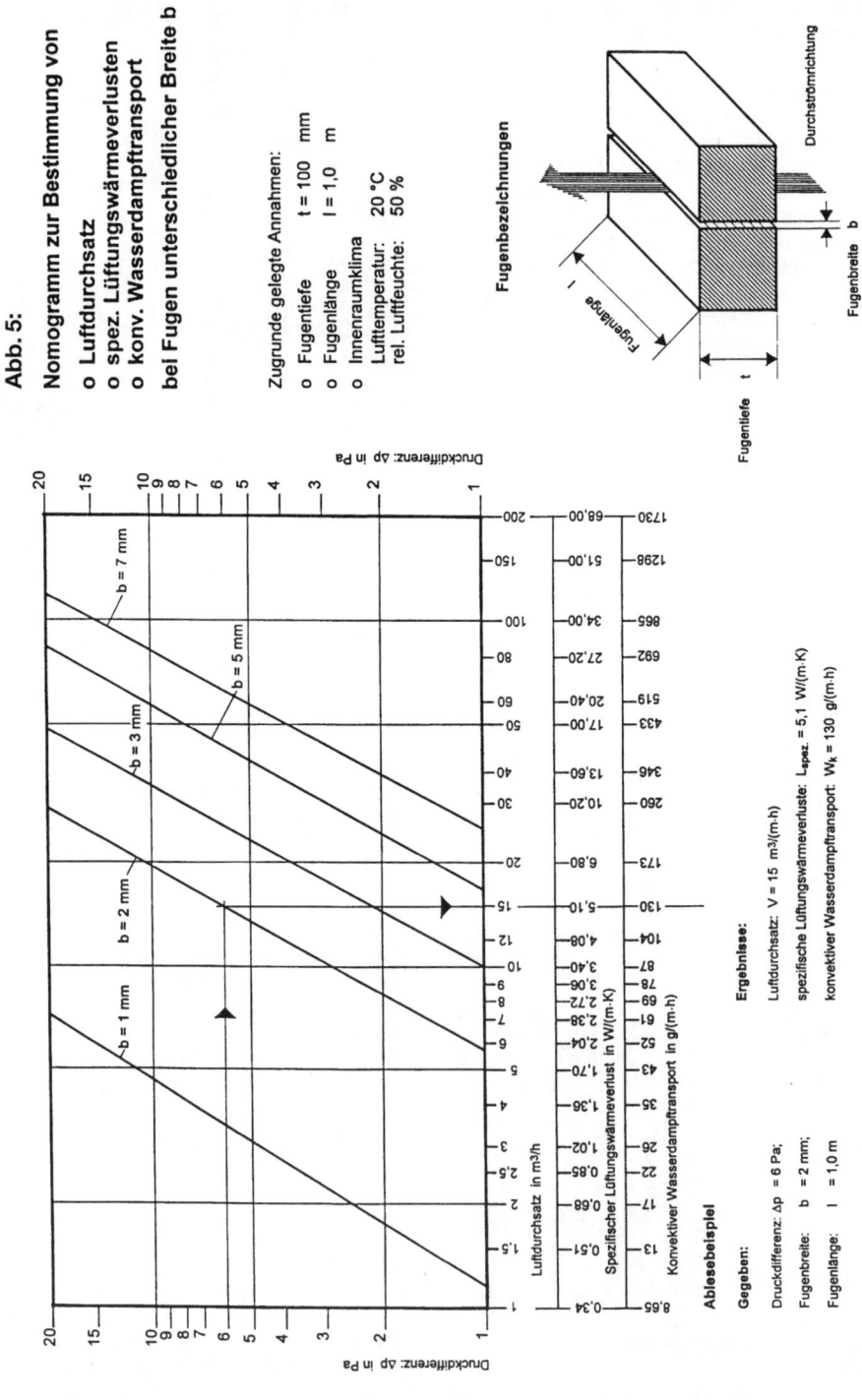

Nomogramm zur Bestimmung von

- **Luftdurchsatz**
- **spez. Lüftungswärmeverlusten**
- **konv. Wasserdampftransport**

bei Fugen unterschiedlicher Breite b

Zugrunde gelegte Annahmen:

- Fugentiefe $t = 100$ mm
- Fugenlänge $l = 1,0$ m
- Innenraumklima
  Lufttemperatur: 20 °C
  rel. Luftfeuchte: 50 %

Fugenbezeichnungen

Ablesebeispiel

Gegeben:

Druckdifferenz: $\Delta p = 6$ Pa;

Fugenbreite: $b = 2$ mm;

Fugenlänge: $l = 1,0$ m

Ergebnisse:

Luftdurchsatz: $V = 15$ m³/(m·h)

spezifische Lüftungswärmeverluste: $L_{spez.} = 5,1$ W/(m·K)

konvektiver Wasserdampftransport: $W_K = 130$ g/(m·h)

0,24 W/(m²·K) für die gesamte Außenwand einen Transmissionswärmebedarf von 2984 kWh/a auf! Die unkontrollierten Lüftungswärmeverluste durch Undichtheiten im Bereich des unteren Fensteranschlusses haben hier mit 2185 kWh/a fast die gleiche Größenordnung!

Auch feuchtetechnische Problemstellungen können mit dem Nomogramm abgeschätzt werden. In diesem Beispiel gelangen bei einer Innenluft (20 °C / 50 % r. F.) pro Meter Fugenlänge und Stunde etwa 130 Gramm Wasserdampf in das Außenbauteil. Feuchteschäden sind hierbei zwangsläufig die Folge. Dieses Problem ergibt sich bei jedem Gebäude, unabhängig vom Dämmstandard.

Die o. a. rechnerische Abschätzung der Problemstellung Luftundichtheit erlaubt allein für den Anschlußpunkt Fenster folgende Feststellungen:

1. Eine Luftdichtheit in der wärmeübertragenden Umfassungsfläche eines Gebäudes ist Voraussetzung für alle weiteren Maßnahmen zur Verringerung des Heizwärmebedarfs.
2. Diese Forderung wird immer wichtiger, je höherwertiger der Wärmedämm-Standard der Außenbauteile wird; dies gilt besonders bei Einbau einer Lüftungsanlage mit Wärmerückgewinnung.
3. Kann eine zufriedenstellende Luftdichtheit der wärmeübertragenden Umfassungsfläche eines Gebäudes nicht erreicht werden, so laufen alle Maßnahmen für einen erhöhten Wärmeschutz praktisch „ins Leere".

Forderungen:
Fugen in den Bauteilen der wärmeübertragenden Umfassungsfläche eines Gebäudes müssen dem Stand der Technik entsprechend dauerhaft luftundurchlässig verschlossen werden. Diese Forderung stellt keine erst aus dem Niedrigenergiehaus-Standard abgeleitete Besonderheit dar, sondern ist seit vielen Jahren bereits in der DIN 4108 und auch in der Wärmeschutzordnung 1995 eindeutig festgelegt.

4.2 Maßnahmen und Empfehlungen zur Vermeidung von Undichtheiten im Bereich des Fensteranschlusses

Zur Vermeidung von Undichtheiten im Bereich des Fensteranschlusses ist es zwingend erforderlich, daß vom *Planer sehr frühzeitig* ein umfassendes Konzept entwickelt wird, in dem für diesen Anschlußpunkt im Zusammenhang mit den Optimierungsvorgängen im Bereich der Vermeidung von Wärmebrückenwirkungen *Maßnahmen zur Herstellung der Luft- und Winddichtheit* (Abschnitt 4.1, Fall A, Fall B) dargestellt werden. Die Fotos 7, 8, 9 und 10 zeigen Versäumnisse in dieser Hinsicht.

Es ist zwingend erforderlich, daß diese Anschlüsse im Bereich der luft- und winddichten Schichten in Detailzeichnungen dargestellt,

Foto 7: Fehlender luftdichter Anschluß; Verteilung der einströmenden Luft bis weit in das Innere des Hauses über das Hohlraumsystem der abgehängten Decke

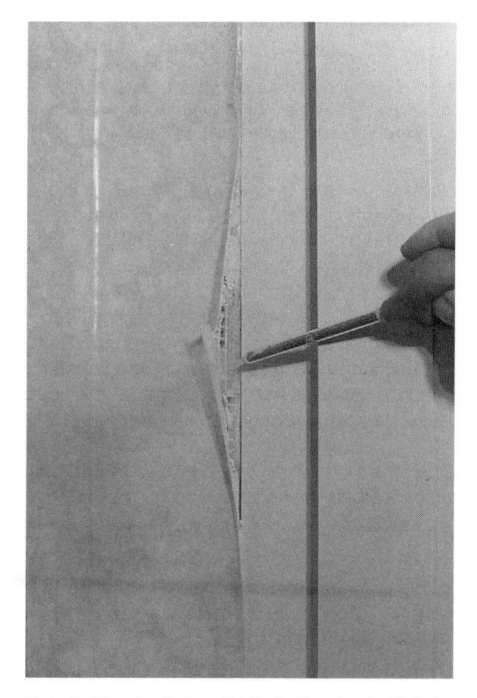

Foto 8: Massive Luftundichtheit; Tapete als Abdichtungssystem, Überprüfung mit dem Strömungsprüfer für Luft

Foto 9: Luftundichtheit im Bereich der Fuge Estrich bzw. Parkett/Blendrahmen der Fenstertür (siehe auch Foto 10)

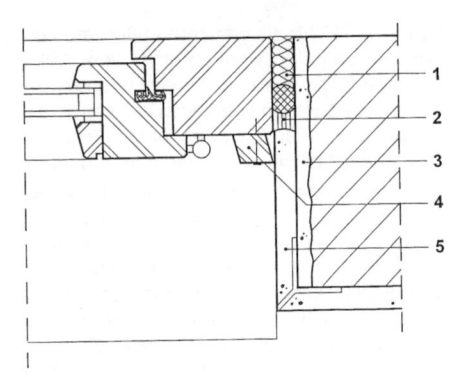

Abb. 6: Anschluß mit Bauchdichtstoff und Hinterfüllmaterial
1 Wärmedämmstoff
2 Baudichtstoff mit Hinterfüllmaterial
3 Ausgleichsputz
4 Deckleiste
5 Innenputz

System 2: Anschluß mit vorkomprimiertem Dichtband. Durch eine Verleistung kann dieses Abdichtungssystem zusätzlich geschützt werden; siehe hierzu die Abbildung 7.

Foto 10: Ursache für die in Foto 9 festgestellte Luftströmung: fehlendes Abdichtungssystem zwischen Schwellenprofil der Fenstertür und Stahlbetondecke

dem *Handwerker* zur Verfügung gestellt und mit ihm erörtert werden; siehe hierzu die Abbildungen 13 bis 21 und in speziellen Einzelfällen auch die Abbildungen 6 bis 12. Dem Handwerker sollte auch zu einem möglichst frühen Zeitpunkt mitgeteilt werden, daß eine Überprüfung der Dichtheit des Gebäudes vorgesehen ist und ein bestimmter Grenzwert nicht überschritten werden darf. Dies könnte z. B. im Rahmen der Ausschreibung vertraglich fixiert werden.

Spezielle Maßnahmen zur Herstellung des luftdichten Fensteranschlusses
(Fall A): Maßnahmen an der Innenseite
Die Abdichtung der Fugen zwischen Fensterblendrahmen und Hintermauerwerk bzw. Innenputz kann alternativ mit folgenden Systemen vorgenommen werden:
System 1: Anschluß mit Baudichtstoff und Hinterfüllmaterial: Durch eine Verleistung kann dieses Abdichtungssystem zusätzlich geschützt werden; siehe hierzu die Abbildung 6.

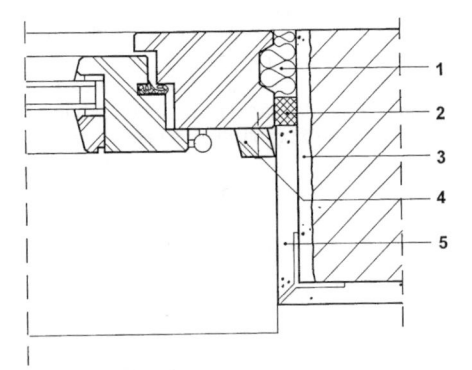

Abb. 7: Anschluß mit vorkomprimiertem Dichtband
1 Wärmedämmstoff
2 Vorkomprimiertes Dichtband
3 Ausgleichsputz
4 Deckleiste
5 Innenputz

System 3: Anschluß mit selbstklebender, hochwertiger elastischer Folie (z. B. Reparaturbänder), mechanische Sicherung durch aufgeschraubte Leiste (auf dem Blendrahmen), Putzträger und Putz; siehe hierzu die Abbildung 8.

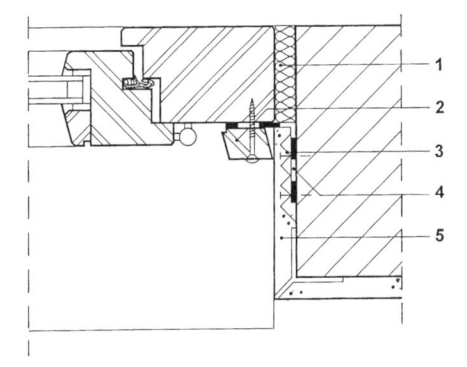

Abb. 8: Anschluß mit selbstklebender Folie und mechanischer Sicherung
1 Wärmedämmstoff
2 Holzleiste (mechan. Sicherung der selbstklebenden Folie auf Blendrahmen)
3 Putzräger
4 Selbstklebende Folie
5 Innenputz

System 4: Anschluß mit aufgeschraubter Leiste (Blendrahmen) mit integriertem Dichtband; siehe hierzu die Abbildung 9.

Foto 11: Fehlendes Dichtungskonzept; Toleranz!

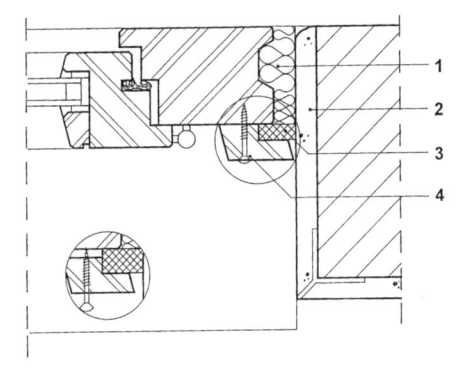

Abb. 9: Anschluß mit aufgeschraubter Leiste mit integriertem Dichtband
1 Wärmedämmstoff
2 Innenputz
3 Dichtband
4 Spezielle Holzleiste

Anmerkung: Das relativ häufig ausgeführte Ausschäumen der Fuge zwischen Fensterblendrahmen und Außenwand als *alleinige* Abdichtungsmaßnahme stellt keinen luftdichten Verschluß dar; siehe Foto 11 und Foto 12.

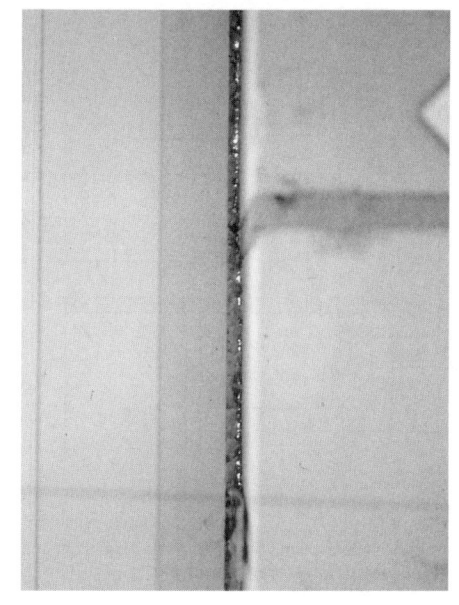

Foto 12: Ausschäumen kann nur eine flankierende Maßnahme sein, eine Luftdichtheit ist damit nicht zu erreichen

Spezielle Maßnahmen zur Herstellung des winddichten Fensteranschlusses (Fall B): Maßnahmen an der Außenseite

Die Abdichtung der Fugen zwischen Fensterblendrahmen und äußerer winddichter Funktionsschicht kann in Abhängigkeit von der jeweiligen Außenwandkonstruktion mit folgenden Systemen vorgenommen werden:

System 1 bei Wärmedämmverbundsystem auf Mauerwerk: Anschluß mit Sonderprofil und Baudichtstoff. Durch eine entsprechende Verleistung kann dieses Abdichtungssystem zusätzlich geschützt werden; siehe hierzu die Abbildung 10.

System 2 bei Mauerwerk mit Kerndämmung und Schichtmauerwerk: Anschluß mit Baudichtstoff und Hinterfüllmaterial. Durch eine entsprechende Verleistung kann dieses Abdichtungssystem zusätzlich geschützt werden; siehe hierzu die Abbildung 11.

System 3 bei Mauerwerk mit Wärmedämmschicht und äußerer hinterlüfteter Bekleidung: Anschluß mit Folie zur Herstellung der Luftdichtheit der Fläche (Fugen zwischen Holzunterkonstruktion und z. B. steifem Dämmstoff), Fenster mit verleimten Zargenrahmen, Anschluß der Folie mit Unterlegeband und aufgeschraubter Latte als mechanische Sicherung; siehe hierzu die Abbildung 12.

Fazit:
Zwei bauphysikalische Problemstellungen (Wind- und Luftundichtheit) können durch relativ einfache konstruktive Maßnahmen ohne weitere Berechnungen gelöst werden.

5 Vergleichende energetische Beurteilung der Aspekte Wärmedämmkonzept und Luftdichtheitskonzept für die hier untersuchten Anschlußpunkte

Im Abschnitt 3.2 wurden wärmebrückentechnische Einflüsse im Bereich von Fensteranschlüssen untersucht und zwar für Mauerwerk mit Wärmedämmverbundsystem und Mauerwerk mit Kerndämmung und Sichtmauerwerk. Es wurde das Überbindemaß der Wärmedämmschicht, d.h. die Dicke der Wärmedämmschicht auf dem Blendrahmen und der Lagefaktor im Rahmen einer Ganzheitsbetrachtung bewertet.

Lediglich im Vergleich der Extremsituation – Mauerwerk mit Kerndämmung und Sichtmauerwerk *ohne* thermische Trennung im Bereich des Anschlages, dargestellt in Abbildung 3 Aspekt 1, Fall 1, mit dem Aspekt 1, Fall 3 – ergibt

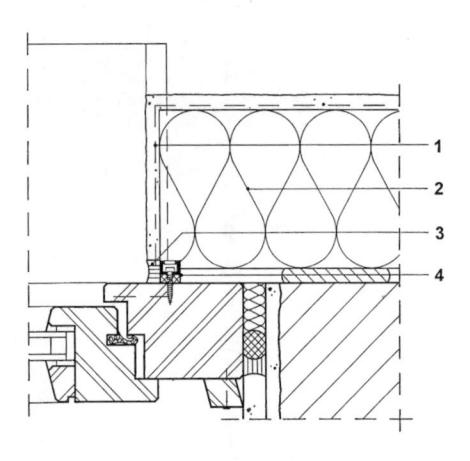

Abb. 10: Anschluß mit Sonderprofil und Baudichtstoff
1 Außenputz mit Armierungsschicht
2 Wärmedämmschicht
3 Baudichtstoff
4 Mechan. Sicherung der Armierungsschicht mit Sonderprofil

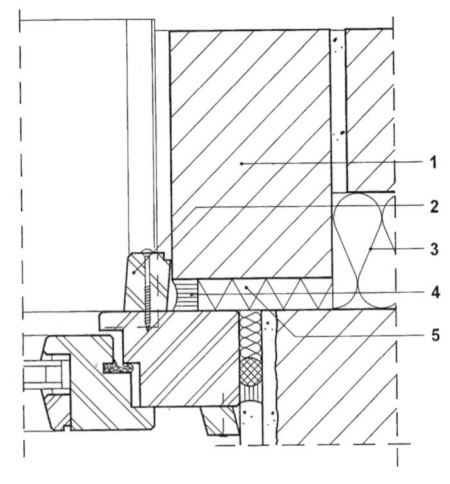

Abb. 11: Anschluß mit Baudichtstoff
1 Sichtmauerwerk
2 Deckleiste
3 Wärmedämmschicht
4 Baudichtstoff
5 Hartschaum

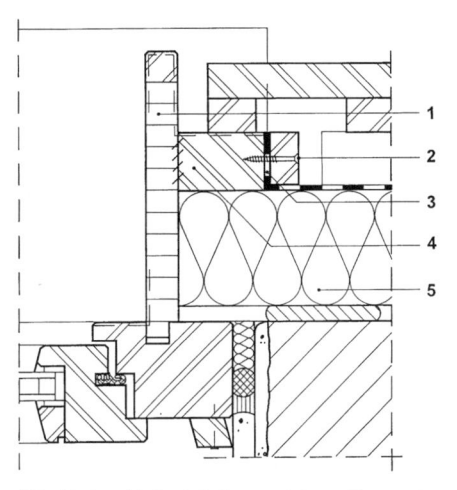

Abb. 12: Anschluß mit Folie an geleimten Zargenrahmen
1 Äußerer Zargenrahmen (mit Blendrahmen verleimt)
2 Mechan. Sicherung der winddichten Schicht mit geschraubter Latte
3 Folie
4 Umlaufendes Holzprofil, aufgeleimt
5 Wärmedämmschicht

sich ein nennenswertes Einsparpotential. Hier beträgt dieses für ein typisches Einfamilienhaus etwa 1000 kWh/a bei minimalem Baustoff- und Arbeitseinsatz.

Alle anderen Lösungen ergeben zwar auch energetische Einsparpotentiale, jedoch bedingt der Maßnahmenkatalog zur Erzielung dieser Ergebnisse relativ hohe Kosten, die im Rahmen einer Ganzheitsbetrachtung wohl nicht toleriert werden können.

Im Abschnitt 4.1 wurde der Einfluß von Luftundichtheiten im Bereich von Fensteranschlüssen untersucht. *Die Ergebnisse dieser Untersuchung können, im Gegensatz zu den Ergebnissen der Wärmebrückenuntersuchungen, auf jeden Fensteranschluß übertragen werden, ganz gleich welches Rahmenmaterial und welche Wandkonstruktion vorhanden sind.*

Schon bei der Annahme von kleinen Undichtheiten übersteigen diese „speziellen Lüftungswärmeverluste" sehr deutlich die Wärmeverluste, die über Wärmebrückeneffekte hervorgerufen werden. Selbst im Vergleich mit dem großen Wärmebrückeneffekt „Anschlag ohne thermische Trennung bei Sichtmauerwerk mit Kerndämmung" (siehe hierzu das o. a. Beispiel) sind die Wärmeverluste infolge Undichtheiten für das typische Einfamilienhaus doppelt so groß!!

Zu erwähnen ist in dieser Gegenüberstellung noch, daß die Maßnahmen zur Realisierung der Luft- und Winddichtheit im Bereich von Fensteranschlüssen in Abhängigkeit vom gewählten Abdichtungssystem relativ kostengünstig sein können, so daß sich hier eine Wirtschaftlichkeitsbetrachtung erübrigt. Diese Abdichtungsmaßnahmen, gleich mit welchem System durchgeführt, sind schon aus diesem Zusammenhang heraus zu empfehlen.

Anmerkung: Die gemachten Ausführungen sind eigentlich entbehrlich, da die Wärmeschutzverordnung bzw. die Allgemeine Verwaltungsvorschrift Wärmebedarfsausweis auch hier eine Luftdichtheit zwingend fordert.

6 Meßtechnische Überprüfung der Ausführungsqualität

6.1 Meßtechnische Überprüfung der Ausführung des Wärmedämmkonzeptes

Nach Fertigstellung der Arbeiten sind die Maßnahmen zur Realisierung des Wärmedämmkonzeptes dem Auge oft nicht mehr ohne weiteres zugänglich, z. B. beim zweischaligen Mauerwerk mit Kerndämmung. Mit Hilfe der Thermografie können sehr schnell Orte mit Wärmebrückenwirkung lokalisiert werden (qualitative Bestimmung). Eine quantitative Bestimmung der Wärmeverluste und Wärmebrücken ist allerdings auch bei diesem Verfahren mit einem erheblichen Aufwand verbunden.

6.2 Meßtechnische Überprüfung der Ausführung des Luftdichtheitskonzeptes

Geprüft werden kann die Luftdichtheit der wärmeübertragenden Umfassungsfläche, hier speziell der Anschlußfugen im Bereich der Fenster eines Gebäudes mit:

– dem Strömungsprüfer für Luft (Prüfröhrchen mit Rauchentwicklung); siehe hierzu Foto 7, 8 und 10.

– einer Thermoanemometersonde (Hitzdrahtmeßgerät zur Bestimmung der Luftgeschwindigkeit),

– der Infrarotthermografie (Farb- bzw. Schwarzweißdarstellung) der unterkühlten Oberflächen, entstanden durch Einströmen von kalter Luft in der Nähe von Luftundichtheiten.

Diese o. a. Prüfungen der Luftdichtheit können durchgeführt werden, wenn einer der drei Antriebsmotoren wirkt. Dies ist jedoch nicht jederzeit möglich, da eine Abhängigkeit vom Klima besteht. Die Überprüfung der Luftdichtheit kann mit Hilfe der Differenzdruckmeßmethode vorgenommen werden. Dieses Verfahren kann weitgehend unabhängig von klimatischen Einflüssen durchgeführt werden. Hierbei wird mit einem Ventilator im Gebäude ein Unterdruck bzw. ein Überdruck von 50 Pascal erzeugt.

Differenzdruckmeßgeräte und ein spezielles Rechnerprogramm gestatten darüber hinaus auch die Bestimmung der Luftwechselrate unter Prüfbedingungen. Die Prüfung sollte zu einem geeigneten Zeitpunkt *vor* Fertigstellung der Ausbauarbeiten durchgeführt werden, damit ohne Zerstörung von Ausbauschichten bei eventuell vorhandenen Undichtheiten Abdichtungsmaßnahmen kostengünstig durchgeführt werden können. Als Grenzwerte für eine Luftdichtheit werden in Anlehnung an entsprechende Regelwerke in Schweden, der Schweiz und Deutschland für die Luftwechselrate bei einer Druckdifferenz von 50 Pascal folgende Werte (n_{50}-Wert) vorgeschlagen:

– bei Gebäuden mit natürlicher Lüftung (Fensterlüftung) oder einfachen Abluftanlagen; Grenzwert (n_{50}-Wert): 3,0 h^{-1}.

– bei Gebäuden mit raumlufttechnischen Anlagen mit Wärmerückgewinnung; Grenzwert (n_{50}-Wert): 1,0 h^{-1}.

7 Entwerfen und Konstruieren

Beim Entwerfen und Konstruieren sind eine Vielzahl sich wechselseitig beeinflussender Faktoren zu berücksichtigen; zu nennen sind hier u. a.: Bauherrenwünsche, Nutzungsanforderungen, soziologische Rahmenbedingungen, ökologische Belange, Recycling, Variabilität, Erweiterbarkeit, tragwerkstechnische Belange, klimatische Einflüsse, städtebauliche Gegebenheiten (z. B. Festlegungen bei der Ausrichtung des Gebäudes in bezug auf die Himmelsrichtung), Einhaltung technischer Baubestimmungen, Berücksichtigung von Forderungen aus den Bereichen des Schallschutzes, des Brandschutzes, des Wärmeschutzes, Gebot der Wirtschaftlichkeit, Minimierung von später erforderlichem Wartungsaufwand, regionale Einflüsse aus industrieller und handwerklicher Fertigung, handwerkliches Können usw.

Eine Veränderung in diesem hier nicht abschließend aufgeführten Faktoren-Katalog bzw. eine stärkere Gewichtung eines einzelnen Faktors kann durchaus eine deutlich andere Lösung ergeben im Vergleich zum ersten „Ansatz". Dies führt dazu, daß es für Anschlußpunkte keine „allgemeingültige" Lösung geben kann. Jede Lösung stellt praktisch eine „Momentaufnahme" aus einem Prozeß dar; oder anders ausgedrückt, die mögliche und im Einzelfall auch „richtige" überproportionale Gewichtung eines speziellen Aspektes ermöglicht die Vielfalt von Architektur.

In den vorangegangenen Abschnitten wurden aus energetischer Sicht verschiedene Aspekte für den Anschlußpunkt Fenster isoliert untersucht. In den Abbildungen 13 bis 21 werden die im Abschnitt 2 aufgeführten Außenwandsysteme mit den Fensteranschlüssen unten, seitlich und oben als sogenannte relative Optima dargestellt.

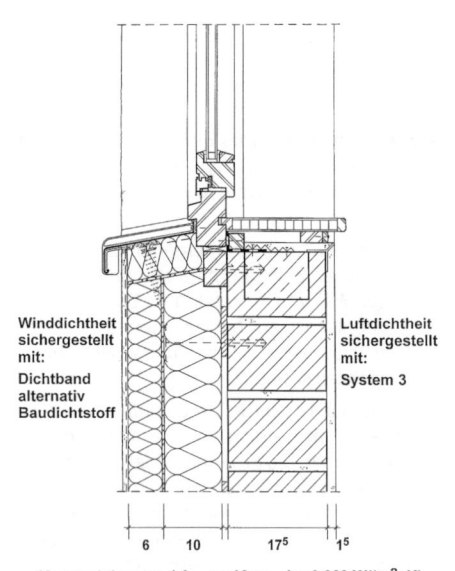

Winddichtheit sichergestellt mit:
Dichtband alternativ Baudichtstoff

Luftdichtheit sichergestellt mit:
System 3

Konstruktionstyp 1.3: s = 16 cm k = 0,229 W/(m² · K)

Abb. 13: Mauerwerk mit Wärmedämmverbundsystem

Winddichtheit sichergestellt mit: System 1

Luftdichtheit sichergestellt mit: System 3

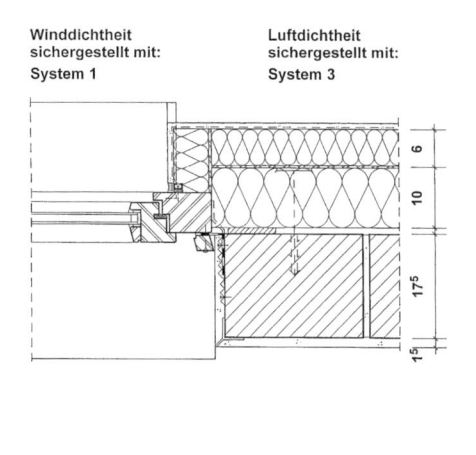

Konstruktionstyp 1.3: s = 16 cm k = 0,229 W/(m²·K)

Abb. 14: Mauerwerk mit Wärmedämmverbundsystem

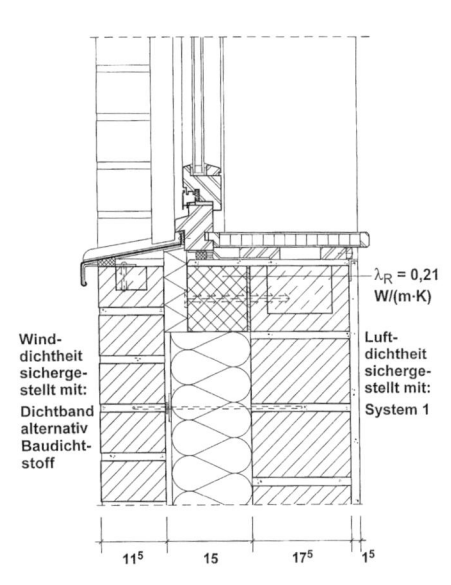

Winddichtheit sichergestellt mit: Dichtband alternativ Baudichtstoff

Luftdichtheit sichergestellt mit: System 1

$\lambda_R = 0{,}21$ W/(m·K)

Abb. 16: Mauerwerk mit Kerndämmung und Sichtmauerwerk

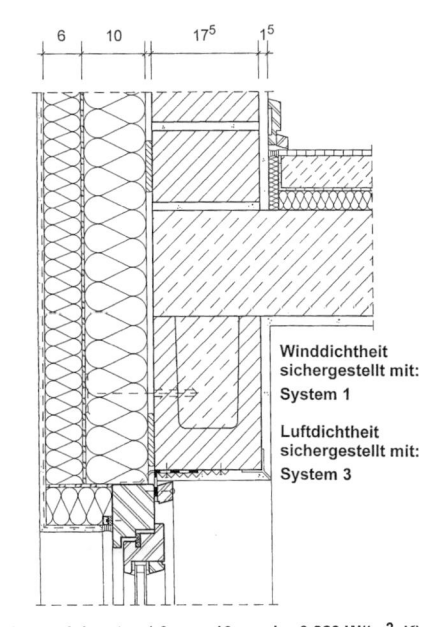

Winddichtheit sichergestellt mit: System 1

Luftdichtheit sichergestellt mit: System 3

Konstruktionstyp 1.3: s = 16 cm k = 0,229 W/(m²·K)

Abb. 15: Mauerwerk mit Wärmedämmverbundsystem

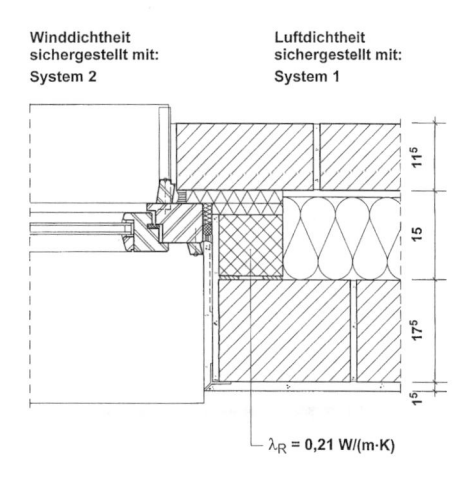

Winddichtheit sichergestellt mit: System 2

Luftdichtheit sichergestellt mit: System 1

$\lambda_R = 0{,}21$ W/(m·K)

Konstruktionstyp 2.3: s = 15 cm k = 0,240 W/(m²·K)

Abb. 17: Mauerwerk mit Kerndämmung und Sichtmauerwerk

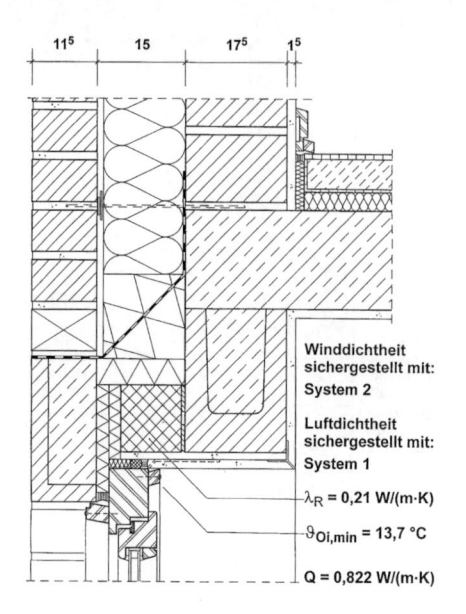

Konstruktionstyp 2.3: s = 15 cm k = 0,240 W/(m²·K)

Abb. 18: Mauerwerk mit Kerndämmung und Sichtmauerwerk

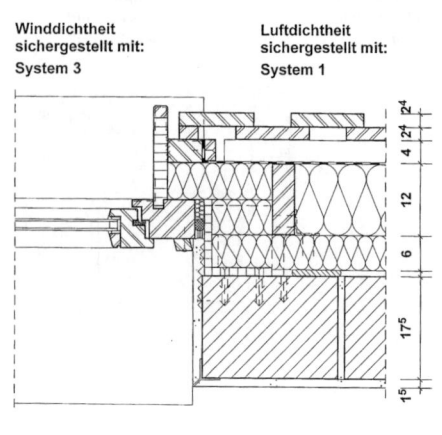

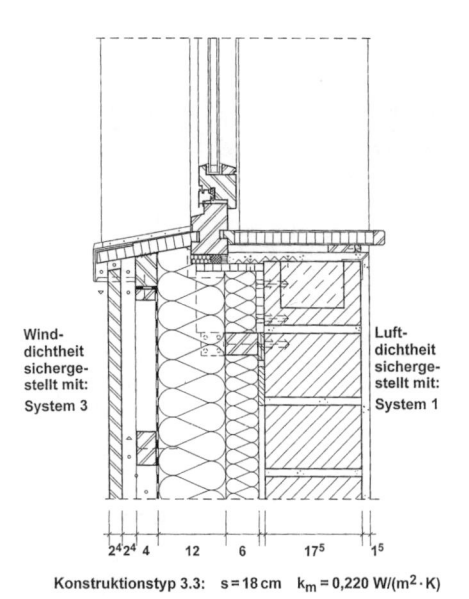

Konstruktionstyp 3.3: s = 18 cm k_m = 0,220 W/(m²·K)

Abb. 20: Mauerwerk mit Wärmedämmschicht und hinterlüfteter Bekleidung

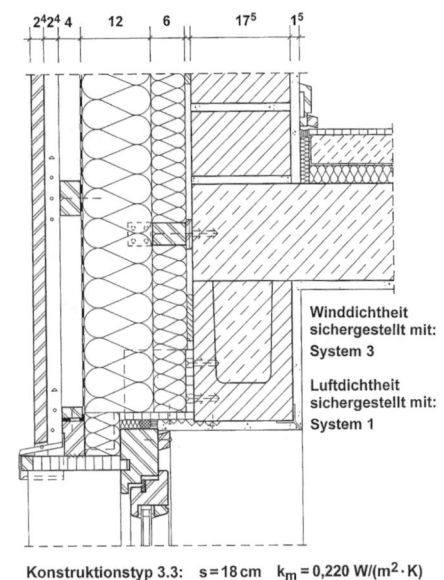

Konstruktionstyp 3.3: s = 18 cm k_m = 0,220 W/(m²·K)

Abb. 19: Mauerwerk mit Wärmedämmschicht und hinterlüfteter Bekleidung

Konstruktionstyp 3.3: s = 18 cm k_m = 0,220 W/(m²·K)

Abb. 21: Mauerwerk mit Wärmedämmschicht und hinterlüfteter Bekleidung

8 Literatur

Andersson, A. C.: Folgen zusätzlicher Wärmedämmung-Wärmebrücken, Feuchteprobleme, Wärmespannungen, Haltbarkeit. Bauphysik 2 (1980), H. 4, S. 199–124.

Einfeldt, Th. und Feldmeier, F.: Beurteilung der Tauwassergefahr bei Bauanschlüssen. Fenster und Fassade 2 (1987), S. 31–42.

Feldmeier, F.: Innen- oder Außenmaß. Ein Diskussionsbeitrag zur Berücksichtigung von Wärmebrücken. Bauphysik 14 (1992), H. 3 S. 86–90.

Gertis, K. und Erhorn, H.: Auswirkungen der Lage des Fensters im Baukörper auf den Wärmeschutz von Wänden. Fenster und Fassade 11, (1984), H. 2. S. 53–57.

Hauser, G., Stiegel, H.: Wärmebrücken-Atlas für den Mauerwerksbau. Bauverlag GmbH; Wiesbaden und Berlin, 1990.

Hauser, G. und Stiegel, H.: Wärmebrücken-Atlas für den Holzbau. Bauverlag Wiesbaden 1992.

Kappler, H. P.: Wasserdampfkonvektion durch thermischen Auftrieb in einer Schwimmhalle: Kondensatbildung am Dachrand. Bauschädensammlung. Bd. 2. Stuttgart: Forum, 1976. Seite 19–28.

Knublauch; E. Schäfer; H.; Sidon, S.: Über die Luftdurchlässigkeit geneigter Dächer. In: gi 108 (1987), Nr. 1, Seite 23–26; 35 –36.

Mainka, G. W. und Paschen H.: Wärmebrückenkatalog. Teubner Verlag, Stuttgart 1986.

Pohl, W.-H.: Wärmebrücken beim Niedrigenergiehaus, ausgewählte Beispiele für die Außenwandkonstruktionen Wärmedämmverbundsystem aus KS-Mauerwerk; KS-Sichtmauerwerk mit Kerndämmung. Im Auftrag der Forschungsvereinigung „Kalk-Sand" e. V. Hannover, bisher noch unveröffentlicht.

Pohl, W.-H.: Konstruktive und bauphysikalische Problemstellungen bei leichten Dächern. In: Aachener Bausachverständigentage 1987, Bauverlag Wiesbaden.

Pohl, W.-H.: Belüftete Dächer mit Metalldeckung, Feuchteschutz, bauphysikalische Grundlagen, Fallstudien, Beispiele; RHEINZINK-Architekturreihe Band 1, Herausgeber: RHEINZINK GmbH, 4354 Datteln 1991.

Pohl, W.-H., Dettmer, H. A. und Stannat, W. D.: Planungshilfe Niedrigenergiehaus – für Architekten, Ingenieure, Handwerker. (Hrsg.: Stadtwerke Hannover AG) 1993.

Pohl, W.-H.: Die neue Wärmeschutzverordnung: konstruktive und gestalterische Konsequenzen. Veranstaltungsreihe zur neuen Wärmeschutzverordnung. Veranstalter und Herausgeber des Vertragsmanuskriptes: Industrieverband Hartschaum e. V., KS-Industrie, DBZ, 1992.

Funktionsbeurteilungen bei Fenstern und Türen

Professor Dipl.-Ing. Josef Schmid, Institut für Fenstertechnik e. V., Rosenheim

Die Diskussion über das Fenster im Bauwesen wird stellvertretend für die unterschiedlichen Auffassungen über die Grundbedürfnisse des modernen Menschen geführt. Vergessen wird dabei häufig, daß die heutige Fenstergeneration sich eben aus diesen Grundbedürfnissen und aus der Architektur entwickelt hat. Dabei ist unstrittig, daß sich diese Grundbedürfnisse in den letzten Jahrzehnten wesentlich verändert haben und eine Trendwende derzeit nicht erkennbar ist. Stark betroffen von dieser Entwicklung ist das häusliche Umfeld und damit auch das Fenster als ein wichtiger Bestandteil der Außenwand.

Die Anforderungen an das Fenster sind in der Vergangenheit gestiegen und es ist eine Diskussion zwischen Architekten, Bauherrn, Bewohnern und Fensterherstellern notwendig, um die Anforderungen auf einem vernünftigen Niveau festzuschreiben. Eine Orientierung an der Einstellung unserer europäischen Nachbarn ist dabei anzuraten, denn sie haben ein natürlicheres Verhältnis zum Fenster. Während im deutschsprachigen Raum das Fenster als Bestandteil der Wohnung gesehen wird, ist das Fenster für die übrigen Europäer ein Funktionselement in der Außenwand.

Diese Diskussion muß auch vor dem Hintergrund des Baurechtes und der technischen Regelwerke geführt werden. Häufig werden die technischen Regelwerke in ihrer Verbindlichkeit überbewertet oder als Abwehrinstrument benutzt, wenn unter dem Kostendruck bzw. unter den jeweiligen Fertigungsmöglichkeiten andere Lösungen nicht machbar sind. Weiter muß Klarheit darüber bestehen, daß frühere Fensterkonstruktionen den heutigen Anforderungen in vielen Punkten nicht gerecht werden. Wenn also frühere Fensterkonstruktionen zur Anwendung kommen sollen, muß auch das Niveau der Erwartungshaltung des Bauherrn und Bewohners darauf abgestimmt sein.

Das Fenster, ein Teil der Außenwand

Die eigentlich banale Feststellung, daß das Fenster ein Bestandteil der Außenwand ist, ist wichtig für das Verstehen der Aufgaben der Fenster und der sich ergebenden Konsequenzen. Wichtig ist auch, daß jede Änderung an einem über die Jahre bewährten Gebäude- oder Außenwandkonzept das Gleichgewicht stört und deshalb das gesamte Konzept überprüft werden muß. Dies gilt bei der Erneuerung der bisher undichten Fenster gegen Fenster, bei denen aus Gründen der Energieeinsparung ein unkontrollierter Luftaustausch nicht erwünscht ist. Dies gilt noch mehr bei einer Änderung des Heizsystems im Gebäude oder in der Wohnung. In diesem Zusammenhang ist auch daran zu denken, daß die Verbesserung der Wärmedämmung der Fenster Auswirkungen hat. Bisher wirkte das Fenster bzw. im besonderen das Glas als „Kondensationsfläche". Das heißt, daß anfallendes Tauwasser meist am Glas auftrat, da hier die niedrigste Oberflächentemperatur vorlag. Durch die verbesserte Wärmedämmung des Fensters übernimmt nun ein anderer Teil der Außenwand diese Aufgabe; in der Regel ist es die Fensterleibung.

Ausgehend vom Bewohner oder dem Nutzer eines Gebäudes ist nur die Gebrauchstauglichkeit des Fensters, also die Eignung für den Verwendungszweck im eingebauten Zustand, von Interesse. Dies gilt auch für Fenster in historischen Fassaden und ist insbesondere deshalb wichtig, weil sich der Wunsch nach alten Fensterkonstruktionen, mit dem zu ihrer Zeit üblichem Anforderungsniveau, nicht immer mit den Vorstellungen der Bewohner von einem neuen Fenster deckt.

Damit müssen alle Betrachtungen zum Fenster die Wand und insbesondere den Übergang von der Wand zum Fenster mit einbeziehen. Als Bestandteil der Außenwand sind daher an das Fenster Anforderungen zu stellen an

- den sommerlichen und winterlichen Wärmeschutz,
- den Schallschutz
- den Schutz vor Witterungseinwirkung (Wind, Regen),
- die Sicherheit vor unbefugtem Zugang.

Neben diesen Aufgaben, die das Fenster mit der gesamten Außenwand gemeinsam hat, sind spezielle Aufgaben des Fensters wie

- die Belichtung der Räume,
- die Lüftung der Räume,
- die Verbindung zur Umgebung

zu nennen.

Diese Anforderungen und Aufgaben des Fensters müssen klar und eindeutig formuliert werden wie z. B. in den „Zusätzlichen Technischen Vorschriften" zur Ausschreibung von Fenstern (ZTVs) (Tabelle 1).

Tab. 1: Vorschlag zur Klassifizierung der technischen Eigenschaften der Fenster mit der Eintragung eines Anforderungsprofiles als Grundlage der Auftragsvergabe

	Allgemein technische Anforderungen	Kurzzeichen	\multicolumn{8}{c}{steigende Anforderungen (0 keine Anf. – 7 höchste Anf.)}	Einheit	Normen und Richtlinien	
			0	1	2	3	4	5	6	7			
1.1	Windlasten	w		0,6	0,96	1,32					kN/m²	DIN 1055	X
1.2	Horizontallast	H		0,5	1,0						kN/m	DIN 1055	X
1.3.	Vertikallasten	V		0,5							kN/m	DIN 18 056	
2.1	Schlagregendichtheit	BG		A 150	B 300	C 600	D				Pa	DIN 18 055	X
2.2	Fugendurchlässigkeit	BG		A 150	B 300	C 600	D				Pa	DIN 18 055	X
3.1	Wärmeschutz des Fensters genauer Wert (≤)**	k_F	>2,2	2,1–2,2	1,9–2,0	1,7–1,8	1,5–1,6	1,3–1,4	≤1,2		W/m²K	WVO	
3.1	Gesamtenergiedurchlaßgrad (Wärmegewinne) genauer Wert (≥)**	g	<0,2	0,20–0,35	0,36–0,50	0,51–0,60	0,61–0,70	0,71–0,80	>0,8			WVO DIN 67 507	
3.2	Rahmenmaterialgruppe	RG	3 ≥4,5	2.3 ≤4,5	2.2 ≤3,5	2.1 ≤2,8	1 ≤2,0				W/m²K	DIN 4108	X
3.3	Wärmeschutz der Verglasung genauer Wert (≤)**	K_V	>3,0	2,0–3,0	1,7–1,9	1,4–1,6	1,2–1,3	1,0–1,1	<1,0		W/m²K	DIN 4108	
3.4	Gesamtenergiedurchlaßgrad (Sommerlicher Wärmeschutz) genauer Wert (≤)**	g_F	>0,8	0,71–0,80	0,61–0,70	0,51–0,60	0,36–0,50	0,20–0,35	<0,2			WVO DIN 4108	
3.5	Lichtdurchlässigkeit	τ	≤0,3	≤0,4	≤0,5	≤0,6	≤0,7	≤0,8	>0,8			DIN 67 507	
4.1	Schalldämm-Maß des Fensters genauer Wert (≥)**	$R_{w,R}$	30–34	35–36	37–39	40–41	42–44	45–49	≥50		dB	DIN 4109	
5.1	Einbruchhemmung	EF	0	1	2	3						DIN V 18 054	X

* Die angegebenen Zahlenwerte beziehen sich auf die Lärmpegelbereiche gemäß DIN 4109 Tabelle 8. Der $R_{w,R}$-Wert der Fenster muß für die Aufenthaltsräume so festgelegt werden, daß der in der Tabelle geforderte $R'_{w,res}$ für das Gesamtbauteil erreicht wird.
** Genaue Werte aus der Ausschreibung, falls die Einteilung in die Gruppen nicht ausreichend genau ist.

Alle diese Anforderungen, die im Fenster in technische Eigenschaften umzusetzen sind, müssen über einen angemessenen Nutzungszeitraum erhalten bleiben. In der Literatur finden wir Angaben zur Nutzungserwartung der Fenster von 30 bis 40 Jahren. Dabei wird aber ein angemessener Aufwand an Instandhaltung und Instandsetzung vorausgesetzt.

Damit ist die Dauerhaftigkeit des Fensters angesprochen, die vom Zusammenwirken aller Einzelteile abhängig ist. Soweit deshalb Teile mit planmäßig kürzerer Nutzungserwartung im Fenster vorhanden sind, müssen diese erneuerbar sein. Solche Teile sind z. B. die Beschläge und das Mehrscheiben-Isolierglas.

Die Hauptbeanspruchung, die in der Regel auch die Nutzungsdauer des Fensters bestimmt, ist die Feuchtigkeit. Der Slogan „Das Bauen ist ein Kampf gegen das Wasser" gilt deshalb für Fenster im besonderen. Das Wasser wirkt dabei
– von der Außenseite als Regenwasser
– von der Raumseite als Wasser aus der Luftfeuchte

auf das Fenster und die angrenzenden Bereiche ein.

Für die Beurteilung, ob und in welchem Umfang das Fenster den bisher beschriebenen Beanspruchungen gerecht wird, eignet sich das in Abbildung 1 dargestellte Modell.

Diese Ebenen und Bereiche müssen in der Konstruktion erkennbar sein und folgenden Anforderungen genügen:

Ebene (1) Trennung von Raum- und Außenklima

Die Trennung muß in einer Ebene erfolgen, die über der Taupunkttemperatur des Raumklimas liegt. Die Ebene muß über die gesamte Fläche der Außenwand erkennbar sein und darf nicht unterbrochen werden.

Ausgehend von einem Raumklima von 20 °C, 50 % rel. Luftfeuchtigkeit, muß wegen der zugehörigen Taupunkttemperatur von 9,3 °C die Trennung in Bereichen über 10 °C liegen. Damit wird Tauwasser an der Oberfläche und in der Konstruktion vermieden. Für die Beurteilung der Gefahr der Tauwasserbildung ist der Isothermenverlauf sehr hilfreich.

Bereich (2) Funktionsbereich

In diesem Bereich müssen insbesondere die Eigenschaften Wärme- und Schallschutz über einen angemessenen Zeitraum sichergestellt werden. Bei geschlossenen Systemen ist der Randbereich und bei offenen Systemen das gesamte System über den Wetterschutz mit dem Außenklima zu verbinden.

Allgemein formuliert heißt dies, der Funktionsbereich muß „trocken bleiben" und vom Raumklima getrennt werden.

Ebene (3) Wetterschutz

Die Ebene des Wetterschutzes muß von der Außenseite den Eintritt von Regenwasser weitgehend verhindern und eingedrungenes Regenwasser kontrolliert nach außen abführen. Zugleich muß die Feuchte aus dem Funktionsbereich nach außen entweichen können. Daher auch die Auffächerung der Ebene des Wetterschutzes, die bewährten Grundelementen der Dacheindeckung nachempfunden ist.

Das beschriebene Modell ist allgemein gültig und in der in Abbildung 1 dargestellten Abfolge auf mitteleuropäische Klimaverhältnisse und auf Räume mit normalem Innenklima abgestimmt. In die Betrachtung und Bewertung muß die gesamte Außenwand einbezogen werden. Die Abfolge gilt nicht für Kühlräume und nicht für Gebäude in tropischen Breiten.

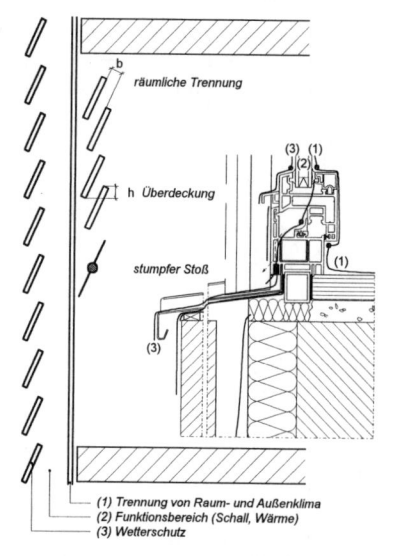

Abb. 1: Ebenen und Funktionsbereich als Modell zur Beurteilung von Fenstern in der Außenwand

(1) Trennung von Raum- und Außenklima
(2) Funktionsbereich (Schall, Wärme)
(3) Wetterschutz

Einbau der Fenster

Die Herstellung der Fenster wird seit mehr als 20 Jahren durch die RAL-Gütegemeinschaften Fenster überwacht. Auch wenn die Mitgliedschaft in der Gütegemeinschaft freiwillig ist, muß doch festgestellt werden, daß die Arbeit der Gütegemeinschaften das Qualitätsniveau der Fenster stark beeinflußt hat. Die bisherigen Probleme beim Einbau der Fenster sollen nun durch die Erweiterung der Gütesicherung auf die Montage gelöst werden. Die Auswirkungen der bisherigen Arbeiten zeigen sich positiv, wobei die angestrebte Umsetzung nur im Zusammenwirken von Auftraggeber und Auftragnehmer zum schnellen Erfolg führt.

Die Montage muß geplant sein, dies ist eine wichtige Voraussetzung für eine gebrauchstaugliche Montage. Für die Planung wird auf Abbildung 2 verwiesen. Für die Verbindung zwischen Fenster und Wand gilt der Grundsatz „raumseitig dichter als auf der Außenseite". Dieser Grundsatz wird in der Bauphysik zwar allgemein beachtet, im Fugenbereich aber häufig übergangen.

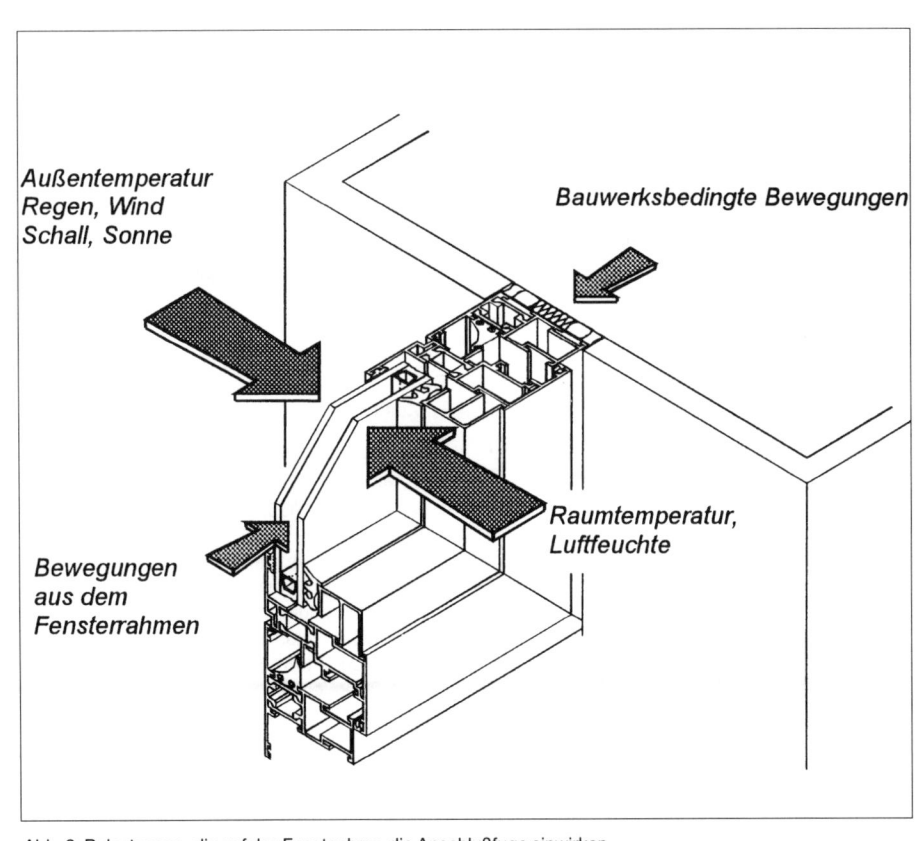

Abb. 2: Belastungen, die auf das Fenster bzw. die Anschlußfuge einwirken

Ausbildung der Fuge

Aufbau

- **einstufige Ausbildung:**
Regen und Wind werden in einer Ebene abgewiesen

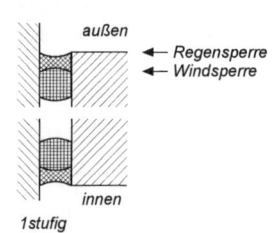

Abb. 3: Einstufige Fugenausbildung

- **zweistufige Ausbildung:**
Regen und Wind werden in räumlich getrennten Fugen abgewiesen

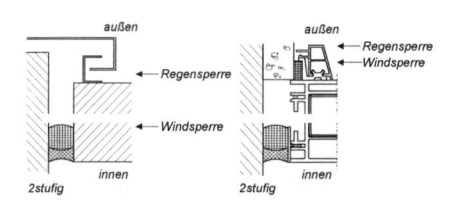

Abb. 4: Zweistufige Fugenausbildung

wesentliches Merkmal:
nach der ersten Stufe wird eine kontrollierte Wasserabführung realisiert

Konstruktionsfuge

wird nur gebraucht, um den Arbeitsablauf zu optimieren; keine oder nur geringe Bewegung der Fuge, z.B. Elementstoß

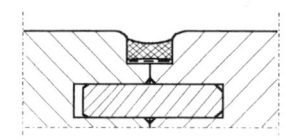

Abb. 5: Konstruktionsfuge

Bewegungsfuge / Dehnungsfuge

Veränderung der Fugenbreite während der Nutzung

- **geeignete Lösung: 2-Flankenhaftung**

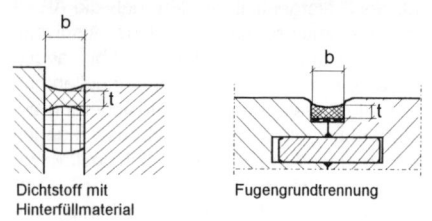

Dichtstoff mit Hinterfüllmaterial

Fugengrundtrennung

Abb. 6: Bewegungsfugenausbildung

Breiten- zu Tiefenverhältnis $\approx 0{,}5 \times b = t$

- **ungeeignete Lösung: 3-Flankenhaftung**

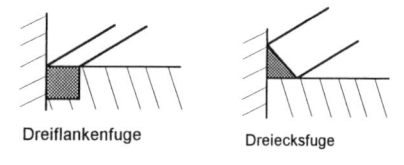

Dreiflankenfuge

Dreiecksfuge

Abb. 7: Dreiflankenhaftung

Beide Systeme sind in ihrem Verhalten bezüglich der Dichtstoffbelastung vergleichbar.

Konstruktive Grundsätze zur Abdichtung Fenster – Baukörper

Das einzusetzende Dichtsystem ist auf die vorgegebenen Anforderungen und die äußeren Belastungen wie auch auf die vorhandene Bausituation abzustimmen. Dabei sind folgende Parameter zu berücksichtigen:
- Schlagregenbelastung,
- Windbelastung (z. B. Beanspruchungsgruppe nach DIN 1055),
- Belastung durch Schall (Beachtung der Schallschutzklasse),
- Vermeidung von schädlichem Tauwasseranfall im Anschlußbereich
- (innen dichter als außen),
- chemische Verträglichkeit aller Stoffe im Anschlußbereich,
- Berücksichtigung der thermisch bedingten Bewegungen im Anschlußbereich,
- Form und Baustoffe des anschießenden Baukörpers,
- Zustand und Festigkeit der anschließenden Materialien.

Die Abbildungen 8 und 9 zeigen nochmals den Verlauf der Funktionsebenen beim Fensteranschluß an einschaliges Mauerwerk. Eine Ausführung nach Abbildung 9 ermöglicht noch einen Feuchteausgleich bei evtl. raumseitig auftretenden Undichtigkeiten.

- Regensperre ▷ Wetterschutz
+ Windsperre
△ Trennebene von Raum- und Außenklima

komprimiertes Dichtband

Dichtstoff

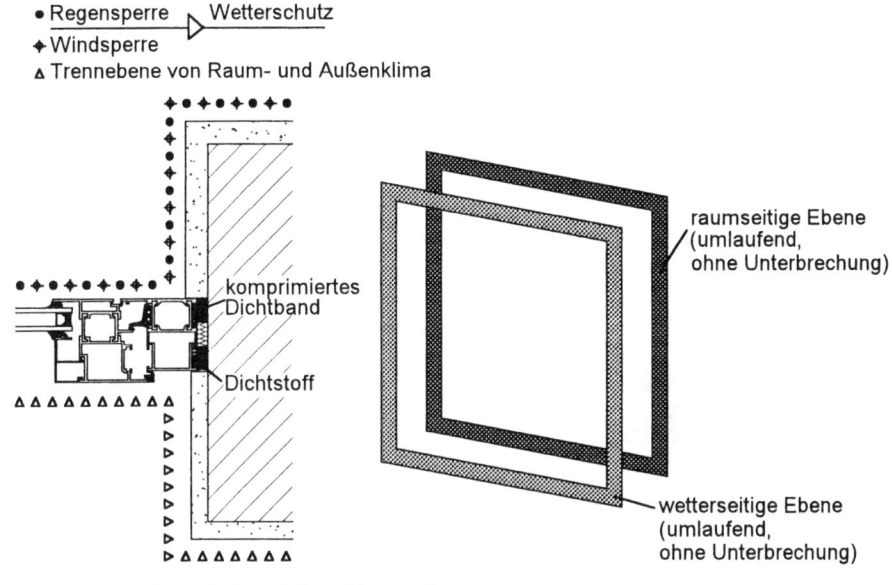

raumseitige Ebene (umlaufend, ohne Unterbrechung)

wetterseitige Ebene (umlaufend, ohne Unterbrechung)

Abb. 8: Funktionsebenen bei einschaligem Mauerwerk

- Regensperre
- Regensperre ◇ Wetterschutz
+ Windsperre
+ Windsperre
△ Trennebene von Raum- und Außenklima

komprimiertes Dichtband und regengeschützte "Feinöffnung" zum Feuchteausgleich des Zwischenraums

Dichtstoff

raumseitige Ebene (umlaufend, ohne Unterbrechung)

Feuchteausgleich

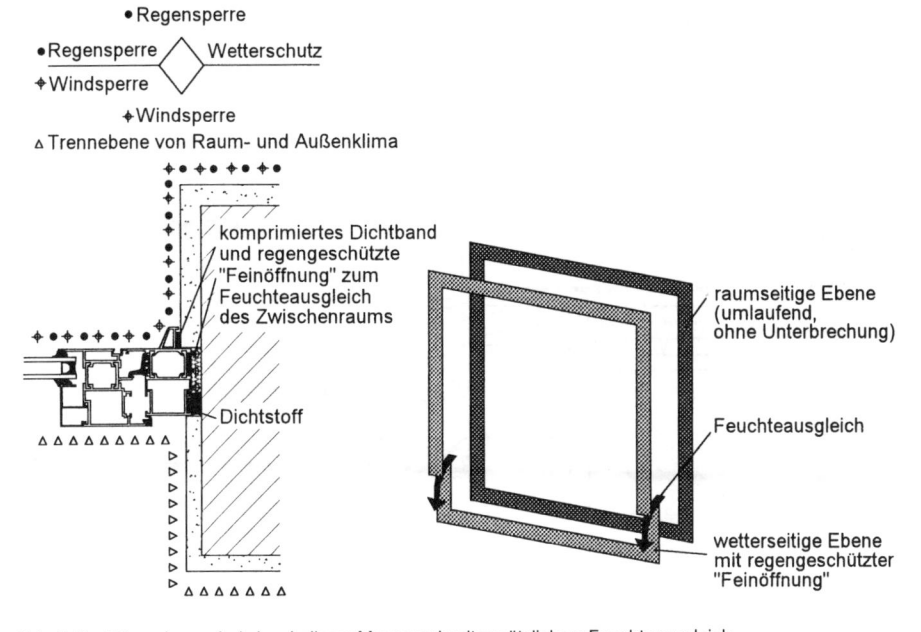

wetterseitige Ebene mit regengeschützter "Feinöffnung"

Abb. 9: Funktionsebenen bei einschaligem Mauerwerk mit zusätzlichem Feuchteausgleich

79

Wärmebrücken

Der Anschluß eines Fensters bzw. einer Fensterwand an einen Baukörper stellt sowohl im Hinblick auf erhöhte Wärmeverluste als auch im Hinblick auf mögliche Tauwasserschäden als Folge von niedrigen Oberflächentemperaturen eine Schwachstelle dar. Durch eine genaue Untersuchung der jeweiligen Anschlußsituation können bereits in der Planungsphase – dies gilt sowohl bei der Erstellung eines Neubaus als auch bei der Altbausanierung – thermische Schwachstellen (Wärmebrücken) erkannt und Alternativen für eine wärmetechnisch verbesserte konstruktive Auslegung des Baukörperanschlusses erarbeitet werden.

In Abbildung 12 ist der Isothermenverlauf in Abhängigkeit der Lage im Baukörper dargestellt. Eine äußere fassadenbündige Lage der Fenster ist in bezug auf die Tauwassergefahr ungünstig. Berechnungen zeigen, daß aus Gründen des Wärmeschutzes bei einschaliger Außenwand eine Einbaulage im mittleren Bereich anzustreben ist.

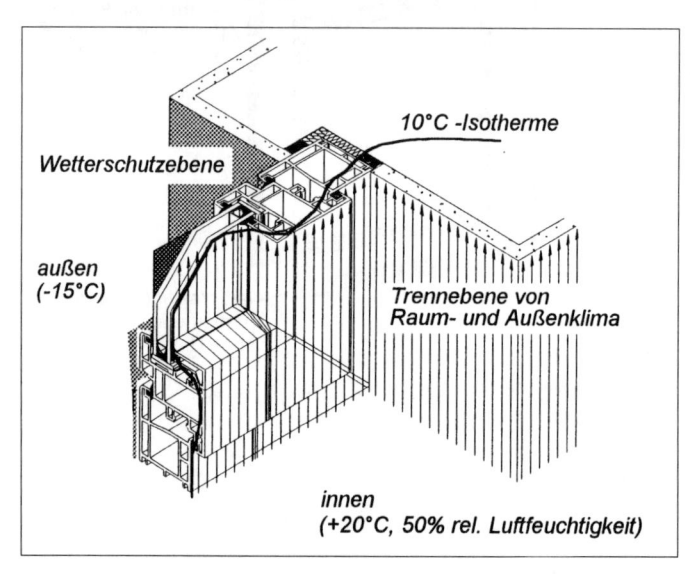

Abb. 10: Darstellung eines Fensters in der Außenwand mit Angabe der Ebenen und der 10 °C-Isotherme

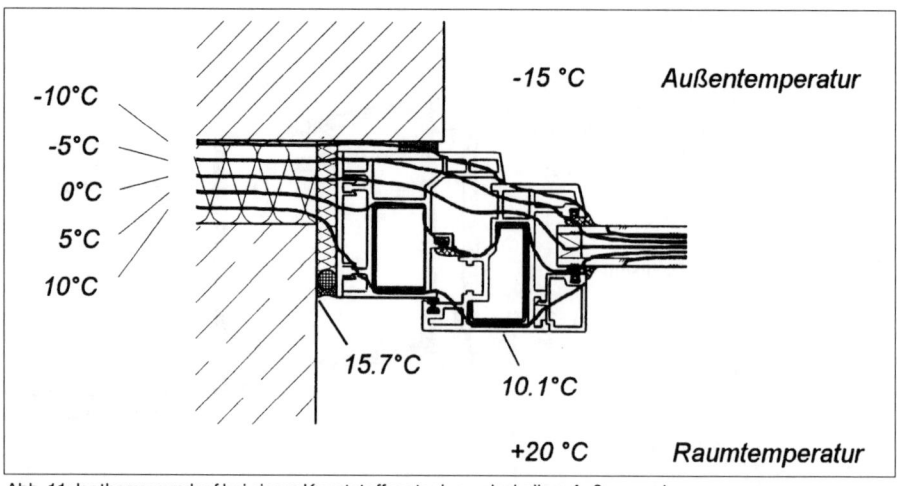

Abb. 11: Isothermenverlauf bei einem Kunststoffenster in zweischaliger Außenwand

Einbaulage außen

Tauwasser 10 °C

Einbaulage mittig

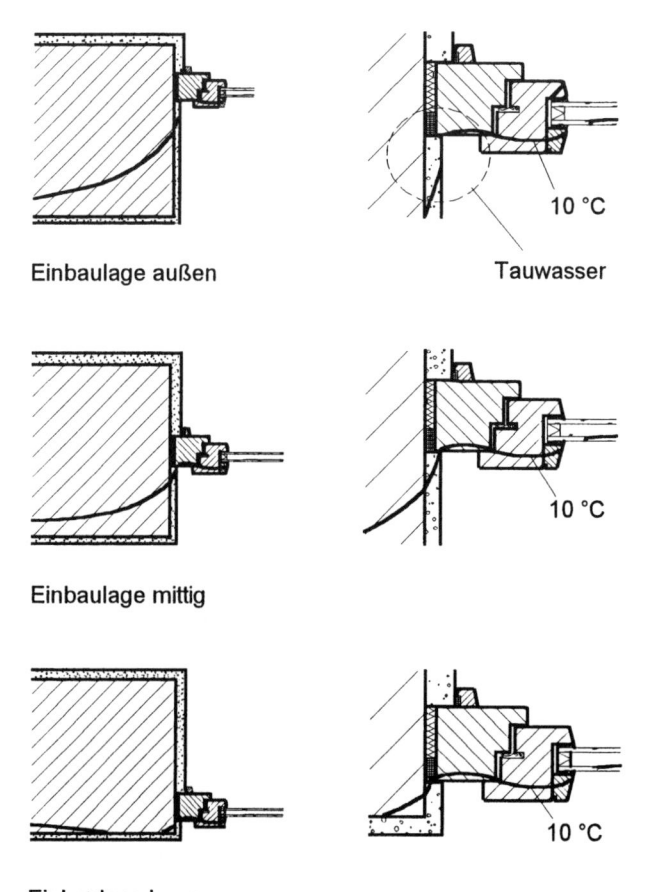

10 °C

Einbaulage innen

10 °C

Abb. 12: 10 °C-Isothermenverlauf bei verschiedenen Einbauebenen

Bei mehrschaligem Wandaufbau ergibt sich aus der Isothermenberechnung, daß der Fenstereinbau innerhalb der Dämmzone am günstigsten ist.

Schallschutz

Nach dem Wärmeschutz ist der Schallschutz die wichtigste bauphysikalische Eigenschaft von Fenstern. Lärm gehört zu den akutesten Umweltproblemen unserer Zeit. 54 % der Bevölkerung geben an, von Lärm selbst betroffen zu sein. Gemäß einer 1986 vom Institut für praxisorientierte Sozialforschung, Mannheim, durchgeführten Repräsentativbefragung fühlen sich 65 % der Bevölkerung, also fast 2/3, durch Straßenverkehrslärm belästigt, 25 % davon stark belästigt. Hinzu kommen Belästigungen durch andere Lärmarten wie Flug- und Schienenverkehrslärm.

Besondere Bedeutung kommt in diesem Zusammenhang der DIN 4109 „Schallschutz im Hochbau" (November 1989) zu. Mit dieser Norm werden erstmals auch Anforderungen an die Schalldämmung von Außenbauteilen, also auch an Fenster und Verglasungen, gestellt. In zwei Beiblättern zu dieser Norm sind außerdem umfassende Erläuterungen und Ausführungsbeispiele enthalten.

Unter Zuhilfenahme der Regelwerke DIN 4109 oder VDI 2719 lassen sich die erforderlichen Schalldämmwerte der Fenster ermitteln. Beispiele für Dreh-, Drehkipp- und Kippfenster zeigt Tabelle 2.

Tab. 2: Ausführungsbeispiele für Dreh-, Kipp- und Drehkipp-Fenster(-türen) und Festverglasungen mit bewerteten Schalldämmmaßen R_W von 25 bis 47 dB (Mindestausführung)

a	b	c			
		Anforderungen an die Ausführung der Konstruktion bei verschiedenen Fensterarten			
$R_{w,R}$	Konstruktionsmerkmale	Einfachfenster [1] mit Isolierverglasung	Verbundfenster [3] mit 2 Einfachscheiben	mit 1 Einfach- und 1 Isolierglasscheibe	Kastenfenster [3,8] mit 2 einfach- bzw. 1 Einfach- und 1 Isolierglasscheibe
1	25	Verglasung: 2fach Gesamtglasdicken ≥ 6 mm Scheibenzwischenraum ≥ 8 mm Rw-Verglasung[5] ≥ 27 dB Falzdichtung:[2] nicht erforderlich	≥ 6 mm keine – nicht erforderlich	keine keine – nicht erforderlich	keine keine – nicht erforderlich
2	30	Verglasung: 2fach Gesamtglasdicken ≥ 6 mm Scheibenzwischenraum ≥ 12 mm Rw-Verglasung[5] ≥ 30 dB Falzdichtung:[2] ①erforderlich	≥ 6 mm ≥ 30 mm – ①erforderlich	keine ≥ 30 mm – ①erforderlich	keine keine – nicht erforderlich
3	32	Verglasung: 2fach Gesamtglasdicken ≥ 8 mm Scheibenzwischenraum ≥ 12 mm Rw-Verglasung[5] ≥ 32 dB Falzdichtung:[2] ①erforderlich	≥ 8 mm ≥ 30 mm – ①erforderlich	≥ 4 mm + 4/12/4 ≥ 30 mm – ①erforderlich	keine keine – ①erforderlich
4	35	Verglasung: 2fach Gesamtglasdicken ≥ 10 mm Scheibenzwischenraum ≥ 16 mm Rw-Verglasung[5] ≥ 35 dB Falzdichtung:[2] ①erforderlich	≥ 8 mm ≥ 40 mm – ①erforderlich	≥ 6 mm + 4/12/4 ≥ 40 mm – ①erforderlich	keine keine – ①erforderlich
5	37	Verglasung: Gesamtglasdicken – Scheibenzwischenraum – Rw-Verglasung[5] ≥ 37 dB Falzdichtung:[2] ①erforderlich	≥ 10 mm ≥ 40 mm – ①erforderlich	≥ 6 mm + 4/12/4 ≥ 40 mm – ①erforderlich	≥ 8 mm bzw. ≥ 4 mm + 4/12/4 ≥ 100 mm – ①erforderlich
6	40	Verglasung: Gesamtglasdicken – Scheibenzwischenraum – Rw-Verglasung[5] ≥ 42 dB Falzdichtung:[2] ①+②[4] erforderlich	≥ 14 mm ≥ 50 mm – ①+②[4] erforderlich	≥ 8 mm + 6/12/4 ≥ 50 mm – ①+②[4] erforderlich	≥ 8 mm bzw. ≥ 6 mm + 4/12/4 ≥ 100 mm – ①+②[4] erforderlich
7	42	Verglasung: Gesamtglasdicken – Scheibenzwischenraum – Rw-Verglasung[5] ≥ 45 dB Falzdichtung:[2] ①+②[4] erforderlich	≥ 16 mm ≥ 50 mm – ①+②[4] erforderlich	≥ 8 mm + 8/12/4 ≥ 50 mm – ①+②[4] erforderlich	≥ 10 mm bzw. ≥ 8 mm + 4/12/4 ≥ 100 mm – ①+②[4] erforderlich
8	45	Verglasung: Gesamtglasdicken – Scheibenzwischenraum – Rw-Verglasung[5] – Falzdichtung:[2] –	≥ 18 mm ≥ 60 mm – ①+②[4] erforderlich	≥ 8 mm + 8/12/4 ≥ 60 mm – ①+②[4] erforderlich	≥ 12 mm bzw. ≥ 8 mm + 4/12/4 ≥ 100 mm – ①+②[4] erforderlich
9	≥ 48	allgemein gültige Angaben sind nicht möglich; Nachweis nur über Eignungsprüfungen nach DIN 52 210			

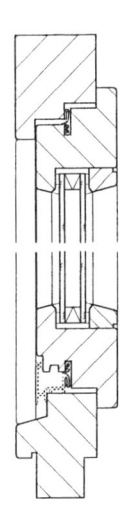

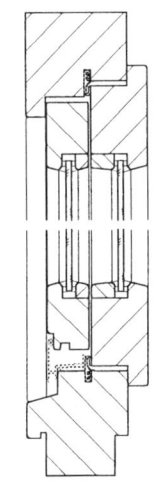

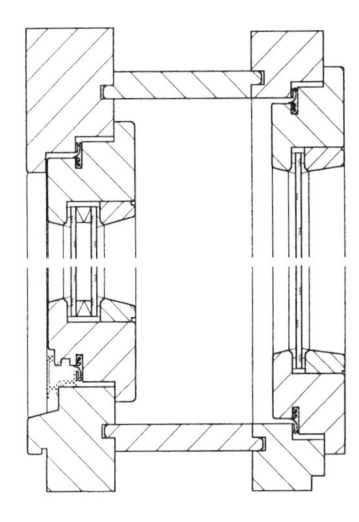

Abb. 13: Vereinfachte Darstellung der Konstruktionen Einfach-, Verbund- und Kastenfenster am Beispiel des Rahmenwerkstoffes Holz

Fensterkonstruktionen

Für die Umsetzung der Anforderungen stehen mit
- Einfachfenster (mit Mehrscheiben-Isolierglas),
- Verbundfenster (mit Einfachglas oder Mehrscheiben-Isolierglas),
- Kastenfenster (mit Einfachglas oder Mehrscheiben-Isolierglas)

drei Konstruktionen zur Verfügung, die vorwiegend in den Rahmenwerkstoffen
- Aluminium,
- Aluminium-Holz,
- Holz,
- Kunststoff

ausgeführt werden.

Tauwasserfreiheit im Scheibenzwischenraum von Verbund- und Kastenfenstern

Tauwasser kann am Fenster im Regelfall auf der raumseitigen Oberfläche und beim Verbund- und Kastenfenster auch im Scheibenzwischenraum auftreten. Tauwasser auf der raumseitigen Oberfläche wird bestimmt durch den k-Wert des Fensters, die Wärmeübergänge, die Temperatur zu beiden Seiten des Fensters und die Feuchtigkeit der Raumluft. Die Tauwasserbildung auf der raumseitigen Oberfläche betrifft somit nicht nur das Verbund- oder Kastenfenster, sondern kann auch an anderen Bauteilen auftreten.

Die Tauwasserbildung im Scheibenzwischenraum des Verbund- und Kastenfensters kann nur dadurch verhindert werden, daß der Scheibenzwischenraum ausreichend geöffnet wird und ein Dampfdruckausgleich zwischen Scheibenzwischenraum und der Umgebung möglich ist. Da während der kritischen Jahreszeit ein Dampfdruckgefälle von der Raumseite zur Außenseite vorherrscht, muß die Öffnung zur Außenseite erfolgen und zugleich eine Abdichtung zur Raumseite angestrebt werden. Damit wird sowohl die Zufuhr von warmer Luft als auch von Feuchtigkeit von der Raumseite unterbunden und ein Ausgleich zur Außenseite begünstigt. Da die Temperatur im Scheibenzwischenraum eine Mischtemperatur von Außen- und Raumtemperatur ist und über der Außentemperatur liegt, wird die Taupunkttemperatur der Luft im Scheibenzwischenraum nicht unterschritten, so daß bei einer ausreichenden Öffnung auch kein Tauwasser auftritt.

Wird nur das Problem der Tauwasserbildung betrachtet, sollte die Öffnung möglichst groß sein. Demgegenüber steht aber der Einfluß auf den Wärme- und Schallschutz des Systems, so daß eine Optimierung notwendig ist. Eine Abdichtung des Systems der beiden Flügel, wie dies für einen größtmöglichen Wärme- und Schallschutz zu wünschen wäre, bringt keine Tauwasserfreiheit.

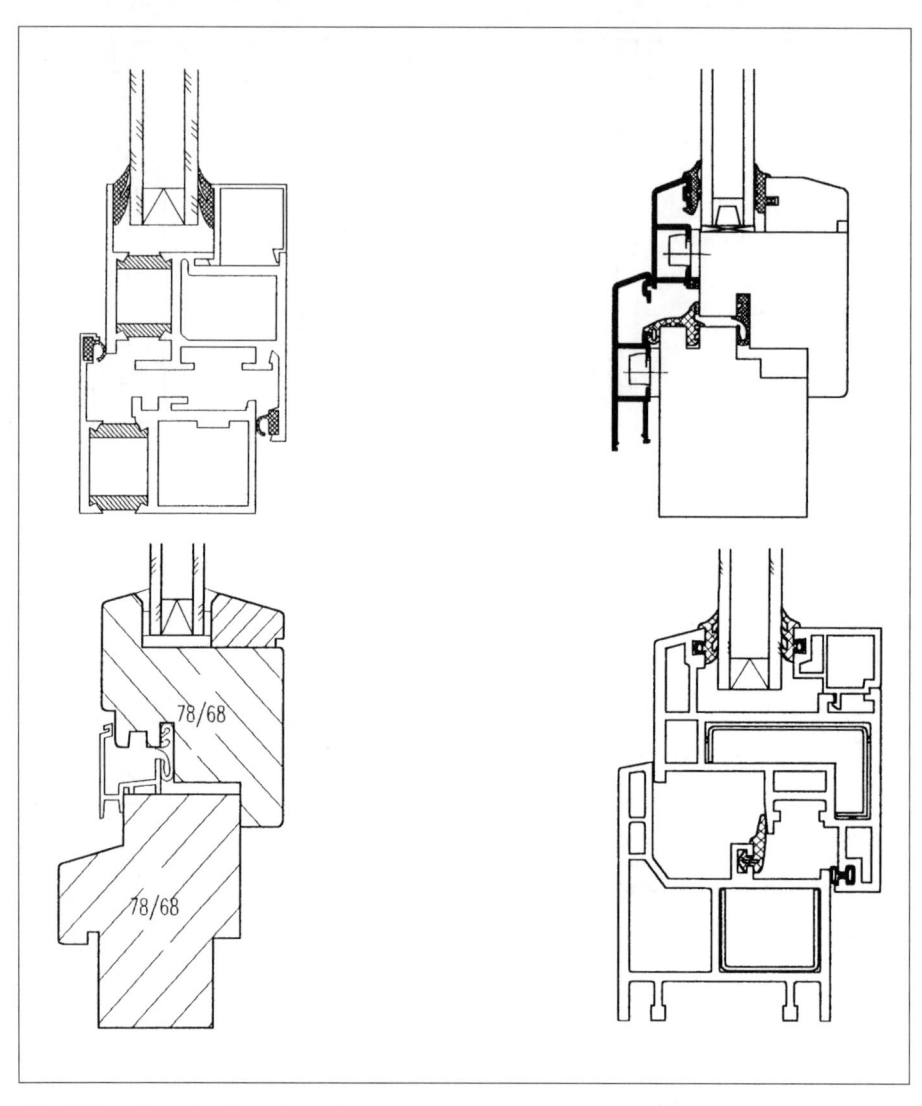

Abb. 14: Darstellung einer Auswahl von Fenstern aus den Rahmenwerkstoffen Aluminium, Aluminium-Holz, Holz und Kunststoff am Beispiel des Einfachfensters mit Mehrscheiben-Isolierglas.

Das Einfachfenster mit Mehrscheiben-Isolierglas ist derzeit das häufigste Fenster. Wegen des hohen Bedienungskomforts und der Möglichkeit, durch den Einsatz eines geeigneten Mehrscheiben-Isolierglases eine breite Palette von Eigenschaften abzudecken, wird es auch in naher Zukunft das am häufigsten eingesetzte Fenster bleiben. Überlagerte Eigenschaften wie Wärmeschutz, Schallschutz und Einbruchhemmung sind möglich. Zudem sind bei entsprechender Größenbegrenzung der Flügel alle üblichen Öffnungsarten sinnvoll einsetzbar.

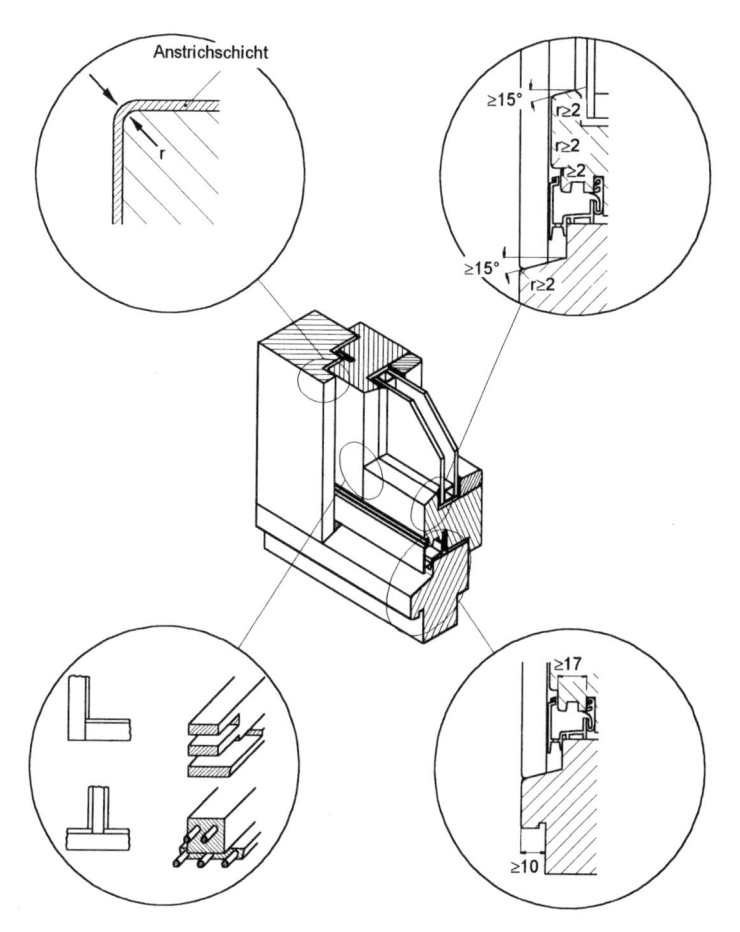

Abb. 15: Merkmale für den konstruktiven Holzschutz

Bei Fenstern in historischen Fassaden tritt aber in Verbindung mit der Ausbildung von Sprossen in der Regel ein Zielkonflikt auf, da die aus technischen Gründen erforderlichen Sprossenbreiten nicht mit den gewohnten schmalen Sprossen übereinstimmen. Die dann vielfach angebotene Lösung der eingelegten oder der aufgeklebten Sprossen ist wiederum Anlaß zur Kritik und wird als reine Dekoration abgelehnt. Dieser Kritik muß aber entgegnet werden, daß im Gegensatz zu früher eine Unterteilung der Scheiben durch Sprossen weder technisch noch wirtschaftlich notwendig ist. Dennoch gibt es den Ausweg, schmale glasteilende Sprossen in Verbindung mit Einfachglas an Verbundfenstern und an Kastenfenstern einzusetzen.

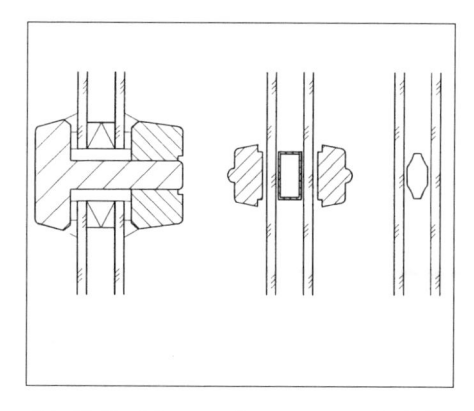

Abb. 16: Darstellung von Sprossen unterschiedlicher Ausführung

Nicht in Übereinstimmung mit unserer heutigen Auffassung zur Instandhaltung und Instandsetzung kann die Ausführung der Verglasung mit freiliegender Dichtstoffase an Holzfenstern gebracht werden. Abrisse im Dichtstoff und Ablösungen des Anstriches sind unvermeidbar. Ein vertretbarer Kompromiß ist die Verglasung mit Glashalteleisten bei einer Profilausbildung, welche in ihrem Aussehen der Dichtstoffase entspricht.

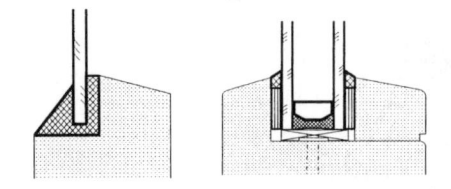

Abb. 17: Verglasung mit freiliegender Dichtstofffase – entspricht nicht mehr den technischen Anforderungen

Abb. 18: Verglasung mit Dichtstoff nach DIN 18 545

Mehrscheiben-Isolierglas

Wesentliche Eigenschaften des Fensters werden durch das Glas mitbestimmt. Es ist deshalb eine nähere Betrachtung des Glases, insbesondere des Mehrscheiben-Isolierglases, notwendig. Mehrscheiben-Isolierglas besteht aus mindestens zwei Scheiben und dem Randverbund. Das damit eingeschlossene Volumen besteht entweder aus getrockneter Luft oder aus einem Spezialglas und ist von der Umgebung abgetrennt. Diese Abtrennung ist zur Sicherstellung der Tauwasserfreiheit im Scheibenzwischenraum notwendig. Die Tauwasserfreiheit wird durch eine Garantiezusage über eine Nutzungsdauer von 5 Jahren zugesichert. Die Tauwasserfreiheit an den beiden äußeren Scheibenoberflächen kann nicht zugesichert werden. Die Garantiezusage entspricht nicht der Nutzungserwartung, sie kann bei Beachtung der notwendigen Voraussetzungen mit 25 bis 30 Jahren angenommen werden.

Die Abtrennung des Scheibenzwischenraumes von der Umgebung hat Auswirkungen auf das

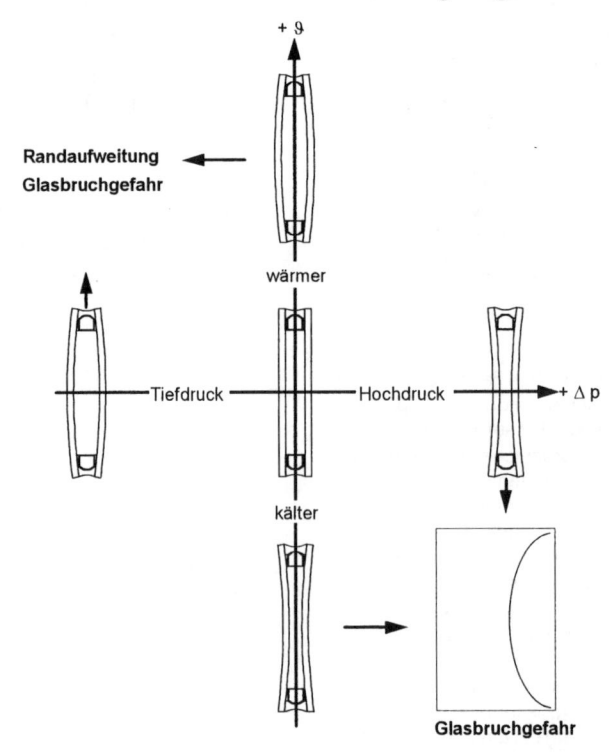

Abb. 19: Zu erwartende Scheibenverformungen aus Lufttemperatur- bzw. Luftdruckänderungen gegenüber den Produktionsbedingungen

Verhalten des Systems, denn bei Änderung des Luftdruckes in der Umgebung entstehen Druckunterschiede, die zu einer Verformung der Scheiben führen und bei kleinformatigen Scheiben auch Glasbruch zur Folge haben können. Aber auch Änderungen der Lufttemperatur führen zu vergleichbaren Vorgängen.

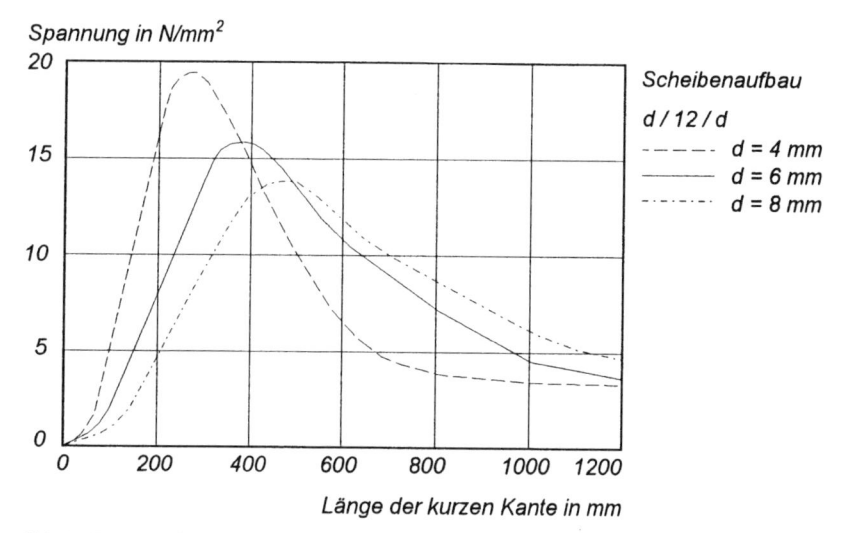

Abb. 20: Biegespannung einer symmetrisch aufgebauten Isolierglasscheibe (e = 0,7) für verschiedene Glasdicken als Funktion der Länge der kurzen Kante

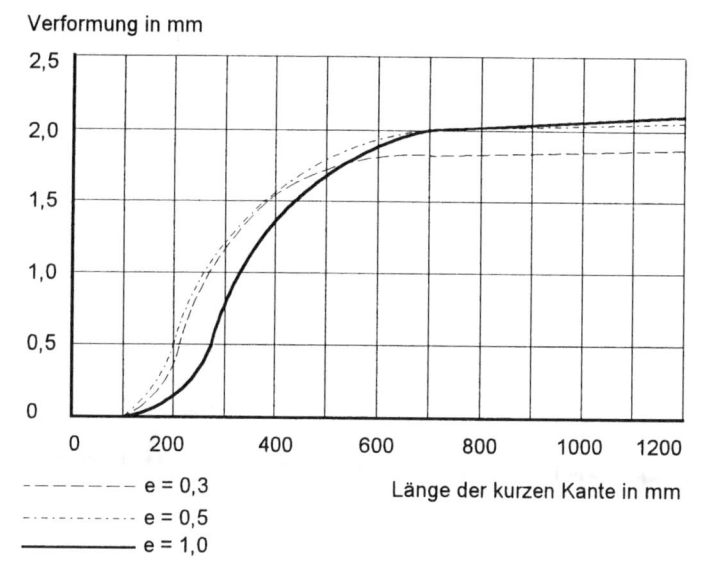

Abb. 21: Verformung einer Isolierglasscheibe als Funktion der Länge der kurzen Kante für ein Seitenverhältnis von e = 1,0, e = 0,5 und e = 0,3.
Herstellungsbedingungen: 1030 mbar, 15 °C, 30 % rel. Luftfeuchtigkeit, 100 m Ortshöhe
Bedingungen am Einbauort: 900 mbar, 30 °C, 400 m Ortshöhe

Verklotzung

Die Verklotzung hat die Aufgabe, die richtige Lagerung des Glases im Rahmen zu ermöglichen, so daß eine problemlose Lastabtragung über die Befestigungsstellen der Blendrahmen bzw. über die Aufhängepunkte der Flügelrahmen gewährleistet ist. Dabei muß gegeben sein, daß
– die Gangbarkeit des Flügels sichergestellt ist,
– die Scheibe den Rahmen an keiner Stelle berührt,
– die Scheibe keine Tragfunktion des Rahmens hat.

Ja nach Funktion wird zwischen Trag- und Distanzklötzen unterschieden.

Tragklötze: tragen die Scheibe im Rahmen

Distanzklötze: gewährleisten den Abstand zwischen Glasscheibenkante und Rahmen.

Bei der Verklotzung sind bestimmte Erfahrungswerte für Abmessungen und Abstände einzuhalten (Abb. 22).

In Abhängigkeit von seiner Öffnungsart, wird das Fenster je nach Lastfall verklotzt. Abbildung 23 zeigt die Verklotzung eines Drehfensters und Abbildung 24 die Verklotzung eines Drehfensters mit Sprossen.

In Abbildung 25 sind beispielhaft die einzelnen Verklotzungsfälle für unterschiedliche Öffnungsarten zusammengestellt.

Abmessungen und Abstände	
1. Länge	60 bis 100 mm
2. Breite	$D = d + 2\ mm$
3. Abstand zur Glasecke	$\geq 2\ cm$

Abb. 22: Verklotzung; Abmessungen und Abstände

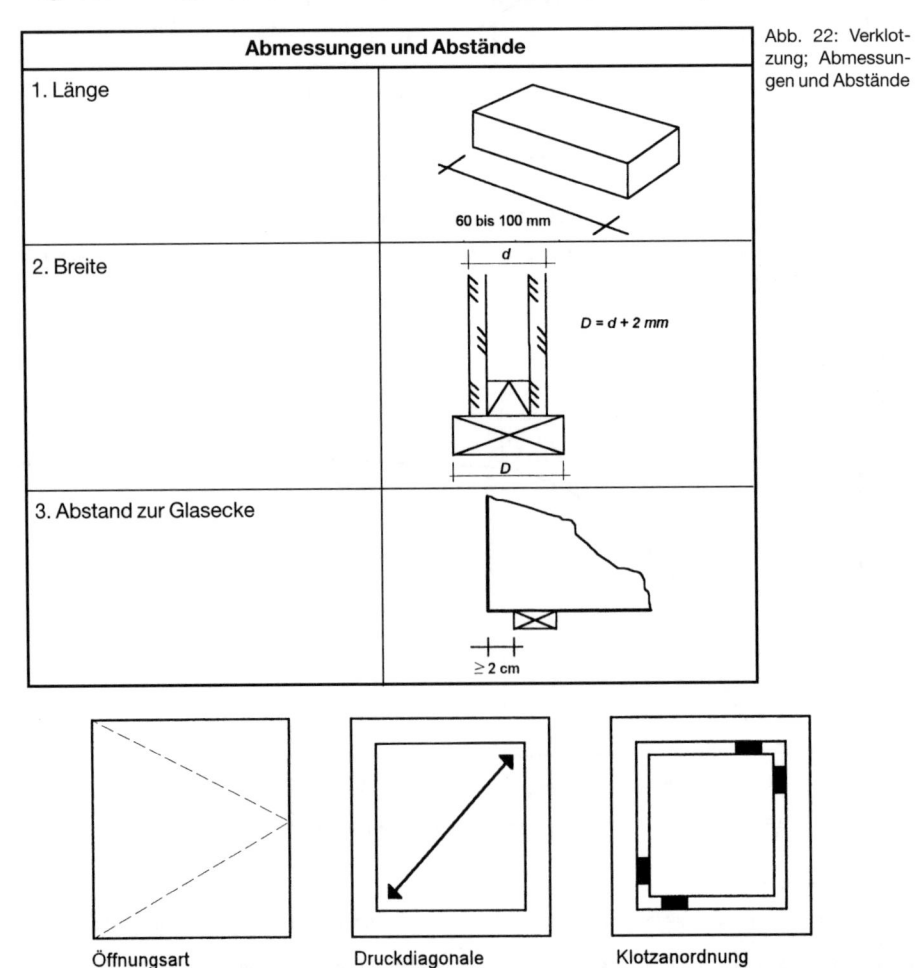

| Öffnungsart | Druckdiagonale | Klotzanordnung |

Abb. 23: Verklotzung eines Drehfensters

Öffnungsart   Druckdiagonale   Klotzanordnung

Abb. 24: Verklotzung eines Drehfensters mit Sprossen

Festverglasung   *Drehflügel*   *Kippflügel*

Drehkippflügel   *Schwingflügel*   *Wendeflügel*

■ Tragklötze
▨ Distanzklötze

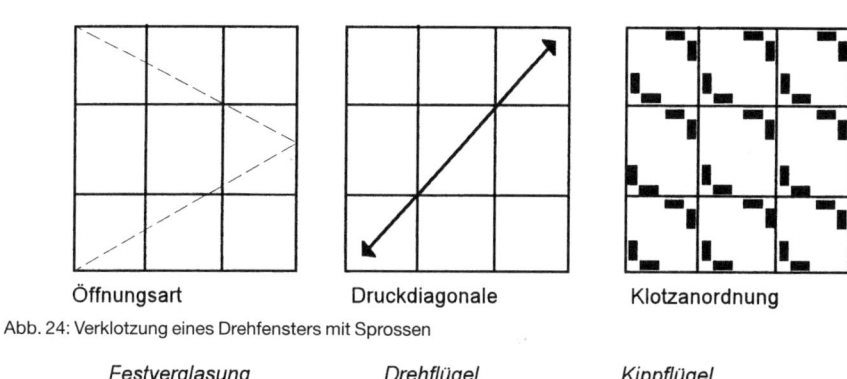

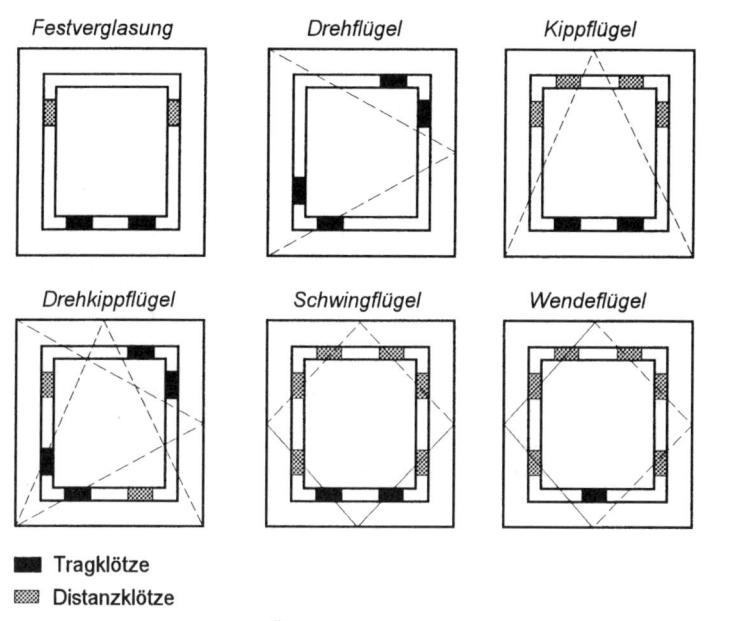

Abb. 25: Verklotzungsfälle für verschiedene Öffnungsarten

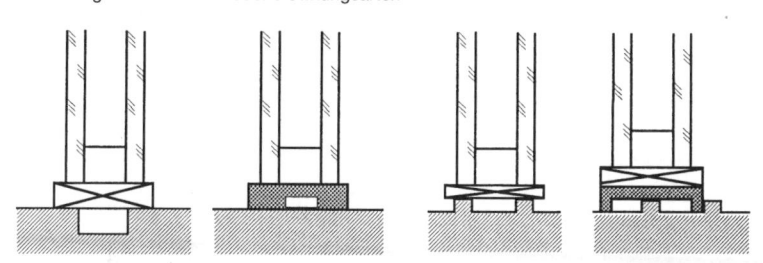

Abb. 26: Einbau der Verklotzung bei dichtstofffreiem Falzraum

Bei dichtstofffreiem Falzraum ist es notwendig, die Klötze zu befestigen, damit sie nicht wandern. Weiterhin muß bei dichtstofffreiem Falzraum ein Dampfdruckausgleich gewährleistet sein. Er darf also nicht durch die Verklotzung behindert werden. Daher sind Nuten im Falzgrund unter dem Klotz, Klotzbrücken oder Überbrückungen von Stegen, wie Abbildung 26 zeigt, erforderlich.

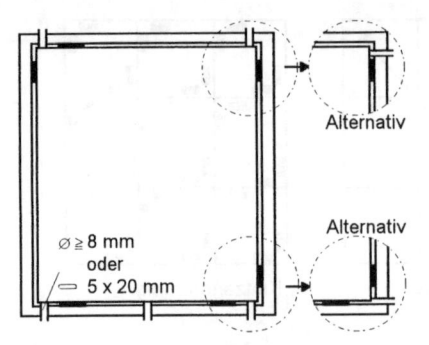

Abb. 27: Anordnung der Öffnungen für den Dampfdruckausgleich bei Verglasungen

Instandhaltung von Fenstern

Fensterelemente bedürfen einer laufenden Instandhaltung. Eine laufende Instandhaltung ist z. B. dann gegeben, wenn eine regelmäßige Wartung der Elemente vorliegt. Eine regelmäßige Wartung der Fensterelemente soll die Gebrauchstauglichkeit der Fenster erhalten und teure Instandhaltungsarbeiten oder Instandsetzungsarbeiten vermeiden. Wartungsarbeiten erhöhen darüber hinaus die Nutzersicherheit.

Die Wartung der Fensterelemente muß bereits bei der Planung des Gebäudes oder der dazugehörigen Fensterelemente geplant werden. In die Ausschreibung für die Fenster ist der Wartungsvertrag möglichst bereits mit einzubeziehen. Der Fensterhersteller ist dadurch in der Lage, die Wartung mit anzubieten. Er kann sich somit von vornherein auf die Wartung einstellen. Wie die nachfolgende Übersicht (Abb. 28) zeigt, ist die Wartung unter diesen Aspekten am wirtschaftlichsten auszuführen.

Wird erst später eine Wartungsfirma beauftragt, muß die erste Wartung oft nach Aufwand abgerechnet werden, da sich die Wartungsfirma zunächst eine Übersicht über die Beschaffenheit der Fenster erarbeiten muß, von der aus eine regelmäßige, kalkulierbare Wartung möglich ist. Die Wartung selbst wird ausgeführt, nachdem ein auf das jeweilige Bauvorhaben abgestimmter Maßnahmekatalog aufgestellt ist.

Der Maßnahmekatalog enthält die Wartungsintervalle. Dabei sind verschiedene Wartungsintervalle je nach Nutzung der Gebäude notwendig. Hotelbauten oder Schulen sollten zweimal jährlich gewartet werden. Gerade in diesen Gebäuden sind Fenster im allgemeinen durch den Gebrauch sehr stark beansprucht. Büros sind halbjährlich oder jährlich zu warten, während Wohnbauten je nach Belastung jährlich oder zweijährig zu warten sind.

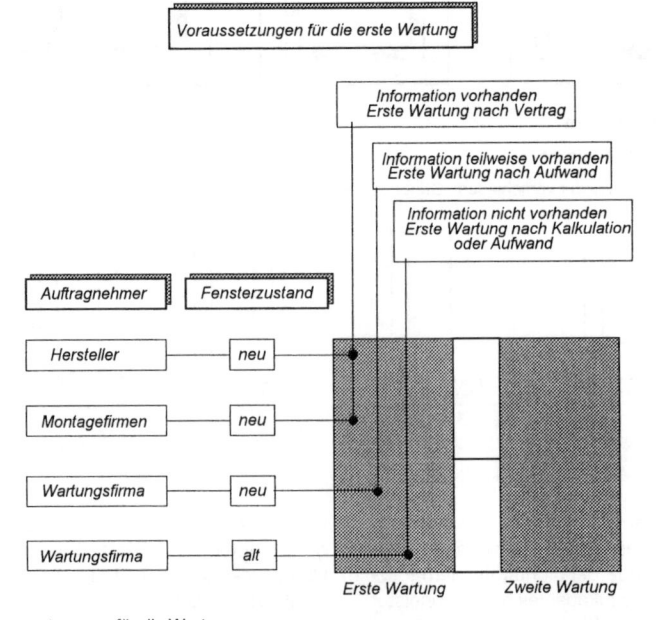

Abb. 28: Voraussetzungen für die Wartung

Tab. 4: Empfehlung für Wartungsintervalle bei Fenstern

Gebäudeart	Sicherheitsrelevante Instandhaltung	Allgemeine Instandhaltung
Schul- oder Hotelbau	A	A / B
Büro- oder öffentlicher Bau	A / B	B
Wohnungsbau	B / C	B / C / D

Legende:
A   1/2jährliche Wartungsintervalle
B   1jährliche Wartungsintervalle
C   2jährliche Wartungsintervalle
D   Wartung nach Anforderung durch den Auftraggeber

Bei der Wartung muß eine Unterteilung vorgenommen werden in sicherheitsrelevante und in allgemeine Instandhaltung und Instandsetzung. Die sicherheitsrelevante Instandhaltung und Instandsetzung enthält die Prüfung und bei vorhandenen Schäden die Abstellung von Schäden im Bereich der Beschläge, wobei auch die Befestigung der Beschläge miteinbezogen ist. Weiter müssen alle absturzsichernden Elemente am Fenster überprüft und eventuell überarbeitet werden. Die sicherheitsrelevante Instandhaltung und Instandsetzung erfordert auf jeden Fall eine Abstellung der Mängel. Die allgemeine Instandhaltung und Instandsetzung beinhaltet nichttragende Beschläge, die Fensterrahmen, die Verglasung, die Oberflächenbeschichtung, den Einbau, evtl. Zusatzteile wie Rolladen, und Schäden aus höherer Gewalt. Inwieweit die einzelnen Punkte einer regelmäßigen Wartung unterliegen, wird in dem jeweiligen Wartungsvertrag festgelegt.

Das Berufsbild des unabhängigen Fassadenberaters

Dipl.-Ing. Albrecht Memmert, Neuss

Der Weise baut sich ein Haus mit Mauern und einem Dach, um das Licht, den Regen und den Wind auszuschließen. Dann macht er Löcher in die Mauern, um den Regen, den Wind und das Licht wieder hereinzulassen. Darauf bringt er sog. Glas in die Löcher, um Regen und Wind auszuschließen, doch das Licht einzulassen. Und dann läuft er wie ein erschrockener Affe hinein und hängt Vorhänge auf, um das Licht auszuschließen.

Der Weise ist ein Tor. Bleib ihm aus der Nähe.

Diese fernöstliche Weisheit wurde mir vor vielen Jahren zur Kenntnis gebracht. Und wenn ich heute – nach fast 25 Jahren in der Fassadentechnik tätig – darüber nachdenke, so ist diese alte Weisheit noch heute gültig. Die Wärmeschutzverordnung vom 01.01.95 trägt hierzu bei. Nur müßte jetzt weitergeschrieben werden.

Ich möchte ein Berufsbild vorstellen, das seit vielen Jahren sich langsam, aber unaufhaltsam entwickelt hat, das Berufsbild des **Fassadenberaters**.

A. Allgemeines

Die Grundlagen der modernen Fassadentechnik reichen in die Zeit des großen Baumeisters SCHINKEL zurück. Vor ca. 150–200 Jahren galten Vorgaben des planenden Architekten, wie sie in Abbildung 1, 2 und 3 dargestellt sind. Wurden Details, wie in nachfolgendem Beispiel, näher dargestellt, so waren dies Ausnahmen (vgl. Abb. 4).

Schinkels Gedanken und Zielvorstellungen sprechen aus seinen Textentwürfen zur klassizistischen Lehrbuchfassung: „... Nachdem im Verlauf der Zeiten für das Wesen der Architectur durch das Bestreben der würdigsten Männer, auf dem Wege geschichtlicher Forschung, auf dem Wege genauester Messung architectonischer Monumente aller Zeiten, endlich durch vielfältige Bearbeitung der einzelnen Konstructionen und ganzer Werke der Baukunst auf empirische Weise, und durch veranstaltete Sammlungen von Darstellungen solcher Gegenstände der ganze Umfang der Baukunst wie sie sich bis auf unsere Tage herab gestaltet hat, zur übersichtlichen Anschauung vor uns ausgebreitet und dargelegt worden ist, dürfte es vielleicht kein ganz vergebliches Bemühen seyn, den Versuch zu machen, die Mannigfaltigkeit der Erscheinungen dieser vielfältig und verschiedenartig behandelten Kunst, besonders was den Styl betrifft, die Gesetze festzustellen, nach welchen die Formen und die Verhältnisse, die sich im Verlaufe der Entwicklung dieser Kunst gestalteten, und außerdem jedes notwendig werdendes Neues in dieser Beziehung, bei den vorkommenden Aufgaben der Zeit eine vernunftgemäße Anwendung finden könnte... Ein Gebrauchsfähiges, Nützliches, Zweckmäßiges schön zu machen, ist die Annahme folgenden Grundsatzes unerläßlich: *Von der Konstruction des Bauwerkes muß alles Wesentliche sichtbar bleiben*... Sobald das Verhältnis eines Konstructions-Theiles schön gewonnen ist, läßt sich dasselbe mannigfach verzieren, die Verzierung muß indes nur untergeordnet bleiben... Durch die Characteristik der sichtbaren Konstructionstheile erhält das Bauwerk etwas lebendiges, die Theile handeln zweckmäßig gegeneinander, unterstützen sich und wenn man ihnen ansieht, daß jeder seine Schuldigkeit thut, so entsteht eine befriedigende Empfindung, die den Begriff der Ruhe, der Festigkeit, der Sicherheit mit sich bringt..."

Sie werden sich sicher fragen, was dies mit der Rolle des Fassadenberaters zu tun hat. Bis Anfang der 50er Jahre bestimmte der Baumeister vor Ort, wie einzelne, von ihm oft nur in Skizzenform vorliegende Details auszuführen waren. Die Handwerkskunst war danach ausgerichtet. Nur in Einzelfällen gab es Vorplanungen detaillierter Art.

Die Art des Bauens hat sich dann grundlegend geändert. Neue Baustoffe und deren Fertigungsmöglichkeiten erlaubten es, parallel zur Erstellung des Rohbaus Bauteile z. B. in der Fassade vorzufertigen und damit notwendige Bauzeiten zu verkürzen. Die ersten Curtain-Walls in Köln (Fernmeldeamt 1) und in Düsseldorf (Thyssen, Drei-Scheiben-Haus) entstanden.

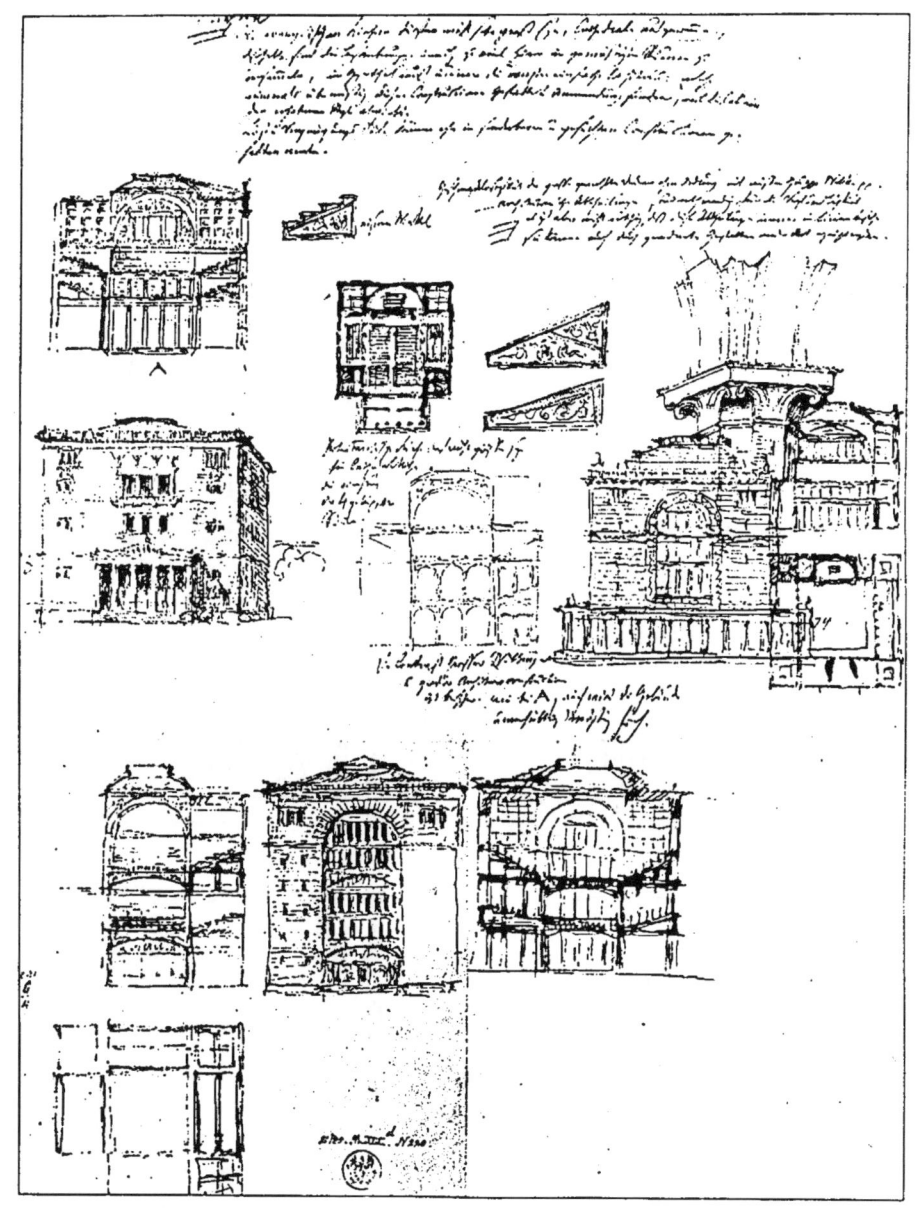

Abb. 1: Entwurfsskizzen für die Nicolaikirche, um 1828.

Diese Art von Gebäuden konnte natürlich nur nach theoretischen Maßen gefertigt werden, und trotzdem steht auch noch heute auf fast jedem Plan der Satz: *Alle Maße sind am Bau zu nehmen.*

Anhand einiger Detailabbildungen möchte ich aufzeigen, daß Entscheidungen vor Ort nicht mehr möglich sind. Eine detaillierte Vorplanung und Ausführungsplanung ist notwendig (s. Abb. 5–8).

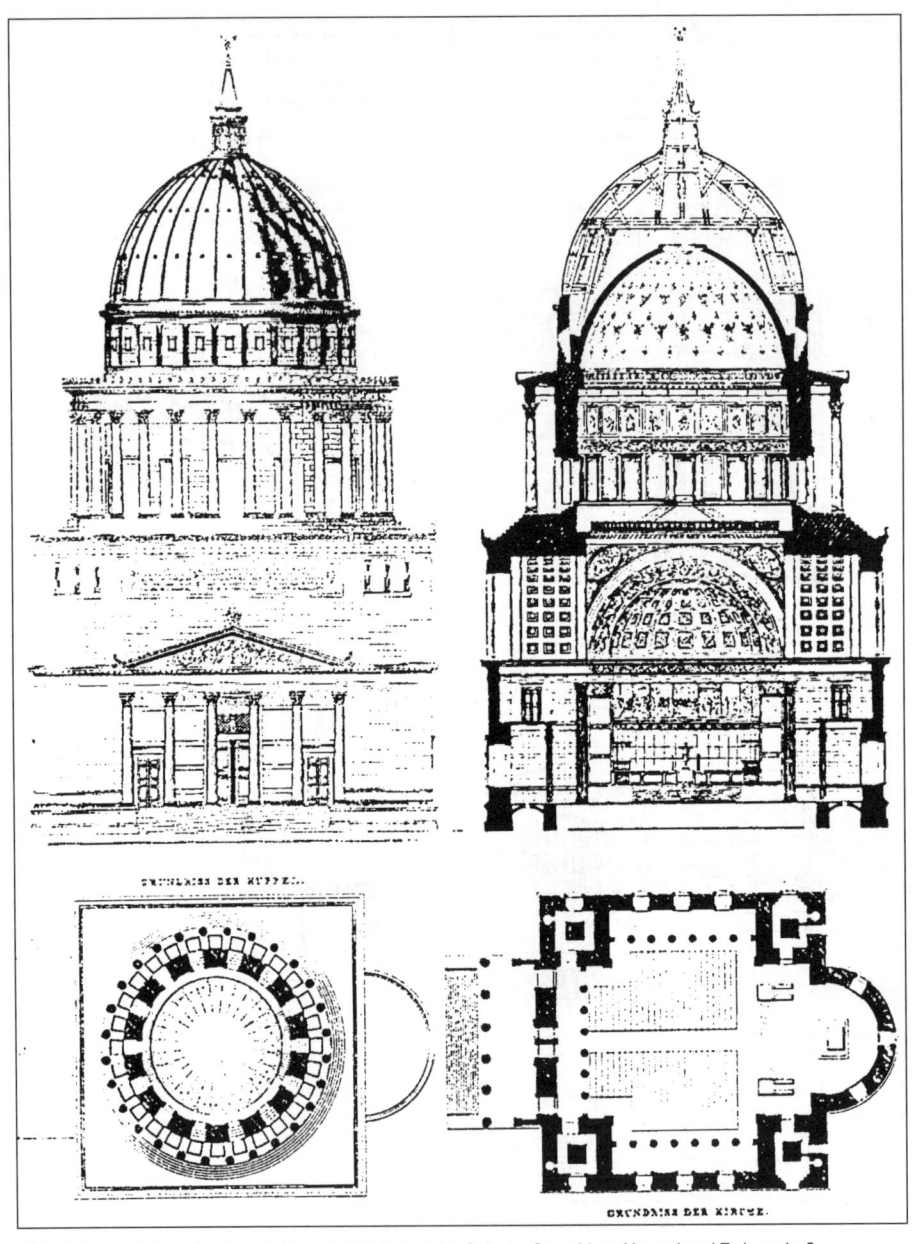

Abb. 2: Entwurf für die Kirche mit Kuppel, 1829: Ansicht, Schnitt, Grundrisse Kuppel und Erdgeschoß.

B. Entwicklung

In den fünfziger und frühen sechziger Jahren wurden das Bauteil Massivwand und das Bauteil Fenster um ein neues Bauteil *leichte Außenwand* erweitert. Die sich daraus entwickelnde, moderne Fassade entstand als nicht tragende Außenwand, die zeitlich parallel zur Rohbauerstellung in einem gesonderten Werk gefertigt wurde. Die aus den USA eingeführten Fassaden aus den Komponenten Metall, Glas und neue Material ALUMINIUM, mit dem alle nur erdenkbaren Profile hergestellt werden konnten, in zunehmendem Maße das Feld des handwerklichen Schreinerbetriebes – aus ehemaligen Holzfensterherstellern wurden die Fassadenbauer der Neuzeit. Die Entwicklung des Fassadenbaus und die Strukturveränderungen in den letzten zwanzig Jahren haben viele traditionelle Unternehmen aus dem Markt gedrängt. Die individuelle Leistung wurde immer weniger gefragt, Systemhersteller etablierten sich in der Branche.

C. Situation

Die Fassade – als Grenzbereich zwischen Innen- und Außenraum – ist mehr als ein Witterungsschutz. Die Gebäudehülle muß sich den Behaglichkeitsansprüchen des individuellen

Abb. 3: Detail der Seitenansicht mit dem großen Thermenfenster
Korinthisches Kapitell aus Zinkguß im Innenraum.

Paneel bestimmten in zunehmbarem Maße den Fassadenbau von Großobjekten in Deutschland.

Fensterbau bedeutete früher hauptsächlich Schreinerarbeit – Holz war das einzige Material für die Fensterkonstruktion, bestehend aus Rahmen und Flügel. Nachdem der Stahl als Werkstoff vorangegangen war, besetzte das

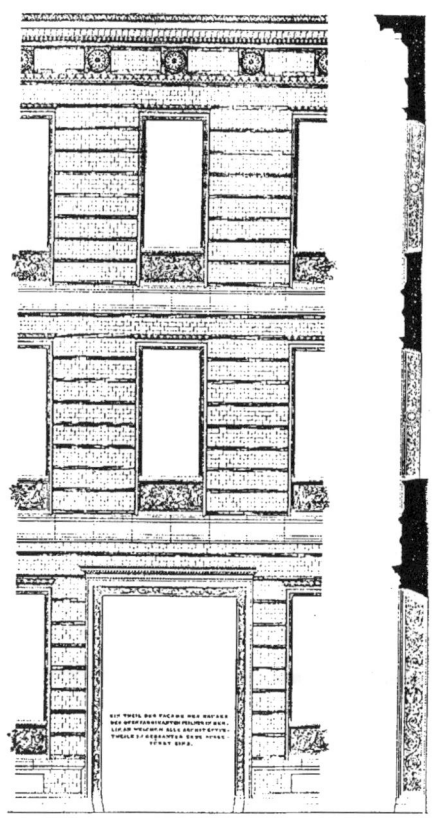

Abb. 4: Detailentwurf der Fassade 1818.

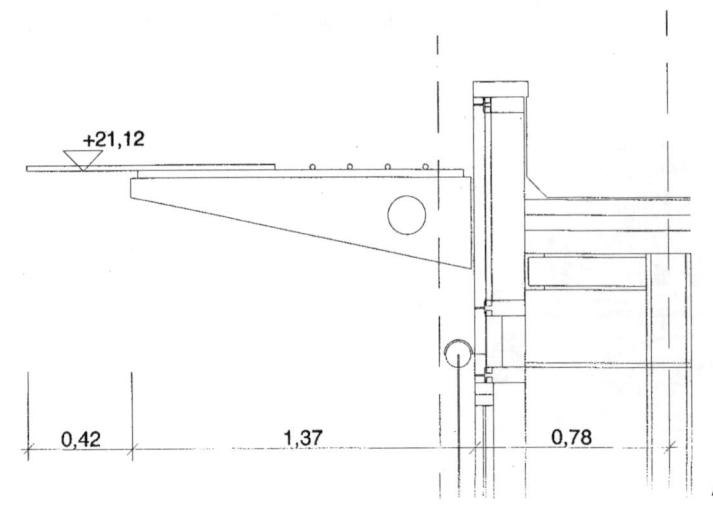

Abb. 5: Architektendetail

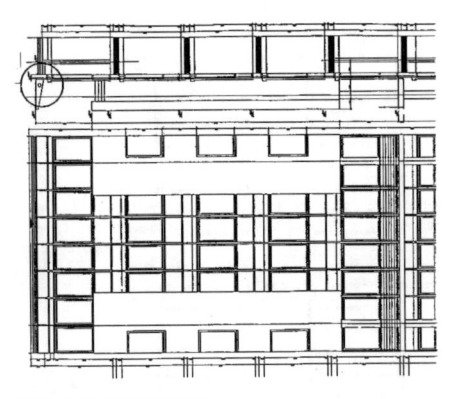

Abb. 6: Architektendetail

Nutzers anpassen und damit den Ansprüchen an eine umwelt- und klimagerechte Konstruktion entsprechen.

Aspekte, wie z. B.
- Wärmedämmung,
- sommerlicher und winterlicher Wärmeschutz,
- Tauwasser- und Witterungsschutz,
- Dichtigkeit,
- Temperaturentwicklung,
- Klima- und Lüftungsfragen,
- Reinigungsmöglichkeit,
- Schallschutz,
- Korrosionsschutz,
- Brandschutz,

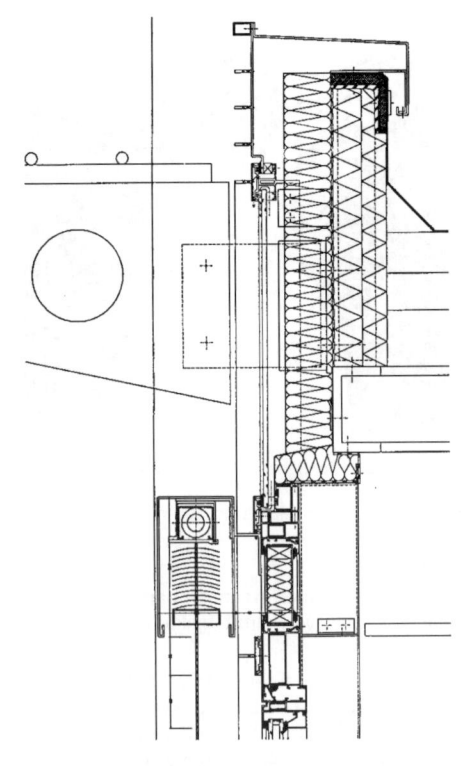

Abb. 7: Umsetzung in technische Lösung (vertikal)

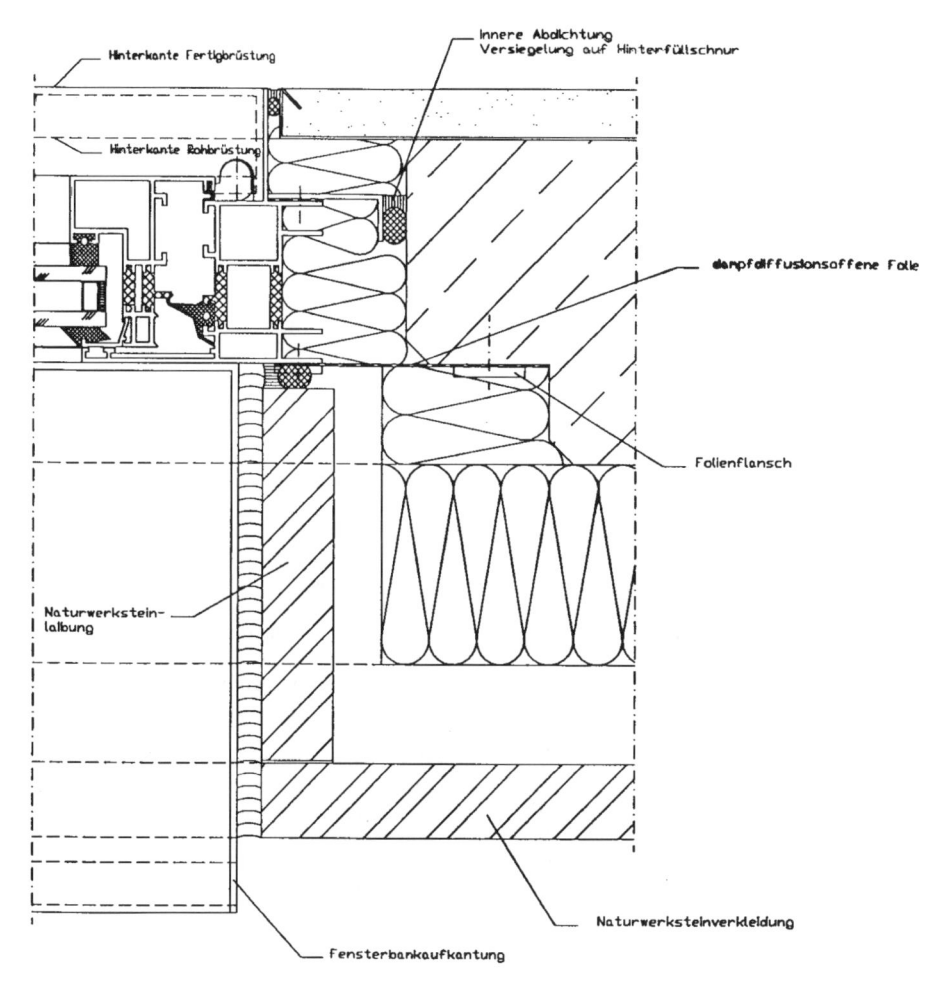

Abb. 8: Umsetzung in technische Lösung (horizontal)

– Objektschutz und
– Konstruktionsprinzipien
sind genauso wichtig, wie
– das Klären von Zieldefinitionen,
– Fragen der Wirtschaftlichkeit und
– Analysen hinsichtlich Realisierbarkeit.

Durch die neue Wärmeschutzverordnung wird die Frage der technischen Realisierbarkeit noch vor die Frage der Wirtschaftlichkeit gestellt.

Die Komplexität des Gesamtwerkes – rund zwanzig Prozent der Baukosten werden bei Großobjekten in den Fassadenbau investiert – und die Kürze der Bauzeiten machen die Risiken deutlich. Neben dem Gewerk der Technischen Gebäudeausrüstung handelt es sich bei der Fassade um das schwierigste und gefährdetste Bauteil. Es gibt kaum einen Industriezweig, in dem derart große Objektsummen wie im Bauwesen mit einem so geringem Maß an Qualitätskontrolle abgewickelt werden.

Hier bieten sich die **unabhängigen Berater für Fassadentechnik** an, die sich durch ihre ausschließliche Tätigkeit auf dem Fachgebiet der Fassadentechnik als neutrale Berater einen hohen Informations- und Wissensstand erworben haben und deshalb auf dem Markt konkurrierende Systeme und firmenspezifische

Lösungsvorschläge fachlich qualifiziert beurteilen können. Diese Leistung setzt natürlich voraus, daß die Unabhängigkeit und Neutralität nicht durch Konstruktionsaufträge ausführender Fassadenbauunternehmen unterhöhlt wird.

D. Probleme und Konflikte

Bisher gibt es keine Kriterien der Qualifizierung und kein von den Behörden definiertes Leistungsbild für Fassadentechnik. Irrtümlicherweise wird immer noch davon ausgegangen, daß der Architekt alles können muß. Niemand hat erkannt, daß die moderne Außenwand nichts mehr mit der herkömmlichen Baukunst und damit dem Bauwesen zu tun hat, sondern daß es sich um reinen Maschinenbau mit hohen bauphysikalischen Anforderungen handelt.

Hinzu kommt, daß sich heute jeder als Fachberater für Fassadentechnik bezeichnen kann, ohne entsprechende Qualität nachweisen zu müssen. Das hat zur Folge, daß Berater unterschiedlicher Qualifikation ihre Dienste anbieten. Bauherren und Architekten sind verunsichert.

Mit der weiteren Öffnung des europäischen Marktes wird ein Vordringen von Generalunternehmen erwartet, die alles bis zur Gesamtleistung anbieten können. Doch auch die Strategien der Systemhersteller, die neben ihren Systemen und Profilen zusätzliche Beratertätigkeiten anbieten, werden diesen Markt beeinflußen.

E. Ziele

Aus den vorgenannten Gründen hat sich ein Verband gegründet, der *Verband der unabhängigen Berater für Fassadentechnik e.V.* (UBF), nicht zu verwechseln mit dem *Verband für Fassadentechnik e.V.* (VFT), der hauptsächlich neben einer geringen Beratungstätigkeit nur Werksplanung für ausführende Fassadenbau-Firmen durchführt und damit nicht mehr unabhängig ist.

Der *Verband der unabhängigen Berater für Fassadentechnik e.V.* hat sich zum Ziel gesetzt,
– durch Fachkompetenz das Schadensrisiko für den Bauherrn und den Architekten zu minimieren,
– die Berufsgruppe sichtbar zu machen, d.h. vor allem gegenüber Bauherren und Architekten aufgrund eines hohen Anforderungsprofils Kompetenz und Spezialwissen deutlich zu machen, Transparenz in die zur Zeit noch vorhandene Grauzone zu bringen, im Bereich der Fassadentechnik europäische Standards zu bestimmen, Berufsregeln durchzusetzen, qualifizierte Aus- und Weiterbildung zu fördern, die Anwendung und Weiterentwicklung qualifizierten Ingenieurwissens auf dem Gebiet der Fassadentechnik zu unterstützen.

Für die Mitglieder des Verbandes ist ebenfalls vorrangig:
– die Erstellung eines Regelwerks,
– die Vereinbarung von Honorarrichtlinien,
– die Erarbeitung eines Leistungsbildes,
– die Klärung von Doppelleistung,
– klare Abgrenzung zu zweifelhaften Beratern.

Die Voraussetzungen, in den *Verband Unabhängiger Berater für Fassadentechnik* aufgenommen zu werden, sind in der am 21. September 1992 verabschiedeten Satzung definiert. Hier heißt es:

„Voraussetzung der beruflichen Befähigung und Unabhängigkeit eines Mitgliedes ist, daß es keine Handels-, Produktions- oder Lieferinteressen hat, und daß die beruflichen Leistungen ohne Bindung an Rechte berufsfremder Dritter innerhalb des Unternehmens oder Dritter außerhalb des Unternehmens erbracht werden."

Die Mitglieder müssen beruflich befähigt sein sowie ihre Tätigkeit eigenverantwortlich ausüben. Die Bindung an die Berufsregeln ist zwingende Voraussetzung.

Beruflich befähigt ist, wer
1. ein technisches oder naturwissenschaftliches Abschlußexamen an einer Universität, Hochschule oder Fachhochschule bestanden hat,
2. eine mindestens fünfjährige einschlägige berufliche Tätigkeit in der Beratung, Entwicklung, Planung, Betreuung, Kontrolle und Prüfung auf den Gebieten der Fassadentechnik unabhängig ausgeübt hat und
3. zusätzlich drei Jahre ununterbrochen beruflich unabhängig und selbständig nach § 3 Abs. 3.1 tätig ist.

In den Abbildungen 9–10 sind die unterschiedlichen Tätigkeiten und damit das Berufsbild des **unabhängigen Fassadenberaters** näher erläutert:
a) Projektentwicklung (Abb. 9)
b) Objektabwicklung *ohne* unabhängigen Fassadenberater (Abb. 10)
c) Objektabwicklung *mit* unabhängigem Fassadenberater (Abb. 11)

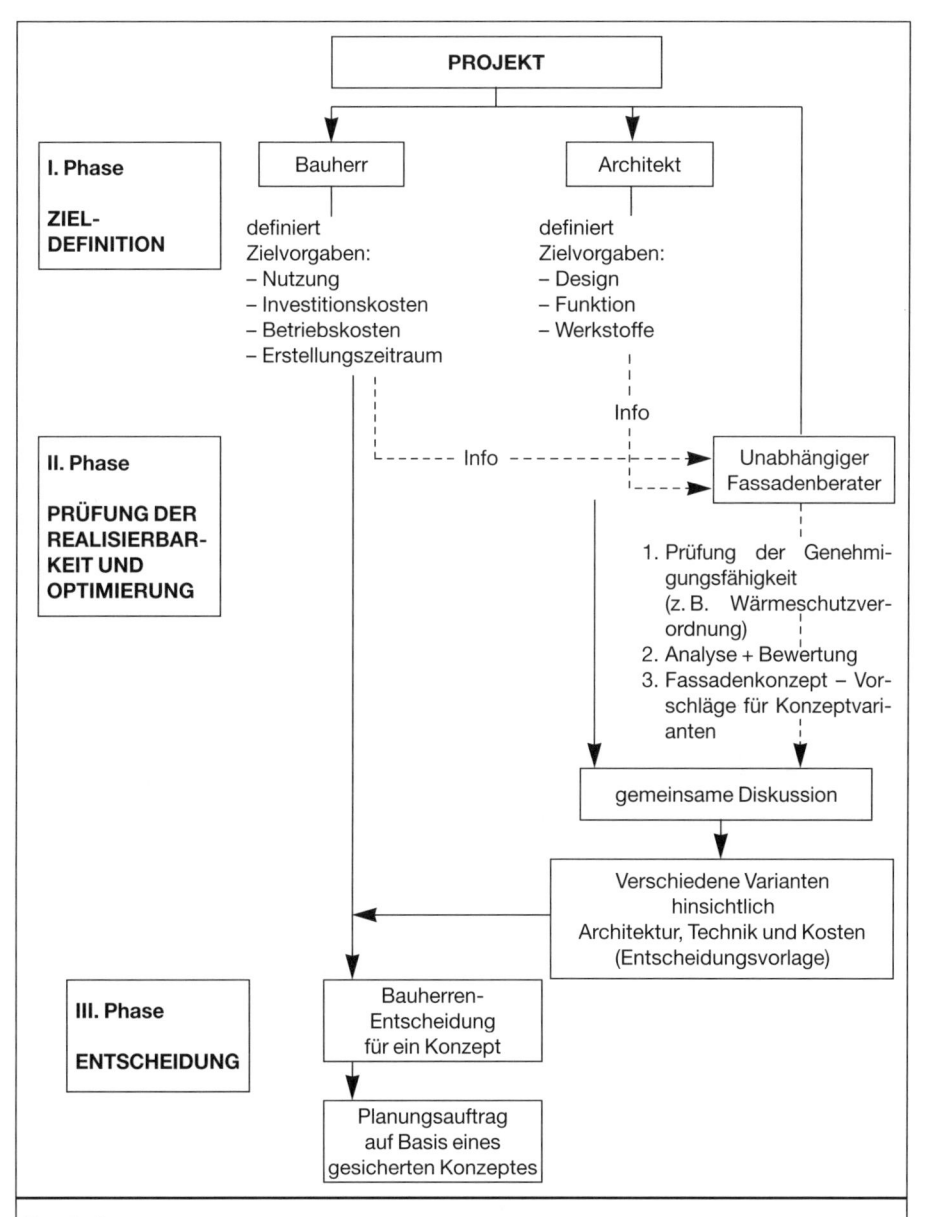

```
                                    PROJEKT
                          ┌────────────┴────────────┐
                          ▼                         ▼
I. Phase              Bauherr                   Architekt

ZIEL-                 definiert                definiert
DEFINITION            Zielvorgaben:            Zielvorgaben:
                      – Nutzung                – Design
                      – Investitionskosten     – Funktion
                      – Betriebskosten         – Werkstoffe
                      – Erstellungszeitraum
                                                        Info
II. Phase                     └────── Info ──────┬──────► Unabhängiger
                                                 └─────►  Fassadenberater
PRÜFUNG DER
REALISIERBAR-                                    1. Prüfung der Genehmi-
KEIT UND                                            gungsfähigkeit
OPTIMIERUNG                                         (z. B. Wärmeschutzver-
                                                    ordnung)
                                                 2. Analyse + Bewertung
                                                 3. Fassadenkonzept – Vor-
                                                    schläge für Konzeptvari-
                                                    anten
                                                    
                                                 gemeinsame Diskussion
                                                 
                                                 Verschiedene Varianten
                                                 hinsichtlich
                                                 Architektur, Technik und Kosten
                                                 (Entscheidungsvorlage)

III. Phase             Bauherren-
                       Entscheidung
ENTSCHEIDUNG           für ein Konzept

                       Planungsauftrag
                       auf Basis eines
                       gesicherten Konzeptes
```

Ergebnis
1. Ausschöpfung der vielfältigen Lösungsmöglichkeiten am Markt.
2. Wirtschaftliche Konzepte.
3. Genehmigungsfähige Konzepte, z. B. hinsichtlich Wärmeschutzverordnung, Brandschutz, Schallschutz vor Beginn der eigentlichen Planung.
4. Konzeptentscheidung des Bauherrn auf sicherer Informationsbasis.

Abb. 9: Projektentwicklung

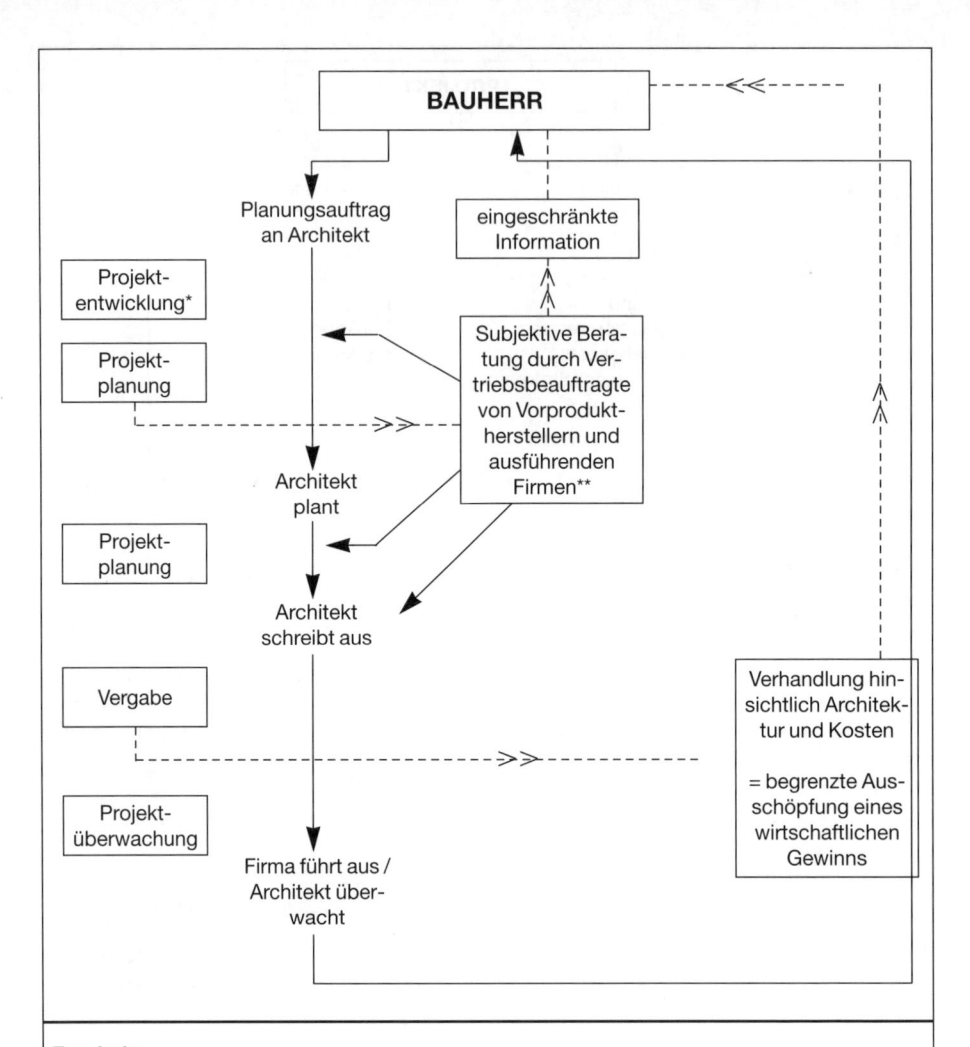

Ergebnis:

1. Architekt übernimmt planerisches und technisches Risiko durch unvollständige und produktorientierte Beratung seitens ausführender Firmen, bzw. Vorprodukt-Hersteller
2. Bauherr hat sich mit den Folgen auseinanderzusetzen, z. B.:
   → Einschaltung eines Sachverständigen nach Beendigung des Bauvorhabens
   → Erhebliche Nutzungseinschränkung
3. Wirtschaftlichkeits-Optimierung während der Projektplanung
   (Projektentwicklung findet eigentlich nicht statt) wird nicht konsequent durchgeführt
   → möglicherweise unnötig hohe Kosten

*   siehe Abb. 8
** siehe Abb. 12

Abb. 10: Objektabwicklung *ohne* unabhängigen Fassadenberater

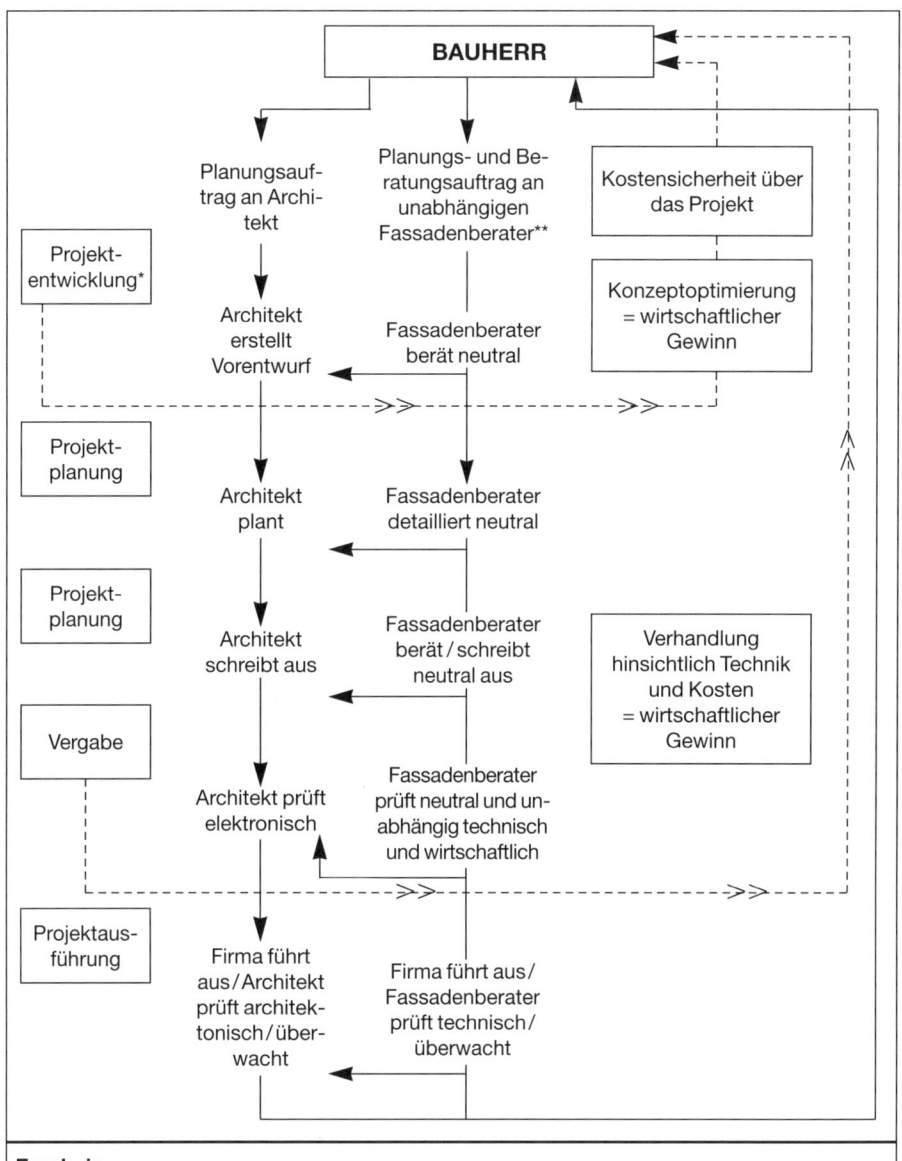

```
                              ┌─────────────────┐
                              │    BAUHERR      │
                              └─────────────────┘
```

BAUHERR

- Planungsauftrag an Architekt
- Planungs- und Beratungsauftrag an unabhängigen Fassadenberater**
- Kostensicherheit über das Projekt

Projektentwicklung*

- Architekt erstellt Vorentwurf
- Fassadenberater berät neutral
- Konzeptoptimierung = wirtschaftlicher Gewinn

Projektplanung
- Architekt plant
- Fassadenberater detailliert neutral

Projektplanung
- Architekt schreibt aus
- Fassadenberater berät / schreibt neutral aus
- Verhandlung hinsichtlich Technik und Kosten = wirtschaftlicher Gewinn

Vergabe
- Architekt prüft elektronisch
- Fassadenberater prüft neutral und unabhängig technisch und wirtschaftlich

Projektausführung
- Firma führt aus / Architekt prüft architektonisch / überwacht
- Firma führt aus / Fassadenberater prüft technisch / überwacht

Ergebnis:
– architektonisch anspruchsvoll
– wirtschaftlich optimiert
– technisch optimiert
– mängelfrei

*   siehe Abb. 9
** siehe Abb. 12

Abb. 11: Objektabwicklung *mit* unabhängigem Fassadenberater

In der Zwischenzeit hat der Verband der *Unabhängigen Berater für Fassadentechnik e.V.* (UBF) eine Honorarordnung für Architekten und Ingenieure (HOAI) entwickelt:

UBF
Unabhängige Berater für Fassadentechnik e.v.
Honorarordnung für Fassadentechnik
Fassung vom 18.3.1994

1 Anwendungsbereich

Das Leistungsbild Fassadentechnik umfaßt die Leistungen der Auftragnehmer für neu zu erstellende oder zu erneuernde Teile der Gebäudehülle.

Fassadentechnische Leistungen sind:
(1) ingenieurmäßige Umsetzung architektonischer und nutzungsabhängiger Vorgaben unter Berücksichtigung von bauphysikalischen und konstruktiven Gesetzmäßigkeiten, durch Zusammenführen der Aspekte
- Funktion
- Konstruktion
- sommerlicher und winterlicher Wärmeschutz
- Schallschutz
- Licht
- Lüftung
- Gesamtenergiebilanz
- Wirtschaftlichkeit in der Fassadenkonstruktion.

(2) Festlegung von Qualitätskriterien und deren Überwachung.

2 Honorarzonen für Leistungen bei der Gebäudehülle

Die Honorarzone wird aufgrund folgender Bewertungsmerkmale ermittelt:

(1) Honorarzone I:

Gebäudehüllen mit sehr geringen Planungsanforderungen, das heißt mit
– sehr geringen Anforderungen an die Gestaltung
– einem Konstruktionstyp
– sehr geringen bauphysikalischen Anforderungen
– einfachsten Konstruktionen
– keiner oder einfacher technischer Ausrüstung

(2) Honorarzone II:

Gebäudehüllen mit geringen Planungsanforderungen, das heißt mit
– geringen Anforderungen an die Gestaltung
– wenigen Konstruktionstypen
– geringen bauphysikalischen Anforderungen
– einfachen Konstruktionen
– geringer technischer Ausrüstung

(3) Honorarzone III:

Gebäudehüllen mit durchschnittlichen Planungsanforderungen, das heißt mit
– durchschnittlichen Anforderungen an die Gestaltung
– mehreren Konstruktionstypen
– durchschnittlichen bauphysikalischen Anforderungen
– normalen oder gebräuchlichen Konstruktionen
– durchschnittlicher technischer Ausrüstung

(4) Honorarzone IV:

Gebäudehüllen mit überdurchschnittlichen Planungsanforderungen, das heißt mit
– überdurchschnittlichen Anforderungen an die Gestaltung
– mehreren Konstruktionstypen mit vielfältigen Beziehungen
– überdurchschnittlichen bauphysikalischen Anforderungen
– überdurchschnittlichen konstruktiven Anforderungen
– überdurchschnittlicher technischer Ausrüstung

(5) Honorarzone V:

Gebäudehüllen mit sehr hohen Planungsanforderungen, das heißt mit
– sehr hohen Anforderungen an die Gestaltung
– einer Vielzahl von Konstruktionstypen mit umfassenden Beziehungen
– sehr hohen bauphysikalischen Anforderungen
– sehr hohen konstruktiven Ansprüchen
– einer vielfältigen technischen Ausrüstung mit hohen technischen Ansprüchen

Art	Unabhängiger Fassadenberater	Vertriebsberater Vorprodukt-Hersteller	Vertriebsberater Ausführende Firma	Abhängiger Fassadenberater
Beratungsaspekte	Objektbezogene, sachorientierte, neutrale und umfassende Beratung in allen Projektphasen Wirtschaftliche Umsetzung der Zielvorgaben von Architekt und Bauherr Objekterfolg für den Bauherrn als Basis weiterer Beratungsaufträge	Auf die hauseigenen Produkte fixierte Beratung in der Planungsphase Ausbau des Architektenkontaktes Schaffung von Vorteilen für die eigenen Kunden (= ausführende Firmen) zwecks Erhalt des Auftrages	Vertriebsorientierte Beratung, zugeschnitten auf die Interessen der eigenen Firma in der Planungsphase Ausbau des Architekten-Kontaktes Einbringen von "Taktischen Konstruktionsvarianten" zur Erzielung von Vorteilen im Wettbewerb	Im Regelfall Tätigkeit in der Ausführungsphase im Auftrag der ausführenden Firma Fertigung und montagegerechte Werkplanung
Gesamtziel der Beratung	Gesamterfolg des Objektes	Erfolg von Produkten	Erfolg der ausführenden Firma	Gute Werkplanung eines Gewerkes
Arbeits-Randbedingungen	Freier, unabhängiger Zugriff auf alle Produkte des Marktes Wirtschaftliche und technische Unabhängigkeit von den potentiellen Anbietern und deren Vorlieferanten Verpflichtung gegenüber dem Bauherrn als Auftraggeber	Beschränkung auf einzelne Aspekte und Konstruktionen Nicht-Ausschöpfung des Marktangebotes Bindung an Produkte Vertriebsaspekte sind Hauptziel der Tätigkeit Verpflichtung gegenüber den Kunden (= ausführende Firmen)	Ausrichtung auf firmenspezifische Speziallösungen Markteinschränkung ist Hauptziel Verpflichtung gegenüber dem Firmenerfolg	Tätigkeit setzt erst nach der Auftragsvergabe ein Verpflichtung gegenüber der ausführenden Firma und deren Interessen
Controlling-Funktion in der Projekt-Ausführungsphase	Neutrale Überwachung der Leistungs-Erbringung	—	—	—

Abb. 12: Fassadenberater

3 Leistungsbild Fassadentechnik

Tabelle 3.1: Leistungsbild der Beratung zur Fassadentechnik

	Stichwort	Kurztext	%
1	Grundlagenermittlung	Klären der Aufgabenstellung auf dem Fachgebiet der Fassadenplanung im Benehmen mit dem Objektplaner	2
2	Vorplanung	Beratung im Hinblick auf die technische und wirtschaftliche Lösungsmöglichkeit der Fassade	7
3	Entwurfsplanung	Ausarbeitung technischer Lösungsvorschläge durch Skizzen einschließlich Vordimensionierung und Berücksichtigung der bauphysikalischen Anforderungen	13
4	Genehmigungsplanung	Mitwirkung bei Verhandlungen mit Behörden	2
5	Ausführungsplanung	Erarbeiten und zeichnerische Darstellung der Leitdetails	30
6	Vorbereitung der Vergabe	Fachliche Mitwirkung bei der Erstellung von Leistungsverzeichnissen	6
7	Mitwirken bei der Vergabe	Fachliche Mitwirkung bei der Auftragsvergabe	4
8	Objektüberwachung	Fachliche Überwachung der Fassadenausführung	35
9	Objektbetreuung und Dokumentation	Zusammenstellung der Fassadenplanung	1

Das Leistungsbild setzt sich aus Grundleistungen und Besonderen Leistungen zusammen

4 Detailliertes Leistungsbild der Fassadentechnik

4.1 Grundlagenermittlung

4.1.1 Grundleistungen

- Ermitteln der Voraussetzungen zur Lösung der Bauaufgabe.
- Zusammentragen aller planungsrelevanten Daten anderer Planungsbeteiligter.
- Klären der Zieldefinition für die Fassadenplanung mit dem Auftraggeber und dem Planer, insbesondere in technischen und wirtschaftlichen Grundsatzfragen.
- Klären und Erläutern der wesentlichen funktionalen, technischen und bauphysikalischen Vorgänge und Bedingungen.
- Zusammenfassen der Ergebnisse.

4.1.2 Besondere Leistungen

- Ortsbesichtigungen.
- Erstellung von IST Zustandsanalysen.
- Fachtechnische Schlußfolgerungen.
- Grundsätzliche Sanierungsvorschläge.

- Erstellung von flankierenden Gutachten zur Klärung objektbezogener kritischer Grundlagen (Schallschutz, Brandschutz etc.).

4.2 Vorplanung

4.2.1 Grundleistungen

- Untersuchung von Lösungsmöglichkeiten (maximal 3 Varianten für die Regelfassade) nach grundsätzlich verschiedenen Anforderungen einschließlich Aussagen zur Wirtschaftlichkeit und zu Zusammenhängen mit angrenzenden Gewerken.
- Analyse des Fassadenkonzeptes hinsichtlich Realisierbarkeit, Genehmigungsfähigkeit und Kosten.
- Erarbeiten des groben Fassadenkonzeptes.
- Ergänzende Angaben zur vorhandenen Architektenplanung.
- Klären und Erläutern der wesentlichen funktionalen, statischen, konstruktiven, technischen und bauphysikalischen

Randbedingungen und Aufzeigen der Lösungen in Form von Skizzen und Maßangaben.
- Analyse der spezifischen Anforderungen im Hinblick auf Statik, sommerlicher und winterlicher Wärmeschutz, Tauwasser- und Witterungsschutz, Korrosionsschutz, Brandschutz, Schallschutz, Objektschutz und Energetik und Untersuchung unterschiedlicher Materialien, Oberflächen und Konstruktionsprinzipien.
- Mitwirken bei der Festlegung genehmigungsrelevanter Planungsaspekte und Details.
- Zusammenfassen der Fassadendaten als Grundlage der Entwurfsplanung.
- Kostenschätzung.
- Abstimmung mit den Planungsbeteiligten (Ansichten, statische Belastung, Aufbau, Sonnen-, Wärme- und Schallschutzmaßnahmen, Material, Farbe, Oberfläche u. ä.).
- Präzisieren des gewählten Fassadenkonzeptes.
- Umsetzen der bauphysikalischen Vorgaben.
- Optimierung und Abstimmung der Ausführung mit den Planungsbeteiligten.

4.2.2 Besondere Leistungen

- Gewerkübergreifende Analysen von besonderen Einzelaspekten der Gebäudeplanung (z. B. Temperatureinflüsse und Schalleinflüsse, in Abhängigkeit von unterschiedlichen Fassaden- und Haustechnik-Konzeptionen) in technischer, bauphysikalischer und wirtschaftlicher Hinsicht.
- Aufstellen von orientierenden Terminabläufen für die Fassaden auf Basis der Rohbauterminplanung sowie der Gesamtterminplanung des Objektplaners.
- Detaillierte Ausarbeitung von Sanierungsvorschlägen einschließlich Kostenschätzung.
- Erstellen einer kompletten Systemanalyse, d. h. Untersuchen der Fassadenkonzepte hinsichtlich Realisierbarkeit, Genehmigungsfähigkeit, Kosten und Wirtschaftlichkeit.
- Optimierung und Ergebnis-Zusammenfassung in Form einer Entscheidungsvorlage für Bauherr und Objektplaner.

4.3 Entwurfsplanung
4.3.1 Grundleistungen

- Durcharbeiten des Planungskonzeptes, unter Berücksichtigung aller fachspezifischen Anforderungen. Umfassende Beratung der Objektplanung (mit integrierten Fachplanungen) bis zum vollständigen Entwurf.
- Vordimensionierung der wesentlichen Konstruktionsbestandteile zur Festlegung der Abmessungen.
- Angabe der Fassadendaten für die Tragwerksplanung.
- Skizzenhafte Darstellung der Grundsatzlösung zur Einarbeitung in die Architektenpläne.
- Beratung bei der Objektbeschreibung.
- Mitwirken bei der Kostenberechnung.

4.3.2 Besondere Leistungen

- Mitwirken bei der Raumbuch-Erstellung.

4.4 Genehmigungsplanung
4.4.1 Grundleistungen

- Mitwirkung bei Verhandlungen mit Behörden über die Genehmigungsfähigkeit im Hinblick auf die Fassadenausführung.

4.4.2 Besondere Leistungen

- Keine Angaben

4.5 Ausführungsplanung
4.5.1 Grundleistungen

- Zeichnerische Darstellung der Leitdetails einschließlich der Bauwerksanschlüsse und Verankerungen im Maßstab 1:1 auf der Grundlage der Architektenplanung.

4.5.2 Besondere Leistungen

- Erstellung von Ankerplänen

4.6 Vorbereitung der Vergabe
4.6.1 Grundleistungen

- Fachspezifische Mitwirkung bei der Vorbereitung der Vergabe durch Überprüfung der von anderen, fachlich Beteiligten erstellten Leistungsverzeichnisse.

- Aufstellen der zusätzlichen Technischen Vorbemerkungen mit Festlegung der Qualitätsanforderungen.

4.6.2 Besondere Leistungen
- Erstellung der Leistungsbeschreibung einschließlich Massenermitttlung.
- Erstellung von Positionsplänen.

4.7 Mitwirken bei der Vergabe
4.7.1 Grundleistungen
- Fachspezifische Prüfung, Bewertung der Angebote.
- Mitwirken bei den Auftragsverhandlungen mit Bietern der engeren Wahl.
- Bewerten der Firmenleistungsfähigkeit für die jeweilig geforderte Leistung.
- Erstellen des Vergabevorschlages.

4.7.2 Besondere Leistungen
- Erstellen eines Preisspiegels einschließlich rechnerischer Prüfung der eingegangenen Angebote.

4.8 Objektüberwachung
4.8.1 Grundleistungen
- Fachtechnische Prüfung von Ausführungszeichnungen, die vom Auftragnehmer erstellt worden sind.
- Fachtechnische Unterstützung der örtlichen Bauleitung bei der Bauüberwachung.
- Fachtechnische Überwachung und Überprüfung der Ausführung an der Baustelle anhand der Ausführungszeichnungen und der Leistungsbeschreibung.
- Teilnahme bei der Abnahme der Bauleistungen.
- Protokollierung der wesentlichen festgestellten Mängel.

4.8.2 Besondere Leistungen
- Durchführung von Messungen (z. B. Schallschutz eingebauter Elemente).
- Durchführung von Kontrollen hinsichtlich der Fertigungsqualität im Werk des Auftragnehmers.
- Teilabnahmen.
- Prüfung von Nachträgen in fachlicher und preislicher Hinsicht.
- Überwachung der Mängelbeseitigung.

- Fachbauleitung
- Regelmäßige Teilnahme an Baubesprechungen.

4.9 Objektbetreuung und Dokumentation
4.9.1 Grundleistungen
- Zusammenstellen der wesentlichen Objektunterlagen zur Dokumentation für den Auftraggeber.

4.9.2 Besondere Leistungen
- Baubegehung vor Ablauf der Gewährleistungsfrist.

5 Honorartafel für Grundleistungen bei Gebäudehüllen

(1) Honorare für anrechenbare Kosten unter DM 0,5 mio können als Pauschalhonorar oder als Zeithonorar nach § 6 berechnet werden.

(2) Honorare für Bezugssummen über DM 50 mio werden einheitlich mit 1 % bewertet.

E. Schlußbetrachtung
1. Ansprüche an Fassaden

Mit dem Wandel des Zeitgeistes ist ein Wandel der Architektur einhergegangen. Das Selbstverständnis erfolgreicher Unternehmen spiegelt sich im gewachsenen Anspruch an die Gebäude wieder, in denen sie arbeiten und sich präsentieren. Entsprechend dem Wahlspruch *Kleider machen Leute, Fassaden machen Häuser*, hat sich damit ein stark gewachsener architektonischer Anspruch an die Objekt-Fassade durchgesetzt.

Zeitlich parallel dazu sind die technischen Anforderungen an die Fassaden insbesondere unter Umwelt-Aspekten gestiegen.

2. Umsetzung der Ansprüche in der Fassadentechnik

Die technischen Weiterentwicklungen insbesondere im Bereich der Aluminium- und Glasfassaden-Technik haben in den zurückliegenden Jahren schnelle Fortschritte gemacht. Der Gestaltungsfreiheit des Architekten kommen vielfältigste technische Lösungen entgegen. Diese sind qualifiziert technisch umzusetzen.

Honorartafel zu Punkt 5

Fassadenkosten in mio DM	Klasse I 75 %	Klasse II 85 %	Klasse III 100 %	Klasse IV 120 %	Klasse V 140 %	Anteil*) %
0,5	41.505 DM	47.039 DM	55.340 DM	66.408 DM	77.476 DM	11,07
1	58.697 DM	66.523 DM	78.262 DM	93.915 DM	109.567 DM	7,83
2	83.010 DM	94.078 DM	110.680 DM	132.816 DM	154.952 DM	5,53
3	101.666 DM	115.221 DM	135.554 DM	162.665 DM	189.776 DM	4,52
4	117.394 DM	133.046 DM	156.525 DM	187.830 DM	219.135 DM	3,91
5	131.250 DM	148.750 DM	175.000 DM	210.000 DM	245.000 DM	3,50
6	143.777 DM	162.947 DM	191.703 DM	230.043 DM	268.384 DM	3,20
7	155.297 DM	176.003 DM	207.063 DM	248.475 DM	289.888 DM	2,96
8	166.020 DM	188.156 DM	211.359 DM	265.631 DM	309.903 DM	2,77
9	176.090 DM	199.569 DM	234.787 DM	281.745 DM	328.702 DM	2,61
10	185.616 DM	210.364 DM	247.487 DM	296.985 DM	346.482 DM	2,47
12	203.332 DM	230.443 DM	271.109 DM	325.331 DM	379.552 DM	2,26
14	219.623 DM	248.906 DM	292.831 DM	351.397 DM	409.963 DM	2,09
16	234.787 DM	266.092 DM	313.050 DM	375.659 DM	438.269 DM	1,96
18	249.029 DM	282.233 DM	332.039 DM	398.447 DM	464.855 DM	1,84
20	262.500 DM	297.500 DM	350.000 DM	420.000 DM	490.000 DM	1,75
22	275.312 DM	312.021 DM	367.083 DM	440.500 DM	513.916 DM	1,67
24	287.554 DM	325.895 DM	383.406 DM	460.087 DM	536.768 DM	1,60
26	299.296 DM	339.202 DM	399.061 DM	478.874 DM	558.686 DM	1,53
28	310.594 DM	352.007 DM	414.126 DM	496.951 DM	579.776 DM	1,48
30	321.496 DM	364.362 DM	428.661 DM	514.393 DM	600.125 DM	1,43
32	332.039 DM	376.311 DM	442.719 DM	531.263 DM	619.806 DM	1,38
34	342.258 DM	387.893 DM	456.344 DM	547.613 DM	638.882 DM	1,34
36	352.181 DM	399.138 DM	469.574 DM	563.489 DM	657.404 DM	1,30
38	361.831 DM	410.075 DM	482.442 DM	578.930 DM	675.418 DM	1,27
40	371.231 DM	420.729 DM	494.975 DM	593.970 DM	692.965 DM	1,24
42	380.399 DM	431.118 DM	507.198 DM	608.638 DM	710.077 DM	1,21
44	389.350 DM	441.264 DM	519.134 DM	622.961 DM	726.787 DM	1,18
46	398.101 DM	451.181 DM	530.801 DM	636.962 DM	743.122 DM	1,15
48	406.663 DM	460.885 DM	542.218 DM	650.661 DM	759.105 DM	1,13
50	415.049 DM	470.389 DM	553.399 DM	664.078 DM	774.758 DM	1,11

*) vom Hundertsatz der Erstellungskosten

Berechnung des Honorars der Klasse III nach folgender Gleichung:

$HK = \sqrt{FK/20 \text{ mio}} \times 350.000 \text{ DM}$
HK = Honorarkosten
FK = Fassaden-Erstellungskosten

Klasse I entspricht 75 % von Klasse III
Klasse II entspricht 85 % von Klasse III
Klasse IV entspricht 120 % von Klasse III
Klasse V entspricht 140 % von Klasse III

3. Konsequenzen für die Fassadenplanung

Ein zentrales Anliegen des Architekten ist die Fassadengestaltung. Mit den vorgenannten Entwicklungen einhergehend ist die Vielfalt der technischen Lösungen und Detailaspekte enorm gestiegen, für den Architekten kaum noch umsetzbar.

Für den Bauherrn ist die Wirtschaftlichkeit eines Objektes das Maß der Dinge. Die Fassadenentwicklung hat einen gravierenden Anstieg des Wertanteils *Fassade* am Gesamtobjekt mit sich gebracht. Die Kostenbeeinflußung ist vergleichbar mit derjenigen durch den Rohbau sowie durch die Haustechnik.

Die gewachsenen Planungsstrukturen sehen dem Architekten zuarbeitende Fachingenieure z. B. für Statik und Heizungs-/Lüftungs-/Klimatechnik vor. Der Fachingenieur Fassade, als *unabhängiger Fassadenberater* zur Umsetzung der Ziele des Bauherrn und des Architekten in baubare Fassadentechnik ist noch immer nicht die Norm.

Entsprechend der Bedeutung des Gewerkes *Fassade* ist die Einschaltung dieses Fachingenieurs als Sonderfachmann angezeigt, damit die Architektur und die Wirtschaftlichkeit nicht auf der Strecke bleiben und technische sowie bauphysikalische Risiken ausgeschlossen werden. *Den Nutzen hat der Architekt und der Bauherr!*

4. Zukunftsperspektive

Allen an der Planung fachlich Beteiligten muß in der Zwischenzeit klar geworden sein, daß komplizierte, technisch hochqualifizierte Anforderungen im Bereich der Außenwand eines Gebäudes nur von qualifizierten Fachingenieuren bearbeitet werden können. Nur so kann technische Realisierbarkeit bei gleichzeitiger Wirtschaftlichkeit neutral sichergestellt werden. Für diese Leistung gibt es kein entsprechendes Bild in der HOAI. Deshalb ist Eingang dieses Leistungsbildes in die Honorarordnung für Architekten und Ingenieure (HOAI) eine zwingende Notwendigkeit.

Schallschutz – Fenster und Lichtflächen

Prof. Dipl.-Ing. Rainer Pohlenz, FH Bochum

1 Schalltechnische Anforderungen

1.1 Mindestanforderungen gemäß DIN 4109

Spätestens seit Inkrafttreten der DIN 4109 Schallschutz im Hochbau im November 1989 sind Mindestanforderungen an den Schallschutz von Außenbauteilen zu erfüllen. Durch die bauaufsichtliche Einführung der Norm [01] und des Beiblatts 1 [02] durch Ländererlasse in den Jahren 1990/91 gehören sie zu den bauordnungsrechtlich verbindlichen Anforderungen. In Abhängigkeit von dem vor dem Außenbauteil rechnerisch ermittelten oder gemessenen maßgeblichen Außenlärmpegel und den, in 5-db-Schritten abgestuften, sieben Lärmpegelbereichen werden in Tabelle 8 der DIN 4109 (hier Abb. 1) je nach Nutzung der zu schützenden Aufenthaltsräume unterschiedlich hohe Anforderungen formuliert. Ausgenommen von diesen Anforderungen sind Außenbauteile von Bädern, WC's, Küchen und Hausarbeitsräumen. Zusätzlich wird bei der Festsetzung des zu erfüllenden Schallschutzes der Umstand berücksichtigt, daß durch Schallabsorption der Raumausstattung (Mobiliar, Teppiche, Vorhänge) der durch den Außenlärm verursachte Innenraumpegel gesenkt wird und damit die erforderliche Schalldämmung verringert werden kann. Dies geschieht pauschal durch einen Korrekturwert k, der in Abhängigkeit vom Verhältnis der Außenbauteilfläche zur Grundrißfläche eines Raumes S_{W+F}/S_G ermittelt wird. Die so ermittelte Anforderung richtet sich nicht an die Schalldämmung eines Fensters oder einer Wand allein, sondern immer an die erforderliche Schalldämmung des (u. U. aus mehreren Komponenten) zusammengesetzten Außenbauteils (→ Abb. 1):

(1) $R'_{w,res,erf} = R'_{w,res} + k$ [db]

1.2 Empfehlungen gemäß VDI 2719

Soll eine einer jeweiligen Raumnutzung angepaßte Schalldämmung erzielt werden, kann gemäß VDI 2719 das erforderliche resultierende Schalldämm-Maß errechnet werden [03]. Das Verfahren berücksichtigt wie das Verfahren nach DIN 4109 die maßgeblichen Außenlärmpegel $L_{maß}$ und die Flächenverhältnisse S_{W+F}/A. Es differenziert aber zusätzlich die verschiedenen hohen zulässigen Innenraumpegel L_i unterschiedlicher Räume (→ Tab. 1). Die Ausschöpfung der dort angegebenen Spanne erlaubt die Festlegung eines Mindestschallschutzes und eines erhöhten Schallschutzes und kann auch auf Räume angewendet werden, für die DIN 4109 keine Anforderungen oder Richtwerte angibt. Die unterschiedlichen Spektren des jeweils maßgeblichen Außenlärms können durch einen Summanden K_S ebenso erfaßt werden (→ 3.6) wie die Einfallswinkel des auftretenden Schalls durch eine Winkelkorrektur W:

(2) $R'_{w,res,erf} =$
$L_{maß} - L_i + 10 \cdot \lg(S_{W+F}/A) + K_S + W$ [db]

S_{W+F} die den Raum begrenzende Außenfläche
A Äquivalente Absorptionsfläche des Raumes
 in der Regel anzunehmen: $A = 0.8 \cdot S_G$
S_G Grundfläche des Raumes

Lärm-pegel-bereich	Außen-lärm-pegel	DIN 4109	R'$_{W,erf-res}$ Dachfassade
			Krankenhaus Wohnung Büro
I	≤55 dB(A)		35 30 – dB
II	56–60 dB(A)		35 30 30 dB
III	61–65 dB(A)		40 35 30 dB
IV	66–70 dB(A)		45 40 35 dB
V	71–75 dB(A)		50 45 40 dB
VI	76–80 dB(A)		Einzel-50 45 dB
VII	>80 dB(A)		festlegung 50 dB

S_{W+F}/S_G Korrektur: 2,5 2,0 1,6 1,3 1,0 0,8 0,5 0,4 / +5 +4 +3 +2 +1 0 -1 -2 -3

Abb. 1: DIN 4109: Erforderliche Schalldämmung

Tab. 1: VDI 2719: Empfohlene Innenschallpegel

Raumart	L_{Am}	$L_{Amax,m}$
1 Schlafräume nachts		
1.1 WR, WA, Krankenhaus-/Kurgebiet	25–30	35–40
1.2 alle übrigen Gebiete	30–35	40–45
2 Wohnräume tags		
2.1 WR, WA, Krankenhaus-/Kurgebiet	30–35	40–45
2.2 alle übrigen Gebiete	35–40	45–50
3 Arbeitsräume tags		
3.1 Unterricht, ruhige Einzelbüros Arztpraxen, Operationsräume Konferenz- und Vortragsräume, Aulen, Kirchen, Bibliotheken	30–40	40–50
3.2 Mehrpersonenbüros	35–45	45–55
3.3 Großraumbüros, Schalterräume, Läden, Gaststätten	40–50	50–60

Anhaltswerte für von außen eindringenden Schall bewirkte Innenschallpegel

K_S Zuschlag für besondere Frequenzspektren
Personenzugverkehr $K_S = 0$ db
sonstige Bahnstrecken $K_S = 3$ db
innerstädtische Straßen $K_S = 6$ db
andere Straßen $K_S = 3$ db
Verkehrsflughäfen $K_S = 6$ db
W Winkelkorrektur (i. a. zu vernachlässigen)

2 Schalltechnischer Nachweis

Der Nachweis des ausreichenden Schallschutzes von Außenbauteilen ist verpflichtend zu führen, wenn die Anforderung an das zusammengesetzte Bauteil (z. B. Wand mit Fenster oder Dach mit Lichtkuppel) $R'_{w,res,erf} \geq$ 35 db beträgt. Der Nachweis berücksichtigt die Schalldämm-Maße $R'_{w,i}$ der Einzelbauteile und ihre Flächenanteile S_i:

$$R'_{w,res,vorh} = -10 \lg[\sum(S_i \cdot 10^{-0.1 R'_{w,i}}) : S_{ges}] \text{ [db]}$$

Aus dieser Gleichung ergibt sich, daß die im allgemeinen geringen Schalldämm-Maße der Fenster durch die Schalldämm-Maße von gut dämmenden Wänden oder Dächern bis zu einem gewissen Grade kompensiert werden können. Bei massiven Außenbauteilen und „normalen" Fensterflächenanteilen kann das Schalldämm-Maß des Fensters um etwa 5 db unter der berechneten Anforderung für das Gesamtbauteil liegen, ohne daß diese insgesamt unterschritten wird. Bei großen Fensterflächenanteilen (> 50 %) entspricht die Schalldämmung des Fensters in etwa der erreichbaren Gesamtschalldämmung.

Der schalltechnische Nachweis ohne bauakustische Messung erfolgt mit Hilfe der Rechenwerte $R'_{w,R}$ bzw. $R_{w,R}$ der Ausführungsbeispiele aus DIN 4109 Beiblatt 1. Es enthält Ausführungsbeispiele für Dächer und Außenwände sowie Konstruktionsbeschreibungen von schalldämmenden Fenstern (Abb. 2) und Rolladenkästen (Abb. 3). Die Fensterkonstruktionen

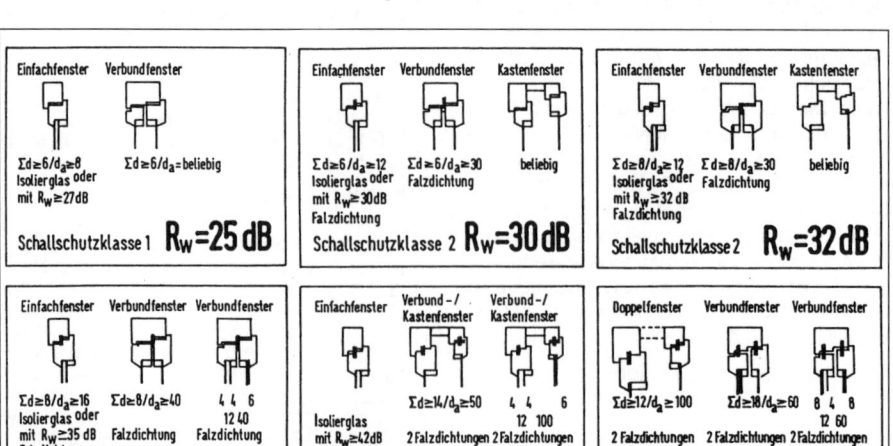

Abb. 2: DIN 4109 Beiblatt 1: Fenster und Fenstertüren – $R_{w,R}$

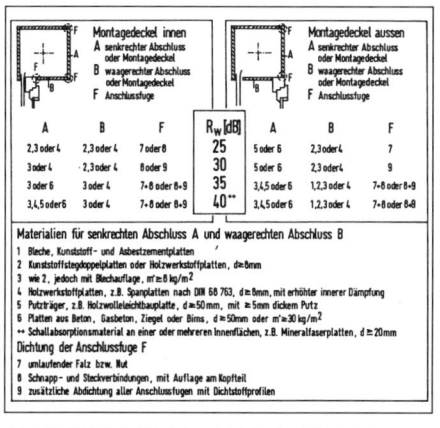

	Montagedeckel innen A senkrechter Abschluss oder Montagedeckel B waagerechter Abschluss oder Montagedeckel F Anschlussfuge			R_W [dB]	Montagedeckel aussen A senkrechter Abschluss oder Montagedeckel B waagerechter Abschluss oder Montagedeckel F Anschlussfuge		
A	B	F			A	B	F
2,3 oder 4	2,3 oder 4	7 oder 8		25	5 oder 6	2,3 oder 4	7
3 oder 4	2,3 oder 4	8 oder 9		30	5 oder 6	2,3 oder 4	9
3 oder 6	3 oder 4	7+8 oder 8+9		35	3,4,5 oder 6	1,2,3 oder 4	7+8 oder 8+9
3,4,5 oder 6	3 oder 4	7+8 oder 8+9		40**	3,4,5 oder 6	1,2,3 oder 4	7+8 oder 8+8

Materialien für senkrechten Abschluss A und waagerechten Abschluss B
1 Bleche, Kunststoff- und Asbestzementplatten
2 Kunststoffstegdoppelplatten oder Holzwerkstoffplatten, d=6mm
3 wie 2, jedoch mit Blechauflage, m'≥8 kg/m²
4 Holzwerkstoffplatten, z.B. Spanplatten nach DIN 68 763, d=8mm, mit erhöhter innerer Dämpfung
5 Putzträger, z.B. Holzwolleleichtbauplatten, d=50mm, mit =5mm dickem Putz
6 Platten aus Beton, Gasbeton, Ziegel oder Bims, d=50mm oder m'=30 kg/m²
** Schallabsorptionsmaterial an einer oder mehreren Innenflächen, z.B. Mineralfaserplatten, d=20mm

Dichtung der Anschlussfuge F
7 umlaufender Falz bzw. Nut
8 Schnapp- und Steckverbindungen, mit Auflage am Kopfteil
9 zusätzliche Abdichtung aller Anschlussfugen mit Dichtstoffprofilen

Abb. 3: DIN 4109 Beiblatt 1: Rolladenkästen $R_{W,R}$

entsprechen in ihren Einstufungen den Schallschutzklassen nach VDI 2719. Die Angaben in Abb. 2 gelten für einflügelige Fenster oder mehrflügelige Fenster mit festem Mittelstück mit einer Scheibengröße von maximal 3 m². Bei größeren Scheiben sind die Werte um 2 db abzumindern. Bei mehrflügeligen Fenstern ohne festes Mittelstück sind die angegebenen Werte ebenfalls um 2 db zu mindern.

Bei Verwendung von Bauteilen mit Prüferzeugnissen sind die dort angegebenen Prüfwerte $R'_{W,P}$ bzw. $R_{W,P}$ für den Nachweis um 2 db zu mindern.

Für die Ausführung von schallgedämpften Lüftern enthält DIN 4109 Beiblatt 1 keine Angaben. Hier ist auf Fabrikate mit Prüfzeugnis zurückzugreifen.

3 Schalltechnische Problemstellungen und Empfehlungen

3.1 Verglasung

Die Schallübertragung bei Fenstern erfolgt über die Glasscheibe, den Fensterrahmen und Fugen aller Art. Die Schallübertragung über die Scheibe unterliegt dem Massegesetz und dem Einfluß der Spuranpassung, der sich ab 4 mm Glasdicke durch einen Einbruch der Schalldämmkurve im oberen bauakustischen Meßbereich bemerkbar macht (→ Abb. 4: 2500 Hz bis 3200 Hz). Zusätzlich führt der bei Fenstern vorhandene, gerichtete schräge Schalleinfall u. U. zu stärkeren Koinzidenzeinbrüchen als bei statistisch verteiltem Schalleinfall, der bei Fensterprüfungen gegeben ist (→ Abb. 4: Kurven „st" und „75°"). Die tatsächlich am Bau auftretenden bewerteten Schalldämm-Maße können dadurch um bis zu 5 db geringer sein als nach den Angaben der Prüferzeugnisse zu erwarten wäre [07].

Bei Doppelverglasungen sind die Einflüsse des Schalenabstandes, der Scheibendicke und der Hohlraumbedämpfung zu beachten. Die Veränderung der Scheibendicke beeinflußt die Schalldämmung hinsichtlich Massegesetz und Resonanzfrequenz. Eine größere Scheibendicke macht sich daher trotz der ungünstigeren Koinzidenzgrenzfrequenz positiv bemerkbar.

Der ungünstige Einfluß der Koinzidenz kann verringert werden, wenn mehrere dünne (ca. 3 mm) Scheiben geschichtet werden. Das Flächengewicht nimmt dadurch im gewünschten Maße zu, die Koinzidenzfrequenz verschiebt sich aber nicht in den mittleren bauakustischen Meßbereich. Abb. 5.4 zeigt, daß die Koinzidenzgrenzfrequenz der insgesamt 9 mm dicken Scheiben bei f_g = 2000 Hz liegt. Es sind dadurch höher bewertete Schalldämm-Maße (über 40 db) zu erreichen.

Der Scheibenabstand bewirkt eine Veränderung des bewerteten Schalldämm-Maßes durch die Beeinflussung der Resonanzfrequenz f_0. Mit wachsendem Scheibenzwischenraum steigt das bewertete Schalldämm-Maß (→ Abb. 5.2). Es verbessert sich gegenüber der gleich schweren Einfachscheibe jedoch erst bei Scheibenabständen >20 mm. Bei geringeren Scheibenabständen wird der Gewinn an

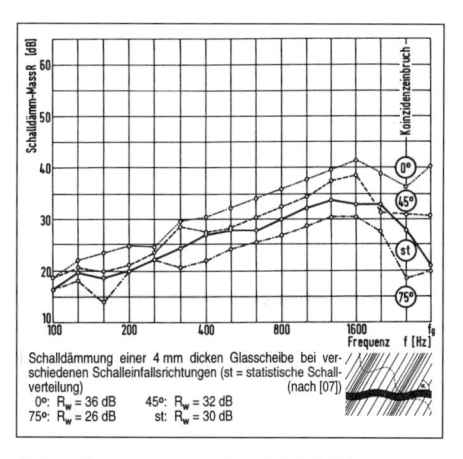

Schalldämmung einer 4 mm dicken Glasscheibe bei verschiedenen Schalleinfallsrichtungen (st = statistische Schallverteilung) (nach [07])
0°: R_w = 36 dB   45°: R_w = 32 dB
75°: R_w = 26 dB   st: R_w = 30 dB

Abb. 4: Spuranpassung – Schalleinfallsrichtung

Abb. 5: Einfluß der Verglasungsart

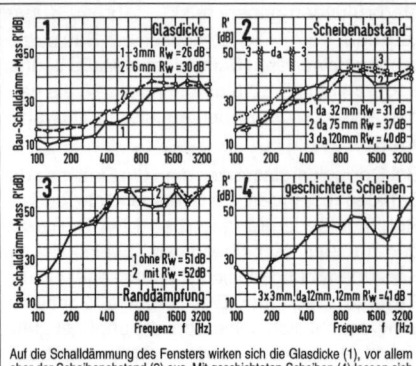

Auf die Schalldämmung des Fensters wirken sich die Glasdicke (1), vor allem aber der Scheibenabstand (2) aus. Mit geschichteten Scheiben (4) lassen sich sehr hohe Schalldämm-Maße erreichen. ((1) bis (3) nach [08], (4) nach [05])

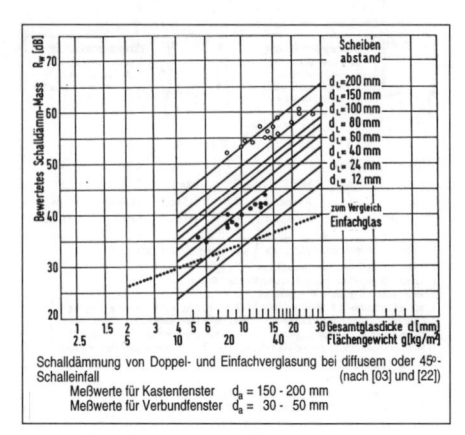

Abb. 7: Schalldämmung von Doppelverglasung

Schalldämmung von Doppel- und Einfachverglasung bei diffusem oder 45°-Schalleinfall (nach [03] und [22])
Meßwerte für Kastenfenster d_a = 150 - 200 mm
Meßwerte für Verbundfenster d_a = 30 - 50 mm

Schalldämmung in den höheren Frequenzbereichen durch den Resonanzeinbruch im unteren bauakustischen Meßbereich wieder zunichte gemacht. Bei Scheibenabständen <10 mm ist die Schalldämmung der Doppelverglasung aus dem gleichen Grunde sogar ungünstiger als die der gleich schweren Einfachverglasung (Abb. 7).

Die Schalldämmung von Dreifachverglasungen ist aus dem gleichen Grund bei gleichem Gewicht und gleichem Gesamtquerschnitt ungünstiger als bei Doppelverglasungen, weil durch die beiden geringeren Scheibenabstände ungünstigere Resonanzfrequenzen entstehen als durch einen großen Scheibenabstand. Sie überlagern sich zu einem deutlichen Einbruch in der Schalldämmkurve. Weitere, mit geringem Abstand angebrachte, zusätzliche Scheiben verbessern das Ergebnis nicht, es können im Gegenteil Verschlechterungen der Schalldämmung auftreten (→ Abb. 6).

Kastenfenster erreichen wegen des positiven Einflusses des großen Scheibenabstandes auch bei geringen Scheibengewichten sehr hohe Schalldämm-Maße (R_w> 45 db). Wegen der großen Scheibenabstände sollte in den Fensterlaibungen eine Hohlraumdämpfung (z. B. MF mit Lochabdeckung) angeordnet werden. Sie kann die Schalldämmung noch einmal um etwa 3 db erhöhen (→ Abb. 8).

Gasfüllungen in Isolierverglasungen bewirken gegenüber Luftfüllungen eine höhere Schalldämmung ($R_w \geq 40$ db). Ihr Einfluß ist um so deutlicher, je leichter die Scheiben sind (→ Abb. 9.2). Prinzipiell wirken sich sowohl leichte als

Durch Mehrfachverglasung mit jeweils relativ geringen Scheibenabständen verbessert sich die Schalldämmung von Fenstern nicht. In ungünstigen Fällen kann es durch Überlagerung der Resonanzeinbrüche sogar zur Verschlechterung der Schalldämmung kommen. (nach [08])

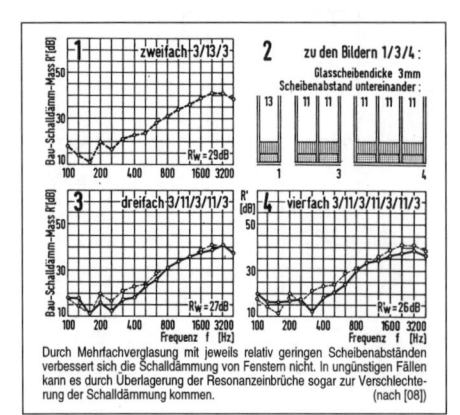

Abb. 6: Einfluß von Mehrfachverglasungen

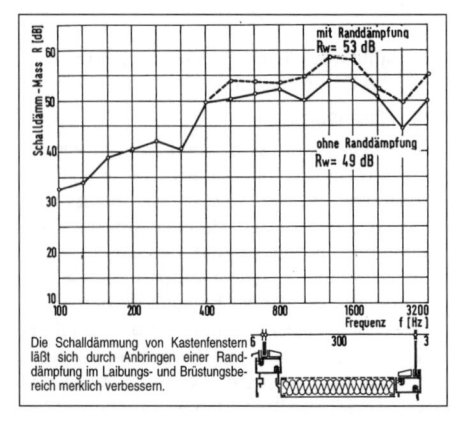

Die Schalldämmung von Kastenfenstern läßt sich durch Anbringen einer Randdämpfung im Laibungs- und Brüstungsbereich merklich verbessern.

Abb. 8: Schalldämmung von Kastenfenstern

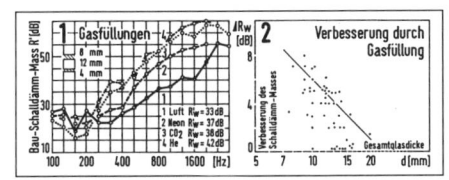

Abb. 9: Einfluß von Gasfüllungen

auch schwere Gase positiv auf die Schalldämmung aus, wenn auch aus unterschiedlichen Gründen [13]. In der Praxis ist allerdings die Verwendung von schweren Gasen, z. B. Schwefelhexafluorid (SF_6), vorteilhaft, weil das Problem der Flüchtigkeit dieser Gase besser beherrschbar ist. Die Schalldämmkurve von gasgefüllten Verglasungen steigt nach der Resonanzfrequenz steiler an als bei Luft gefüllten Verglasungen (→ Abb. 9.1). Allerdings ist der Einbruch im Resonanzbereich deutlich tiefer als bei Luftfüllungen. Auch wenn dadurch das bewertete Schalldämm-Maß nicht verringert wird, wirkt sich dies wegen der tieffrequenten Anteile des Straßenverkehrslärms ungünstig aus (→ 3.6). Als günstiger hat sich eine Mischung von Luft (70 %) und SF_6 (30 %) erwiesen [03]: Bei gleichem bewerteten Schalldämm-Maß ist die Schalldämmung solcher Verglasungen im Resonanzbereich um etwa 5 db höher als bei 100-%-SF_6-Füllung (→ Abb. 10).

Voraussetzung für die Funktionsfähigkeit gasgefüllter Verglasungen ist grundsätzlich eine dauerhaft dichte Randverbindung der Scheiben.

3.2 Fensterrahmen

Die Schallübertragung über den Fensterrahmen nimmt wie bei allen anderen Bauelementen mit wachsendem Gewicht ab. Das bewertete Schalldämm-Maß von Rahmen schwankt nach einer Untersuchung des Institutes für Bauphysik [12] um 45 db bis 47 db (maximal 50 db), wobei keine eindeutige Abhängigkeit vom Rahmenmaterial festgestellt werden konnte. Es wirkt sich zwar wegen des geringeren Flächenanteils nicht direkt proportional auf die resultierende Schalldämmung von Verglasung mit Rahmen aus (→ Gleichung 3), bestimmt aber vor allem bei hochwertigen Verglasungen das maximal erreichbare Gesamtschalldämm-Maß. Abbildung 11.1 zeigt, daß bis zu einem bewerteten Schalldämm-Maß von R_w = 40 db (Gesamtglasdicke von etwa 10 mm) die Gesamtschalldämmung durch den Rahmen nicht beeinflußt wird. Bei höheren Glas-Dämm-Maßen pendelt sich das Gesamtschalldämm-Maß bei etwa R_w = 45 db ein. Umgekehrt ist die Gesamtschalldämmung einer hochwertigen Verglasung (R_w = 50 db) entscheidend von der Schalldämmung des Rahmens abhängig. Es zeigt sich, daß bei Anforderungen $R_w \geq 45$ db geteilte Profile angewendet werden müssen. Dies berücksichtigt auch DIN 4109 Beiblatt 1 (→ Abb. 2).

Sprossen stellen Verbindungsstellen innerhalb der zweischaligen Verglasung dar. Solche Schallbrücken müßten an sich prinzipiell vermieden werden. Tatsächlich aber ist der negati-

Abb. 10: Einfluß von Gas-Luft-Füllungen

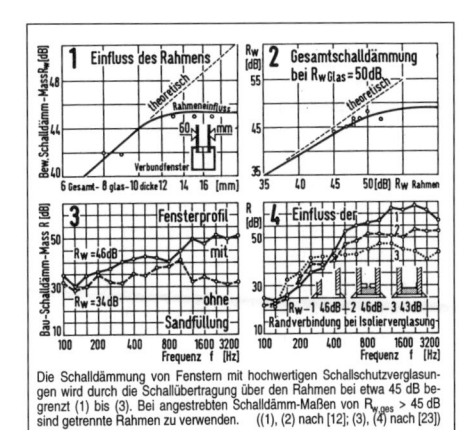

Abb. 11: Einfluß des Fensterrahmens

113

ve Einfluß von Sprossen auf die Schalldämmung selbst bei hochschalldämmenden Fenstern erstaunlich gering, wenn die Dichtigkeit des Fensters nicht beeinträchtigt wird [21]. Abbildung 12 zeigt, daß sich bei Verwendung einer „klassischen" Holzsprosse das bewertete Schalldämm-Maß nur um 1 db verschlechtert. Auch bei Verwendung von Scheinsprossen und durchgehender Verglasung mit aufgeklebten Sprossen beträgt die Verschlechterung nur 2 db.

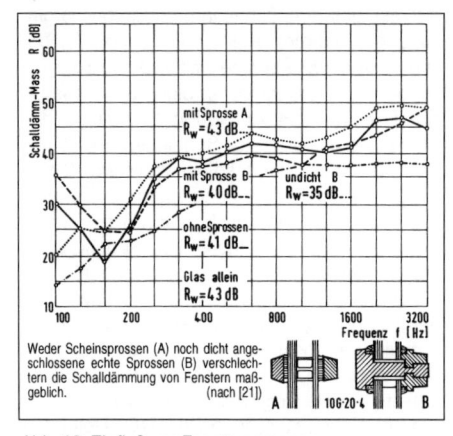

Abb. 12: Einfluß von Fenstersprossen

Dagegen verschlechtert sich die Schalldämmung des Fensters mit durchgehenden echten Sprossen um 7 db, wenn die Verglasung nicht einwandfrei eingedichtet wird.

Der Einfluß der Einglasungsart auf die Schalldämmung von Fenstern ist ebenfalls in [21] untersucht worden. Gegenübergestellt wurden die Einglasung mit vollsatt mit dauerelastischem Fugmaterial verfülltem Glasfalz und die Einglasung mit Vorlegeband und belüftetem Glasfalz. Beide Varianten wurden im Anschluß Glas-Glashalteleiste versiegelt. Die Untersuchung ergab, daß durch die Glasfalzbelüftung keine nennenswerte Verschlechterung der Schalldämmung zu erwarten ist (Abb. 13). Auch der Einfluß des Vorlegebandes gegenüber der Trockenverglasung ohne Vorlegeband erwies sich als unbedeutend, wenn eine äußere Versiegelung angebracht war.

Von entscheidender Bedeutung für die Schalldämmung eines Fensters sind Undichtigkeiten der Funktions- und Anschlußfugen. Mit zunehmender Luftdurchlässigkeit sinkt das Schalldämm-Maß der Fuge (→ Abb. 14.1). Da

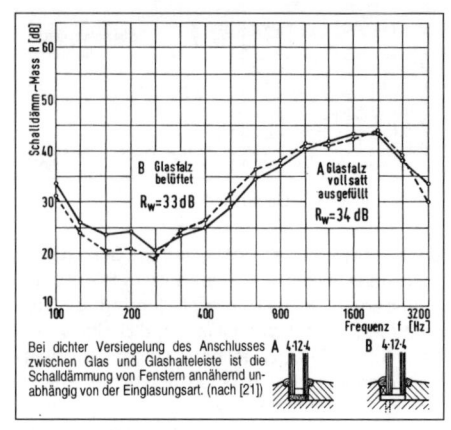

Abb. 13: Einfluß der Einglasungsart

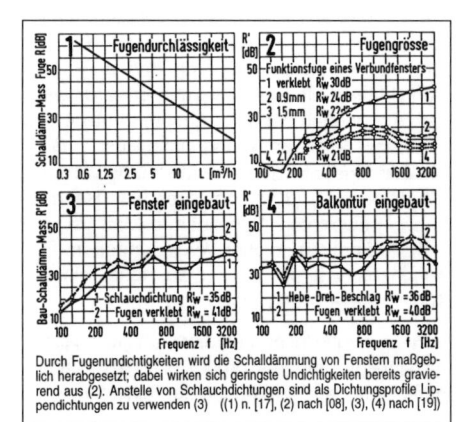

Abb. 14: Einfluß von Undichtigkeiten

die Schalldämmung im oberen Frequenzbereich abfällt, wird das bewertete Schalldämm-Maß eines Fensters dadurch gravierend verringert, und zwar schon bei geringsten Undichtigkeiten. Mit weiter wachsender Undichtigkeit verschlechtert sich die Schalldämmung nur noch geringfügig (→ Abb. 14.2). Daraus resultiert die Forderung nach geeigneten Dichtungen (Lippendichtungen) und u. U. mehrstufigen Dichtsystemen. Schlauchdichtungen sind wegen ihrer geringen Federwirkung nicht geeignet (→ Abb. 14.3). Als weitere konstruktive Einflußgröße ist eine ausreichende Anzahl von einwandfrei justierten Verriegelungspunkten hinzuzufügen. Bei hohen Anforderungen an die Schalldämmung ist die Fuge zwischen Blendrahmen und Laibung anstelle von Füllschaum

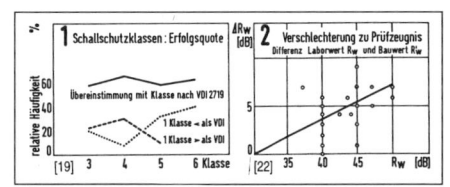

Abb. 15: Unterschied: Planung – Ausführung

mit Mineralfaserstricken oder vorkomprimierten Schaumstoffbändern auszufüllen.

Wegen des Einflusses der Fugendichtigkeit läßt sich feststellen, daß im eingebauten Zustand durch Ausführungsmängel das durch eine ausgewählte Konstruktion erwartete Schalldämm-Maß meist nicht erreicht wird (→ Abb. 15).

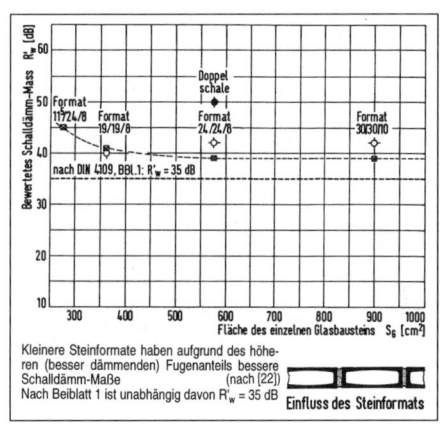

Abb. 16: Glasbausteinwände

3.3 Andere Lichtflächen

Glasbausteinwände dämmen als leichte biegesteife Hohlkörperkonstruktion nicht so gut wie es nach dem Massegesetz zu erwarten wäre. Dabei wirkt sich wegen der damit verbundenen Inhomogenität das Steinformat auf die erreichbare Schalldämmung aus (→ Abb. 16). Nach DIN 4109 Beiblatt 1 ist bei Glasbausteinwänden mit einer Wanddicke von d ≥ 80 mm von einem bewerteten Schalldämm-Maß $R'_{w,R}$ = 35 db auszugehen.

Noch ungünstiger verhalten sich Profilit-Verglasungen und Kunststoff-Doppelstegplatten. Die durch Stege ausgesteiften Platten bewirken aufgrund ihrer ungünstigen Biegesteifigkeit eine Verschlechterung der Schalldämmung im mittleren bis oberen bauakustischen Meßbereich (Abb. 17). Nur durch zweischalige Konstruktionen lassen sich befriedigende Schalldämm-Maße erzielen.

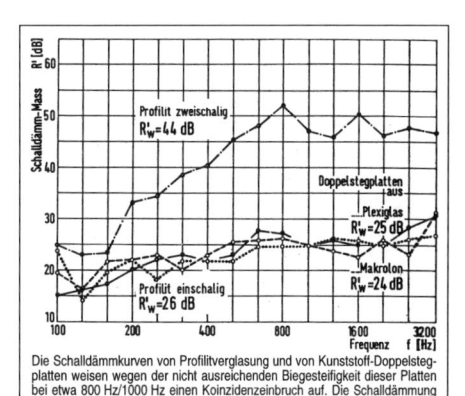

Abb. 17: Profilitverglasung / Doppelstegplatten

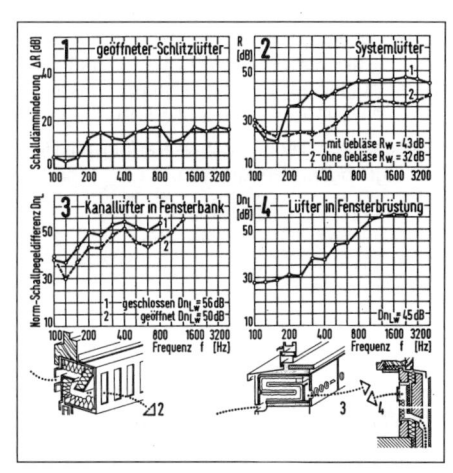

Abb. 18: Schalldämmung von Lüftern

3.4 Lüftungseinrichtungen

Speziell bei hochwertigen Schallschutzfenstern wird wegen der erforderlichen Fugendichtigkeit die Anordnung von schalldämpfenden Lüftern notwendig. Nach DIN 4109 dürfen durch Lüfter, die erforderlichen Schalldämm-Maße der Bauteile, in die die Lüfter eingebaut sind, nicht unterschritten werden. Gerade bei Fenstern mit ohnehin gerade ausreichenden Dämmwerten sollten deshalb Lüfter einen annähernd gleichwertigen Dämmwert aufweisen, damit das resultierende Schalldämm-Maß nicht unzulässig stark verschlechtert wird.

Dabei verringert sich die Schalldämmung prinzipiell mit wachsender Lüftungsleistung und zwar auch hier wieder in den oberen Frequenzbereichen. Dies ist vor allem bei einfachen Schlitzlüftern der Fall (→ Abb. 18.1).

Wird dagegen der Lüfter als Schalldämpfer ausgebildet, so steigt durch die stattfindende Absorption die Pegelminderung in den höheren Frequenzen, also gerade dort, wo aufgrund der Öffnungsgröße das Schalldämm-Maß sich verringern würde. Der negative Einfluß der Öffnung wird dadurch also reduziert (→ Abb. 18.2 und 18.3). Die schalldämpfende Wirkung wächst demzufolge auch mit der Länge des absorbierend ausgekleideten Übertragungsweges über den Lüfter. Die Lüftungsleistung läßt allerdings dadurch nach.

Da mit motorisch getriebenen Lüftern bei gleicher Lüftungsleistung geringere Querschnitte und/oder längere absorbierend ausgekleidete Übertragungswege ausgenutzt werden können, ist die Schalldämmung dieser Motorlüftung bei gleicher Lüftungsleistung besser als bei einem Lüfter ohne Motor (→ Abb. 18.2).

Der schalltechnische Nachweis erfolgt mit Hilfe von Eignungsprüfzeugnissen.

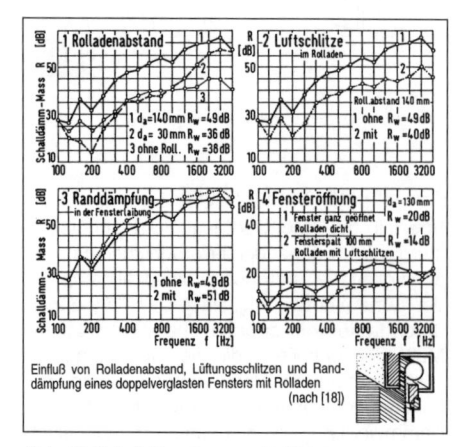

Abb. 19: Schalldämmung von Rolläden

3.5 Rolläden

Durch Rolläden kann die Schalldämmung von Fenstern verbessert werden, wenn ihr Abstand zur Scheibe genügend groß ist. Bei geringem Abstand verschlechtert sie sich durch Resonanzerscheinungen im bauakustischen Meßbereich (→ Abb. 19.1). Schwere Holzrolläden verhalten sich günstiger als Kunststoffrolläden. Werden Rolläden nur so weit herabgelassen, daß eine Lüftung durch die Luftschlitze erfolgt, ergibt sich nur eine geringe Verbesserung. Günstiger ist es, das Fenster bei fest verschlossenem Rolladen ganz zu öffnen.

Durch den Rolladenkasten wird die Schalldämmung des Fensters u. U. stark reduziert. Auf die Fugendichtigkeit der inneren Kastenverkleidung und deren Schalldämmung ist zu achten. Zusätzlich empfiehlt es sich, den Kasten innen schallabsorbierend auszukleiden (→ Abb. 20 und Abb. 3).

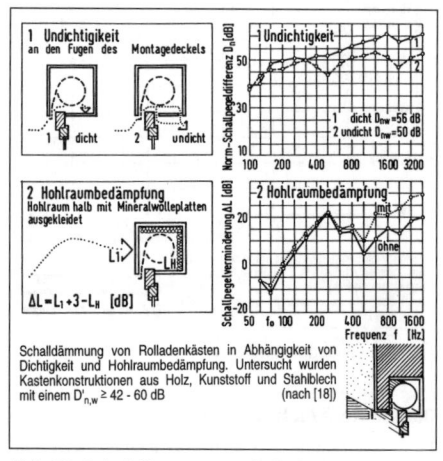

Abb. 20: Schalldämmung von Rolladenkästen

3.6 Wirkung der Schalldämmung

Die für Trennbauteile angegebenen bewerteten Schalldämm-Maße R'_w sind Kennzahlen für die schalltechnische Schutzwirkung, die durch diese Bauteile bewirkt wird. Bei der Ermittlung des bewerteten Schalldämm-Maßes wird unter anderem auch die Tatsache berücksichtigt, daß das menschliche Ohr auf hohe Frequenzen empfindlicher reagiert als auf niedrige – ähnlich wie das bei der Ermittlung des A-bewerteten Schallpegels geschieht. Für die Schalldämmung „wohnüblicher" Geräusche, für die das

Abb. 21: Schalldämmwirkung gegen Außenlärm

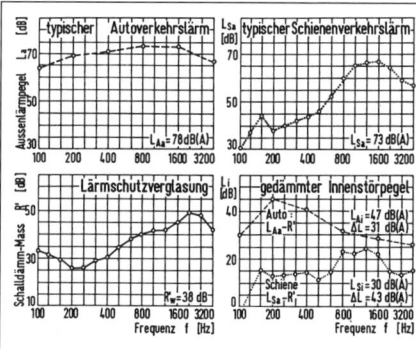

Ein und dieselbe Lärmschutzverglasung bewirkt bei unterschiedlichen Aussenlärmspektren unterschiedliche Pegelminderungen (31 dB bzw. 43 dB). Die Dämmwirkung ist bei gleichem R_w (36 dB) also abhängig von der Anregung.

bewertete Schalldämm-Maß entwickelt wurde, führt diese Bewertung zu einigermaßen zutreffenden Ergebnissen, da sie die durch das Bauteil hervorgerufene Pegelminderung ΔL zwischen lautem und leisem Raum gut beschreibt. Grob vereinfacht gilt:

(3) $\quad \Delta L \, [db(A)] = R'_w \, [db] \quad$ bzw. $\quad L_i = L_a - R'_w$

Bei der Schalldämmung von Lärm, dessen Spektrum deutlich von dem des „wohnüblichen" Lärms abweicht, führt die Angabe des bewerteten Schalldämm-Maßes u. U. zu einer Fehleinschätzung der damit verbundenen Schutzwirkung: Die im geschützten Raum auftretenden A-bewerteten Schallpegel L_i liegen erheblich über den Pegeln, die sich durch die Subtraktion des R'_w vom Außenpegel L_a errechnen lassen. Dies ist besonders bei Geräuschen mit hohen tieffrequenten Spektrumsanteilen der Fall, wie sie zum Beispiel durch Straßenverkehrslärm gebildet werden.

Die Beispiele in Abbildung 21 machen dies deutlich: Straßenverkehrslärm mit einem Pegel von 78 db (A) wird durch eine Verglasung mit einem bewerteten Schalldämm-Maß von R_w = 38 db auf einen Innenraumpegel von 47 db (A) gedämmt, die Pegelminderung beträgt also ΔL = 31 db (A) (7 db geringer als R_w). Dasselbe Fenster bewirkt bei Schienenverkehrslärm von 73 db (A) einen Innenraumpegel von 30 db (A), die Pegelminderung beträgt in diesem Fall also ΔL = 43 db (A) (5 db höher als R_w).

VDI 2719 berücksichtigt dies durch Zuschläge für besondere Frequenzspektren.

Die zukünftig für die Ermittlung von Einzahlangaben anzuwendende Norm DIN EN 20717 wird diesen Umstand durch sogenannte „Spektrums-Anpassungswerte" C_{tr} berücksichtigen: $C_{tr} = \Delta L - R_w$ mit ΔL als Pegeldifferenz des A-bewerteten Schallspektrums für Verkehrslärmanregung.

Die Angabe der Bauteilkenngrößen wird wie folgt geschehen (Beispiel):

- $R_{w,vorh}$ (C_{tr}) = 41 (–5) db

Die Formulierung der Anforderung lautet (Beispiel):

- $R_{w,erf} + C_{tr} \geq 45$ db

Literatur

[01] DIN 4109 Schallschutz im Hochbau, Anforderungen und Nachweise; 11/1989

[02] DIN 4109 Beiblatt 1 Ausführungsbeispiele und Rechenverfahren; 11/1989

[03] VDI 2719 Schalldämmung von Fenstern und deren Zusatzeinrichtungen; 08/1987

[04] DIN EN 20717 Akustik – Einzelangaben f. d. Schalldämmung in Gebäuden und von Bauteilen; T1E: Luftschalldämmung; 11/1993

[05] Bobran: Handbuch der Bauphysik; Vieweg-Verlag, Wiesbaden, 6. Auflage 1990

[06] Carroux: Schalldämmende Fenster mit zusätzlicher Belüftung für Wohnräume in Wohnungen mit gehobenem Schallschutz, Kampf dem Lärm 17, 02/1970

[07] Eisenberg: Schalldämmung von Türen und Fenstern; Berichte aus der Bauforschung, Heft 63/1969; Verlag Wilhelm Ernst & Sohn, Berlin

[08] Fasold/Sonntag: Bauphysikalische Entwurfslehre 4; Verlagsgesellschaft Rudolf Müller, Köln 1978

[09] Froelich: Entscheidungs- und Konstruktionskriterien für den Schall- und Wärmeschutz von Fenstern; Bauphysik 02/03/1984

[10] Froelich: Schalltechnisches Verhalten von Verbundfenstern ohne und mit belüftetem Scheibenzwischenraum; BBauBl 05/1985

[11] Froelich: Schallschutz Isoliergläser; DAB 07/1988

[12] Gösele/Lakatos: Einfluß des Rahmens auf die Schalldämmung von Fenstern; IBP-Mitteilung 28 des Fraunhofer-Instituts für Bauphysik, 6/78; IRB-Verlag

[13] Gösele, K.+U./Lakatos: Verbesserung der Schalldämmung von Isolierglasscheiben durch Gasfüllungen; IBP-Mitteilung 29; 6/1978

[14] Hubert/Nawrot: Schalldämmung von Rolläden; Schalldämmung von Türen und Fenstern; Berichte aus der Bauforschung 63/1969; Verlag W. Ernst & Sohn, Berlin

[15] Koch/Bührer: Verbesserung der Schalldämmung von Fensterrahmen im mittleren Frequenzbereich; IBP-Mitteilung 170; 15/1988

[16] Kröger/Hendlmeier: Bemessung von Schallschutzfenstern – ein Vergleich verschiedener Regelwerke; ZfL 06/1994

[17] Lang: Schalldämmung von Fenstern und Türen verschiedener Luftdurchlässigkeit Tagungsberichte vom 4. Internation. Kongress für Akustik, Kopenhagen 1962

[18] Lutz/Lakatos: Schalldämmung von Rolläden und Rolladenkästen; Kampf dem Lärm 24, 02/1977

[19] Moll: Schalldämm-Messungen an Fenstern – Ergebnisse von 300 Untersuchungen an Bauten; VDI-Bericht Nr. 31, VDI-Verlag, Düsseldorf, 1978

[20] Moll/Szabunia: Der Einfluß der Fensterdämmung auf die A-Schallpegeldifferenz bei Verkehrsgeräuschen; Bauphysik 04/1987

[21] Sälzer: Schallschutz mit Holzfenstern; Bauphysik 06/1985 und 01/1988

[22] Sälzer/Moll/Wilhelm: Schallschutz elementierter Bauteile; Bauverlag, Wiesbaden 1979

[23] Repetitorium Schallschutz; WKSB Heft 15/1982

Die Abdichtung von niveaugleichen Türschwellen

Prof. Dr.-Ing. Rainer Oswald, Architekt und Bausachverständiger, Aachen

1. Grundanforderungen und Problemstellung

Die größte Schwachstelle in der Abdichtung von Flachdächern gegen Oberflächen- und Sickerwasser ist der Anschluß der Dichtungslagen an die angrenzenden, selbst nicht wasserdichten Bauteile. Die funktionssicherste, handwerklich einfachste Ausführungsform dieses Problempunktes zielt darauf ab, den gefährdeten Abdichtungsrand möglichst weit aus dem Bereich von stehendem Wasser und Spritzwasser herauszuheben. In den Regelwerken (DIN 18 195 Teil 9; Flachdachrichtlinien) ist dazu eine Mindestaufkantungshöhe von 15 cm festgelegt worden. Gemessen wird dabei von der Oberkante der ungünstigstenfalls wasserführenden Belagschicht (also z. B. Oberkante Kiesschüttung).

Im Bereich der Türschwellen zwischen „trockenen" Innenräumen und anschließenden wasserbeanspruchten, abgedichteten Außenbereichen (Dachterrassen, Balkonen) sind die funktionellen Anforderungen und Wünsche nach einem möglichst unbehinderten Durchgang und die technischen Anforderungen nach einem nicht hinterläufigen, dichten Anschluß allerdings häufig nur schwer in Einklang zu bringen.

Bei seltener genutzten Dachterrassentüren spricht kein funktioneller Grund gegen die Beachtung der beschriebenen Aufkantungsregel. Wie aus Abbildung 1 ersichtlich, entstehen dann bei niveaugleich durchlaufenden Rohbetondecken Höhenunterschiede zwischen dem Innenfußboden und der Schwellenoberkante von 40 bis 45 cm. Um diesen Niveauunter-

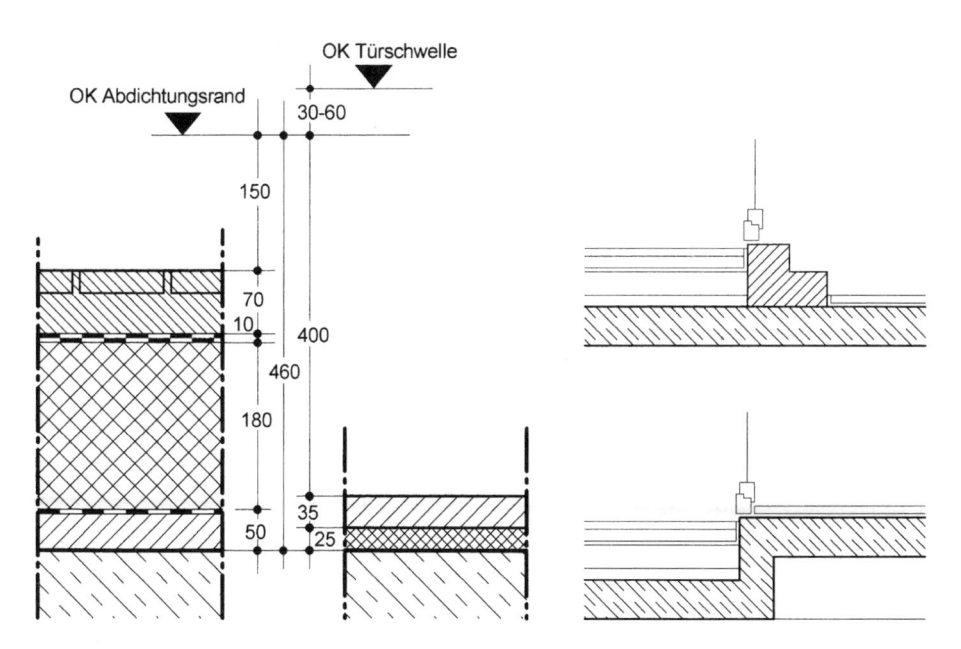

Abb. 1: Höhenunterschiede zwischen der Oberkante von Dachterrassen und der Dachterrassentürschwelle und dem Innenraum – Berücksichtigung durch Treppen bzw. Deckenversprünge

schied zu überwinden, sind Versprünge in der Rohbetondeckenoberfläche bzw. Treppenstufen im Bereich der Durchgänge unvermeidbar. Grundsätzlich sind aber derartige Lösungen gut ausführbar (siehe Abb. 2 und 3).

Der funktionell begründete Wunsch nach einer geringeren Außenschwellenhöhe hat seit Beginn der achtziger Jahre in zunehmendem Umfang dazu geführt, daß vor niedriger ausgeführten Türschwellen entwässerte Gitterroste angeordnet werden (siehe dazu Abb. 4 und 5). Seit 1991 ist diese Ausführungsform auch in Regelwerken (Flachdachrichtlinien) verankert. Dort wird jedoch auch bei der Anwendung von Gitterrosten eine Mindestaufkantungshöhe von 5 cm über Oberkante Gitterrost gefordert. Damit ist für die überwiegende Zahl der üblichen Anwendungsfälle eine gute, praktikable Lösung gefunden.

Die Anforderungen an ein behindertengerechtes, „barrierefreies" Bauen können jedoch auch mit den zuletzt beschriebenen Schwellenausführungen nicht erfüllt werden. DIN 18 024 Teil 2 (Bauliche Maßnahmen für behinderte und alte Menschen im öffentlichen Bereich, 1976) und DIN 18 025 (Barrierefreies Wohnen, 1992) fordern vielmehr, daß Türschwellen grundsätzlich zu vermeiden sind und – soweit sie „technisch unbedingt erforderlich sind" – eine Höhe von 2 bzw. 2,5 cm nicht überschreiten dürfen.

Bei Sanatorien und Altersheimen sowie bei notwendigen Fluchtwegen und häufig genutzten Eingängen zu Läden und Behörden, sind daher

Abb. 3: Ausführungsbeispiel Treppe zur Dachterrassentür (Museum für Technik und Arbeit, Mannheim)

Schwellenkonstruktionen erforderlich, die trotz einer maximalen Aufkantungshöhe von 20 bzw. 25 mm dicht sind. Über dieses Problem soll im folgenden detaillierter berichtet werden.

2. Schadensfälle an Dachterrassentürschwellen

Nach der Auswertung einer großen Zahl von Schadensfällen bei undichten Türschwellen (siehe Abb. 6 und 7) lassen sich grundsätzlich folgende Schadensursachen feststellen:
An den schadhaften, undichten Türschwellen bestand meist keine Anflanschmöglichkeit für den Abdichtungsrand; im Bereich der Anschlüsse wurden Fehlstellen beobachtet, da ein dichter Anschluß handwerklich höchst kompliziert war und schließlich lag bei allen Türschwellen mit erheblichen Schäden eine starke

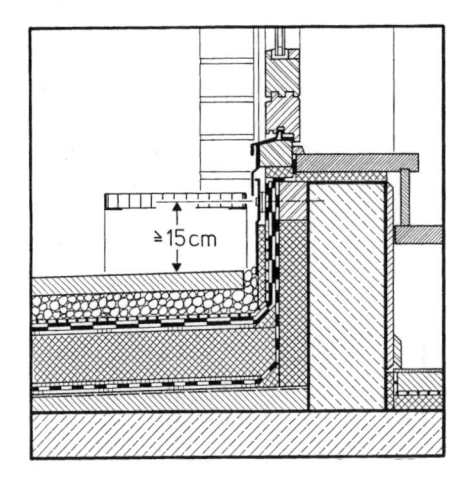

Abb. 2: Ausführungsbeispiel Terrassentürschwelle mit 15 cm Aufkantung (Schild u. a.)

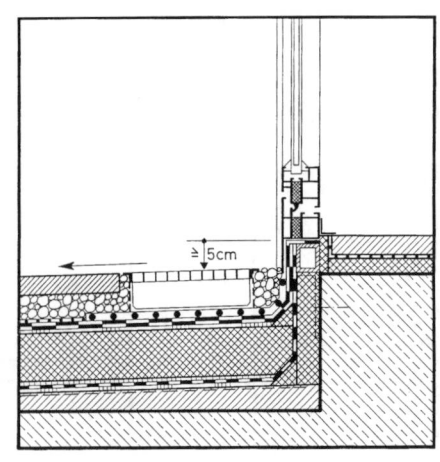

Abb. 4: Ausführungsbeispiel 5 cm Aufkantungshöhe bei Dachterrassentüren mit Gitterrostrinne (Schild u. a.)

4. Konstruktionsregeln

Die Anforderungen an die konstruktive Situation bei niveaugleichen Schwellen müssen lauten:

- Eine dichte Anflanschung der Abdichtung muß möglich sein;
- der Dichtungsanschluß muß einfach ausführbar sein;
- der Dichtungsrand sollte nur gering wasserbeansprucht sein.

Dazu ist im einzelnen folgendes zu sagen:

4.1 Dichte Anflanschmöglichkeit

Die Abdichtungsnormen (DIN 18 195 Teil 9) unterscheiden dabei zwischen „Abschlüssen" und „Übergängen". In bezug auf die Beanspruchung gegen nicht drückendes Oberflächen- und Sickerwasser führt die Norm aus: „*Abschlüsse an aufgehenden Bauteilen sind zu si-*

Abb. 5: Selbst Aufkantungshöhen von 5 cm machen bei von Rollstuhlfahrern häufig genutzten Türen Rampen erforderlich (Beispiel Altenheim)

Wasserbeanspruchung des Schwellenbereichs vor. Aus diesen grundsätzlichen Schadensursachen sind unmittelbar Konstruktionsregeln ableitbar, die zu funktionssicheren, niveaugleichen Türschwellen führen.

3. Abdichtungsaufgabe

Im Bereich von Türschwellen besteht grundsätzlich eine doppelte Abdichtungsaufgabe. Zum einen darf über die Türschwellenfuge zwischen Türblatt und Rahmen kein Wasser auf den Innenfußboden gelangen, zum anderen darf der Abdichtungsrand nicht hinterlaufen werden, so daß Wasser in die Wärmedämmung unterhalb der Dachterrasse bzw. in den Estrich des Innenraums gelangt. Auf diese Selbstverständlichkeit muß hingewiesen werden, da die Produktinformationen vieler Türhersteller erkennen lassen, daß bei der Konstruktion von Terrassentüren zwar sehr viel über die Abdichtung der Fuge zwischen Tür und Schwelle nachgedacht wird, die dichte Anschlußmöglichkeit der viel wesentlicheren Dachabdichtung jedoch völlig vernachlässigt wird (siehe Abb. 9).

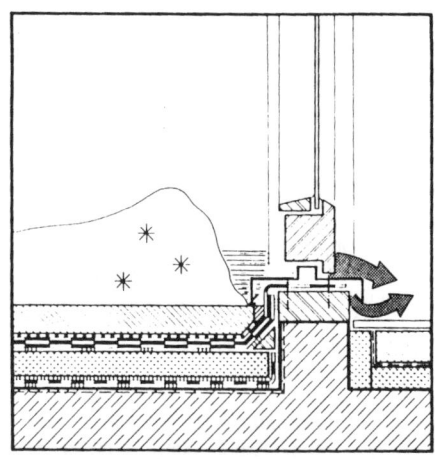

Abb. 6+7: Beispiele von undichten Türschwellen bei mangelhafter Abdichtung und starker Beanspruchung (Schild u. a.)

121

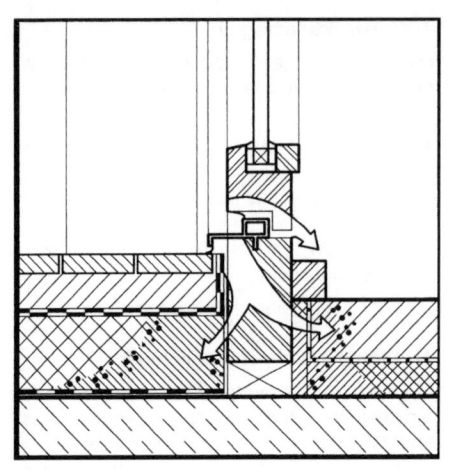

Abb. 8: Durchfeuchtungswege bei Dachterrassentürschwellen

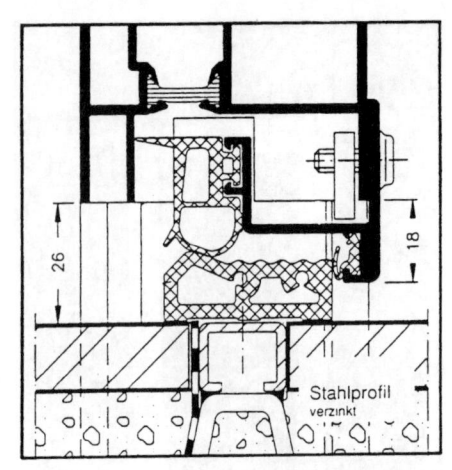

Abb. 9: Negativbeispiel – Herstellerproduktinformationen: Mangelhafter Anschluß der Dachabdichtung.

chern, indem der Abdichtungsrand in Nuten eingezogen oder mit Klemmschienen versehen oder konstruktiv abgedeckt wird". Zu „Übergängen" heißt es: „Übergänge sind durch Klebeflansche, Anschweißflansche, Klemmschienen oder Los- und Festflanschkonstruktionen herzustellen". Eine fachgerechte Klemmschiene ist 50 mm hoch, 5 mm dick und muß mit Schrauben ($\varnothing$ 8 mm) im Abstand von maximal 20 mm angeflanscht werden. Die konstruktiven Anforderungen sind demnach bei „Übergängen" höher, da sie prinzipiell in der wasserführenden Ebene liegen können und daher bei starker Wasserbeanspruchung dicht bleiben müssen. Nach meiner Einschätzung handelt es sich bei niveaugleichen Türschwellen um einen „Übergang", der also entsprechend hochwertige Anschlußkonstruktionen benötigt. Es werden daher ebene, dichte, korrosionsbeständige Abdichtungsrücklagen im Bereich der Türschwelle erforderlich, die für eine Anflanschung geeignet sind. Dazu haben sich auf der Rohbetondecke verdübelte Stahlwinkel bewährt (siehe Abb. 10).

4.2 Einfache Ausführbarkeit

Die Abdichtungsübergänge im Bereich von Türen sind ganz wesentlich problematisch, da die zur Verfügung stehenden Türkonstruktionen für einen fachgerechten Abdichtungsanschluß nicht vorbereitet sind. Es muß daher von seiten der Planung darauf geachtet werden, daß im Bereich der Türschwelle eine einfache geometrische Situation vorliegt und möglichst keinerlei Durchdringungen in der Abdichtung entstehen. Besonders die Türpfosten- und Schwellenverankerungen müssen daher ggf. unter dem Aspekt der Abdichtbarkeit geplant und ggf. verkröpft ausgeführt werden; ebenso sollten z. B. im Fußboden eingebaute Schließkästen möglichst ganz vermieden werden, da sie meist nicht zuverlässig abdichtbar sind.

4.3 Geringe Wasserbeanspruchung

Die Notwendigkeit einer sorgfältigen und ggf. aufwendigen Abdichtung wächst mit dem Grad der Wasserbeanspruchung. Kann sichergestellt werden, daß der schwer abdichtbare niveaugleiche Türschwellenanschluß praktisch nicht wasserbeansprucht wird, so können an die konstruktive Ausbildung des Abdichtungsanschlußes geringe Anforderungen gestellt werden. Deshalb ist die möglichst vor Feuchtigkeit geschützte Lage der Türschwelle einer der wichtigsten Faktoren. Damit wird aber deutlich, daß das Abdichtungsproblem der niveaugleichen Türschwellen nicht nur durch die Detailplanung gelöst werden kann, sondern eine entsprechende Konzeption des Gebäudes erfordert: Durch Anordnung der Türen an nicht wetterbeanspruchten Fassadenseiten, Zurückversetzung der Tür gegenüber der wasserbeanspruchten Fassade, Vordächer, deutliche Gefällegebung vor dem Eingangsbereich und Einbau von Gitterrosten kann die Wasserbeanspruchung erheblich vermindert werden. Häufig genutzte Eingänge mit niveaugleichen Schwellen werden in vielen Fällen mit Windfän-

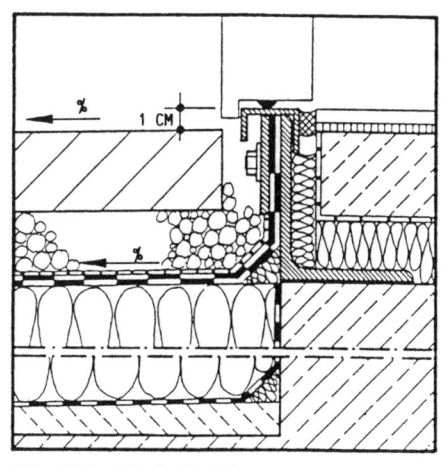

Abb. 10: Positivbeispiel – Niveaugleiche Türschwelle, Anflanschung an Stahlwinkel (Oswald u.a.)

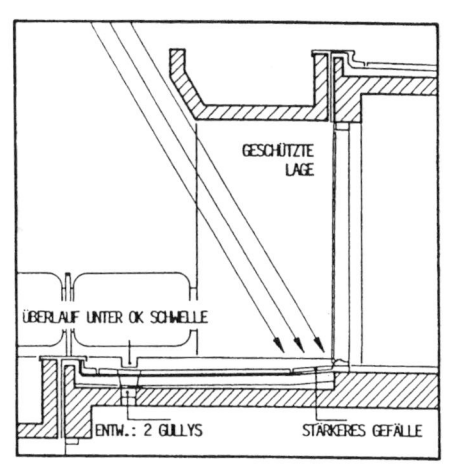

Abb. 12: Schutz der niveaugleichen Schwelle durch Anordung der Tür

Abb. 11: Negativbeispiel – Vor- und Rücksprünge im Bereich des Abdichtungsrandes machen eine handwerklich sichere Ausführung der Abdichtung unmöglich

Abb. 13: Schutz der niveaugleichen Schwelle durch Anordung der Tür

gen ausgestattet. Dann ist es möglich, den „halbtrockenen" Fußbodenbereich des Windfangs in die Abdichtung einzubeziehen (siehe Abb. 11 bis 13). Auch bei Drehtrommeltüren, die selbstverständlich niveaugleiche Schwellen aufweisen, wird das Problem durch die wannenförmige Ausbildung des Trommelbereichs und dessen gesonderte Entwässerung gelöst (siehe Abb. 15).

5. Zusammenfassung

Selbstverständlich sind Türschwellen zu Dachterrassen mit Aufkantungshöhen von 15 cm oder 5 cm mit Gitterrost einfacher herzustellen und grundsätzlich funktionssicherer. Wenn eben funktionell vertretbar, sollten daher derartige Lösungen aufgeführt werden. Bei häufig genutzten Eingängen und im behindertenge-

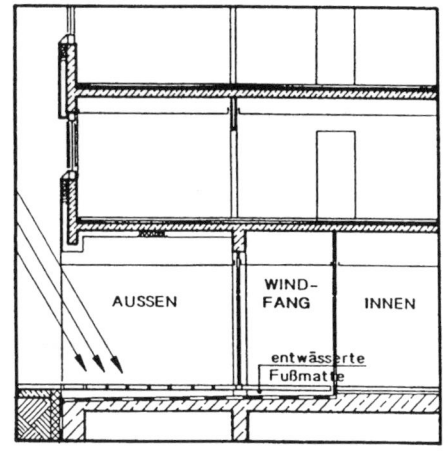

Abb. 14: Schutz des Dichtungsrandes durch Abdichtung des Windfangsbereichs

Abb. 15: Wannenförmige Abdichtung einer Drehtrommeltür (Pyramide Louvre)

rechten Bauen sind niveaugleiche Türschwellen erforderlich. Es wurde aufgezeigt, daß auch diese besondere Planungsaufgabe schadensfrei gelöst werden kann. Funktionsfähige Lösungen erfordern aber eine komplexe Planungsleistung, die von der Grundriss- und Rohbauplanung (Orientierung, Konstruktionshöhen, Entwässerungsführung) bis zur Detailplanung (Gestaltung der Rücklagen, Abdichtungsanschluß, Türspaltabdichtung) die besondere Problematik niveaugleicher Schwellen berücksichtigt.

Sonstige Quellen:

DIN 18 024, Teil 2:	Bauliche Maßnahmen für behinderte und alte Menschen im öffentlichen Bereich, Planungsgrundlagen öffentlich zugänglicher Gebäude (1976)
DIN 18 025, Teil 2:	Barrierefreie Wohnungen (1992)
DIN 18 195, Teil 5:	Bauwerksabdichtungen; Abdichtungen gegen nichtdrückendes Wasser (1984)
DIN 18 195, Teil 9:	Bauwerksabdichtungen; Durchdringungen, Übergänge, Abschlüsse (1986)
Flachdachrichtlinien:	Richtlinien für die Planung und Ausführung von Dächern mit Abdichtungen, Köln 1991
Schild u. a.:	Schwachstellen – Schäden, Ursachen, Konstruktions- und Ausführungsempfehlungen, Band I: Flachdächer, Dachterrassen und Balkone, Wiesbaden 4/1987
Oswald, R.:	Schwachstellen – Erscheinungsbilder und Ursachen häufiger Bauschäden – Funktion kontra Bauphysik? Beispiel Dachterrassenschwellen, db, Heft 7/1993
Oswald, R.:	Schwachstellen – Beispiel Dachterrassensanierung, db, Heft 3/1991

Literatur:

Der Aufsatz gibt wesentliche Ergebnisse des Forschungsberichtes „Oswald, R.; Klein, A.; Wilmes, K.: Niveaugleiche Türschwellen bei Feuchträumen und Dachterrassen – Problemstellungen und Ausführungsempfehlungen" wieder, der vom Bundesministerium für Raumordnung, Bauwesen und Städtebau, Bonn beauftragt wurde (IRB-Verlag, Stuttgart, 1994).

Das aktuelle Thema:
Der Streit um das „richtige" Fenster im Altbau

1. Beitrag:
Prof. Dr.-Ing. Jörg Schulze

Die Anforderungen an Fenster waren schon immer widersprüchlich. Gegensätzliche Funktionen wie Abschluß nach außen und Öffnung für Belichtung, Witterungsschutz und Belüftung haben wesentlich dazu beigetragen, das Fenster im Laufe der Jahrhunderte zu einem besonders vielfältigen und geschichtlich informativen Bauelement werden zu lassen. Inzwischen wurden die alten Gegensätze noch wesentlich verschärft und erweitert: Steigende Funktionsanforderungen kollidieren mit dem denkmalpflegerischen Anspruch, den Zeugniswert alter Fenster zu erhalten.

Dieser denkmalpflegerische Erhaltungsanspruch wird in der breiten Öffentlichkeit aber kaum zur Kenntnis genommen. Statt dessen wird in Behörden und auf Baustellen mit verbissenem Eifer über funktions- und altbaugerecht gestaltete Fenster diskutiert und der Markt mit modernen Serienfenstern im postmodernen Nostalgielook überschüttet. Ein denkmalgerechter Umgang mit historischen Fenstern ist aber nur möglich, wenn die Aufgabenstellung wirklich klar ist: Der denkmalpflegerische Auftrag – wie er in den Denkmalschutzgesetzen verankert ist – verlangt die Erhaltung authentischer Geschichtszeugnisse. Erneuerung ist niemals ein vollwertiger Ersatz, nicht einmal in perfekten historisierenden Formen, die vom Altbestand nicht zu unterscheiden sind.

Natürlich gilt die Erhaltungspflicht nicht für alle alten Fenster, sie gilt nicht einmal für alle Fenster in Denkmälern. Um die Zielsetzung im Einzelfall zu klären, ist es deshalb unerläßlich zunächst festzustellen, ob die Fenster eines bestimmten Denkmals ein bedeutender Teil der Aussage dieses Objektes, mithin erhaltenswert sind. Diese Feststellung ist Aufgabe des Denkmalpflegers und sollte vom zuständigen Architekten oder Ingenieur unbedingt eingefordert werden. Für die Entscheidung spielt es keine Rolle, ob die Fenster zum Ursprungszustand eines Hauses gehören oder spätere Zutaten sind. Auch der bauliche Zustand ist dabei ohne Belang.

Sind die Fenster historisch bedeutende Elemente eines Hauses, so gilt die Erhaltungspflicht, soweit sie überhaupt noch erhaltungsfähig sind. Die Beurteilung der Erhaltungsmöglichkeit richtet sich ausschließlich nach technischen Kriterien ohne Rücksicht auf die Kosten. Im allgemeinen kann man davon ausgehen, daß Fenster mit bis zu 20 % Reparaturanteil noch erhaltungsfähig sind und durch die nötigen Reparaturen in ihrer historischen Aussagefähigkeit nur unwesentlich beeinträchtigt werden.

Wenn einzelne Fenster nicht mehr erhalten werden können, ist damit kein Pauschalurteil über alle Fenster eines Hauses gefällt. Im Gegenteil: Je mehr Fenster an einem Gebäude schadhaft sind, umso weniger ist es vertretbar, sie alle auszutauschen, denn damit ginge auch das letzte Beweisstück für ihre authentische Gestaltung verloren. Zumindest ein denkmalwertes Originalfenster sollte auch unter schwierigen Umständen als Dokumentation an jedem bedeutenden historischen Bau erhalten bleiben, auch wenn dies wegen des schlechten Erhaltungszustandes einen hohen Instandsetzungsaufwand verursacht. Die Gleichmäßigkeit der Gestaltung aller Fenster eines Bauwerkes ist dagegen kein denkmalpflegerisches Anliegen. Gestaltungsunterschiede historischer Fenster aus unterschiedlicher Entstehungszeit verdeutlichen vielmehr geschichtliche Prozesse und stehen deshalb im Einklang mit dem Zeugnischarakter der Denkmalobjekte.

Nach der Erhaltungsfähigkeit sind die Möglichkeiten einer Funktionsanpassung zu überprüfen. Auch hierbei sollte individuell verfahren werden. Verbesserungen der Wärmedämmung sind beispielsweise bei Treppenhausfenstern sicher weniger dringlich, bei Küchenfenstern kann eine gewisse Undichtigkeit durchaus sinnvoll sein, und bei großem Dachüberstand oder an der Ostseite ist der Schlagregenschutz von geringerer Bedeutung.

Nach langjährigen Erfahrungen kann man sagen, daß nicht nur weit über 90 % aller Fenster noch erhaltungsfähig sind, sondern daß sie auch ohne große Probleme in ihrer Funktion verbessert werden können, sei es durch Aufsatzflügel oder durch Ausbau zu Kastenfenstern. Beide Lösungen erlauben es, mit einer inneren durchgehenden Verglasung zu arbeiten, und den Bestand weitgehend unverändert zu lassen. Die Veränderung der inneren Ansicht kann in der Regel in Kauf genommen werden; sie hat auf jeden Fall weniger Gewicht als optisch perfekte Lösungen mit einer Zerstörung der Altfenster. In wärme- und schalltechnischer Hinsicht ist das Kastenfenster zweifellos die bessere Lösung, zumal hier sogar problemlos eine innere Isolierverglasung angebracht werden kann und der Schwachpunkt der Kältebrücke in der Leibung beseitigt wird. Der kostengünstigere Aufsatzflügel beinhaltet wegen der fehlenden Belüftung von außen die theoretische Gefahr der Kondensatbildung im Scheibenzwischenraum. Die Praxis hat aber gezeigt, daß diese Gefahr gering ist und jedenfalls keine Gefährdung der Substanz bedeutet.

Einen gesetzlichen Zwang zur wärmetechnischen Funktionsverbesserung historischer Fenster gibt es nicht. § 11 Abs. 2 der neuen Wärmeschutzverordnung sieht für Baudenkmäler und sonstige erhaltenswerte Bausubstanz ausdrücklich Ausnahmen vor, soweit Maßnahmen zur Begrenzung des Heizwärmebedarfs Substanz oder Erscheinungsbild des Baudenkmals beeinträchtigen würden. Eine Beeinträchtigung der Substanz liegt aber immer vor, wenn ein historisch bedeutendes Fenster zugunsten eines neuen Fensters entfernt werden müßte.

Auch im Interesse eines Eigentümers wird es aus wärmetechnischen und anderen funktionalen Gründen nur selten sinnvoll sein, qualitätsvolle historische Fenster aufzugeben. Wenn spezifische Umstände wie mangelnde Tragfähigkeit für einen Zusatzflügel oder fehlende Ausbaumöglichkeiten zum Kastenfenster eine dringende Funktionsanpassung erschweren oder wenn vorhandene Fenster ohne wesentlichen historischen Aussagewert erneuert werden sollen, tritt anstelle des primären Anliegens der Erhaltung das sekundäre denkmalpflegerische Interesse an einer angemessenen Integration des neuen Bauteils in den bestehenden baulichen Zusammenhang. Die neuen Elemente sollen die Lesbarkeit und Erlebbarkeit der originalen Architektur unterstützen und nicht stören. Das Baudenkmal soll auch weiterhin einen verständlichen und möglichst vollständigen Eindruck eines historischen Zustandes vermitteln. Es liegt auf der Hand, daß klobige Normfensterprofile kein geeigneter Ersatz für feingliedrige Sprossenfenster des Barock sein können, daß platte Kunststoffenster nicht annähernd den Eindruck ausgeprägt profilierter Gründerzeitfenster vermitteln, und daß gekippte Fenster anstelle alter Drehflügel sowie einflügelige Elemente anstelle ehemaliger zweiflügeliger Fenster fehl am Platz sind, um nur einige Beispiele zu nennen. Von Bedeutung ist aber auch, daß historische Profilierung und Materialwahl eine Einheit bilden, die nicht beliebig durch andere Stoffe zu ersetzen ist.

Fensterreparatur und Funktionsanpassung sind eine geeignete Alternative zum Fenstertausch, auch wenn sie sich in unsere rationelle Wegwerfgesellschaft schlecht einfügen. Wo Eigentümer wirklich Bereitschaft zeigen, ihre Fenster zu erhalten, ist bisher noch immer ein Weg gefunden worden, der auch den modernen technischen Anforderungen gerecht wurde.

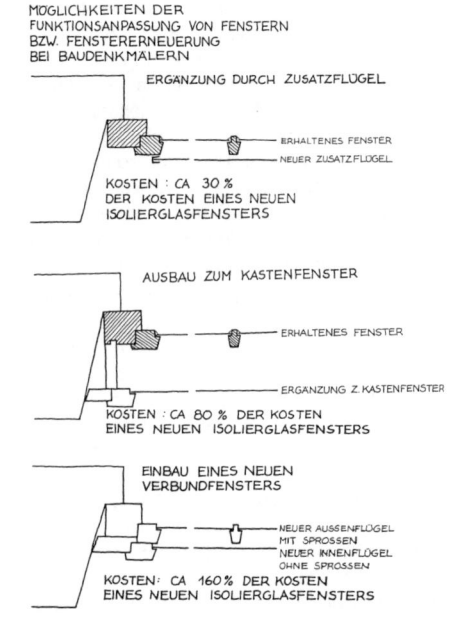

MÖGLICHKEITEN DER FUNKTIONSANPASSUNG VON FENSTERN BZW. FENSTERERNEUERUNG BEI BAUDENKMÄLERN

ERGÄNZUNG DURCH ZUSATZFLÜGEL
ERHALTENES FENSTER
NEUER ZUSATZFLÜGEL
KOSTEN : CA 30 %
DER KOSTEN EINES NEUEN
ISOLIERGLASFENSTERS

AUSBAU ZUM KASTENFENSTER
ERHALTENES FENSTER
ERGÄNZUNG Z. KASTENFENSTER
KOSTEN : CA 80 % DER KOSTEN
EINES NEUEN ISOLIERGLASFENSTERS

EINBAU EINES NEUEN VERBUNDFENSTERS
NEUER AUSSENFLÜGEL MIT SPROSSEN
NEUER INNENFLÜGEL OHNE SPROSSEN
KOSTEN: CA 160 % DER KOSTEN
EINES NEUEN ISOLIERGLASFENSTERS

2. Beitrag:

Dipl.-Ing. Hans Löfflad

Da der Bedarf an Wohnraum ständig zunimmt und mit jeder Erbauung eines neuen Gebäudes der Einbau von Fenstern verbunden ist, ist es notwendig, auch ökologische Kriterien bei der Auswahl von Fenstern zu berücksichtigen. Im Zuge der letzten Jahre hat sich das Angebot an Fenstermaterialien drastisch erhöht. Früher stand als Fensterrahmenmaterial nur Holz zur Verfügung. Heute hat man die Wahl zwischen Holzfenster, PVC-Fenster und Aluminiumfenster. Da seit dem 1. Januar 1995 eine neue Wärmeschutzverordnung in Kraft getreten ist und das Kreislaufwirtschaftsgesetz ab 1996 fordert, daß alle Produkte möglichst in einem Kreislauf gehalten werden, wird die Entscheidung, welches Fenstermaterial bei der Erbauung eines Gebäudes verwendet werden soll, nicht leicht gemacht.

Im Gegensatz zu früher sind die Eigenschaften der „neuen" Baustoffe (z. B. Kunststoff, der erst seit 60 Jahren zu den Baustoffen zählt) nicht bekannt. Der Mensch hatte noch nicht genügend Zeit, um die Eigenschaften und eventuellen Gefahren, die von den Baustoffen ausgehen, zu ergründen. In letzter Zeit werden jedoch immer häufiger Schadstoffe aus Baumaterialien oder Einrichtungsgegenständen für verschiedene Krankheiten oder Befindlichkeitsstörungen verantwortlich gemacht (z. B. Asbest, Formaldehyd).

Die heutige Form der Bauausführung ist jedoch nicht nur für Krankheiten mitverantwortlich, sondern sie stellt auch eine starke Umweltbelastung dar. Früher war die Wiederverwendung von Baustoffen der Regelfall. Heute besteht ein großer Anteil des jährlichen Abfallaufkommens aus Abfällen der Bauwirtschaft. Eine Wiederverwendung von Baustoffen könnte einen erheblichen Beitrag zur Schonung des knappen Deponieraumes und der natürlichen Ressourcen leisten. Dies ist jedoch bei den modernen Baumaterialien nicht mehr möglich. Diese Materialien können nicht mehr, wie z. B. Holz oder Lehm, problemlos in den Naturkreislauf zurückgeführt werden. Viele Altstoffe sind nicht kompostierbar, verrotten nur über sehr lange Zeiträume und sind zudem oft mit Schadstoffen hochbelastet, die sich mit der Zeit herauslösen und das Erdreich und die Gewässer verschmutzen.

Die Umweltbelastungen bei der Herstellung und Verarbeitung von Baustoffen sind ebenso vielfältig. Hier seien nur beispielsweise der hohe Energieverbrauch begrenzter Ressourcen wie z. B. Erdöl, die riesigen Lösungsmittelemissionen in die Atmosphäre oder der CO_2- und der SO_2-Ausstoß genannt.

Eine Beurteilung in ökologischer Hinsicht ist deshalb sehr schwierig und nur mit Hilfe von Fachkenntnissen zu bewerkstelligen. Einem Akteur des Baugeschehens ist eine Auswahl von Baustoffen unter Einbeziehung von ökologischen Kriterien ohne Hilfestellung kaum möglich. Eine solche Hilfestellung kann in Form einer Ökobilanz oder einer Produktlinienanalyse erfolgen. Die Produktlinienanalyse bzw. die Ökobilanz wird in ihrer Struktur folgendermaßen aufgebaut: Zieldefinition, Sachbilanz, Wirkungsbilanz und Bewertung.

Anhand von zwei Ökobilanzen, EMPA (Eidgenössische Material- und Prüfanstalt, Schweiz) und Österreichisches Forschungsinstitut für Chemie und Umwelt, sollen jedoch die Grenzen dieser Hilfestellung am Beispiel der unterschiedlichen Materialien von Fenstern (Aluminium, Holz und PVC) aufgezeigt werden.

Wie den Abbildungen 1–4 zu entnehmen ist, ist bei der Untersuchung der EMPA Holz immer das günstigere Fensterrahmenmaterial. Wird zum Vergleich die Ökobilanz des Österreichischen Forschungsinstituts für Chemie und Umwelt hinzugezogen, so ist festzustellen, daß bei einer Recyclingquote von 0 Prozent das PVC-Fenster günstiger abschneidet als das Holzfenster.

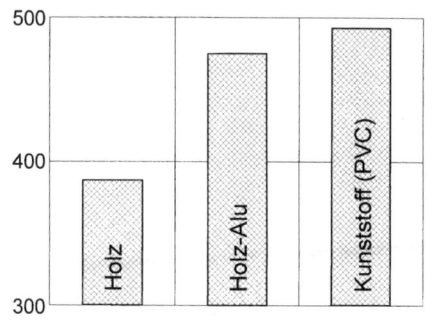

Energieverbrauch in kWh für Herstellung, Unterhalt und Endverwertung (bei 30% Recycling)

Abb. 1: Energieverbrauch von Fensterrahmenmaterial laut EMPA

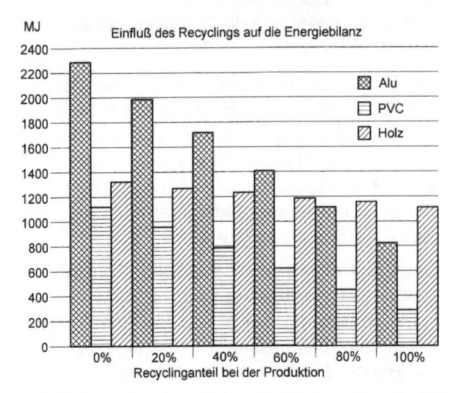

Abb. 2: Energieverbrauch von Fensterrahmenmaterial laut Österreichischem Forschungsinstitut für Chemie und Umwelt

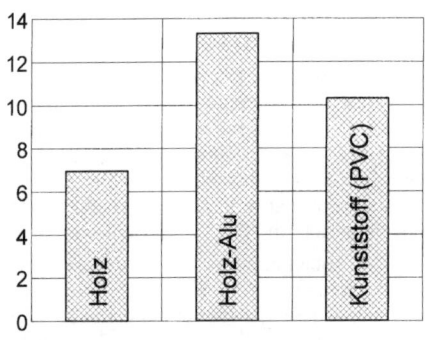

Abb. 3: Kritisches Luftvolumen laut EMPA

Emission: Kritisches Luftvolumen in Mio. m³ für Herstellung, Unterhalt und Endverwertung (bie 30% Recycling)

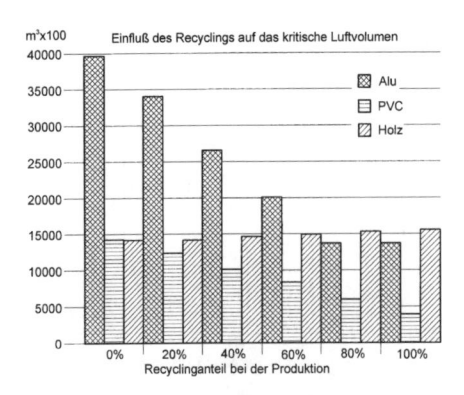

Abb. 4: Kritisches Luftvolumen laut Österreichischem Forschungsinstitut für Chemie und Umwelt

Bei einem Recyclinganteil von 30 Prozent ist das PVC-Fenster demnach noch günstiger eingestuft.

Bei den oben genannten Institutionen handelt es sich um renommierte Einrichtungen, und es ist eigentlich davon auszugehen, daß sie in etwa zu den gleichen Ergebnissen in ihrer Darstellung kommen. Anhand von zwei Schwerpunkten soll aufgezeigt werden, wie es zu unterschiedlichen Ergebnissen kam.

- Energieverbrauch bei der Herstellung, Unterhaltung und Endverwertung
- Kritisches Luftvolumen

In den Produktlinienanalysen und Ökobilanzen werden in der Zieldefinition die vorgegebenen Randbedingungen beschrieben. Aufgrund dieser vorgegebenen Randbedingungen können verschiedene Gegebenheiten während der Herstellung oder der Entsorgung mit in die Bewertung aufgenommen werden oder nicht. Am Beispiel PVC soll diese Vorgehensweise noch einmal erläutert werden.

PVC wird in mehreren Stufen aus Erdöl und Kochsalz hergestellt. Diese Ausgangsprodukte durchlaufen eine Reihe von Prozessen, bis sie das Endprodukt PVC ergeben, welches der Grundstoff für das Fenster ist. Während der Prozeßkette werden verschiedene Nebenprodukte und Kuppelprodukte erzeugt. Es stellt sich an dieser Stelle die Frage, ob die Energiebilanz diese Produkte mit berücksichtigt oder wieviel Energie diesen Produkten angerechnet wird. Dies alles soll in der Zieldefinition dargestellt werden. Aufgrund verschiedener Annahmen kommt es letztendlich zu unterschiedlichen Ergebnissen.

Ähnliche Voraussetzungen wie bei der Energiebilanz sind bei dem Verhalten des kritischen Luftvolumens gegeben. Die EMPA-Studie legt dar, daß das kritische Luftvolumen des Holzfensters geringer ist als das des PVC-Fensters. Im Gegensatz dazu hat das Österreichische Forschungsinstitut für Chemie und Umwelt erarbeitet, daß das kritische Luftvolumen beim PVC-Fenster geringer ist. In Hinblick auf die Zieldefinition kann festgestellt werden, daß die beiden Institutionen von unterschiedlichen Voraussetzungen ausgegangen sind.

Es ist zusammenfassend festzustellen, daß die Sachbilanz durch die Vorgaben der Zieldefinition beeinflußt werden kann.

Wie sieht es jedoch mit der Wirkungsbilanz aus? Mit der Tabelle wird ein Ausschnitt aus der Wirkungsbilanz des Österreichischen For-

Tab. 1: Wirkungsbilanz laut Österreichischem Forschungsinstitut für Chemie und Umwelt

Produktion	PVC-Fenster	Alu-Fenster	Holz-Fenster
Energieverbrauch (MJ)	1114	1410	539
Staub (Feststoffe) (g)	10,8	74,0	15,3
Kohlenmonoxid (g)	13,0	133,0	114,8
Schwefeldioxid (g)	72,3	650,0	19,2
Stickoxid (g)	72,8	222,0	19,8
Chlor (mg)	4,5	2,7	–
Salzsäure (g)	1,2	2,3	–
chlorierte Kohlenwasserstoffe (g)	1,5	–	–
Kohlenwasserstoffe (g)	17,0	103	806*/62**
feste Abfälle (kg)	6,4	22,8	1,0
Oberflächenbehandlung	nicht erforderlich	üblich, aber nicht erforderlich	unbedingt notwendig
Wiederverwertbarkeit	ja	ja	nein

* Verwendung von Lacken in Lösungsmittel **Verwendung von wasserlöslichen Lacken

CO_2 - Konzentration

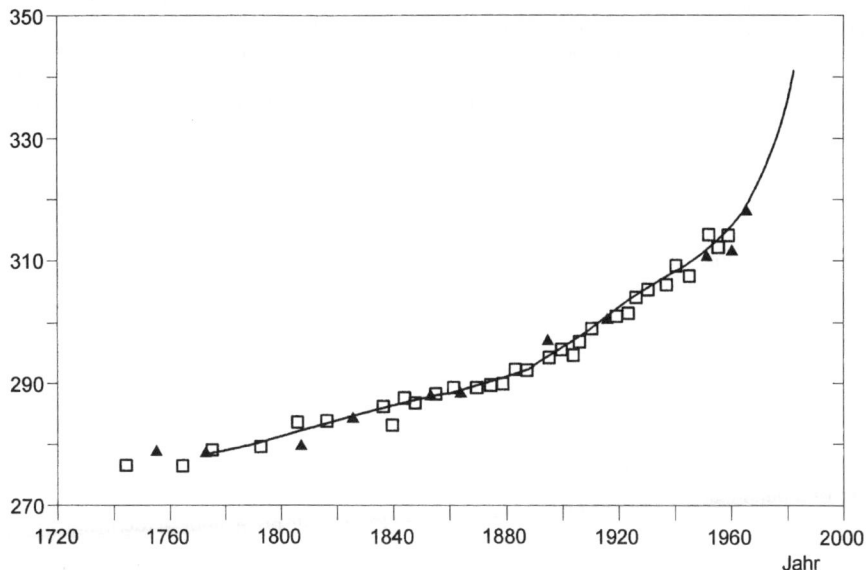

Atmosphärische, weltweite CO_2 - Konzentration (in ppm) der vergangenen zweihundert Jahre
Quelle: Enquete - Kommission "Vorsorge zum Schutz der Erdatmosphäre" des Deutschen Bundestages

Abb. 5: CO_2-Konzentration der Atmosphäre

schungsinstituts für Chemie und Umwelt dargestellt. Die angegebenen Stoffe mit den dazugehörigen Zahlen geben eine Fülle von Informationen. Es kommen die unterschiedlichsten Fragen beim Anblick dieser Abbildung auf:
- Welchen Nutzen kann eine Person, die unterschiedliche Stoffe bewerten soll, aus solch einer Fülle von Informationen ziehen?
- Wie ist es möglich, daß man Chlor im Vergleich zu Kohlenwasserstoff bewertet?
- Wie sieht es in Hinblick auf die festen Abfälle aus:
 PVC = 6,4 kg feste Abfälle,
 Holz = 1 kg feste Abfälle?
- Wie sind die Gefahren der unterschiedlichen Abfallprodukte zu bewerten?

Die Zahlen geben viele Aufschlüsse, jedoch ist ihre Aussagekraft in Hinblick auf eine Bewertung nicht aussagekräftig. Um eine Bewertung mit ungefährer Aussagekraft zu erstellen, ist es erforderlich, ein Team von Toxikologen und Chemikern zu Rate zu ziehen.

Trotz der Fülle der Informationen in der Tabelle wird keine Aussage getroffen bezüglich CO_2-Ausstoß oder CO_2-Bilanz. Von Seiten der Industrie und der Regierung besteht ein großes Interesse den CO_2-Haushalt so gering wie möglich zu halten, denn die CO_2-Konzentration in der Atmosphäre erhöht sich permanent (vgl. Abb. 5). Auf der UN-Klimakonferenz, die seit Ende März in Berlin stattfindet, befassen sich 1500 Delegierte aus 160 Ländern mit der Treibhausproblematik. Am 5. April 1995 betonte Bundeskanzler Kohl, daß die Bundesrepublik bis zum Jahre 2005 ihren CO_2-Ausstoß gegenüber 1990 um 25 Prozent senken wolle. Bislang war von einer Senkung um 25 bis 30 Prozent bezogen auf das Jahr 1987 die Rede. Auf 1990 umgerechnet bedeutete dies eine Minderung von 21 bis 26 Prozent.

In Produktlinienanalysen und Ökobilanzen wird sehr viel Wert auf Details gelegt. Andererseits werden die unterschiedlichsten globalen Gesichtspunkte vernachlässigt oder in ihrer Wichtigkeit nicht entsprechend dargestellt. Eine Produktlinienanalyse oder Ökobilanz umfaßt jeweils 500 bis 2000 Seiten. Dies eingehend durchzuarbeiten ist für Laien, die sich mit der Baupraxis beschäftigen und eine Entscheidung in Hinblick auf die Bewertung eines Baustoffes treffen müssen, nicht möglich. Daher nehmen die Forderungen nach allgemeinverständlichen Bewertungen, die auch globale Kriterien mit berücksichtigen, immer mehr zu.

An dieser Stelle sollen subjektiv und völlig unwissenschaftlich die entscheidenden ökologischen und sozialen Kriterien dargestellt werden, die für jeden Laien nachvollziehbar sind.
Hierzu zählen:
- CO_2-Bilanzen

Eine ausgewogene CO_2-Bilanz sichert letztendlich das Überleben auf unserer Erde.

Eine Möglichkeit zu einer ausgewogenen Bilanz zu gelangen, wäre eine gemeinsame Umsetzung von Maßnahmen zur CO_2-Reduzierung (Joint-Impletation), wie auf der UN-Klimakonferenz angeregt, durch den Bau von modernen Kraftwerken in Dritte-Welt-Ländern mit Hilfe der Industriestaaten.

- Ressourcen

Die Erde verfügt über natürliche Rohstoffreserven. Um den Rohstoffbedarf der Menschheit langfristig zu decken, ist ein Umdenken im Umgang mit natürlichen Rohstoffen dringend erforderlich. Denn es stellt sich die Frage, wie lange Ressourcen für die Menschheit noch nutzbar sind, wenn wir mit der Ausbeutung der natürlichen Ressourcen fortfahren.

- Energiebilanz

Eine Energiebilanz beinhaltet den Energiebedarf, der für die Herstellung der Rohstoffe, die Verarbeitung sowie das Recycling gebraucht wird. Im Gegensatz zum Energiebedarf des Recyclings steht der Energiebedarf, der verwendet wird, um ein Produkt, z. B. zu verbrennen.

- Arbeitsplätze

Die Vollzeitbeschäftigung ist einer der wichtigsten Belange unserer Gesellschaft, da in unserer Gesellschaft durch Einsparungen immer mehr Menschen der Arbeitslosigkeit zum Opfer fallen. Aus diesem Grund sollte ein Produkt auch in Hinblick auf die Beschäftigungsintensität bewertet werden.

- Entsorgung

Der Deponieraum wird immer geringer, und die Entsorgung wird in Zukunft kostenaufwendiger werden. Deshalb sollte die Entsorgung umfassend und ganzheitlich betrachtet werden. Das heißt, es sollte angestrebt werden, daß die Materialien, die hergestellt und benutzt werden, letztendlich wieder vollständig in den Naturkreislauf zurückgeführt werden können.

3. Beitrag:

Dipl.-Ing. Werner Gerwers

Bevor ich zum Thema Fenster komme, muß ich kurz meinen Arbeitgeber vorstellen. Die THS, die Treuhandstelle für Bergarbeiterwohnstätten, besitzt 67.000 Wohnungen, davon 7.000 in den neuen Bundesländern. Die Wohnungen liegen im gesamten Ruhrgebiet, und wir versuchen, über 7 Niederlassungen, Tochtergesellschaften und eine Consultingabteilung diesen Bestand zu erhalten, respektive auf den Stand der Technik zu bringen. Wir haben 13.200 Wohnungen, die wir modernisieren müssen und 14.000, die im Laufe von ca. 20 Jahren saniert bzw. teilsaniert worden sind.

Die Frage, welche Fensterart wir wählen, stellen wir uns durchaus bei jeder Modernisierungsmaßnahme. Im wesentlichen bauen wir im öffentlich geförderten Wohnungsbau, und da haben wir natürlich besonderes Augenmerk auf das Preis-/Leistungsverhältnis zu legen. Bei Kunststoffenstern sieht es für uns etwas günstiger aus. Wir kaufen Kunststoffenster ca. 15 % preiswerter ein als Holzfenster. Auch im Laufe der Nutzungsdauer sind die Aufwendungen für die Kunststoffenster niedriger, weil die regelmäßigen Anstriche entfallen. Ich darf Ihnen vielleicht das Beispiel einer solchen Holzfenstersituation schildern. Wir werden von Mietern darauf angesprochen, daß der Anstrich zu dünn sei. Dann treffen sich auf der Baustelle der Maler, der Gutachter etc., um die Farbdicke zu ermitteln, und irgendwo gibt es natürlich ein für Techniker meßbares Maß. Es kann aber eigentlich nicht das einzig ausschlaggebende Ziel für uns sein, dieses Maß dann vor Ort durchzusetzen, sondern wir müssen auch den Nichtfachleuten zumuten, beurteilen zu können, ob die Fenster vernünftig gestrichen sind oder nicht. Wenn ich das mal so provokant sagen darf: Die Leute, die glauben, ihr Fenster sei zu dünn gestrichen, verhalten sich dann auch entsprechend und sagen: Ihr erwartet wohl von uns, daß wir in einigen Jahren den Innenanstrich erneuern. Dies ist ein problematischer Bereich.

Ich möchte allerdings nicht den Eindruck erwecken, daß wir nur Kunststoffenster einbauen lassen. Im Rahmen der Bauausstellung Emscherpark haben wir viele Häuser denkmalgerecht saniert, und hierbei war nicht nur das Aussehen, die Teiligkeit, sondern auch der Werkstoff von entscheidender Bedeutung. Es gab festgeschriebene Qualitätsmerkmale, die vorrangig den Auflagen des Denkmalschutzes genügten. In Abstimmung mit den Denkmalpflegern wurden zwischen Hamm und Kamp-Lintfort ca. 580 Wohnungen modernisiert. 100 sind im Moment im Bau und fast 700 haben wir noch vor uns. Es würde uns schwerfallen, aus ökologischer Sicht eine eindeutige Entscheidung für Holz oder Kunststoff zu treffen. Es ist uns nicht unbekannt, daß die Holzfenster, wenn sie mit wasserlöslichen Mitteln behandelt werden, in der ökologischen Bilanz günstiger abschneiden als Kunststoffenster. Wir nehmen jedoch auch die Bemühungen der kunststoffverarbeitenden Industrie zu Kenntnis, immer neue Technologien zu entwickeln, um ökologisch vertretbare Produkte auf den Markt zu bringen. Ich denke hierbei an das Recyceln von PVC-Produkten. Wir versuchen also als relativ großes Wohnungsunternehmen im Einzelfall zu entscheiden und auch den Umweltaspekt nicht außen vor zu lassen.

Betrachten wir die Wahl der Fenster unter konstruktiven und bauphysikalischen Aspekten. Wir haben in der Vergangenheit sicher den Fehler begangen, ein Gebäude nicht in seiner Gesamtheit zu betrachten, sondern lediglich Einzelgewerke zu erneuern. Zu dieser Zeit wurden in Bergarbeitersiedlungen Zentralheizungen eingebaut und isolierverglaste Kunststoff- oder Holzfenster, der Rest der Gebäudehülle blieb unberührt. Die Bergleute konnten nun nicht mehr mit ihrem Kohledeputat die Feuchtigkeit wegheizen, und die Glasscheibe aus dem einfach verglasten Fenster mit seiner Wasserablaufrinne war nicht mehr die kälteste Zone in der

Wohnung. Die meisten von Ihnen, meine Damen und Herren, haben sicher schon viele Gutachten über Feuchtigkeitsbildungen in Fensterleibungen geschrieben. Da gab es entsprechend ungünstige Einbausitutationen und es wurden Temperaturen im Fensterbereich erreicht, die den Taupunkt fast ständig unterschritten. Die Schwierigkeit war nur, dieses Problem auch dem Nutzer nahezubringen. Ein Großteil unserer Mieter versuchte, der Feuchtigkeit dadurch Herr zu werden, indem sie das Fenster in Kippstellung brachten und so lange wie möglich lüfteten. Dieses Lüften kühlte natürlich die Leibungen sowie die Decke aus und letztendlich waren Fensterleibungen und Deckenbereiche in den Außenwänden komplett mit Schimmelpilz versehen.

Das Problem ließ sich zwar meistens im Einzelfall lösen, allerdings war die Beseitigung solcher Schäden nur möglich, indem man das gesamte Haus komplett überarbeitete und vernünftige Verhältnisse zwischen Wärmedämmung, Fensterbereich und Außenwänden schaffte. In dieser Zeit haben wir zusammen mit einigen Fensterherstellern nach Lösungsmöglichkeiten gesucht. Zunächst wurde versucht, den Fugendurchlaßkoeffizienten so zu erhöhen, daß die alte Wärmeschutzverordnung noch eingehalten wurde, im Leibungsbereich jedoch ein erhöhter Luftwechsel stattfand. Wir haben auch teilweise Lippendichtungen im oberen Bereich entfernt, damit wir noch eine Luftzufuhr hatten. Dann gab es Versuche mit Beschlägen, die ein großflächiges Abheben der Fenster aus den Dichtungen ermöglichten; technisch möglicherweise sinnvoll, aber man darf nicht vergessen, daß viele Leute einfach sagen: Die Lüftung kann nicht funktionieren, ich empfinde psychischen Druck, ich habe nachts Atemnot. Viele Leute sind einfach gewohnt, bei offenem Fenster zu schlafen, und solchen Leuten können wir einfach nicht mit der Technik kommen, sondern da muß ein Mittelweg gefunden werden, und der entspricht nicht unbedingt immer dem technisch letzten Stand. Schließt die Modernisierungs- bzw. Sanierungsmaßnahme Veränderungen an der Gebäudehülle mit ein, treten wir natürlich auch mit dem Denkmalschutz in Kontakt. Es sieht so aus, daß der Anteil der vom Denkmalschutz bezahlt wird, nicht immer ausreicht, um unsere Kosten zu decken.

Ich glaube, daß die konstruktiven Details des eigentlichen Fensters von seriösen Fensterherstellern im wesentlichen beherrscht werden. Auf dieses Thema müssen wir im einzelnen gar nicht eingehen. Wir haben unsere Vorbemerkungen und verweisen auf entsprechende Gütezeichen (RAL-Gütezeichen, Fenstertechnik Rosenheim, etc.), so daß das Fenster in seinem Herstellungsprozeß solange es noch in der Werkstatt steht, nicht unser Problem darstellt. Problematisch wird das Fenster erst durch den Einbau. Wir arbeiten relativ viel mit Generalunternehmen zusammen, da kommen wir oft in die Situation, daß die Fenster viel zu dicht gegen die Leibung gesetzt werden, so daß eine Isolierung und vernünftige Abdichtung nicht möglich ist. Der Wärmeschutz der Leibungen und der Anschlüsse an die vorhandenen Wände stehen in keinem Verhältnis zu den Dämmwerten des eigentlichen Fensters. Könnte dieser Schwachpunkt, also die Fenstermontage über Gütezeichen geregelt werden, würde uns auf der Baustelle einiges an Diskussion mit dem jeweiligen Verarbeiter ersparen werden.

Ich darf zusammenfassen: Technisch sind aus unserer Sicht Holz- und Kunststoffenster gleichwertig. Der Aufwand für die Instandhaltung der Holzfenster ist nicht so relevant, daß er sich in unserem Instandhaltungsbudget auswirkt. Man bietet uns relativ gute Standardfenster an, die Einbauqualität muß allerdings verbessert werden. Holzfenster brauchen Nachbehandlung, deren Qualität vom einzelnen Maler abhängt. Denkmalschutz ist sinnvoll, aber teuer, viele Forderungen werden nicht durch Kostenzuschüsse abgedeckt, und selbst wenn alle obigen Punkte zu unserer Zufriedenheit gelöst werden, bedarf es unsererseits noch viel Aufklärungsarbeit, allen Mietern einen sinnvollen Luftaustausch nahezubringen. Für uns kann nicht in jedem Fall die technische Perfektion eines Fensters maßgeblich sein, sondern wir müssen uns am Wohlbefinden des Mieters orientieren, den wir als Nutzer unserer Wohnung brauchen und von dessen Geld wir leben.

4. Beitrag:

Dipl.-Ing. Arch. Klaus Willmann, Stuttgart

Nach dem Vortrag des Standpunktes der Denkmalpflege, der Stellungnahme der Wohnungswirtschaft sowie Darlegungen zum Thema Ökologie, schließlich das Referat, das den Einbau neuer Fenster in Altbauten aus der Perspektive der Fensterhersteller beleuchten soll. Ich bin als Architekt vorrangig mit Gestaltungsfragen befaßt und habe die Aufgabe, zwischen Fensterherstellern und Denkmalpflegern, aber auch Bauherrschaften und Umweltschützern zu vermitteln, im Bemühen, vertretbare Lösungen, die von allen Beteiligten akzeptiert werden können, miteinander zu suchen und zu finden. Dabei sind aber auch durchaus klare Positionen im Hinblick auf überzogene Anforderungen der Denkmalpflege oder der Ökologie zu beziehen.

Auf die Streitfrage nach dem „richtigen" Fenster im Altbau gibt es von Seiten der Fensterhersteller wohl in der Regel die Antwort: das sorgfältig gestaltete, sich in die vorhandene Architektur harmonisch einfügende, gemäß den neuesten technischen und bauphysikalischen Erkenntnissen konzipierte, gefertigte und montierte, den jeweiligen Anforderungen entsprechende – voll gebrauchstaugliche gütegesicherte neue Fenster!

Die von Seiten der Denkmalpflege zunehmend gegenüber der Erneuerung bevorzugte Restaurierung vorhandener Fenster wird wohl aus wirtschaftlichen Gründen auf vertretbare Sonderfälle beschränkt bleiben. Aus der Sicht der Fensterbauer sind da heute auch Kapazitätsgrenzen gesetzt.

Um bei der unter verschiedensten Aspekten gebotenen **Fenstererneuerung** nach Möglichkeit optimale Lösungen zu finden, sollten folgende Gesichtspunkte berücksichtigt werden.

– **Technik:** Gemäß anerkannt neuestem Stand, Normen, Richtlinien, Vorschriften, Gewährleistungen für einwandfreies Funktionieren, den jeweiligen Anforderungen entsprechend auch hinsichtlich Beschlag, Glas- und Beschichtung; RAL-Gütesicherung.

– **Bauphysik:** Erfüllen einschlägiger Auflagen bezüglich Wärme- und Schallschutz, Dichtigkeit, Taupunkt, Isothermenverlauf, Bauanschlüsse etc., sorgfältige fachgerechte Montage, auch hier RAL-Gütezeichen.

– **Wirtschaftlichkeit:** Berücksichtigung von Gesichtspunkten sowohl bezüglich des Einsatzes von jeweils zweckmäßigen Rahmenmaterialien und Produktions- sowie Montagemethoden als auch dann im Gebrauch hinsichtlich Einsparungen bei den Heiz- bzw. Betriebskosten und Unterhaltungs- bzw. Wartungsaufwand.

– **Umweltschutz:** Einbeziehen ökologischer Gesichtspunkte bei der Auswahl von Rahmenmaterialien, Imprägnierungen und Beschichtungen – aber auch im Hinblick auf spätere Entsorgung, Zurückführen in Wertstoffkreislauf/ Recycling – objektive realistische Beurteilung.

– **Gestaltung:** sensibles Einfühlen in die vorgefundenen Gegebenheiten des Altbaus, Aufgreifen wesentlicher Stilelemente, Übertragen der bisherigen Gliederung auf die neuen Fenster – Vermeidung von verfälschenden Imitationen. Das gilt für alle bewahrenswerten Altbauten, nicht nur für den relativ kleinen Prozentanteil der offiziell unter Denkmalschutz stehenden Bausubstanz, bei der über Veränderungen von wesentlichen Bauteilen, eben besonders auch Fenstern unbedingt mit den zuständigen Instanzen verhandelt werden muß.

Die Entscheidung für das jeweils „richtige" Fenster ist nach sorgfältigem Abwägen der hier bisher angeführten Gesichtspunkte gegebenenfalls nach Anfertigung und gemeinsamer Prüfung von Musterfenstern von Fall zu Fall zu fällen. Keinesfalls sollte es von vorneherein zu unsachlichen, manchmal nur emotional bedingten Diskriminierungen von Konstruktionssystemen und Rahmenmaterialien kommen!

– Sicherheit

Dem gestiegenen und noch zunehmenden Bedürfnis nach Einbruchschutz, zumindest Erschwernis bzw. Hemmung, kann in der Regel nur das neue, nach neuen Erkenntnissen und Richtlinien gefertigte mit entsprechenden Beschlägen und Gläsern ausgestattete Fenster Rechnung tragen.

Das jeweils „richtige" Fenster – wie hier vorgetragen, aus der Sicht des Fensterbauers **erneuerte** Fenster im Altbau – ist in jeder Hinsicht so gut und „qualifiziert", daß je nach Gegebenheiten und Anforderungen einfach alles „stimmt", daß nämlich somit auch

– der **Denkmalpfleger** guten Gewissens – mit nur geringfügigen Zugeständnissen – zustimmen, vielleicht sogar Zuschüsse bzw. steuerliche Berücksichtigungen genehmigen kann,

– der **Wohnungswirtschafter** bzw. Hauseigentümer überzeugt sein kann, nicht an der falschen Stelle gespart zu haben, sondern ein gebrauchstaugliches, lange ohne großen Wartungsaufwand einwandfrei funktionierendes – dazu auch noch gut aussehendes Fenster – und zufriedene Benutzer hat,

– der **Ökologe** mit seinem im Sinn des Umweltschutzes realisierbaren, berechtigten Anliegen sich ernst genommen fühlen kann, und

– der **Bausachverständige** – hier bei dieser hochkarätigen Tagung in großer Zahl zusammengekommen – keine Mängel beanstanden, sondern nur noch anerkennende, positive Gutachten erstellen kann!

Rolläden und Rolladenkästen aus bauphysikalischer Sicht

Dipl.-Ing. Günter Dahmen, Architekt und Bausachverständiger, Aachen

Nach DIN 18 073 – „Rollabschlüsse, Sonnenschutz und Verdunkelungsanlagen im Bauwesen" [1] ist ein Rolladen ein Rollabschluß, der in der Regel neben einem Fenster oder einer Fenstertür als zusätzlicher Abschluß einer Öffnung dient. Neben der Verbesserung des Einbruch- und Objektschutzes, des Wetterschutzes, des Schallschutzes und der Herstellung eines Sichtschutzes kann durch einen Rolladen der winterliche und sommerliche Wärmeschutz eines Fensters erheblich verbessert werden.

Bisher wurde der Wärmeschutz von Gebäuden ausschließlich durch die Begrenzung der Transmissionswärmeverluste und durch generelle Dichtheitsanforderungen an die Gebäudehülle bestimmt. Zur Beurteilung der wärmeschutztechnischen Qualität von Fenstern und Fenstertüren wurden in diesem Zusammenhang Wärmedurchgangskoeffizienten (k-Werte) und Fugendurchlaßkoeffizienten (a-Werte) ermittelt, die beim Nachweis eines ausreichenden Wärmeschutzes einzusetzen bzw. einzuhalten waren.

Die neue Wärmeschutzverordnung [2], die seit dem 1. Januar 1995 gilt, rückt dagegen von dem mittleren Wärmedurchgangskoeffizienten (k_m) als alleinigem Kriterium zur Beschränkung des Wärmedurchgangs ab. In der neuen Wärmeschutzverordnung wird der Jahresheizwärmebedarf (Q_H) in Form einer einfachen Bilanzierung von Wärmeverlusten und Wärmegewinnen begrenzt. Es dürfen neben internen Wärmegewinnen auch solare Wärmegewinne durch außenliegende Fenster und Fenstertüren in Abhängigkeit von deren Orientierung z. B. durch Ermittlung von äquivalenten Wärmedurchgangskoeffizienten ($k_{eq,F}$) in Rechnung gestellt werden.

Der k-Wert eines Fenster kann aber auch durch temporäre Wärmeschutzmaßnahmen, wie sie z. B. durch die Anordnung eines dichtschließenden Rolladens zu erreichen sind, verbessert werden. Bereits in DIN 4108 „Wärmeschutz im Hochbau" [3], heißt es in diesem Zusammenhang: „Geschlossene, möglichst dichtschließende Fensterläden und Rolläden vermindern den Wärmedurchgang durch Fenster erheblich." In dem Referentenentwurf zur neuen Wärmeschutzverordnung vom 27. 05. 1992 wurde über diesen allgemeinen Planungshinweis hinausgehend zur Berücksichtigung temporärer Wärmeschutzmaßnahmen ein sogenannter „Deckelfaktor" eingeführt.

Es hieß hierzu: „Werden außenliegende Fenster und Fenstertüren mit wirksamen Maßnahmen eines temporären Wärmeschutzes (z. B. Rolläden, Klappläden) ausgestattet, darf der Wärmedurchgangskoeffizient k_F wie folgt gemindert werden: $k_{eq;F} = k_F \cdot (1-D)$." D-Faktoren hätten danach für die Berechnung des Wärmeschutzes verwendet werden dürfen, wenn sie im Bundesanzeiger bekannt gemacht worden wären.

Dieser Rechenansatz wurde nicht in die neue Wärmeschutzverordnung aufgenommen. Bei der Verabschiedung der neuen Wärmeschutzverordnung durch den Bundesrat wurde dieser Abschnitt mit folgender Begründung gestrichen:

„Die mögliche Reduzierung der Energieverluste durch Berücksichtigung eines temporären Wärmeschutzes – dessen Funktion ausschließlich vom Nutzer abhängt – steht in keinem Verhältnis zum finanziellen Aufwand und rechtfertigt auch kein so aufwendiges Nachweisverfahren. Im Hinblick auf klare, übersichtliche Regelungen sollte auf diesen Abschnitt verzichtet werden."

Im folgenden sollen dennoch die konstruktiven Maßnahmen zur Ausbildung von Rolläden und Rolladenkästen dargestellt werden, die erforderlich sind, um den Wärmeverlust von Fenstern und Fenstertüren wirksam zu verringern.

Rolläden als Wärmeschutzmaßnahme im Winter

In DIN 18 073 wird angegeben, daß Rolläden, die an der Außenseite eines Fensters angeordnet werden und den nachfolgend aufgelisteten Anforderungen entsprechen, den k-Wert eines Fensters in der Regel um mindestens 50 % verbessern. Diese Anforderungen sind:
- Abstand Rolladenpanzer – Fensterfläche ≥ 40 mm. Die Abbildung 1 zeigt, daß bis zu diesem Abstand eine Abnahme des k-Wertes festzustellen ist. Mit größer werdendem Abstand tritt keine Verbesserung des k-Wertes mehr ein, allerdings auch keine Verschlechterung, was in Hinblick auf den Schallschutz von großer Wichtigkeit ist, weil ein großer Abstand zwischen den beiden Schalen in diesem Zusammenhang eine entscheidende Größe darstellt;
- elastische Dichtungsprofile in den Führungsschienen;
- dichter Anschluß des Schlußstabes an die Fensterbank;
- Dichtungsmaßnahmen am Auslaßschlitz (z. B. Anpreßfeder + Dichtung, Bürstendichtung; siehe Abb. 2);
- mindestens 20 mm dicke Dämmschichten [λ ≤ 0,04 W/(mK)] an den Innenseiten des Rolladenkastens, Abdichtung der Fugen.

Wie aus Abbildung 3 ersichtlich, ist das in der Norm angegebene Verbesserungsmaß von mindestens 50 % nur bei Fenstern mit k_F-Werten ≥ 2,5 W/(m²K) erreichbar. Im Beispiel wird bei einem Fenster mit einem k_F-Wert von 2,9 W/(m²K) durch den Einsatz einer temporären Wärmeschutzmaßnahme mit einem zusätzlichen Wärmedurchlaßwiderstand ΔR = 0,38 m²K/W eine prozentuale Verbesserung von 52 % erzielt, was einer Verringerung des k_F-Wertes auf 1,4 W/(m²K) entspricht. Eine solche Verbesserung ist aber nur bei Annahme der stationären Bedingung eines geschlossenen Rolladens möglich. Die Verbesserung wird in der Norm zwar auf den k-Wert bezogen, der ebenfalls definitionsgemäß nur für stationäre Zustände gültig ist, da aber realistischerweise in der Praxis von Tag/Nacht-Wechseln und daher von dem Zustand eines nur zeitweise geschlossenen Rolladens ausgegangen werden muß, ist eine Gewichtung der Verbesserung notwendig, die über den Deckelfaktor erfolgen kann.

Wie bereits angegeben, kann die erzielbare Reduzierung der Wärmeverluste des Systems Fenster-Rolladen als $k_{eq,F}$-Wert berechnet wer-

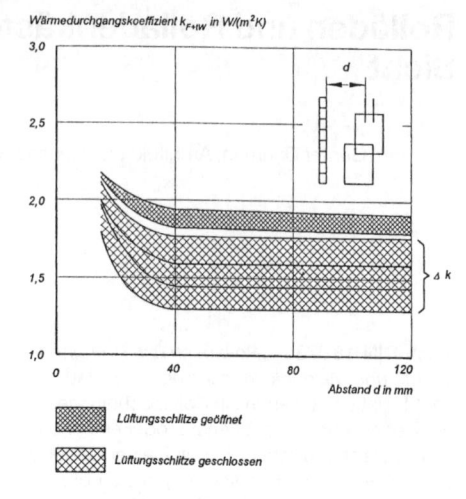

Abb. 1: Einfluß des Abstandes d zwischen Fensterfläche und Rolladen auf den k_{F+t}W-Wert des Systems Fenster-Rolladen aus [4]

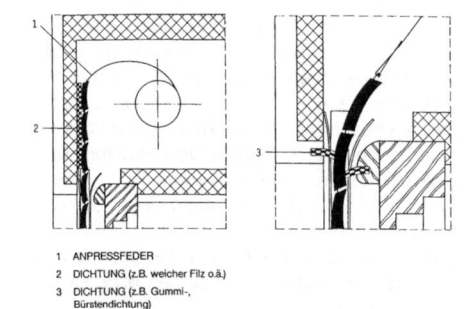

1 ANPRESSFEDER
2 DICHTUNG (z.B. weicher Filz o.ä.)
3 DICHTUNG (z.B. Gummi-, Bürstendichtung)

Abb. 2: Möglichkeiten zur Dichtung des Panzerauslaßschlitzes aus [5]

den nach $k_{eq,F} = k_F - D \cdot k_F$ [W/(m²K)]. Der hierin enthaltene Deckelfaktor D kann mit Hilfe des in Abbildung 4 wiedergegebenen Diagramms ermittelt werden. Hieraus wird die große Abhängigkeit des Deckelfaktors von dem Verhältnis k_{F+tW}/k_F deutlich, wobei k_{F+tW} der Wärmedurchgangskoeffizient des Fensters einschließlich einer temporären Wärmeschutzmaßnahme ist. Weitere Einflußgrößen sind die Heizungsbetriebsart (mit oder ohne Nachtabsenkung) und die Art der Lüftung. Dagegen hängt der Deckelfaktor nur wenig ab von der Orientierung der Fenster und von dem Fensterflächenanteil (Abb. 5).

k_F in W / (m²·K)

Verbesserung in % k_{F+tW} in W / (m²·K)

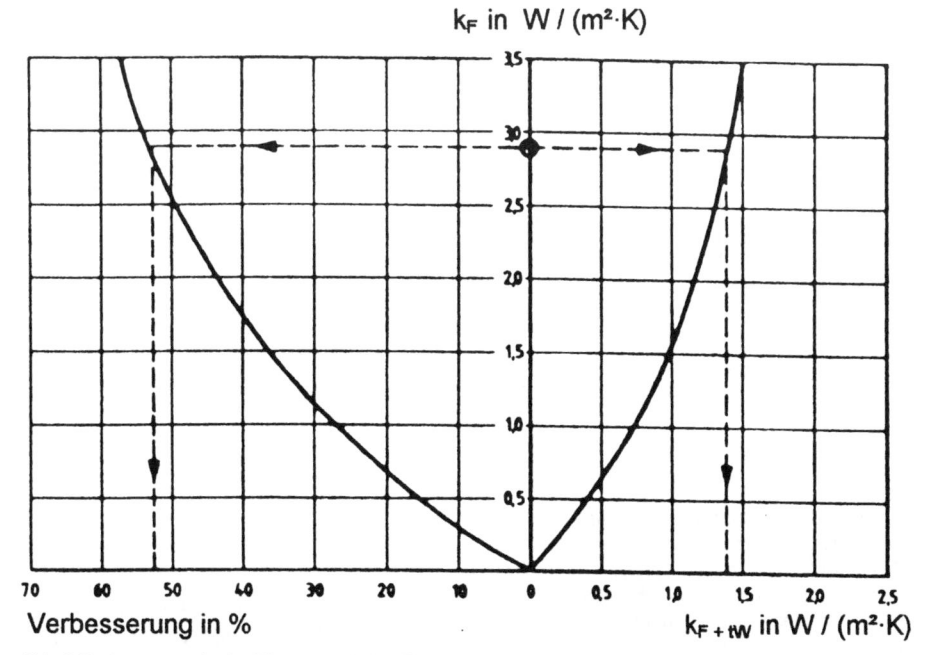

Abb. 3: Verbesserung des k_F-Wertes durch den Einsatz einer temporären Maßnahme aus [6]

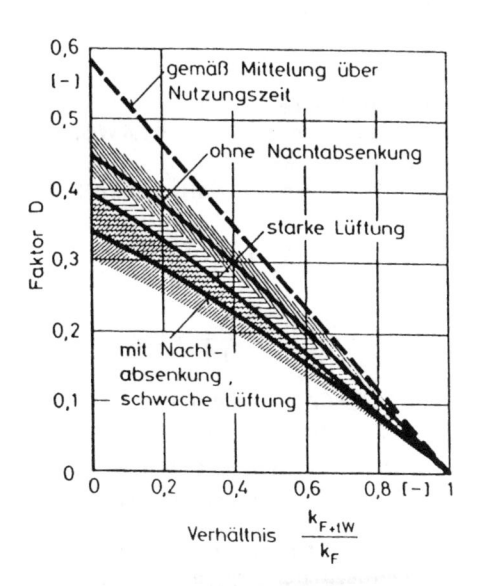

Abb. 4: Deckelfaktor D in Abhängigkeit vom Verhältnis k_{F+tW}/k_F und von der Raumnutzung aus [7]

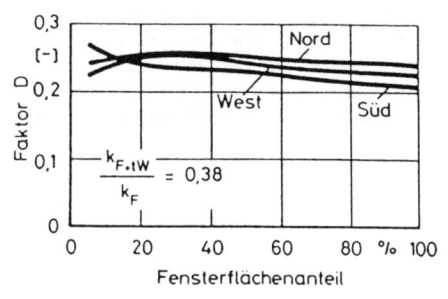

Abb. 5: Deckelfaktor D in Abhängigkeit vom Fensterflächenanteil und von der Orientierung der Fenster aus [7]

Der Wert k_{F+tW} kann berechnet werden nach:

$$k_{f+tW} = \frac{1}{1/k_F + \Delta R} \quad [W/(m^2K)]$$

Hierin bedeutet ΔR den zusätzlichen Wärmedurchlaßwiderstand, der sich aus dem Wärmedurchlaßwiderstand des Zusatzelementes R_{tW} (z. B. Rolladen) und dem Wärmedurchlaßwiderstand der Luftschicht zwischen der Fensterfläche und dem Zusatzelement zusammensetzt. Letzterer ist stark abhängig von der Luftdurch-

Tab. 1: ΔR-Werte für Fenster und geschlossene Zusatzelemente aus [8]

Fensterladen Typ	üblicher Wärmedurchlaßwiderstand des Ladens R_{tW} in m²K/W	ΔR für Fensterläden mit den üblichen R_{tW}-Werten in m²K/W		
		hohe Luftdurchlässigkeit	mittlere Luftdurchlässigkeit	niedrige Luftdurchlässigkeit
Aluminium-Rolläden	0,01	0,09	0,12	0,15
Rolläden aus Holz und Kunststoff ohne Dämmstoffeinlage	0,10	0,12	0,16	0,22
Rolläden aus Kunststoff mit Dämmstoffeinlage	0,15	0,13	0,19	0,26
Fensterläden aus Holz 25–30 mm Dicke	0,20	0,14	0,22	0,30

lässigkeit der Anschlüsse des Zusatzelementes an die angrenzenden Bauteile. In DIN prEN 30 077 [8] werden zur Ermittlung des zusätzlichen Wärmedurchlaßwiderstandes 5 Typen von Zusatzelementen abhängig von ihrer Luftdurchlässigkeit definiert:
- Zusatzelemente mit sehr hoher bzw. hoher Luftdurchlässigkeit,
- Zusatzelemente mit mittlerer Luftdurchlässigkeit, z. B. Rolläden aus Holz, Kunststoff oder Metall mit aneinanderstoßenden Lamellen,
- Zusatzelemente mit niedriger Luftdurchlässigkeit,
- dichte Zusatzelemente.

Für Fenster mit geschlossenen Zusatzelementen, für die keine Wärmedurchlaßwiderstände R_{tW} über Messungen oder Berechnungen vorliegen, werden in Tabelle 1 einige typische Werte für ΔR angegeben.

Der aufgezeigte Rechenweg zur Ermittlung der Verringerung des k-Wertes eines Fensters durch die Anordnung einer temporären Wärmeschutzmaßnahme soll an zwei Beispielen erläutert werden.

Beispiel 1:
Fenster mit Einfachverglasung k_F = 5,2 W/(m²K)
zusätzlicher Wärmedurchlaßwiderstand ΔR = 0,38 m²K/W

$k_{f+tW} = \dfrac{1}{1/5,2 + 0,38} = 1,75$ W/(m²K)]

für $\dfrac{k_{F+tW}}{k_F} = \dfrac{1,75}{5,2} = 0,34$

ist D = 0,31 (siehe Abb. 6)
$k_{eq,F} = k_F - D \cdot k_F = 5,2 - 0,31 \cdot 5,2 =$ W/m²K)
Die Verbesserung des ursprünglichen k_F-Wertes beträgt 31 %.

Beispiel 2:
Fenster mit Wärmeschutzverglasung k_F = 1,4 W/(m²K)
zusätzlicher Wärmedurchlaßwiderstand ΔR = 0,38 m²K/W

$k_{f+tW} = \dfrac{1}{1/1,4 + 0,38} = 0,91$ W/(m²K)]

für $\dfrac{k_{F+tW}}{k_F} = \dfrac{0,91}{1,4} = 0,65$

ist D = 0,18 (siehe Abb. 6)
$k_{eq,F} = 1,4 - 0,18 \cdot 1,4 = 1,15$ W/(m²K)
In diesem Fall ist die Verbesserung nur 18 %.

Die beiden Beispiele machen deutlich, daß der Einfluß temporärer Wärmeschutzmaßnahmen mit wärmeschutztechnisch besser werdenden Fenstern deutlich abnimmt, aber eine Reduzierung des k-Wertes um 18 %, wie bei dem Wärmeschutzfenster aufgezeigt, stellt auch noch einen beachtlichen Wert dar. Wie aus dem Diagramm der Abbildung 6 hervorgeht, gibt der Deckelfaktor die durch eine temporäre Wärme-

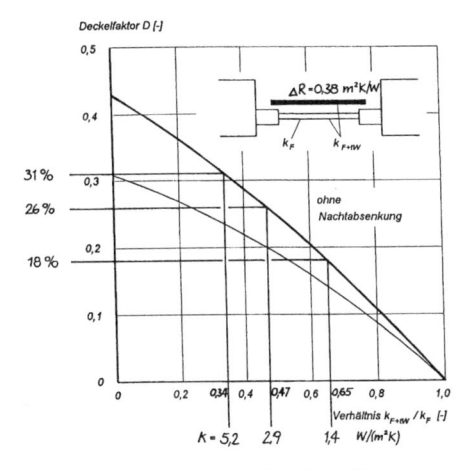

Abb. 6: Ermittlung des Deckelfaktors D bei temporären Wärmeschutzmaßnahmen nach [4]

schutzmaßnahme mögliche Verbesserung des k-Wertes eines Fensters unmittelbar in Prozent an.

Obwohl auch nach der neuen Wärmeschutzverordnung der positive Einfluß von Rolläden auf den Wärmeverlust von Fenstern rechnerisch beim Nachweis eines ausreichenden Wärmeschutzes nicht berücksichtigt werden darf, sollte beim Einbau von Rolläden, auch wenn sie aus anderen Gründen vorgesehen werden, auf die wärmeschutztechnischen Aspekte
- Abstand Fensterfläche – Rolladen (≥ 40 mm),
- Material und Konstruktion der Rolladenstäbe,
- Dichtigkeit des Rolladens und seiner Anschlüsse
  (Auslaßschlitz, Führungsschienen, Schlußstab)

besonders geachtet werden.

Rolläden als Wärmeschutzmaßnahme im Sommer

Außer der Verringerung von Wärmeverlusten im Winter können Rolläden auch als Sonnenschutz zur Reduzierung übermäßiger Raumaufheizung im Sommer eingesetzt werden. Während in DIN 4108 für Gebäude, für die raumlufttechnische Anlagen nicht erforderlich sind, nur Empfehlungen für den sommerlichen Wärmeschutz gegeben werden, werden in der neuen Wärmeschutzverordnung Anforderungen zur Begrenzung des Energiedurchganges im Sommer bei großen Fensterflächenanteilen gestellt. Es heißt hierzu: „Zur Begrenzung des Energiedurchganges bei Sonneneinstrahlung darf das Produkt ($g_F \cdot f$) unter Berücksichtigung ausreichender Belichtungsverhältnisse bei Gebäuden mit einer raumlufttechnischen Anlage mit Kühlung und bei anderen Gebäuden nach Abschnitt 1 (Gebäude mit normalen Innentemperaturen) mit einem Fensterflächenanteil je zugehöriger Fassade von 50 v.H. oder mehr für jede Fassade den Wert 0,25 nicht überschreiten. Ausgenommen sind nach Norden orientierte oder ganztägig verschattete Fenster".

Hierin bedeutet g_F den Gesamtenergiedurchlaßgrad eines Fensters einschließlich zusätzlicher Sonnenschutzeinrichtungen, der berechnet werden kann nach:

$g_F = g \cdot z$

mit $g =$ Gesamtenergiedurchlaßgrad der Verglasung nach DIN 67 507

und $z =$ Abminderungsfaktor für Sonnenschutzvorrichtungen nach Tabelle 5 der DIN 4108, Teil 2

f ist der Fensterflächenanteil, bezogen auf die fensterenthaltende Außenwandfläche.

Das folgende Berechnungsbeispiel soll den Einfluß eines Rolladens auf den Energiedurchgang im Sommer zeigen:
Fenster mit Isolierverglasung
$k_F = 1,8$ W/(m²K)
$g = 0,72$
Fensterflächenanteil f = 60 %
$g_F \cdot f = 0,72 \cdot 0,6 = 0,43 > 0,25$
Die Forderung der neuen Wärmeschutzverordnung ist nicht erfüllt.
Wird auf der Außenseite des Fensters ein Rolladen mit einem Abminderungsfaktor z = 0,3 angeordnet, so ergibt sich
$g_F \cdot f = 0,72 \cdot 0,3 \cdot 0,6 = 0,13 < 0,25$.
Damit ist die Anforderung der neuen Wärmeschutzverordnung an den sommerlichen Wärmeschutz erfüllt.

Anordnung von Rolläden und Rolladenkästen

Grundsätzlich kann der Rolladen auf der Außenseite wie auch auf der Innenseite eines Fensters angeordnet werden. Bei einer Anordnung auf der Innenseite, deren wesentlicher Vorteil in einer geringeren Beeinträchtigung des Erscheinungsbildes insbesondere in geschlossenem Zustand des Rolladens – wichtig bei denkmalgeschützten Fassaden – liegt, kann es unter ungünstigen Bedingungen – tiefe Temperaturen außen, hohe relative Luftfeuchten innen – zum Tauwasserausfall nicht nur auf dem Fenster (Abb. 7), sondern auch im Anschlußbereich der Wand an das Fenster kommen. Wärmeschutztechnische Probleme des Rolladenkastens gibt es bei dieser Einbauart im allgemeinen aber nicht.

In der Regel wird der Rolladen auf der Außenseite des Fensters angeordnet. Häufigste Einbauart des Rolladenkastens ist hierbei die Anordnung als Einbauelement in der Wand (Abb. 8). Da der Rolladenkasten dadurch ein Teil der Wand ist, gilt hierfür der Mindestdämmwert der DIN 4108 für Wände $1/\Lambda \geq 0{,}55$ m²K/W. Dies entspricht einem k-Wert von $k \leq 1{,}32$ W/(m²K) (für Bauteile mit hinterlüfteter Außenhaut). Diese Forderung wird erfüllt, wenn die raumseitigen Wandungen des Rolladenkastens mit einer 2 cm dicken Wärmedämmschicht (WGL 040) gedämmt sind. Fehlt eine solche Dämmschicht, können neben einem erhöhten Wärmeverlust Feuchtigkeitsschäden in Form von Schimmelpilzbildungen die Folge sein (Abb. 9).

Die neue Wärmeschutzverordnung stellt auch im Bereich von Rolladenkästen höhere Anforderungen an den Wärmeschutz, in dem sie einen maximalen Wärmedurchgangskoeffizient k von 0,6 W/(m²K) vorschreibt. In einer Bekanntmachung des Bundesministeriums für Raumordnung, Bauwesen und Städtebau vom 14.12.1994 werden verschiedene Verfahren zum Nachweis der Einhaltung dieser Forderung

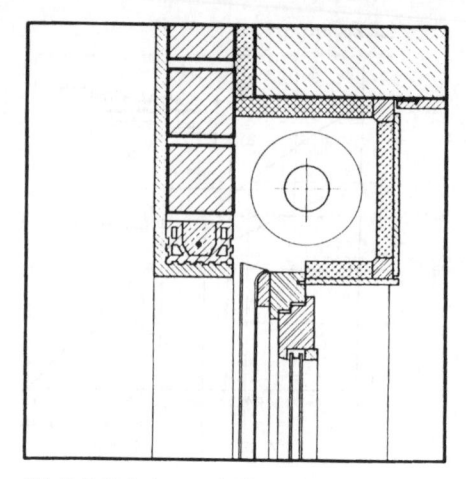

Abb. 8: Rolladenkasten als Einbauelement aus [9]

angegeben. Unter anderem gilt der geforderte k-Wert als erfüllt, wenn die nachstehend genannten, für die einzelnen Wandungen geltenden Wärmedurchlaßwiderstände $(1/\Lambda)$ nicht unterschritten werden:

$1/\Lambda \geq 0{,}55$ m²K/W für 1, 2 u. 4
$1/\Lambda \geq 1{,}40$ m²K/W für 3.1 u. 3.2
$1/\Lambda \geq 0{,}80$ m²K/W für 3.1

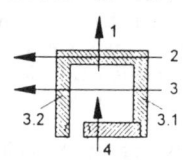

Abb. 7: Tauwasserausfall auf dem Fenster bei innenliegendem Rolladen

Abb. 9: Starke Schimmelpilzbildungen an der Unterseite eines Rolladenkastens

Zusätzlich darf die Breite des Auslaßschlitzes nicht größer als die maximale Panzerdicke plus 10 mm sein.

Diese höheren Anforderungen werden durch die in großer Zahl auf dem Markt angeboten und immer stärker verwendeten Fertigrolladenkästen gut erfüllt. Es ist aber auch bei der Ausbildung von Rolladenkästen besonders wichtig, auf eine gute Luftdichtigkeit der unvermeidbaren Fugen zu achten, damit die Verringerung der Transmissionswärmeverluste durch dickere Dämmschichten nicht durch nach wie vor zu große Lüftungswärmeverluste zunichte gemacht werden.

Die angesprochenen wärmeschutztechnischen Probleme treten nicht auf, wenn der Rolladenkasten als Vorbauelement vor dem Fenster angeordnet wird. Diese Einbauart wurde in zurückliegender Zeit vorwiegend als Nachrüstung bei Altbauten gewählt, kommt aber mittlerweile verstärkt auch bei Neubauten zur Anwendung.

Schlußbemerkung:

Bereits für Ende dieses Jahrzehnts ist eine weitere Novellierung der Wärmeschutzverordnung mit wahrscheinlich deutlich verschärften Anforderungen ins Auge gefaßt. Spätestens dann wird nach meiner Einschätzung die rechnerische Berücksichtigung von temporären Wärmeschutzmaßnahmen erneut zu diskutieren sein.

Literatur:

[1] DIN 18 073 – Rollabschlüsse, Sonnenschutz- und Verdunkelungsanlagen im Bauwesen, Ausgabe November 1990
[2] Verordnung über einen energiesparenden Wärmeschutz bei Gebäuden (Wärmeschutzverordnung) vom 16. August 1994
[3] DIN 4108 – Wärmeschutz im Hochbau, Teil 1 – 3 u. 5, Ausgabe August 1981, Teil 4, Ausgabe November 1991
[4] Schmid, J.; Hartmann, H.-J.; Institut für Fenstertechnik e.V. Rosenheim: Wärme- und Schallschutz mit Rolladen und Rolladenkästen, 1993
[5] Bundesverband Rolladen + Sonnenschutz e.V., Düren: Technische Hinweise, 1989
[6] Frank, R.; Schmid, J.; Institut für Fenstertechnik e.V., Rosenheim: Temporärer Wärmeschutz von Fenstern, Forschungsbericht 1984
[7] Hauser, G.: Passive Sonnenenergienutzung durch Fenster, Außenwände und temporäre Wärmeschutzmaßnahmen, HLH (1983) Nr. 4 – 6
[8] DIN prEN 30 077 – Fenster, Türen und Abschlüsse – Wärmedurchgang, Entwurf Oktober 1993
[9] Schild, E.; Oswald, R.; Rogier, D.; Schnapauff, V.; Schweikert, H.; Lamers, R.: Schwachstellen – Band II, Außenwände und Öffnungsanschlüsse, 4. Auflage 1990, Bauverlag GmbH, Wiesbaden und Berlin

Lichtkuppeln und Rauchabzugsklappen Bauweisen und Abdichtungsprobleme

Ing. grad. Herbert Horstmann, Rehau

Rückblende

Mit der Entwicklung von eingeschossigen Industriehallen nach der Jahrhundertwende wurde auch die Forderung nach Licht aus dem Dach zum Konstruktionsmerkmal der damaligen Hallenbauten

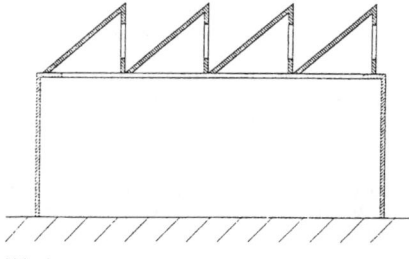

Shed–Dach

Abb. 1

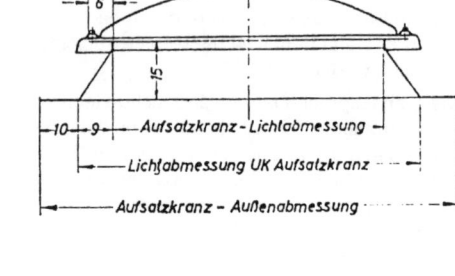

Abb. 2

Abb. 3

Diese Dachkonstruktion war sehr teuer und wurde später durch das Flachdach oder durch das flachgeneigte Dach ersetzt. Damit wurde auch die Lichtkuppel zunächst vorwiegend für die Beleuchtung entwickelt.

Anfang der 50er Jahre entstand die Lichtkalotte. (Man nannte sie so wegen ihrer Kalottenform.)

„Polyester" war damals ein Schlagwort und somit wurden auch die ersten Lichtkuppeln aus glasfaserverstärktem Polyester (GF-UP) hergestellt. Die Verwendung von „Plexiglas" (PMMA) verbot sich für diese Bauweise, weil die Eindichtung mit Bitumenbahnen doch erhebliche Probleme aufwarf.

Es entstanden dann in den 50er Jahren auch Lichtkuppeln mit Aufsatzkränzen aus dem bewährten GF-UP. Als eigentliche Lichtkuppel darüber wurde dann eine ein- oder doppelschalige Lichtkuppel aus PMMA oder GF-UP darauf fest verschraubt.

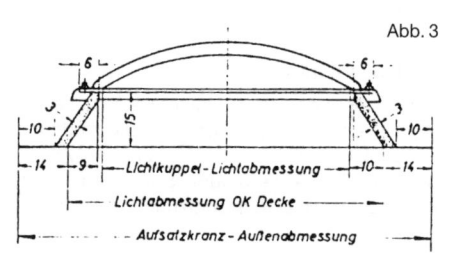

Lüftbare Lichtkuppeln

Die Logik liegt nahe, daß Öffnungen im Dach, durch die Licht eindringt, zum Be- oder Entlüften herangezogen werden. Es wurden also Rahmen zunächst vorwiegend aus Aluminium zwischen Aufsatzkranz und Lichtkuppel angebracht. Als Aufstellaggregat dienten z. B. Seilzüge, biegsame Wellen oder Hyrdaulikaggregate. Später kamen dann noch 220 V Elektromotoren dazu, die mit entsprechenden Spindeln die Lichtkuppeln in der Regel bis zu 30 cm Höhe öffnen konnten.

Einige dieser Techniken haben sich bewährt, andere verschwanden wieder vom Markt. Grundsätzlich kann aber gesagt werden, daß das Element Lichtkuppel sich im Verlauf der letzten 45 Jahre als erfolgreich erwiesen und somit auch durchgesetzt hat. Soviel als Rückblende aus der Vergangenheit.

Abb. 4

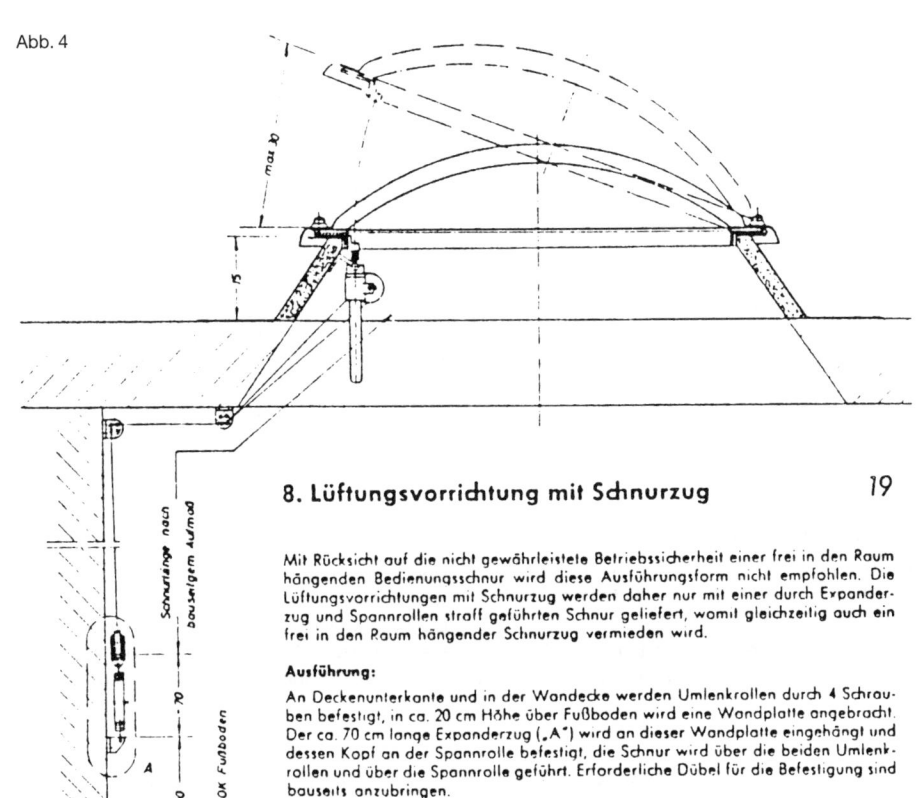

8. Lüftungsvorrichtung mit Schnurzug

Mit Rücksicht auf die nicht gewährleistete Betriebssicherheit einer frei in den Raum hängenden Bedienungsschnur wird diese Ausführungsform nicht empfohlen. Die Lüftungsvorrichtungen mit Schnurzug werden daher nur mit einer durch Expanderzug und Spannrollen straff geführten Schnur geliefert, womit gleichzeitig auch ein frei in den Raum hängender Schnurzug vermieden wird.

Ausführung:

An Deckenunterkante und in der Wandecke werden Umlenkrollen durch 4 Schrauben befestigt, in ca. 20 cm Höhe über Fußboden wird eine Wandplatte angebracht. Der ca. 70 cm lange Expanderzug („A") wird an dieser Wandplatte eingehängt und dessen Kopf an der Spannrolle befestigt, die Schnur wird über die beiden Umlenkrollen und über die Spannrolle geführt. Erforderliche Dübel für die Befestigung sind bauseits anzubringen.

Die Länge des Schnurzuges muß durch Aufmaß bestimmt werden.

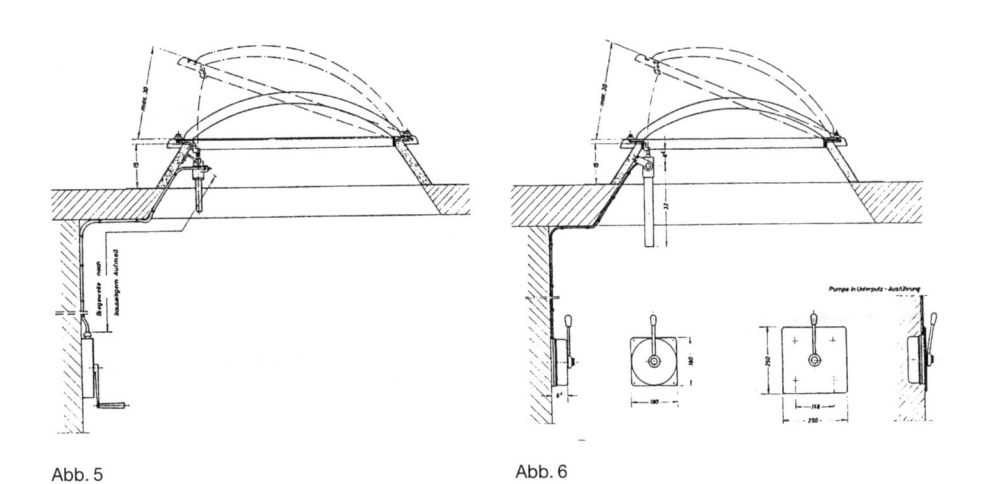

Abb. 5   Abb. 6

143

Lichtkuppelanschlüsse

In den 50er Jahren wurden zunächst die Einklebeflansche der Lichtkuppeln mit Bitumen- oder Teerpappen meist im Gieß- und Einrollverfahren eingedichtet. Durch Bewegungen im Dach, Schrumpf dieser „Dachpappen" und damit einhergehenden Versprödungen konnten diese Dachdurchdringungen mit ihren unterschiedlichen Ausdehnungskoeffizienten nur schwierig, jedenfalls aber nicht sicher, abgedichtet werden. Folge: Ein Großteil dieser Anschlüsse im Dachbereich riß ab und wurde somit undicht.

Inzwischen gibt es die verschiedensten Dachbahnen als High-Tech-Produkte, hochelastisch, reißfest, weitgehend UV-beständig, leicht zu verlegen, absolut wartungsfrei mit Garantien bis zu 10 Jahren und mehr. Für den Lichtkuppel-Hersteller ist es also nicht entscheidend, welche Dachbahn für die Lichtkuppelanschlüsse die beste ist, sondern jedem Dachbahnen-Hersteller eine systemgerechte Anschlußmöglichkeit für seine eigene Dachbahn bereitzuhalten.

Um von vornehere „bauseitige Imperfektionen" auszuschließen, ist also der Lichtkuppel-Hersteller aufgefordert, optimale systemgerechte Anschlüsse zu liefern. Wie so etwas aussehen kann, zeigen die nachfolgenden Bilder.

Allein in unserem Hause halten wir inzwischen knapp 20 verschiedene Folienarten bereit und kaschieren systemgerecht auf Kundenwunsch die Aufsatzkränze damit.

Bituminöse Anschlüsse mit Schweißbahnen werden nach wie vor entsprechend den Dachdecker-Richtlinien hergestellt. Hierbei ist darauf zu achten, daß die vor einiger Zeit als preiswerte Lösung auf dem Markt erschienenen PVC-Aufsatzkränze tunlichst nicht mit Heißbitumen verklebt werden sollten, da Schäden durch nicht ganz sachgerechte Handhabung auf dem Dach nicht auszuschließen sind.

Kondenswasserbildung bei Lichtkuppeln

Lüfterrahmenkonstruktionen aus Aluminium sind leicht, rosten nicht, sind stabil und preiswert, haben aber nur dann eine Berechtigung im Lichtkuppelbereich, wenn entsprechende Vorkehrungen getroffen wurden, um Kondenswasser nicht in den Innenraum gelangen zu lassen.

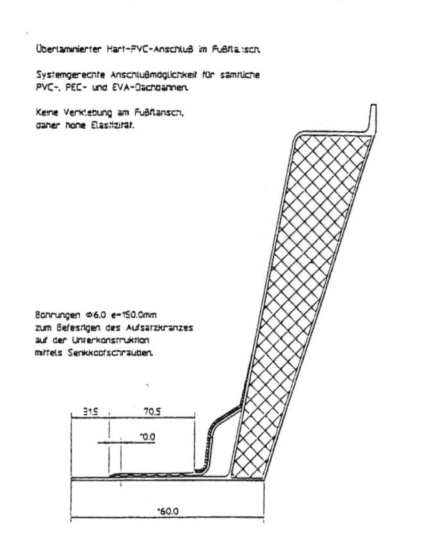

Abb. 7

Abb. 8

Tab. 1: Lichtkuppeln, Folienanschlüsse

Hersteller	Bezeichnung	Werkstoffbasis	Möglichkeit für Folienkaschierung	Möglichkeit für Hart PVC-Anschluß
Alkor GmbH	Alkorflex	PE-C	×	×
	Alkorplan	PVC	×	×
Alwitra GmbH+Co	Evalon	EVA/PVC	×	×
	Evalon V	EVA/PVC	×	×
Binné+Sohn	ECB Lucabit GB	ECB	×	—
Braas Flachdach	Rhepanol	PIB	—	—
Systeme GmbH	Rhenofol	PVC	×	×
Grünau GmbH	Wolfin	PVC	×	×
Hammersteiner Kunststoffe GmbH	Polymar	PVC	×	×
Hüls Troisdorf AG	Corbofol CA S2/2	ECB	×	—
	Trocal	PVC	×	×
Odenwald	O.C.-Plan 2000 G	ECB	×	—
Chemie GmbH	O.C.-Plan 3000 M	ECB	×	—
Sarnafil AG	Sarnafil G 410-12	PVC	×	—
	Sarnafil TG 55-20	Polyolefine	×	—
Sika AG	Sikaplan 12G	PVC	×	×

× = lieferbar
— = nicht lieferbar, widerspricht den Verarbeitungsrichtlinien des Herstellers.

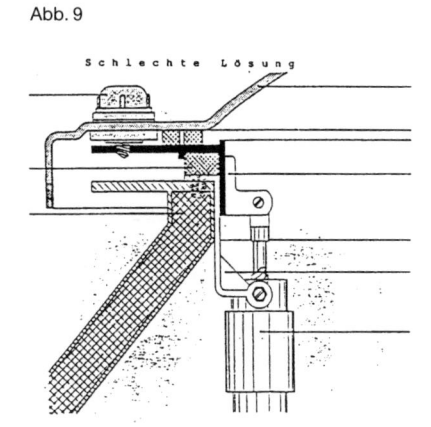

Abb. 9

Schlechte Lösung

Abb. 10

Gute Lösung

Einfach zu hoffen, daß das bißchen Kondenswasser, das am Rahmensystem und möglicherweise an der Innenschale einer Lichtkuppel entstehen kann, nicht so schlimm sei, ist töricht.

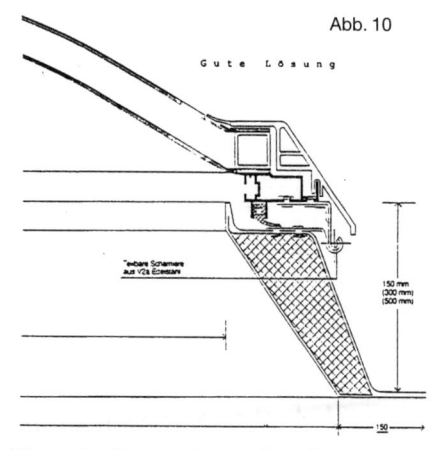

Wenn die Temperaturen einer Raumbegrenzungsfläche einen bestimmten Wert unterschreiten, der von der Höhe der Luftfeuchtigkeit im Raum abhängt und als Taupunkttemperatur bezeichnet wird, tritt an der betrachteten

Oberfläche Tauwasserbildung auf. Die Taupunkttemperatur steigt mit zunehmender Luftfeuchtigkeit rasch an.

Sie beträgt z. B. bei 20° Raumtemperatur und 40 % relativer Luftfeuchtigkeit 6 °C, bei 60 % schon 12 °C und bei 80 % schon 16,4 °C.

Je weiter die Taupunkttemperatur unterschritten wird, um so größer ist die an der Fläche kondensierende Tauwassermenge. Um welche Mengen es sich hier handeln kann, geht aus dem nachfolgenden Diagramm hervor.

Es ist somit eine zwingende Notwendigkeit, Lichtkuppeln so zu konstruieren, daß auftretendes Tauwasser nach außen abgeleitet wird.

Lichtkuppeln als Rauch- und Wärmeabzugsgeräte (RWA)

Rauch- und Wärmeabzugsgeräte in eingeschossigen Industriehallen sind eine zwingende Notwendigkeit (DIN), hier aber nicht Gegenstand des Vortrages. Zunächst zurück zu den Anfängen! Ab ca. 1965 wurden RWA in eingeschossigen Gebäuden vermehrt eingebaut. Diese Gebäude stehen noch zum großen Teil und somit auch Lichtkuppeln und RWA-Konstruktionen aus jener Zeit. Es ist also wichtig genug, sich über die damaligen Konstruktionen Gedanken zu machen.

Verhältnis: Kondensatmenge zur Oberflächentemp.

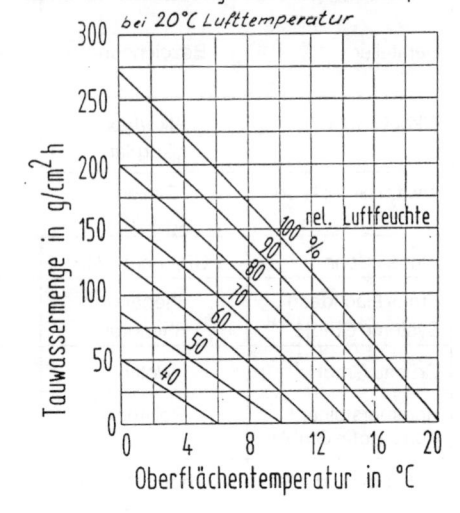

Abb. 11

Rauch- und Wärmeabzugsgeräte wurden damals fast ausschließlich als einhüftige Öffnerlichtkuppeln eingebaut. Bevorzugte Aufstellweise: 50 cm. Danach machte man sich Gedanken, was wohl passieren würde, wenn der Wind aus der falschen Richtung kommt.

Tab. 2: Taupunkttemperatur

	\multicolumn{8}{c}{relative Luftfeuchtigkeit in %}
	20	30	40	50	60	70	80	90
10	−11.9	−7.2	−3.0	0.0	2.5	4.8	6.7	8.5
12	−10.3	−5.1	−1.2	1.9	4.5	6.7	8.6	10.4
14	8.6	−3.3	0.6	3.8	6.4	8.6	10.6	12.4
16	−7.0	−1.5	2.4	5.4	8.2	10.5	12.5	14.3
18	−5.2	0.2	4.2	7.5	10.1	12.4	14.5	16.3
20	−3.5	1.9	6.0	9.3	12.0	14.3	16.4	18.3
22	−2.3	3.6	7.8	11.1	13.9	16.3	18.4	20.2
24	−0.3	5.4	9.6	13.0	15.7	18.2	20.3	22.3
26	1.3	7.1	11.4	14.8	17.6	20.1	22.3	24.2
28	2.9	8.8	13.1	16.6	19.5	22.0	24.2	26.2

(Raumlufttemperatur in °C, Raummitte)

Dr.-Ing. Künzel
Fraunhofer Gesellschaft

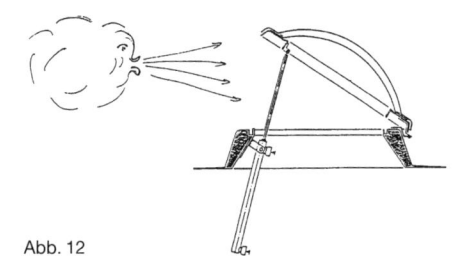

Variante bieten sich RWA-Geräte mit Metallaufsatzkränzen an, die, wenn sie richtig konstruiert und angewandt werden, eine absolute Daseinsberechtigung haben.

Abb. 13

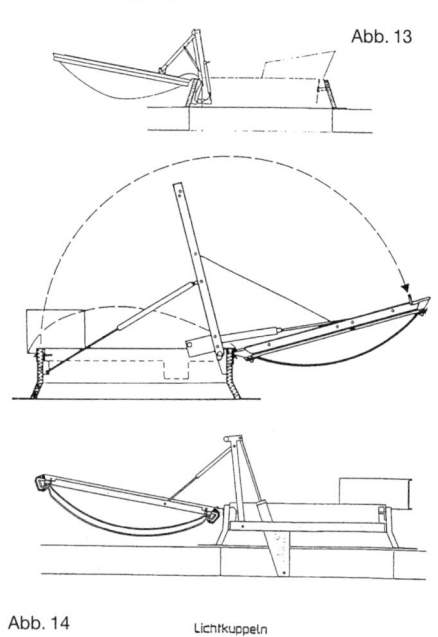

Abb. 12

In diesem Fall konnte wohl von Rauchabzug keine Rede sein. Man baute also Windleitwände, in der Regel von 3 Seiten um die Lichtkuppel herum und erweiterte den Öffnungswinkel bis auf 120°. Als Aufstellungsaggregate dienten z. B. vorgespannte Stahlfedern oder aber Pneumatikzylinder, die mit CO_2-Druckgas aufgefahren werden konnten.

Bei allen vorgespannten Konstruktionen ist beim Hantieren mit diesen Geräten größte Vorsicht geboten. Die Anfangsbeschleunigung der vorgespannten Stahlfedern ist meist so groß, daß nach dem Newton'schen Gesetz „Masse × Beschleunigung" am Ende des Beschleunigungsvorganges die Scharniere und Beschläge funktionsuntüchtig werden.

Abb. 14

In den 80er Jahren wurde eine entsprechende DIN-Norm eingeführt, die solche Mißstände unterbinden sollte. Trotz dieser neuen DIN 18 232 gibt es aber auch heute immer noch Lichtkuppel-Hersteller, die mit diesen billigeren „Explosionsklappen" ein Geschäft machen. Nach dem heutigen Stand der Technik müssen Rauchabzugsklappen innerhalb von 30 Sekunden nach Auslösung ihre geöffnete Endlage erreicht haben. Die Aufstellweise der geöffneten Rauchklappen beträgt in der Regel zwischen 150 und 170°.

Bei den heutigen extremen Aufstellweiten der Rauch- und Wärmeabzugsgeräte ist zwar eine aufwendige innere Hebelmechanik erforderlich, um diese Aufstellweiten zu erreichen. Die früher extrem hohen Windleitwände können aber dadurch entweder ganz entfallen oder aber sehr niedrig und klein gehalten werden.

Es gibt noch weitere Spielarten von RWG's, z. B. die Doppelklappe. Diese weniger gebräuchliche Form ist in der Regel teurer als vergleichbare einhüftige Konstruktionen und kann sich somit, abgesehen von wenigen Ausnahmen, wohl nicht recht durchsetzen. Als weitere

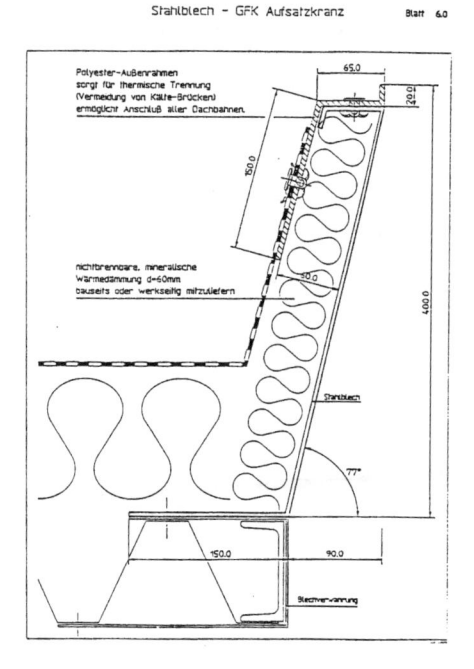

Entscheidend ist, wie immer, die Beachtung der Bauphysik.

Untersuchungsergebnisse über das Brandverhalten von Aufsatzkränzen im Dach haben eindeutig bewiesen, daß Stahlblechaufsatzkränze gleichzusetzen sind mit Aufsatzkränzen aus GF-UP. Sehr gute Ergebnisse bei diesen Brandversuchen hatten z. B. wärmegedämmte Aufsatzkränze aus GF-UP mit einem zusätzlich wärmegedämmten Fußflansch.

Überprüfte Lösungen

Abb. 15

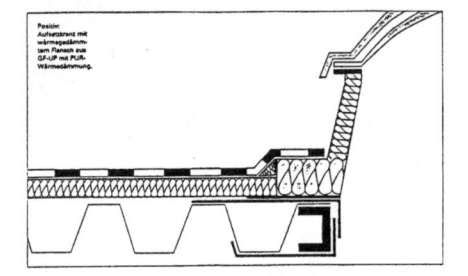

Bei diesem Aufsatzkranz ist eigentlich alles optimal vereinigt.

1. Keine Schwitzwasserprobleme
2. Kein Rosten
3. Langzeiterfahrungen mit GF-UP im Witterungsbereich existieren seit über 40 Jahren.
4. Alle Anschlußvariationen für Dachbahnen sind möglich.

Sonderaufsatzkränze für Profildächer

Auch hier werden 2 Ausführungsvarianten angeboten.

Zunächst reine Metallkonstruktionen:

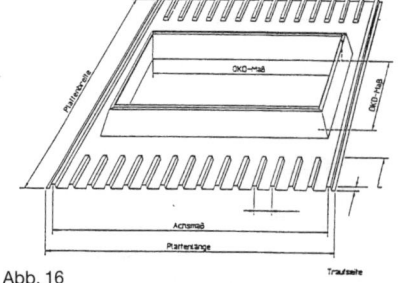

Abb. 16

Diese Profilaufsatzkränze sind in der Regel aus Aluminium konstruiert und doppelwandig mit einer Wärmedämmung versehen. Sie zeichnen sich dadurch aus, daß sie in der Regel sehr paßgenau auf das jeweilige Profil abgestimmt sind. Es ist jedoch darauf zu achten, daß bei geringeren Dachneigungen als 5° Schwierigkeiten bei der Eindichtung auftreten können.

Als weitere Variante gibt es Aufsatzkränze aus GF-UP mit einem einlaminierten Aluminium-Einfaßprofil. Diese Aufsatzkränze vereinigen die Vorteile von glasfaserverstärktem Polyester und einer paßgenauen Aluminium-Flanschkonstruktion in sich zusammen. Vorteil dieser 2. Konstruktion ist, daß die immer wieder problematischen Kältebrücken hier vermieden sind.

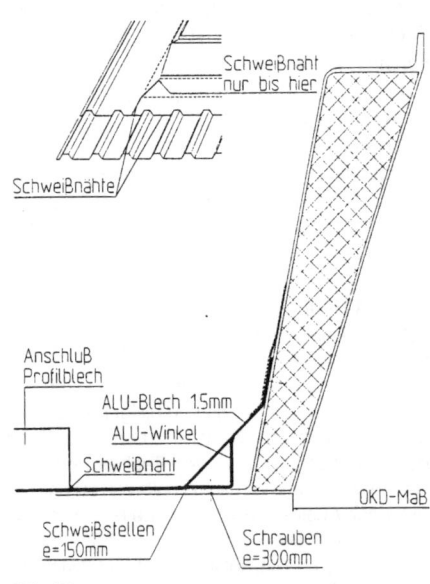

Abb. 17

In diesen beiden genannten Ausführungsarten, GF-UP oder Metall, lassen sich selbstverständlich auch alle Öffneraggregate und Aufstellvorrichtungen für RWA installieren.

Allgemeine Betrachtungen

Bis Mitte der 70er Jahre war es üblich, bei Lichtkuppeln mit einer Seitenlänge Größe 1,5 m grundsätzlich Aufstellvorrichtungen (Motoren, Pneumatikzylinder, handbetätigte Wanderspindeln) in Tandemanordnung zu installieren.

Dann kamen einige Hersteller auf die Idee, daß mit nur einer Soloaufstellvorrichtung auf der Schmalseite einer Lichtkuppel ein Aufstellaggregat eingespart werden konnte. Dadurch war man etwas billiger als die Konkurrenz. Dieser Sieg war aber letztlich ein Pyrrhussieg. Die Konkurrenz zog nach und geblieben ist letztlich ein eher etwas zweifelhafter Standard.

Große Lichtkuppeln auf Dächern in exponierter Lage sollten grundsätzlich mit Tandemaufstellvorrichtungen versehen werden. Anderenfalls braucht man sich nicht zu wundern, wenn diese Lichtkuppeln bei Sturm klappern oder aber, was noch schlimmer ist, in der Regel in geöffneter Stellung ausreißen und fortfliegen.

Daran hat dann selbstverständlich der Bauherr selber schuld, weil er keine Wind- und Regenfühleranlage installiert hat. Diese Wind- und Regenfühler können auf bestimmte Wind- und Regensituationen eingestellt werden und über einen Elektroimpuls die Lichtkuppeln schließen.

Fazit: Ein verantwortungsvoller Planer sollte bei großen Lichtkuppeln grundsätzlich eine Tandemaufstellvorrichtung vorschreiben, um spätere Schäden zu vermeiden.

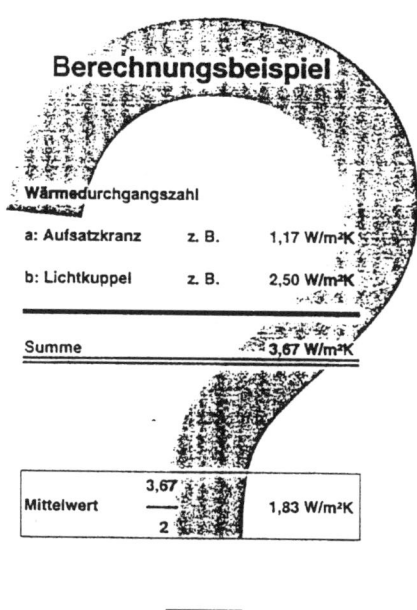

Berechnungsbeispiel

Wärmedurchgangszahl

a: Aufsatzkranz	z. B.	1,17 W/m²K
b: Lichtkuppel	z. B.	2,50 W/m²K
Summe		3,67 W/m²K

Mittelwert	$\frac{3,67}{2}$	1,83 W/m²K

Abb. 18

Materialauswahl

a) Lichtkuppeln aus Acrylglas

Acrylglas-Lichtkuppeln werden grundsätzlich aus opaleingefärbten PMMA-Platten hergestellt. Die Materialdicke übersteigt in der Regel nicht die 3-mm-Grenze, während in der Pionierzeit Materialdicken von 5 mm üblich waren.

Der Lichtdurchgang einer Acrylglasschale beträgt ca. 88 %, bei doppelschaligen Lichtkuppeln ca. 77 %, bei dreischaligen Lichtkuppeln ca. 68 %.

Der k-Wert bei doppelschaligen Lichtkuppeln liegt bei ca. 2,5 W/m²K, bei dreischaligen Lichtkuppeln bei ca. 1,8 W/m²K.

Die Lichtkuppel-Aufsatzkränze sind in der Regel im k-Wert erheblich besser als die Lichtkuppel selbst.

Ganz clevere Lichtkuppel-Hersteller propagieren erheblich niedrigere Werte und betreiben dabei die in Abbildung 18 gezeigte Rechenakrobatik.

Bei diesem Rechenbeispiel erübrigt sich, so glaube ich, jede Diskussion.

Lichtkuppeln aus GF-UP

Lichtkuppeln aus hochtransparentem glasfaserverstärkten Polyesterharz sind inzwischen erheblich besser als ihr Ruf. Durch neue Techniken besteht zumindest in unserem Hause die Möglichkeit, Polyester-Lichtkuppeln dauerhaft mit einer PVF-Folie zu beschichten. PVF steht für Polyvinyl-Fluorid.

PVF-Folien, auch Tedlar-Folien genannt, werden z. B. zum Kaschieren von Trapezblechen verwendet und haben sich im Laufe der letzten 10 Jahre hervorragend bewährt. Ein weiterer Vorteil von GF-UP-Lichtkuppeln ist die relativ hohe Bruchfestigkeit. Hagelschauer, die selbst Dachziegel zerstören, können einer GF-UP-Lichtkuppel nichts anhaben.

Polyester-Lichtkuppeln haben das Zertifikat „durchsturzsicher". Entsprechende Prüfzeugnisse liegen vor.

Polyester-Lichtkuppeln können in Sonderausführung auch nach DIN 4102 B 2 Teil 7 (harte Bedachung) geliefert werden. Diese Lichtkuppeln sind widerstandsfähig gegen Flugfeuer und strahlende Wärme.

Nach dem Merkblatt der Bau-Berufsgenossenschaft ZH1/44 - (Ausgabe 10/1989) sind diese Lichtkuppeln in den Ausführungen starr, sowie schwenkbar "Durchsturzsicher beim Einbau"

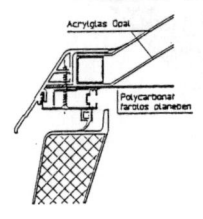

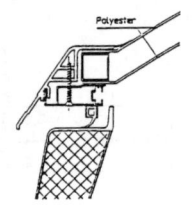

Abb. 19

Licht – Luft – Rauchabzug

Lichtkuppeln haben also im Dach eine Multifunktion.

Dachbahnanschlüsse sind voll beherrschbar bei entsprechender Materialauswahl. Lichtkuppeln sind inzwischen in eingeschossigen Hallen ein unverzichtbarer Bestandteil geworden.

Dachflächenfenster
Abdichtung und Wärmeschutz

Dipl.-Ing. Hans Froelich, i. f. t. Rosenheim

1 Einführung

Die verstärkte Nutzung der Dachgeschosse, sowohl bei Neubauten wie auch im Baubestand, hat in den letzten Jahren den Markt und die Bedeutung von Dachflächenfestern ständig anwachsen lassen. Das Wohnen unter dem Dach wurde vielfach sogar zu einem exclusiven Stil und Raumerlebnis entwickelt. Die Anforderungen an die Dachflächenfenster haben entsprechend zugenommen.

In besonderer Weise trifft dies auf den Wärmeschutz zu. Andere Funktionen wie Dichtigkeit, Lüftung, Schallschutz, Sonnenschutz, Belichtung und Bedienungskomfort gehören ebenso zu dem Leistungsspektrum. Die Betrachtung sollte jedoch vor allem auch die Einbindung in das Dach selbst miterfassen.

2 Abdichtung zwischen Rahmen und Flügel

Grundlage der Dichtheitsanforderungen ist DIN 18055 „Fenster; Fugendurchlässigkeit, Schlagregendichtigkeit und mechanische Beanspruchung; Anforderungen und Prüfung".

Bei der Prüfung der Fugendurchlässigkeit wird in der Regel angestrebt, einen Fugendurchlaßkoeffizienten a entsprechend der Beanspruchungsgruppe B oder C zu unterschreiten und ein Verhalten bei höheren Staudrücken entsprechend der Grenzlinie BG B – D sicherzustellen.

Die Abbildungen 1 und 2 zeigen die Ergebnisse von Messungen bei zwei Dachflächenfenstern mit unterschiedlichen Verriegelungssystemen. Während das Fenster gemäß Abbildung 1 nur eine Verriegelung unten in der Mitte hat, wird das Fenster gemäß Abbildung 2 an allen vier Ecken verriegelt. Bei dem Fenster mit einer Verriegelung treten erkennbar ab einem Prüfdruck von 300 Pa stark ansteigende Fugendurchlässigkeiten auf, während bei dem Fenster mit verriegelten Eckpunkten ein deutlich geringerer Anstieg der Fugendurchlässigkeit zustande kommt. Die Grenzwerte der DIN 18 055 werden zwar von beiden Fenstern erfüllt; der Einfluß der Verriegelungen auf das Luftdichtheitsverhalten bei höheren Staudrücken ist jedoch deutlich erkennbar und sollte bei Vergleichsbetrachtungen nicht unberücksichtigt bleiben.

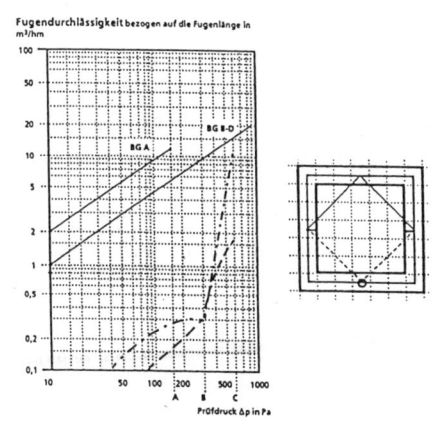

Abb. 1: Fugendurchlässigkeit bei einem Dachflächenfenster mit einer Verriegelung

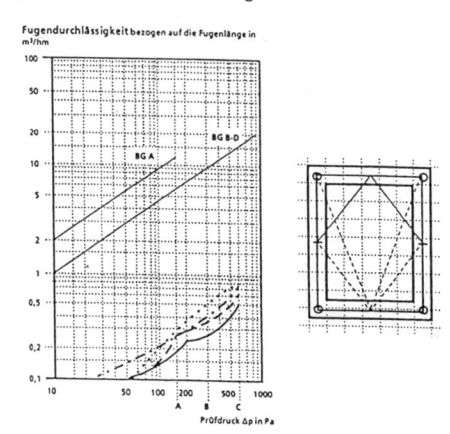

Abb. 2: Fugendurchlässigkeit bei einem Dachflächenfenster mit vier Verriegelungen

Die Schlagregendichtigkeit wird mit einer speziellen Vorrichtung geprüft. Das Fenster wird in eine Schräge mit einem Neigungswinkel von 35° eingebaut und mit Düsen von oben gleichmäßig besprüht (Abb. 3). Die Prüfung selbst wird dann nach DIN EN 86 durchgeführt.

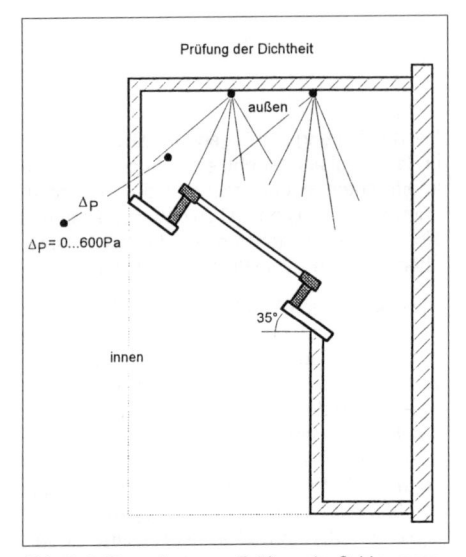

Abb. 3: Prüfanordnung zur Prüfung der Schlagregendichtigkeit

Wie die Erfahrungen zeigen, ist ein zweistufiges Dichtungssystem anzustreben. Die äußere Regensperre verhindert weitgehend ein Eintreiben des Wassers in den Falz. Die Hauptmenge des Regenwassers wird durch die äußere konstruktive Überdeckung von der Dichtungsebene ferngehalten und abgeführt. In dem Falzraum herrscht ein Druckausgleich mit der äußeren Umgebung, so daß das Wasser wieder abgeführt wird. Das Grundsystem der zweistufigen Abdichtung mit äußerer Regensperre (1. Stufe) und innerer Windsperre (2. Stufe). zeigt Abbildung 4.

3 Beurteilung des Wärmeschutzes von Dachflächenfenstern

3.1 Anforderungen

Dachflächenfenster sind gemäß der Wärmeschutzverordnung bei der Ermittlung der Transmissionswärmeverluste Q_T mit ihren jeweiligen Flächen und k_F-Werten zu berücksichtigen. Für die Flächen werden die lichten Maße der

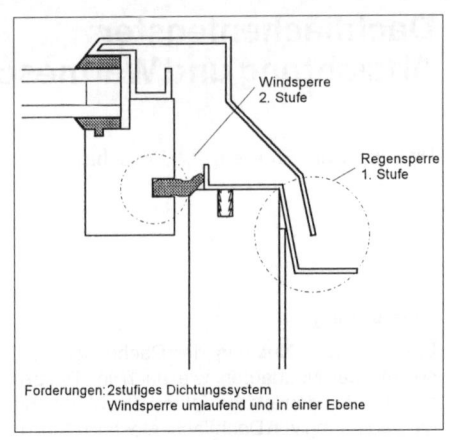

Abb. 4: Schlagregendichtheit

Dachöffnungen zugrundegelegt. Die k_F-Werte werden meistens durch Messung im Heizkasten nach DIN 52 619 ermittelt, da die Tabelle 3 in DIN 4108 Teil 4 die Besonderheiten von Dachflächenfenstern nicht ausreichend berücksichtigt.

Bei Neubauten werden die Wärmeverluste mit den Wärmegewinnen bilanziert. Dies kann über den $k_{eq,F}$-Wert oder die Ermittlung der nutzbaren solaren Wärmegewinne Q_S erfolgen. Bei Dachflächenfenstern kommt es dabei sowohl auf die Orientierung nach Süden, Osten/Westen oder Norden wie auch die Dachneigung an.

Beträgt die Dachneigung mehr als 15°, so gelten die gleichen Werte wie für senkrecht eingebaute Fenster. Die Solargewinnkoeffizienten betragen dann

S_F nach Süden 2,4 W/m²K,
S_F nach Westen/Osten 1,65 W/m²K,
S_F nach Norden 0,95 W/m²K.

Der $k_{eq,F}$-Wert wird nach folgender Beziehung ermittelt:

$$k_{eq,F} = k_F - g \cdot S_F \qquad \text{in W/m}^2\text{K}$$

Für den k_F-Wert ist der durch Prüfzeugnisse belegte und im Bundesanzeiger veröffentlichte Wert zu verwenden.

Die g-Werte müssen für die eingesetzten Verglasungstypen dem Bundesanzeiger entnommen werden. Sind für das Produkt keine veröffentlichten Werte bekannt, so können die allgemein zugelassenen g-Werte verwendet werden. Diese betragen

- für Mehrscheiben-Isolierglas 0,8
  2-fach ohne Beschichtung
- für Mehrscheiben-Isolierglas 0,58
  2-fach mit Low-E-Beschichtung
- für Mehrscheiben-Isolierglas 0,65
  3-fach ohne Beschichtung
- für Mehrscheiben-Isolierglas 0,5
  3-fach mit 2-facher Low-E-Beschichtung
- für Sonnenschutzglas 0,35

Werden die solaren nutzbaren Wärmegewinne mit Q_S berücksichtigt, so sind die Einzelheiten der Wärmeschutzverordnung Anlage 1 Abschnitt 1.6.4 zu entnehmen. Bei Neigungen der Dachflächen bis 15° dürfen nur die für Ost-/Westorientierung vorgesehenen solaren Wärmegewinne (S_F = 1,65 W/m²K) in Ansatz gebracht werden.

Während bei der Ermittlung des Jahresheizwärmebedarfs Q_H für einen Neubau der komplette Rechenvorgang entsprechend den Vorgaben der Wärmeschutzverordnung erforderlich ist, ergeben sich in Sonderfällen Vereinfachungen. Bei sog. kleinen Gebäuden (Gebäude bis zu 3 Wohneinheiten und 2 Vollgeschossen) kann ein vereinfachtes Verfahren zur Anwendung kommen, bei dem Anforderungen an Bauteile zu erfüllen sind. Für Fenster einschließlich Dachflächenfenster gilt:

$$k_{m,Feq} \leq 0,7 \text{ W/m}^2\text{K}$$

Die Ermittlung dieses $k_{m,Feq}$-Wertes ist am besten mit einer Tabelle vorzunehmen, in die die Flächen der jeweiligen Fenster eingetragen werden (s. Tab. 1). Die Orientierungen und Dachneigungen sind in gleicher Weise zu berücksichtigen wie in dem ausführlichen Verfahren.

Ein weiterer Anwendungsbereich für ein vereinfachtes Verfahren ist die Fenstererneuerung im Baubestand. Die Anforderungen der Wärmeschutzverordnung gelten dann, wenn 20 % oder mehr der jeweiligen Fensterflächen der zugehörigen Dach- oder Fassadenflächen erneuert werden sollen. In diesem Fall gilt die Forderung:

$$k_F \leq 1,8 \text{ W/m}^2\text{K}$$

3.2 Wärmedurchgangskoeffizient k_F und k_{Feq} für Dachflächenfenster

Die k_F-Werte für Dachflächenfenster werden in der Regel durch Messung im Heizkasten nach DIN 52 619 Teil 1 ermittelt. Wie Tabelle 2 zeigt, weichen die Meßwerte z. T. deutlich von den Tabellenwerten gemäß DIN 4108 Teil 4 Tabelle 3 ab.

Tab. 1: Beispiel – Gebäude mit 32 m² Fensterfläche

Orientierung	Fensterfläche Nr.	Neigung Grad	Teilfläche A_i m²	$k_F - g \cdot S_f = k_{eq,Fi}$ W/(m²K)	$k_{eq,Fi} \cdot A_i$ W/K
N	1	über 15°	5	1,7 – 0,7 · 0,95 = 1,03	5,17
	2	bis 90°	.....	.... – .... · .... = ...	
O	3	über 15°	7	1,7 – 0,7 · 1,65 = 0,54	3,81
	4	bis 90°	.....	.... – .... · .... = ...	
W	5	über 15°	8	1,7 – 0,7 · 1,65 = 0,54	4,36
	6	bis 90°	.....	.... – .... · .... = ...	
S	7	über 15°	12	1,7 – 0,7 · 2,40 = 0,02	0,24
	8	bis 90°	.....	.... – .... · .... = ...	
beliebig	9	0 bis 15°	.....	.... – .... · .... = ...	.....
	10			.... – .... · .... = ...	
	$A_F = \Sigma A_i =$		32	$\Sigma k_{eq,Fi} \cdot A_i = 13{,}58$	

$$k_{m,Feq} = \frac{\Sigma k_{eq,Fi} \cdot A_i}{A_F} = \frac{13{,}58}{32} = 0{,}42 \text{ W/(m}^2\text{K)}$$

0,42 < 0,7 → Forderung erfüllt

Tab. 2: Vergleich von Meßwerten nach DIN 52 619 Teil 1 und Rechenwerten nach DIN 4108 Teil 4 Tabelle 3

Verglasung				Rahmen		k_F-Werte	
SZR mm	Füllung	Beschichtung	k_V gemäß prEN 673	RG*	Meßwert DIN 52 619	Tab. 3 DIN 4108 Teil 4	
6	Ar	IR	2,2	1	2,0…2,1	2,1	
12	Ar	IR	1,5	1	2,0[1)]	1,6	
12	Ar	–	2,7	1	2,9[1)]	2,4	
16	Ar	IR	1,4	1	1,7…1,8	1,5	
18…20	Ar	IR	1,4	1	1,7…1,8	1,5	

* RG = Rahmenmaterialgruppe
[1)] Verhältnis Abwicklungsfläche zu Projektionsfläche = 1,29

Hinzu kommt, daß bei einigen Dachflächenfensterkonstruktionen eine deutliche Differenz zwischen Projektionsfläche und innerer Abwicklungsfläche besteht. Die bei der Messung im Heizkasten nach DIN 52 169 Teil 1 ermittelte Wärmestromdichte q wird in der Regel auf die Projektionsfläche bezogen. Bei Konstruktionen mit deutlich größerer raumseitiger Abwicklungsfläche wird der Wärmestrom zwangsläufig ebenfalls größer. Wird dieser dann auf die kleinere Projektionsfläche bezogen, so führt das zu einem größeren Wärmedurchgangskoeffizienten k_F.

Der Unterschied wird durch das Beispiel in Abbildung 5 verdeutlicht.

Einfluß bei Fall A   groß
Einfluß bei Fall B   klein

Unterschied für Fenster Fall A
(BAM = 115/140 cm)
Projektionsfläche   1,61 m^2
Abwicklungsfläche   2,07 m^2

k_F-Wert bezogen auf
Projektionsfläche   2,0 W/m^{2}K
k_F-Wert bezogen auf
Abwicklungsfläche   1,6 W/m^{2}K
(Rahmen PVC/Scheibe k_F = 1,3 W/m^{2}K)

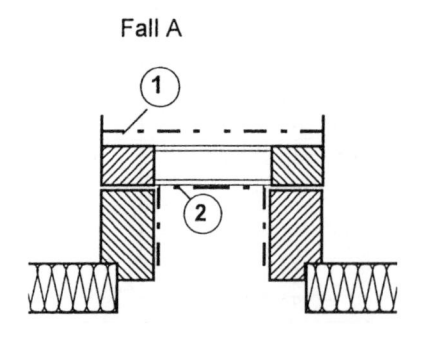

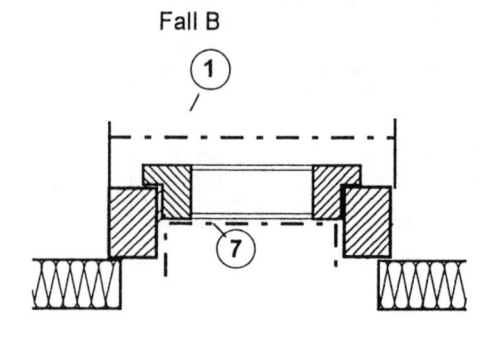

Fall A   Fall B

① Wärmedurchgangsfläche = Projektionsfläche
② Wärmedurchgangsfläche = Abwicklungsfläche

Abb. 5: Einfluß der Differenz von Projektionsfläche und Abwicklungsfläche

Der Sachverständigenausschuß Wärmeleitfähigkeit hat deshalb für Dachflächenfenster eine Bekanntgabe der beiden k_F-Werte im Bundesanzeiger vorgesehen. Für wärmeschutztechnische Nachweisberechnungen gemäß Wärmeschutzverordnung ist der auf die Projektionsfläche bezogene (in der Regel höhere) k_F-Wert einzusetzen, da jeweils nur die Dachöffnungsfläche zugrunde liegt. Wird jedoch der k_F-Wert als Nachweis für die Erfüllung einer Anforderung (z. B. für Erneuerung von Fenstern in Altbauten $k_F \leq 1{,}8$ W/m²K) benötigt, so ist der auf die Abwicklungsfläche bezogene k_F-Wert verwendbar. Die für Nachweisberechnungen benötigten k_{Feq}-Werte können Tabelle 3 entnommen werden. Bei anderen k_F-Werten oder g-Werten muß der genauere k_{Feq}-Wert berechnet werden.

Tab. 3: k_F-Werte und Rechenwerte $k_{eq,F}$ von Fenstern

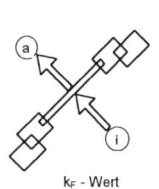

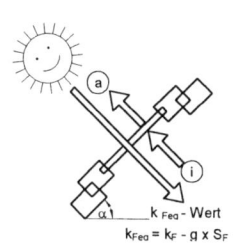

Rechenwerte für k_{Feq}

k_F - Wert

k_{Feq} - Wert
$k_{Feq} = k_F - g \times S_F$

k_F in W/m²K	S in W/m²K α bis 15° S = 1,65	S in W/m²K α >15° S-Süd = 2,4 S-W/O = 1,65 S-Nord = 0,95	k_{Feq} in W/m²K bei g-Wert von 0,8	0,7	0,6	0,4	0,2
1,0		2,4 1,65 0,95	−0,9 −0,3 −0,2	−0,7 −0,2 0,3	−0,4 0 0,4	0 0,3 0,6	0,5 0,7 0,8
1,2		2,4 1,65 0,95	−0,7 −0,1 0,4	−0,5 0 0,5	−0,2 0,2 0,6	0,2 0,5 0,8	0,7 0,9 1,0
1,5		2,4 1,65 0,95	−0,4 0,2 0,7	−0,2 0,3 0,8	0,1 0,5 0,9	0,5 0,8 1,1	1,0 1,2 1,3
1,8		2,4 1,65 0,95	0,1 0,5 1,0	0,1 0,6 1,1	0,4 0,8 1,2	0,8 1,1 1,4	1,3 1,5 1,6
2,0		2,4 1,65 0,95	0,1 0,7 1,2	0,3 0,8 1,3	0,6 1,0 1,4	1,0 1,3 1,6	1,5 1,7 1,8
2,2		2,4 1,65 0,95	0,3 0,9 1,4	0,5 1,0 1,5	0,8 1,2 1,6	1,2 1,5 1,8	1,7 1,9 2,0
2,5		2,4 1,65 0,95	0,6 1,2 1,7	0,8 1,3 1,8	1,1 1,5 1,9	1,5 1,8 2,1	2,0 2,2 2,3
2,8		2,4 1,65 0,95	0,9 1,5 2,0	1,1 1,6 2,1	1,4 1,8 2,2	1,8 2,1 2,4	2,3 2,5 2,6

Achtung: Jeweils klären, welche g-Werte bei k_F-Werten möglich sind!

3.3 Tauwasser am Glasanschluß und am Übergang zwischen Rahmen und Flügel

Dachflächenfenster haben besonders exponierte Lagen und werden sowohl von innen wie auch von außen besonders hoch beansprucht. Die freie und ungeschützte Lage in der Dachfläche mit starkem Wärmeübergang sowie die unter Dachflächen stets höhere Dampfdruckbelastung führen zu einer großen Bedeutung der Trennebenen zwischen Raum- und Außenklima. Besondere Problemzonen sind außerdem die Rand- und Übergangsbereiche der Verglasungen.

Wie man in Abbildung 6 sieht, liegen die Temperaturen in den Falzen zwischen Rahmen und Flügeln oft sehr eng zusammen. Während die Temperatur in der inneren Ebene noch 10 °C beträgt, fällt sie bereits etwas weiter außen in der Fuge zwischen Rahmen und Flügel auf 0 °C ab. Wird die Dichtung zu weit außen angeordnet, kann es raumseitig vor der Dichtung zu Tauwasserbildung kommen.

Die Problematik der niedrigen Oberflächentemperaturen am Glasanschluß läßt sich auch mit Wärmeschutzverglasungen nicht lösen. Zur Erhöhung der raumseitigen Oberflächentemperaturen wären entsprechende zusätzliche Dämmaßnahmen auf der Außenseite erforderlich (Abb. 7). Die praktische Umsetzung ist jedoch schwierig, da die Wasserableitung und weitere Kriterien beachtet werden müssen.

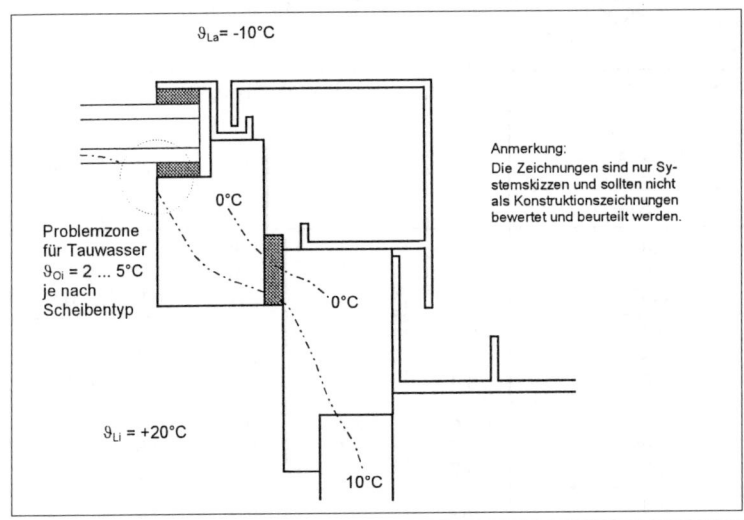

Abb. 6: 10 °C-Isotherme im Rahmen und am Übergang zum Glas

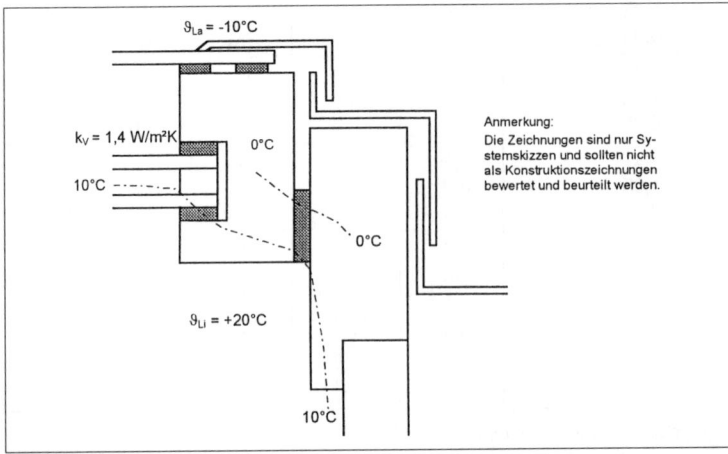

$\vartheta_{La} = -10\,°C$
0 °C
Problemzone für Tauwasser $\vartheta_{Oi} = 2\ldots 5\,°C$ je nach Scheibentyp
0 °C
$\vartheta_{Li} = +20\,°C$
10 °C

Anmerkung:
Die Zeichnungen sind nur Systemskizzen und sollten nicht als Konstruktionszeichnungen bewertet und beurteilt werden.

Abb. 7: 10 °C-Isotherme am Übergang vom Glas zum Rahmen

$\vartheta_{La} = -10\,°C$
$k_V = 1{,}4\ W/m^2K$
0 °C
10 °C
0 °C
$\vartheta_{Li} = +20\,°C$
10 °C

Anmerkung:
Die Zeichnungen sind nur Systemskizzen und sollten nicht als Konstruktionszeichnungen bewertet und beurteilt werden.

4 Der Anschluß des Dachflächenfensters an die Dachkonstruktion

4.1 Abdichtungsebene

Ähnlich wie im Bereich zwischen Flügel und Rahmen muß auch zwischen Rahmen und Dachkonstruktion eine 2stufige Ebene gewählt werden. Die äußere Wetterschutzebene dient der Abführung des Regenwassers und der weitgehenden Verhinderung von Schnee- oder Schmelzwassereintritt.

Die innere Dichtebene muß dagegen als Winddichtung und vielfach auch in Kombination als Trennebene zwischen Raum- und Außenklima (Dampfbremse) dienen. Das Grundsystem für die Lage und Trennung der Ebenen zeigt Abbildung 8.

4.2 Wärmebrückenwirkung

Die äußere Wetterschutzebene wird durch die Anbindung der Unterspannbahn, entsprechender Eindeckrahmen und der Dacheindeckung hergestellt. Da die Übergänge zwischen dem Dachflächenfenster sowie der raumseitigen Bekleidungszarge einerseits und der Dachkonstruktion andererseits oftmals thermische Schwachpunkte sind und Wärmebrückenwirkungen haben, sollten hier zusätzliche Dämmelemente oder Zargen vorgesehen werden. Derartige Elemente wurden speziell hierfür entwickelt.

Die Abbildungen 9 und 10 zeigen Anschlüsse und 10 °C-Isothermen. Die Oberflächentemperaturen liegen in den Anschlußzonen zur Dachkonstruktion durch ausreichende Dämmstoffdicken bzw. zusätzliche Zargen oder Dämmelemente über 10 °C, so daß bei einer Außenlufttemperatur von −10 °C oder −15 °C und einer Raumlufttemperatur von +20 °C sowie einer relativen Luftfeuchtigkeit von 50 % keine Tauwassergefahr besteht.

Durch die Einplanung von Anschlußzargen zwischen Fensterrahmen und Dachkonstruktion wird die Möglichkeit geschaffen, diese thermische Problemstelle zu verbessern und sowohl Wärmeverluste zu reduzieren wie auch zu niedrige Oberflächentemperaturen zu vermeiden.

5 Oberflächenschutz

Dachflächenfenster werden häufig mit einer Tauchbehandlung der Holzrahmen geliefert. Ein zusätzlicher Oberflächenschutz ist erforderlich und muß veranlaßt werden. Soweit Dachflächenfenster mit kompletter Oberflächenbehandlung angeboten werden, ist bereits während der Bauzeit ein Schutz der Holzteile vorhanden. Dies ist gerade im Hinblick auf mögliche Tauwasserbildung vorteilhaft.

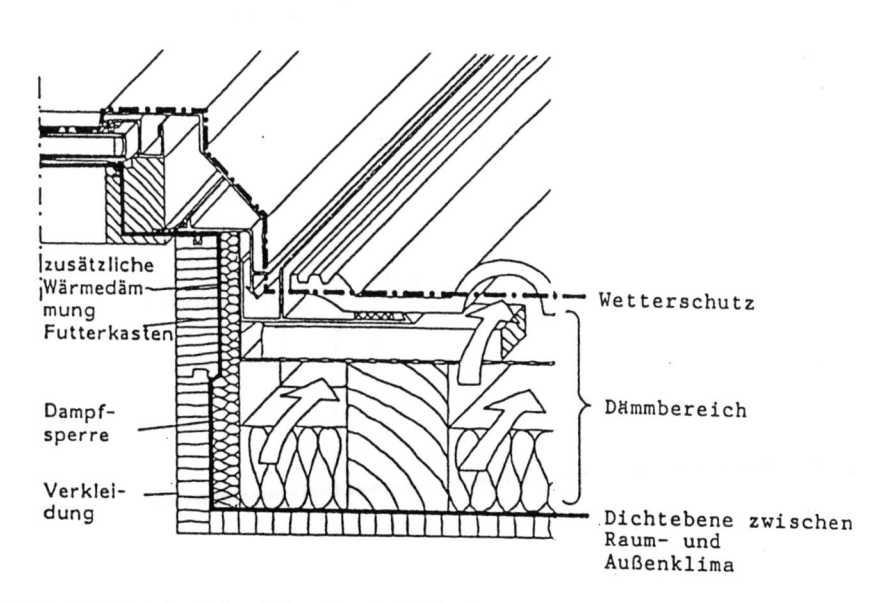

Abb. 8: Vorschlag für den richtigen Einbau eines Dachflächenfensters

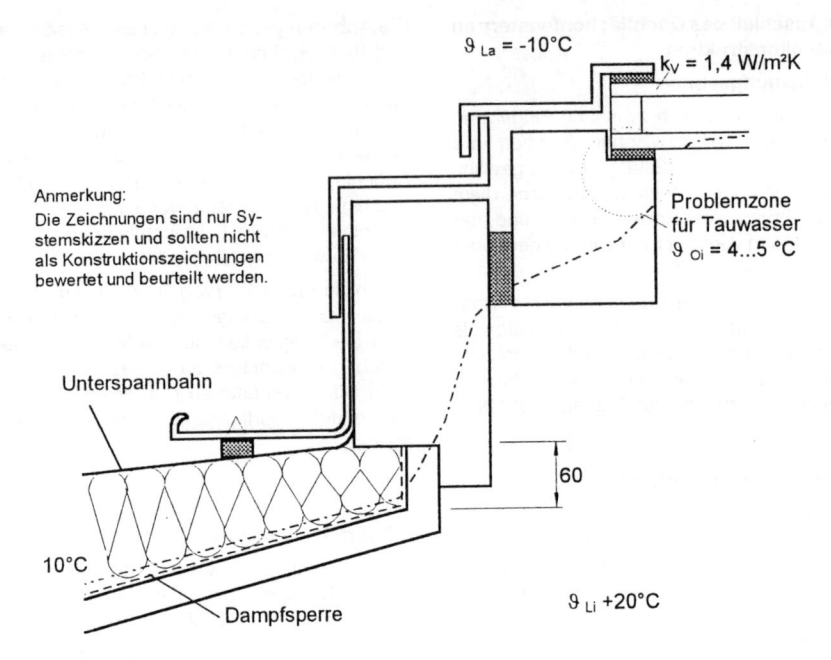

Abb. 9: 10 °C-Isotherme an oberem Dachanschluß

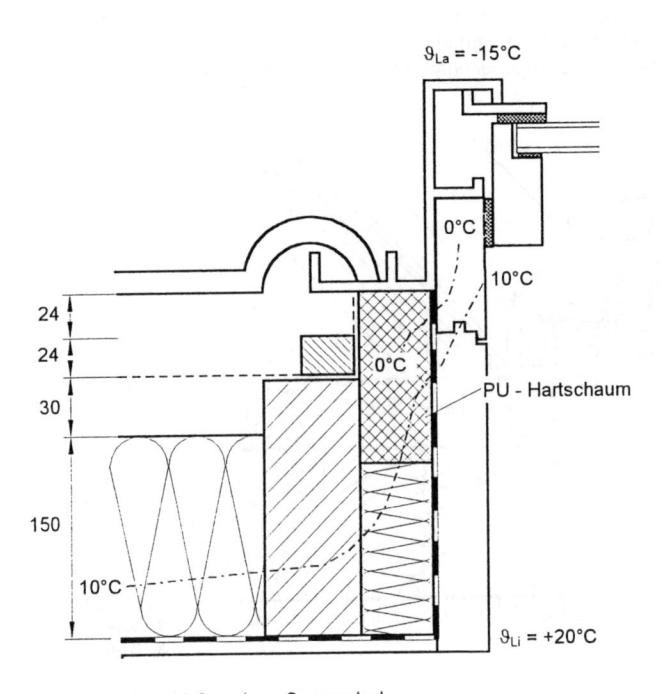

Abb. 10: 10 °C-Isotherme am Anschluß zu einem Sparrendach

1. Podiumsdiskussion am 6. 3. 1995

Frage:

Die Grenzen zwischen den originären Planungsleistungen des Planers und des Unternehmers sind meist **nicht genau** durch Regelwerke gezogen. Ist die Festlegung dieser Grenze im Einzelfall eine Aufgabe des Juristen oder des Bausachverständigen?

Motzke:

Weil es um die Beweisaufnahme geht, muß der Sachverständige reflektieren, ob die Planungsentscheidung auf Regelwerken beruht und ob diese fachgerecht angewandt wurden, ob die Planungsleistungen mit dem Gesamtkonzept der HOAI übereinstimmen. Vor allem sagt die VOB in § 3 Nr. 1, daß der Planer die „nötigen" Ausführungsunterlagen bereitstellen muß; was im Einzelfall „nötig" ist, das entscheidet mit Sicherheit der Sachverständige nicht der Jurist.

Oswald:

Ich darf hervorheben, daß diese Aussage im Hinblick auf den Streit wichtig ist, ob der Sachverständige zur Quotelung Stellung nehmen darf. Wenn Herr Motzke sagt, es sei eine wesentliche Aufgabe des Sachverständigen, die Grenze zu ziehen, wo die Leistung des Planers aufhört und wo die des Unternehmers anfängt, dann trägt er selbstverständlich auch zur Frage der Quotelung bei.

Motzke:

Diese Frage ist sicherlich eine Vorfrage für die Quotierung. Die Quotierung selbst möchte ich mir als Jurist aber nicht aus der Hand nehmen lassen. Der Sachverständige gibt gleichsam die Elemente für die Quotierung an. Die Abwägung bleibt Juristenaufgabe, da es um Normenvollzug geht. Es gibt Einzelfälle, in denen der Sachverständige falsch quotelt, weil er einfach das gesamte Umfeld nicht sachgerecht und umfassend berücksichtigt hat.

Oswald:

Ich denke, es gehört zu den Grundregeln der gerichtlichen Sachverständigentätigkeit, in gerichtlichen Fragen keine endgültigen Entscheidungen zu treffen, sondern nur die Entscheidungsgrundlage vorzulegen.

Frage:

Hat der Planer wirklich keinerlei inhaltliche Prüfungspflichten für die Planungsleistung des Unternehmers? Gibt es nicht offensichtliche Mangeltatbestände, die der Planer erkennen und rügen muß?

Motzke:

Die Frage nötigt zur Unterscheidung zwischen zwei Tatbeständen. Erste Situation: Der Planer hat durch die Art und Weise der Vergabe von vornherein die Ausführungsplanung nicht im Leistungspaket. Ich erinnere Sie an Leistungsbeschreibung mit Leistungsprogramm, funktionale Leistungsbeschreibung. Da wandert die Planungsaufgabe hinüber in den Bereich des Unternehmers, was bleibt jetzt an Kontrolle beim Auftraggeber/dessen Planer? Die Honorarordnung formuliert in § 15 Abs. 2 Nr. 5 eine besondere Leistung die darin besteht, die Übereinstimmung der Ausführungsplanung mit dem Entwurf zu prüfen. Der Beschrieb lautet nicht dahin, die Ausführungsplanung müsse vom Planer auf inhaltliche Stimmigkeit und Richtigkeit hin überprüft werden. An dieser Stelle stellt sich folgende Frage: Deckt die Honorarordnung den Aufgabenbereich des Planers, die Verantwortlichkeit für das Werk insgesamt, vollständig ab, oder besteht da für den Juristen gleichsam über BGB-Strukturen Ergänzungsbedarf. Aus Gründen der Rechtssicherheit würde ich mich auf den Standpunkt stellen, daß bei der Leistungsbeschreibung mit Leistungsprogramm die Verantwortung für die Ausführungsplanung beim Unternehmer liegt. Die zweite Fall-Situation, die in der Praxis zunehmend häufiger wird, bedarf einer anderen Beurteilung. Wir haben häufig Fälle, in denen der Planer sich aus der Schnittstellenproblematik herausnimmt und die Schnittstellenproblematik Ausführenden zur Planung überläßt. Diese Planung bleibt in seinem Leistungsbereich. Er schreibt es aus und bedient sich zur Aufgabenerfüllung eines Erfüllungsgehilfen. Ihn trifft die Verpflichtung, die unternehmerische Planungsleistung auf innere Stimmigkeit und Richtigkeit zu überprüfen. Wobei der Prüfungsvorgang für mich gar nicht der wesentliche ist, sondern die Aufgabe bleibt bei der Ausschreibung von Planungsdetails, die eigentlich

Sache des Planers wären, in der Verantwortung auch des Planers. Über die Delegationsfähigkeit und -zulässigkeit entscheidet der Sachverständige. Sie entscheiden letztlich, ob der Planer fachlich etwas „wegdelegieren" kann, ob die Schnittstellenproblematik bei ihm bleibt. Ich persönlich bin der Auffassung, daß Schnittstellen grundsätzlich planungsbedürftig sind.

Oswald:

Ich möchte Ihre Aussage an einem praktischen Beispiel, aus unseren Tagungsthemen erläutern: Der Architekt plant eine Vorhangfassade, gibt das geometrische Raster der Fassadenteilung vor und fordert verschiedene Fassadenhersteller auf, Realisierungsvorschläge auszuarbeiten. Wenn er dann Regeldetails und die wesentlichen Pläne zugeschickt bekommt, so lautet die Frage, ob der Architekt noch irgendwelche Prüfungspflichten hat. Herr Motzke weist uns daraufhin, daß bei Problemen, die der Architekt erkennen kann, auch eine Prüfungspflicht entsteht.

Frage:

Wann ist etwa nach Ihrer Einschätzung mit der ersten Zertifizierung von Bewertungssachverständigen und von Bausachverständigen zu rechnen?

Kolb:

Bevor ich im Detail darauf eingehe, möchte ich, weil die Fragen grundsätzliche Dinge ansprechen, einen Irrtum ausräumen.
Die Berufsverbände, soweit sie sich mit öffentlich bestellten und vereidigten Sachverständigen befassen und soweit sie Vertreter öffentlich bestellter und vereidigter Sachverständiger sind, und das gilt nicht nur für den BVS, sondern auch für alle Berufsverbände unserer Arbeitsgemeinschaft der befreundeten Sachverständigenverbände, die auch zum Großteil Mitglieder des DEUTSCHEN SACHVERSTÄNDIGEN-TAGES sind, verstehen diese neue Entwicklung so, daß man sie quasi prophylaktisch vorantreibt. Einerseits muß und wird man das bewährte System des öffentlich bestellten und vereidigten Sachverständigen mit Zähnen und Klauen verteidigen. Andererseits darf man Entwicklungen, die Europa an uns heranträgt, nicht verschlafen. Wir wollen und werden so weit wie eben möglich den öffentlich bestellten und vereidigten Sachverständigen und seine ohne Wenn und Aber in der Bundesrepublik Deutschland anerkannte Qualität schützen und erhalten. Wir dürfen aber unsere Augen nicht vor Neuentwicklungen verschließen, weil unter Umständen ansonsten an uns vorbei Konkurrenzsituationen entstehen können, die sich für alle öffentlich bestellten und vereidigten Sachverständige nachteilig auswirken würden, wenn wir nicht rechtzeitig, also jetzt, handeln.

Oswald:

Es ist selbstverständlich nicht so, als wenn an unserem System nichts zu verbessern wäre. Ich erinnere an die starke Zersplitterung des deutschen Sachverständigenwesens, die sich z. B. in den unterschiedlichen Anforderungen in den Prüfungen für die Sachverständigen niederschlägt. Wenn da von außen ein Impuls zur größeren Einheitlichkeit kommt, dann ist das erfreulich.

Kolb:

Ich bedanke mich für den Hinweis. Wie viele von Ihnen wissen, haben wir ja eine Konferenz des deutschen Sachverständigenwesens gefordert, haben, was das deutsche Sachverständigenwesen angeht, Anfragen an alle Landtage und an den Deutschen Bundestag gestellt. Wir haben alle interessierten Kammern und Körperschaften angeschrieben, haben im Wirtschaftsministerium bereits ein Vorgespräch geführt, und irgendwann wird diese Konferenz kommen müssen. Dazu wird man einige Vorbereitungsarbeiten zu treffen haben, die einen erheblichen Umfang annehmen können, und dann wird man ein Paket auf den Tisch legen müssen und mit den Politikern hart arbeiten, um dieses zersplitterte Sachverständigenwesen nach Möglichkeit auf einen Nenner zu bringen. Es geht darum, einen Rahmen für gleiche Anforderungen zu schaffen, und zwar für alles, was sachverständig tätig ist.
Ein neues System kann da, wie Sie richtig darauf hinweisen, hilfreich sein und uns dazu zwingen, über Dinge nachzudenken, die wir hundert Jahre als ganz normal angesehen haben. Insbesondere kann dies dazu führen, daß wir dazu kommen, aus Sachverständigensystemen anderer Länder Dinge, die wir für interessant und hilfreich halten, bei uns mit einzubauen.

Frage:

Welcher Handlungsbedarf besteht für den öffentlich bestellten und vereidigten Sachverständigen (IHK/HWK) hinsichtlich Akkreditierung, Zertifizierung, Auditierung, und zwar jetzt und zukünftig? Welche Nachteile werden mittel-/langfristig für ihn entstehen?

Kolb:

Diese Fragen wird nach meiner Auffassung der Markt beantworten. Es wird niemand gezwungen sein, nur um einen neuen Titel zu haben, hier für eine Zertifizierung Geld auszugeben. Man wird sie parat halten, und wenn es für den einzelnen notwendig erscheint, aus Konkurrenzgründen, weil er im Ausland arbeitet oder weil ausländische Sachverständige bei uns arbeiten, kann er dann für sich entscheiden, ob er die Zertifizierung für sich haben will oder sogar aus marktwirtschaftlichen Notwendigkeiten heraus haben muß. Es wird aber keinen zeitlichen Zwang irgendwelcher Art von irgendwelchen Instituten auf die einzelnen Sachverständigen geben.

Zur Frage, wann die ersten Zertifizierungen möglich sein werden: Ich gehe davon aus, daß auf dem Kraftfahrzeugsektor etwa in einem Vierteljahr die ersten Zertifizierungen laufen werden. Auf diesem Gebiet ist der Druck stark, und da gibt es sehr heterogene Meinungen. Wir haben es geschafft, das nun tatsächlich zu bündeln, was nicht einfach gewesen ist. Bei den Bewertungssachverständigen gehe ich davon aus, daß in der zweiten Jahreshälfte 1995 die Möglichkeit zur Zertifizierung geschaffen wird. Ob sich jemand dazu entscheidet, bleibt ihm, wie ich schon ausgeführt habe, vollkommen selbst überlassen. Die Zertifizierung wird aber, ganz besonders für Wertermittler, die im Ausland arbeiten, entscheidend sein, weil dort das deutsche System der öffentlichen Bestellung und Vereidigung nach § 36 GewO einfach unbekannt ist und diese Zertifizierungsdinge in Europa anfangen zu greifen.

Dann zu der Frage, wann eine Zertifizierung für Bausachverständige kommt: Diese sind eine der Gruppen der zweiten Welle. Der Antrag bei der Trägergemeinschaft für Akkreditierung TGA zur Akkreditierung des Institutes für Sachverständigenwesen IfS als Zertifizierungsstelle für Bausachverständige ist inzwischen gestellt. Es muß ja hierfür ein Sektorkomitee gebildet werden. Dies bedeutet, daß wir versuchen können, qualifizierte Leute aus unserem Bereich in diesen Sektorkommissionen zu plazieren, die dazu beitragen, daß Festschreibungen erfolgen, die wir unter allen Umständen wünschen, nämlich gute Qualität auf dem Sachverständigensektor. Auch im Zertifizierungsbereich muß sie von Leuten festgeschrieben werden, die tagaus, tagein nichts anderes machen. In zeitlicher Hinsicht wird man bei den Bausachverständigen noch abwarten, wie hier Anträge vorliegen, wie Interesse vorhanden ist und wie die Notwendigkeit zur Zertifizierung gegeben ist.

Frage:

Muß bei Neubauten immer eine Lüftungsanlage eingebaut werden oder kann man dies durch konstruktive Maßnahmen umgehen?

Erhorn:

Es ist natürlich nicht notwendig, eine Lüftungsanlage einzubauen aus rein energetischen Zwecken. Sie können das, was sie mit Lüftungsanlagen bewirken, wie herkömmlich über die Fensterlüftung abdecken. Eine Lüftungsanlage ist natürlich notwendig, wenn Sie keine Fenster in den Räumen haben. Dann müssen Sie dafür sorgen, daß die Luft umgesetzt wird. Wenn man Lüftungsanlagen hat, kann man diese Lüftungsanlagen sinnvoll kombinieren und kann hier, wenn sie sinnvoll kombiniert sind und behandelt werden, Energie sicherlich einsparen, aber es ist wie gesagt physikalisch überhaupt keine Notwendigkeit eine Anlage einzubauen, sondern das hat meist andere Gründe. Es gibt allerdings einige Förderprogramme – und das halte ich für einen falschen Wink der Bundesländer –, die Fördertöpfe für Niedrigenergiehäuser zwingend koppeln an Lüftungsanlagen. Das ist leider in einigen Bundesländern immer noch der Fall. Ich denke, sowohl das Fenster als auch die Anlage selbst kann die gleichen Zwecke erfüllen. Ein weiterer Punkt, der die Lüftung betrifft ist, die Dichtigkeit. Man hat festgestellt, daß in Dachgeschossen häufig die Heizenergiekosten das 1,5- bis 2fache der Kosten vergleichbarer Wohnungen ausmachen. Das ist in der Tat ein Problem. Die DIN 4108 fordert, daß wir unsere Konstruktionen luftdicht erstellen. Die Praxis sieht ein wenig anders aus. Gefragt ist ferner, warum die Wärmeschutzverordnung diesen Punkt nicht weiter behandelt hat. Bisher war die Frage der Dichtigkeit untergeordnet, mit dem Einbau von Wohnungslüftungen ist sie viel wichtiger geworden. Ich kann mir vorstellen, daß bei weiteren Novellierungen an die Dichtigkeit Anforderungen gestellt werden.

Oswald:

Ich möchte daran erinnern, daß wir in der Tagung des letzten Jahres zur Frage der Luftdichtheit und der Messung bereits einen guten Beitrag gehört haben.

Frage:

Energiebilanz? Tatsächliche Energieeinsparung unter Beachtung der Herstellung der Bauelemente z. B. Einfachfenster, einfach verglast, höchster Solargewinn gegenüber einer Mehrfachverglasung mit einer Rahmenkonstruktion Rahmengruppe 1?

Erhorn:

Diese sog. Ökobilanz wird immer wichtiger bei der Entscheidung zum Einsatz von Baumaterialien. Bei den bisherigen Schritten, die wir zur Reduzierung der Energieverbräuche sowohl im opaken wie im transparenten Bereich gemacht haben, war es grundsätzlich so, daß wir immer deutlich mehr Energie eingespart haben, als wir zur Produktion aufgewendet haben. Wir kommen jetzt aber an die Grenze, so daß man dieses differenzierter betrachten müßte. In den nächsten Jahren werden wahrscheinlich für Produkte der Energieaufwand zur Energieeinsparung ins Verhältnis gesetzt. Bei einfach verglasten Fenstern liegt aber das Verhältnis negativ, d. h. bei jeder besseren Ausführung sparen wir deutlich mehr ein als wir für die Produktion aufwenden.

Frage:

Etwas ist planungsbedürftig, es fehlt der Plan, wie verhält sich der Unternehmer?

Motzke:

Der Unternehmer hat sicherlich jetzt die Möglichkeit zu sagen, ich tue nichts, ich bin behindert, ich gehe nach Hause, damit ist das Problem gelöst, es kommt nicht zu einer irgendwie gearteten Einstandsverpflichtung des Unternehmers unter Gewährleistungsgesichtspunkten. Die 2. Alternative: Der Unternehmer führt aus, und für diese Ausführungsmaßnahme muß er notwendig, ich erinnere Sie an meinen Fugenplan oder sonst irgendeine planerische Leistung, diese Planung erbringen. Weist das Werk deshalb einen Fehler auf, dann ist er meiner Auffassung nach in der Haftung, er übernimmt faktisch Planungsverantwortung. Frage der Beteiligung des Planers im Verhältnis zum Auftraggeber, ganz eindeutig ja, das unterstreiche ich auch, eine fehlende Planung ist ein Planungsfehler, nur wird sich in dieser Situation der Planer aus der Haftung „stehlen" können indem er sagt, ihm sei keine Möglichkeit zur Nachbesserung gegeben worden. Es handelt sich hier nicht um einen typischen Fall, der sofort zum Schadensersatz führt, sondern ein solcher Fall ist eigentlich geeignet, zu einer Nachbesserung auf der Planerseite zu führen.

Frage:

Kann der Unternehmer, der nun haftet, die Eigenverantwortung des Auftraggebers ins Feld führen und irgendeine Quote zur eigenen Entlastung einbringen?

Motzke:

Das ist ein Streitpunkt, zu dessen Lösung unterschiedlichste, durch Entscheidungen belegte Aufsätze auffindbar sind. Das kann soweit gehen, daß auf den Auftraggeber die gesamte Verpflichtung in vollem Umfang, also zu 100 % fällt. Sie können aber genau gegenteilige Entscheidungen finden in dem Sinne: Fehlt es trotz Planungsbedürftigkeit am Plan, was der Unternehmer erkennt, begründet er zu eigenen Lasten einen Haftungstatbestand.

Oswald:

Es wäre schlimm, wenn Architekten und Ingenieure bei vollem Honorar durch Nicht-Planung nicht nur ihren Planungsaufwand sondern auch ihr Haftungsrisiko minimieren könnten. Dieser Berufsstand dürfte sich dann nicht wundern, wenn immer mehr Bauherrn derartige „Planungsleistungen" für völlig überflüssig halten, und Architekten in dieser Leistungsphase gar nicht einbeziehen.

Frage:

Entsprechend VOB/A § 9 wird vom Auftraggeber bzw. Planer eine eindeutige und erschöpfende Leistungsbeschreibung gefordert. In einigen ATV'en wird eine Planung vom AN verlangt. Welche Regelung ist vorrangig, die der VOB/A § 9 oder die der Kap. 5 (Ausführung) der ATV'en?

Motzke:

§ 9 der VOB A verlangt Eindeutigkeit, Vollständigkeit, Widerspruchsfreiheit und eine solche Ausschreibung, die darauf hinausläuft, daß den Unternehmer keine unkalkulierbaren Risiken treffen. Hier ist die Frage gestellt, wie verhält sich dieses Gebot des § 9 der VOB A zu von mir auch angeführten Detaillösungen in ATV'en, also beispielsweise in der DIN 18 305, daß die Wasserhaltung eigentlich vom Unternehmer bemessen und dann im Detail bestimmt werden muß. Das Rangverhältnis ist nach meinem Dafürhalten ganz eindeutig zugunsten der ATV zu lösen. Die ATV konkretisiert das Eindeutigkeitsgebot, das Vollständigkeitsgebot. Sie definiert es im einzelnen sehr präzise, wenn Sie sich nur den Abschnitt 0 der jeweiligen ATV ansehen, aber sie nimmt solche Anforderungen an Eindeutigkeit und Vollständigkeit stellenweise eben wieder zurück. Die Antwort lautet also, die ATV in ihren Aussagen im Abschnitt 0, der ja den § 9 der VOB konkretisiert, wie auch Abschnitt 3 jeder einzelnen ATV, geht vor. § 9 ist gleichsam, so hat es Prof. Vygen einmal formuliert, das Grundgesetz der Ausschreibung, und dieses „Grundgesetz" wird dann, so meine ich, durch Einfachgesetz, wenn Sie so wollen, präzisiert und konkretisiert.

Frage:

Wie wird im Rahmen der Zertifizierung bei der Vielzahl verschiedener Sachverständigengebiete die Frage der fachübergreifenden Zusammenhänge geklärt?

Kolb:

Also zunächst wird ja im Zertifizierungsverfahren gegenüber dem Bestellungsverfahren nach § 36 GewO nichts geändert. Das heißt, Probleme, die wir jetzt haben, haben wir dann vielleicht auch in dem anderen Bereich, wenn es um fachübergreifende Sachverständigentätigkeit geht. Da ist es dann ganz einfach so, daß ein zweiter oder dritter Sachverständiger auch im Zertifizierungsbereich zugezogen werden muß. Wenn fachübergreifende Leistungen gefordert sind, die der einzelne Sachverständige mit seiner Zertifizierung nicht abdeckt, kann man das nicht ändern. Was mit Sicherheit nicht eintreten wird, sind die über zweihundert Bestellungstenöre, die wir im Moment bei der Bestellung nach § 36 GewO haben, weil man in gewissen Bereichen keinen Bedarf haben wird. Es werden wohl deutlich weniger Fachgebiete werden, als das bei § 36 GewO der Fall ist, und Sie sehen ja auch, im Moment wird schwerpunktmäßig vorgegangen, auch aus Kostengründen.

Frage:

Was kostet die Zertifizierung für mein Büro?

Kolb:

Da müßte man vorher vielleicht klären, ob nun das System der Zertifizierung für ein Büro oder die persönliche Zertifizierung der Einzelperson gemeint ist.
Das IfS, für das ich ja hier ein bißchen mitspreche, befaßt sich nur mit der Personalzertifizierung, also mit der Zertifizierung von Sachverständigen in Person, und nicht mit der sogenannten Systemzertifizierung. Hier ist es so, daß ich Sie einigermaßen beruhigen kann. Es soll kostendeckend gearbeitet werden, es sollen keine Gewinne erzielt werden, aber die Kosten werden im Moment noch intern kalkuliert. Haben Sie bitte Verständnis dafür, daß man hier noch nichts herausgibt, bevor es offiziell, auch innerhalb der Vorstandschaft abgesichert ist. Es werden Größenordnungen unterschiedlicher Art sein, da es ja hier auch wieder auf die Frequenz ankommt. Es kommt darauf an, wieviele sich auf einem Gebiet für die Zertifizierung interessieren. Um dies kostendeckend durchzuführen und weil man ja gewisse gleiche Grundkosten hat, wird es bei einem mehr, beim anderen weniger sein. Dann ist auch noch die Frage zu beantworten, was die Verlängerung kostet. Das war auch bereits Diskussionsgegenstand innerhalb des IfS. Man wird versuchen, das so pragmatisch wie möglich zu lösen.

2. Podiumsdiskussion am 6. 3. 1995

Frage:

Gibt es ein einfaches Verfahren auf der Baustelle, normales Isolierglas von Wärmeschutzglas zu unterscheiden?

Balkow:

Die erste Unterscheidung ist, das ist sicherlich auch Aufgabe der Berater, so wie es Herr Memmert eben gesagt hat, darauf hinzuweisen, daß Produkte verwendet werden, die gekennzeichnet sind. Es sollte jedes Wärmeschutzglas gekennzeichnet sein mit dem Produktnamen oder mit einer anderen Möglichkeit, es zu identifizieren. Wenn das dann nicht der Fall ist, bestehen zwei Möglichkeiten. Die einfachste Möglichkeit ist mit dem Feuerzeug. Sie können mit dem Feuerzeug von innen oder von außen an die Scheibe gehen, an den Reflektionsbildern, an den Farben der Flamme können Sie entscheiden, ob eine Schicht dort drauf ist. Die Wärmeschutzschichten haben meistens einen leicht gelblichen, bläulichen oder rötlichen Reflektionsanteil. Das können Sie auch mit einer Taschenlampe eindeutig sehen. Sie können aber auch ein Gerät kaufen, daß über Elektronik feststellt, ob die Schicht vorhanden ist und wo sie liegt. Dazu gehört aber eine gewisse Kenntnis, da können also sehr schnell Fehler passieren. Die Methode mit der Flamme ist eigentlich die einfachste, die billigste und auch für den Bauherrn und für alle Beteiligten eindeutig erkennbar.

Oswald:

Besteht bei Isoliergläsern eine Kennzeichnungspflicht?

Balkow:

Die Kennzeichnungspflicht gibt es eigentlich. Seitdem die erste Wärmeschutzverordnung, gilt, steht darin in bezug auf den Nachweis der Produkte, daß sie gekennzeichnet werden; es ist leider nicht durchgeführt worden. Das liegt auch daran, daß der Markt vielleicht zu nachlässig war. Normalerweise müssen die Produkte, die Isoliergläser wie auch die Rahmen, die im Bundesanzeiger veröffentlicht werden, überwacht werden. Jedes Produkt kann aufgrund seiner unterschiedlichen Art und Weise unterschiedliche k-Werte aufweisen, das muß auch in der Kennzeichnung drin sein. Das wird leider nicht gemacht. Es ist an Ihnen dies zu fordern. Wenn Sie das machen, wird der Markt das auch tun.

Oswald:

Demnach gibt es also doch keine Kennzeichnungspflicht.

Balkow:

Die Pflicht ist eigentlich vorhanden, sie wird aber nicht erfüllt. Die Pflicht besteht darin, daß in bezug auf Überwachung zur Eintragung im Bundesanzeiger steht, daß diese Produkte gekennzeichnet werden müssen, aber es wird leider nicht eingehalten.

Frage:

Wie dauerhaft ist die zugesicherte Wärmedämmung von Isolierverglasungen mit gasgefüllten Scheibenzwischenräumen, Entwicklung von Edelgasen. Wie dauerhaft ist die Beschichtung?

Balkow:

Die DIN 1286 Teil 2 berücksichtigt auch die Gasfüllung und die Prüfung der Isoliergläser bezogen auf die Gasfüllung in Verbindung mit einer Überwachung und einer definierten Beschreibung des Produktes. In seiner Anforderung ist es heute üblich und möglich, diese Eigenschaften über die Lebensdauer der Isolierglaseinheiten, die im Bereich zwischen 30 und 35 Jahren liegt, auch zu halten. Das gleiche gilt für die Schichten. Je nachdem, welche Schicht sie haben, muß die Schicht, und das ist dann Bestandteil der Spezifikation für das Produkt, vom Glas entfernt werden, um wieder einen einwandfreien Verbund zum Glas zu erhalten. Die Schicht liegt also dann im Scheibenzwischenraum, ist geschützt und es kann von außen keine Unterwanderung stattfinden; also ist dann auch gegeben, daß die Lebensdauer der Schicht gleich die Lebensdauer der Isolierglaseinheit ist.

Oswald:

Gibt es eine Gesundheitsgefährdung durch Gasfüllungen bei Zerstörung der Glasscheiben?

Balkow:

Es ist mal gesagt worden, daß Krypton radioaktiv ist. Dazu kann ich Ihnen folgende Stellungnahme der Hersteller geben, die das eindeutig untersucht haben. Die Gase, die verwendet werden, das ist Krypton und Argon, werden aus der normalen Luft entnommen. Sie enthalten je nachdem, wie die Luft auch Anteile von Radioaktivität. Es gibt Anforderungen der Gewerbeaufsicht, daß bei gewissen Fertigungsprozessen eine bestimmte radioaktive Menge nicht überschritten werden darf. Für das Isolierglas, den Scheibenzwischenraum, kann man also eindeutig sagen, bei Zerstörungen der Scheibe wird keine Gefährdung stattfinden, weil das Gas, das Krypton, halt wieder in die Luft geht, wo es hergekommen ist. Es werden also keine anderen Zusätze dazugegeben. Das Thema ist eigentlich erledigt. Es sind auch ausreichende Untersuchungen vom Bundesgesundheitsamt, vom Strahlenschutzamt durchgeführt worden, weil hier eine sehr große Unruhe vorhanden war, da kann ich sie also beruhigen.

Frage:

Bitte definieren Sie den Unterschied zwischen a) Wind- und b) Luftdichtheit.

Pohl:

Aus sprachlicher Sicht ist es sehr schwierig, mit diesen beiden Begriffen allein die jeweilige Problemstellung deutlich zu machen, denn in beiden Fällen handelt es sich um Luft, um Luftbewegung.

Mit den Maßnahmen zur Erzielung einer **Luftdichtheit** soll erreicht werden, daß Innenluft (mit ihrem Wärmeenergiegehalt und Feuchtegehalt) nicht aus dem Raum durch die Außenbauteile nach außen gelangt. Maßnahmen zur Erzielung einer Luftdichtheit sind, um Feuchteschäden über einen konvektiven Wasserdampftransport zu vermeiden, immer innenseitig von Konstruktionen, bei Einbau von Wärmedämmschichten immer **innenseitig** (auf der warmen Seite) einzubauen.

In gewissem Sinne hängt die Luftdichtheit eng mit der Winddichtheit zusammen, man sollte trotzdem eine feine Unterscheidung vornehmen. In der eben aufgestellten Definition des Begriffs Luftdichtheit wurde der Luftdurchsatz von innen nach außen als energetische und feuchtetechnische Problemstellung definiert. Mit den Maßnahmen zur Erzielung einer **Winddichtheit** soll erreicht werden, daß Außenluft nicht in das Innere eines Gebäudes gelangt und dort Zugluftscheinungen hervorruft (hygienischer Aspekt).

Aus energetischer Sicht kann eine Windundichtheit auch dann schon zu Problemen führen, wenn der Wind nur in das Innere einer Konstruktion gelangt. Der Wind muß also gar nicht bis in das Innere des Raumes gelangen. Zwei Beispiele sollen dies verdeutlichen.

Strömt Außenluft z. B. infolge von Windeinfluß hinter ein Wärmedämmverbundsystem (die Ansetzfuge soll bei diesem Beispiel an den Rändern des Sockels, der Traufe, des Firstes und der Fensteröffnungen nicht dicht angeschlossen sein), so entzieht die kalte Außenluft dem warmen Hintermauerwerk Wärmeenergie und führt sie über die „Belüftung" nach außen ab. Hier wird über eine an falscher Stelle vorhandene Belüftung dem Gebäude Wärme entzogen.

Im zweiten Beispiel dringt kalte Außenluft über Wind in das Innere einer wärmetechnisch relevanten Schicht ein (z. B. bei einer strömungsoffenen Dämmschicht), hierbei unterkühlt sie eine bestimmte Schichtdicke. Diese Dicke steht dann für die Wärmedämmung des Bauteils praktisch nicht mehr zur Verfügung, da sie die Temperatur der Außenluft angenommen hat (gleiche Überlegungen gelten auch für das Eindringen von warmer Innenluft in Dämmschichten). Aus diesem Grund müssen sehr strömungsoffene Wärmedämmschichten auf der Außen- und Innenseite einen möglichst luftdichten Verschluß bekommen. In meinem Vortrag hatte ich Ihnen bei der hinterlüfteten Bekleidung mit Profilholzschalung ein Beispiel mit einer Maßnahme zu Winddichtheit (diffusionsoffene Unterspannbahn) vorgestellt.

Oswald:

Sie zeigten in Ihrem Vortrag den Querschnitt einer Außenwand mit hinterlüfteter Fassadenbekleidung. Sie haben es eben gerade erwähnt. Dort war die Wärmedämmung außenseitig – also zum Luftspalt hin – mit einer Winddichtung abgedeckt. Halten Sie das grundsätzlich – also auch bei hinterlüftetem zweischaligen Verblendmauerwerk – in Zukunft für erforderlich?

Pohl:

Ich glaube, dies ist in diesem Fall nicht erforderlich. Im Gegensatz zu der von Ihnen angeführten hinterlüfteten Außenwand mit Profilholzbekleidung ist das Sichtmauerwerk außen relativ winddicht. Lediglich im Bereich der Entwässerungsöffnungen (am Sockelpunkt und über den Fensteröffnungen) über Sperrschichten hat das Sichtmauerwerk mit Kerndämmung ohne Luftschicht Öffnungen. Der Querschnitt dieser Öffnungen ist, bezogen auf die sonst vorhandene winddichte Fläche, relativ gering. Ein nennenswerter Staudruck kann hier im Inneren der Konstruktion vor der Wärmedämmschicht nicht mehr vorhanden sein. Nur in sehr exponierter Lage mit extremen Windverhältnissen und einer Luftschichtdicke von etwa 4 cm müssen, wenn überhaupt, hier im Sinne Ihrer Frage spezielle Überlegungen angestellt werden.

Frage:

Wie hoch ist die Lebenserwartung von Mehrscheibenisolierglas?

Schmid:

Wir gehen davon aus, daß Mehrscheibenisolierglas eine Nutzungserwartung zwischen 25 und 30 Jahren hat, und das kann man auf Zweifach- und Dreifachscheiben übertragen.

Frage:

Wo soll beim Kastenfenster die Isolierglasscheibe sein: außen oder beim raumseitigen Flügel?

Schmid:

Es ist sicher sinnvoll, sie im Außenflügel anzubringen, denn die Öffnung des Zwischenraumes ist ja nun keine Belüftung in dem Sinn, sondern ist nur ein Druckausgleich, die Minderung der Wärmedämmung ist sicherlich vernachläßigbar.

Oswald:

Sie haben im Vortrag aber doch ein Verbundfenster mit innenliegender Isolierglasscheibe gezeigt.

Schmid:

Bei einem Verbundfenster ist es ein technisches Problem, weil ich dort Schwierigkeiten habe, mit den Verbundbeschlägen das Glasgewicht dauerhaft abzuleiten. Es ist also nur eine Frage der Beschläge.

Oswald:

Also rein bauphysikalisch würden Sie auch lieber beim Verbundfenster die Isolierglaseinheit außen machen?

Schmid:

Das würde zumindest keinen großen Einfluß haben darauf. Aber es ist dort einfach technisch von den Beschlägen her nicht möglich.

Frage:

Die Wärmefühligkeit von Kunststoffenstern.

Schmid:

Ich denke, es geht hier um Fenster, die sich bei Sonneneinstrahlung oder im Winter verändern. Das tritt vor allen Dingen bei farbigen Fenstern auf, also bei Fenstern, die eine Holzdekorfolie haben; da kann es passieren, wenn die Aussteifung zuviel Luft hat oder nicht ausreichend ist, daß dann durch die Erwärmung ein vorzeitiger Schrumpf der äußeren Bereiche eintritt. Der äußere Bereich schrumpft ja immer, aber nur langsam, und durch diesen vorzeitigen Schrumpf kommt es zu einer Verformung der Profile. Im Winter wird diese Schrumpfung in der gleichen Richtung nochmals überlagert, d. h. es gibt dann Schwierigkeiten beim Öffnen und Schließen.

Oswald:

Wie beurteilen Sie solche Schwierigkeiten beim Öffnen und Schließen?

Schmid:

Es gibt eine Norm, die DIN 18 055, die besagt, daß das Moment am Griff nicht mehr als 10 Nm haben darf und das ist, glaube ich, eine ganz gute Möglichkeit zur Beurteilung.

Oswald:

Wie messen Sie das praktisch auf der Baustelle?

Schmid:

Sie können es mit einem Momentenschlüssel machen, wenn Sie draufdrücken auf die Olive, da kann man das Moment in etwa messen; ich glaube, man hat das sehr schnell heraus, wie das funktioniert.
Aber das nächste ist eben die Frage der Sanierung. Man kann nicht immer, aber sehr häufig sanieren, indem man das Glas herausnimmt und im Glasfalz, wenn noch genügend Luft da ist, den Flügel entsprechend gerade macht, da noch mal eine Verstärkung mit der ursprünglichen Verstärkung verschraubt. Im Regelfall läßt

sich also der Flügel geradestellen, aber wie gesagt, das gelingt nicht immer.

Oswald:
Wie ist das mit dem Auflaufen der Flügel, wenn wir über solche Verformungen sprechen?

Schmid:
Wir haben uns ja daran gewöhnt, daß der ursprüngliche Auflaufbock am Drehflügel weggefallen ist und nur noch so ein Einlaufstück da ist, d.h. hier geht es eigentlich darum, den Flügel in die richtige Lage zu bringen; wenn der ganz leicht angreift beim Flügelschließen, muß man das akzeptieren, aber ich glaube, man muß immer, wenn man solche Sachen beurteilt, nach der Ursache fragen. Die Ursache für solche Veränderungen ist nämlich häufig die falsche Verklotzung, und wenn die Verklotzung nachgibt, was vor allen Dingen bei Sprossenfenstern ein großes Problem ist, dann ist das natürlich ein Mangel, der behoben werden muß. Wenn ansonsten alles richtig verklotzt ist, dann gehört dieses Nachstellen der Beschläge, durch die Ecklager und die Scherenlager, zur Instandhaltung. Solche Fenster muß man im Turnus von 1 bis 2 Jahren im Wohnungsbau, im Schulhausbau halbjährlich überprüfen und nachstellen, aber man muß unterscheiden, ist es ein Verklotzungsfehler oder ist es eine normale Veränderung aus gebrauchsmäßiger Nutzung.

Oswald:
Wie kann man das im konkreten Fall klären? Halten Sie es grundsätzlich bei solchen Fragen für erforderlich, die Glashalteleiste abzunehmen und die Verklotzung zu überprüfen?

Schmid:
Wenn so etwas im ersten Vierteljahr auftritt, ist es mit Sicherheit ein Verklotzungsfehler, und wenn es kritisch wird, dann muß man eben auch schauen, ob die Klötze richtig liegen und ob die Klötze entsprechend halten. Das kann man überprüfen, aber Spezialkenntnis gehört schon mit dazu.

Oswald:
Es ist ein grundsätzliches Problem des praktisch tätigen Sachverständigen, daß es unverhältnismäßig wäre, ein Prüfinstitut einzuschalten, wenn in einem Reihenhaus an einem Fenster der Rahmen schleift. Was tun wir in so einem Fall?

Schmid:
Ich muß da ein bißchen weiter ausholen. Erstmal gehen wir davon aus, daß im Rahmen der Bauabnahme der Flügel richtig eingestellt ist, das muß sichergestellt sein. Wenn dann im ersten halben Jahr etwas passiert, kann man davon ausgehen, es ist die Verklotzung. Wenn aber erst nach zwei Jahren solche Veränderungen in geringem Maße auftreten, ist es eine Frage der Nutzung und dann muß im Rahmen der Instandhaltung dieser Flügel nachgestellt werden.

Oswald:
Wenn der Sachverständige dem Bauherrn im 2. Jahr sagt, daß Schleifen der Fenster ist überhaupt kein Mangel, da sind Sie selbst schuld. Sie hätten das nachstellen müssen, wird dieser fragen, wo das geschrieben steht. Gibt es zu diesem Thema Literaturquellen?

Schmid:
Es gibt eine Veröffentlichung über die Instandhaltung von Fenstern, die eine Liste mit allen Maßnahmen, die im Rahmen der Instandhaltung gemacht werden müssen enthält. Da ist eben auch das Nachstellen der Flügel drin und eine Zeittabelle, in welchen Abständen solche Maßnahmen notwendig sind. Daraus kann man dann schon ableiten, daß einfach in Jahresfrist oder alle 2 Jahre solche Maßnahmen anfallen.

Frage:
Bislang war eine Vorhangfassade (Wärmedämmung), die nachträglich angebracht wurde, genehmigungsfrei. Im Zuge der neuen Wärmeschutzverordnung wurde mir seitens des Bauamtes mitgeteilt, daß nunmehr eine Baugenehmigung beantragt werden muß, stimmt das?

Memmert:
Zuerst müssen wir einmal den Begriff Vorhangfassade (Wärmedämmung) definieren. Eine Vorhangfassade ist keine Wärmedämmung. Wenn Wärmedämmung gefordert wird, bedeutet das, daß eine bestehende Wand eine Wärmedämmung bekommt. Darauf wird ein Witterungsschutz angebracht. Dies ist lediglich anzeigepflichtig, aber nicht genehmigungspflichtig, da es sich um keine bauliche Veränderung handelt. Wenn sie jedoch eine Vorhangfassade einbauen wollen, d.h. ein neues Bauteil vor ein bestehendes Bauwerk, dann halte ich

dies für genehmigungspflichtig, da es sich um eine bauliche Veränderung handelt.

Pohl:
Dazu möchte ich noch einiges ergänzen. Der Verordnungsgeber hat in der Wärmeschutzverordnung für bestehende Gebäude eindeutig Regelungen vorgesehen. Für Außenbauteile, die bautechnisch verbessert werden sollen (hierher gehört Ihre nachträglich anzubringende Vorhangfassade), ist der Wärmedämmstandard des betreffenden Außenbauteils anhand des Anforderungsprofils der neuen Wärmeschutzverordnung zu überprüfen.
Hier gelten die Festlegungen des dritten Abschnittes „Bauliche Änderungen bestehender Gebäude" und die Anlage 3 „Anforderungen zur Begrenzungen des Wärmedurchgangs bei erstmaligem Einbau, Ersatz oder Erneuerung von Außenbauteilen bestehender Gebäude", dort speziell die Tabelle 1; hier wäre ein k-Wert von 0,50 W/(m²·K) bzw. bei Einbau einer Wärmedämmschicht – dies sollten Sie im vorliegenden Fall unbedingt tun – der Wert von 0,4 W/(m²·K) als Grenzwert einzuhalten. Über diese bescheidenen Forderungen des Verordnungsgebers hinaus sollten Sie in Ihrem Fall prüfen, ob es nicht doch besser ist, mehr zu tun. Die Chance, kostengünstig zusätzlich Wärmedämmstoff einbauen zu können, ist in Ihrem Fall nur einmal gegeben, hier im Zusammenhang mit dem Anbringen einer hinterlüfteten Vorhangfassade.

Memmert:
Das war bei der letzten Wärmeschutzverordnung auch schon so. Wenn Fenster angefaßt werden, dann müßte auf jeden Fall Isolierungsverglasung eingebaut werden. Mit der Wärmedämmung war es genauso. 50 mm Wärmedämmung galten als Minimum. Wenn das damit gemeint ist, muß das natürlich eingehalten werden. Aber das hat mit der Genehmigung nichts zu tun.

Frage:
Haben Sie Erfahrung mit Wärmeschutzgläsern bei Verbundfenstern?

Balkow:
Ich kenne einige Fenster, die so ausgeführt worden sind. Sie sind letzten Endes als Wärmeschutzglas zu bewerten, als beschichtetes Isolierglas mit einer dritten Scheibe, als ein Dreifachglas. Mit ihrem k-Wert liegen sie im Bereich von 1,0 bis 0,9.

Frage:
Sind Isoliergläser mit hochwertigen Edelgasfüllungen, z.B. Xenon, aufgrund des möglichen geringen SZR zu bevorzugen und zu optimieren?

Balkow:
Die Optimierung ist sicherlich möglich, aber das ist auch eine Kostenfrage. Ich halte es für falsch, wenn wir jetzt hier irrsinnig große Anstrengungen machen, um das letzte Zehntel noch aus dem k-Wert herauszutreiben. Ich möchte wirklich davor warnen, durch solche Füllungen, die manchmal sinnvoll sind, nur um in die Zeitung reinzukommen, einen k-Wert unter 0 anzustreben.

Oswald:
Herr Erhorn hatte schon dargestellt, daß bei hochdämmenden Isoliergläsern vernünftige Verbesserungen sich auf den wesentlich schlechteren Wärmeschutz der Rahmen beziehen müßten.

Balkow:
Deshalb würde ich sagen, im Moment ist sicherlich die Xenonfüllung absolut nicht sinnvoll, wenn man sich überlegt, daß man sich hier in Größenordnungen um 0,1 – 0,05 bewegt. Dann ist noch die Frage, wo und wann ich messe und ob die Scheiben ausgebaucht sind oder nicht. Ich halte es vielmehr für sinnvoller, daß man den Wert darauf legt, Gase und Füllungen zu nehmen, die auch den Schallschutz berücksichtigen. Wir haben ja auch Gase, die schallschutzmäßig besser sind oder wärmetechnisch, und da sollte man in die Richtung gehen: wenn ich schon ein Isolierglas mache und ich kann auch noch Schallschutz damit erreichen, daß ich dann mit 1,3 und einem guten Schallschutz zufrieden bin, anstatt mit 1,1 und einem schlechten Schallschutz. Hier sollte man das Gesamte sehen und nicht immer nur in eine Richtung, k-Wert, schauen.

Oswald:
Sie haben in Ihrem Vortrag angedeutet, daß es verschiedene Probleme geben kann, die zum Glasbruch führen. Könnten Sie diese Probleme konkreter beschreiben? Was muß man nun im speziellen Einzelfall tun um Glasbruch zu vermeiden?

Balkow:

Das erste ist, daß die Scheiben überhaupt erstmal sauber geklotzt werden, daß die Rahmenkonstruktion so ausgewählt ist, daß die Scheibe nicht im Kalten liegt, daß sie eine durchgehende Linie mit der Wärmedämmung bildet. Es ist sehr schwer, hier allgemeine Kochrezepte zu geben. Hier muß auch einfach Ingenieurwissen dazukommen und sagen: Ich habe eine Konstruktion, wie kann ich die ansetzen, daß die Grundprinzipien der Physik erhalten bleiben? Die Scheiben sollten elastisch gelagert sein. Es hat keinen Sinn, Schrägverglasungen auf Vorlegebänder zu legen, sie dann von oben einzuklemmen, im Winter die Glasleiste mittels Schraubenschlüssel so fest zu ziehen, bis es nicht mehr geht. Also wichtig ist: eine elastische Lagerung, eine saubere Klotzung, die Elemente der Wärmedämmung in eine Ebene zu legen, die richtige Dimensionierung der Scheibendicke, bei Schrägverglasung möglichst 8 mm Verbundglas wählen. Im Dachbereich würde ich wegen der Aufheizungen nie über 12 mm Scheibenzwischenraum gehen. Es hängt sehr von der Gesamtkonstruktion ab. Die Einstandtiefe bei Isolierglas im Schrägbereich sollte 15, 16 mm nicht überschreiten. Die Maße gelten für große Scheiben. Bei 30–40 cm breiten Scheiben, 3 m lang, brauchen Sie nur noch zu warten, bis die zu Bruch gehen. Hier muß die Rasteraufteilung stimmen, damit die Scheiben nicht so klein und so starr sind, daß jede thermische Änderung zum Bruch führt.

Oswald:

Ein konkreter Fall: Nehmen wir an, als Sachverständiger habe ich an einem kleineren Objekt Glasbruch zu beurteilen und es geht um die Frage, ist es ein handwerklicher Ausführungsfehler – z. B. falsche Klotzung – oder ist es ein systembedingter Fehler des Fensters. Wie können wir da vorgehen, was würden Sie vorschlagen?

Balkow:

Worüber ich mich immer wundere: Wie man von unten, aus 3 m Entfernung wissen kann, warum das Glas kaputtgegangen ist? Es gehört dazu, die Glasleisten abzunehmen, die Scheiben auszuglasen, die Verklotzung anzusehen – wo sind mechanische Elemente, ist die Scheibe eingespannt gewesen, ist der Riß über die Ecke, ist der Riß direkt rausgegangen, wie sieht das Rißbild aus, der sogenannte Bruchspiegel? Ist es ein vertikaler Bruchspiegel, der also vertikal in der Kante ist, dann ist es ein thermischer Bruch, ist er schräg, dann ist es ein mechanischer Bruch. Diese Dinge kann man aber nur sehen, wenn man die Scheibe aufmacht. Also eine Scheibe auf Glasbruch zu beurteilen, die nicht aufgemacht wurde, das ist wirklich nicht möglich.

Schmid:

Wir haben 3 Hauptprobleme beim Glasbruch:
1. Glasbruch bei kleinformatigen Scheiben im Isolierglasbereich. Das ist relativ leicht zu erkennen. Das betrifft Scheiben in der Breite zwischen 30 und 50 cm und gibt ein Bruchbild, wie man es vom Flächenglas nicht kennt, also hier über die lange Seite in der Mitte und dann oben und unten zur Kante raus. 2. Der thermische Bruch im Bereich von Wintergärten, wenn der Sonnenschutz auf der Raumseite ist. Wenn also keine Belüftung da ist, dann muß man schon ins Innenleben hereinschauen, um den Bruchspiegel zu kennen. 3. Bei großflächigen Verglasungen, die zum Schutz gegen Vögel gekennzeichnet sind, wenn also so ein Vogel aufgeklebt ist, geht häufig von dort auch ein Bruch aus. Das sind dann aber thermische Brüche, die man nur von der Kante aus erkennen kann.

Frage:

Tauwasser- und Eisbildung an Wetterschutzschienen bei Holzfenstern?

Schmid:

Es gibt an bestimmten Fenstern im Gebäude in bestimmten Bereichen Eisbildung. Das muß nicht immer die Regenschutzschiene sein, das kann auch im seitlichen Leibungsbereich sein. Es tritt immer dann auf, wenn das Fenster zum Abluftfenster wird, weil sonst keine Lüftung da ist. Irgendwo kommt die Luft rein und irgendwo muß sie ja raus, und wenn dann in diesem Fensterbereich bestimmte Stellen undichter sind als der übrige Bereich, was meistens bei den Kunststoffendklappen der Wetterschutzschienen der Fall ist, dann sind in diesem Bereich sehr hohe Luftströmungen nach außen, und dann kommt es zur Unterschreitung der Taupunkttemperatur und damit auch zu Tauwasser- oder zu Eisbildung. Was man dagegen machen kann ist, darauf zu schauen, daß die Regenschutzschienen gleichmäßig sind, daß die Flügel sauber anliegen, daß die Luftströmung, die durchgeht, nicht so groß ist. Nur kuriert man dann mehr oder weniger an den Symptomen, das eigentliche Problem ist die Wohnungslüftung, die nicht gelöst ist.

Frage:
Lasuranstriche?

Schmid:
Bei hellen Lasuranstrichen kommen die Schäden meistens in den ersten zwei Jahren, das hängt natürlich von der Witterungseinwirkung ab, auf der Nordseite weniger, auf der Süd- und Westseite stärker. Was man dagegen tun kann: abschleifen, das graue Holz wegschleifen und dunkler lasieren. Was man auch gleich hätte nehmen können, nämlich eine dunkle Lasur, wobei wir der Meinung sind, daß Dünnschichtlasuren für Fenster nicht geeignet sind, insbesondere nicht für Nadelhölzer. Sie kriegen eine Vielzahl von Haarrissen, mit denen Sie nicht mehr fertig werden, Sie kriegen immer wieder eine Hinterwanderung mit Feuchtigkeit, immer wieder Schäden. Bei dunklen Lasuren ergibt sich natürlich immer die Frage nach dem Kompromiß – zu dunkel soll es auch nicht sein, sonst werden die Temperaturen wieder zu hoch; der Farbton Kastanie bis Nußbraun wäre eigentlich das optimale aus technischer Sicht.

Frage:
Sanierungsmöglichkeit bei Blaufäule?

Schmid:
Der Begriff Blaufäule ist vielleicht nicht ganz korrekt. Wenn sich also Bläue bildet, aber keine Holzzerstörung vorliegt, sondern nur eine Verfärbung und eine Veränderung der Feuchtigkeitsaufnahme, kann man wenig machen. Sie müssen dann den Anstrich entfernen, das Holz austrocknen, mit Bläueschutzmittel behandeln und dann deckend streichen, also mehr ist da mit Sicherheit nicht drin.

Frage:
Tropfnasen?

Schmid:
Je größer eine Tropfnase ist, umso günstiger ist es sie, sollte aber nicht unter 7 mm breit sein bei 5 mm Tiefe; sie sollte auch keine gerundeten Kanten haben, sonst kann ja der Wassertropfen rumwandern. Beim IV 56 sind da konstruktive Grenzen gesetzt, da haben Sie ja keinen Platz, das unterzubringen. Deshalb empfehlen wir grundsätzlich erst beim IV 63, also bei 63 mm Holzdicke das Fenster zu beginnen, denn erst da kriegen Sie optimale Bedingungen.

Frage:
Wie kann ich das Anforderungsprofil des vorhandenen Fensters bestimmen?

Schmid:
Da muß ich zwei Dinge machen: Also erstens kann ich mir natürlich die Prüfzeugnisse von dem Fenster geben lassen. Bei Kunststoff- und Aluminiumfenstern ist eine Systembeschreibung immer mit drin, bei Holzfenstern kann ich, wenn es ein Fenster nach der Norm ist, mich an der Norm orientieren, was das Fenster leisten kann. D. h. aber noch lange nicht, daß das Fenster, das Sie jetzt vorliegen haben das auch leistet, weil auch hier nämlich die Verarbeitungsqualitäten eine ganze große Rolle spielen. Es ist natürlich schon sehr schwierig, z. B. die Schlagregenprüfung dann am eingebauten Fenster zu untersuchen. Das Fenster mit einem Schlauch zu bespritzen, ist sicherlich keine gute Methode.

Oswald:
Warum nicht, weil das zu ungleichmäßig ist?

Schmid:
Das ist eine völlig unkontrollierte Methode. Sie arbeiten da meist mit einem Wasserstrahl und selbst bei Fenstern, die gut sind, kriegen Sie was durch. Im anderen Fall kommen Sie in Bereiche, wo das Fenster vielleicht schlecht ist, wo Sie aber nichts durchbringen. Also da kann ich Ihnen wirklich nur sagen, da gehts nur um die Erfahrung. Ich meine, wir haben die Erfahrung, weil wir täglich am Prüfstand solche Fenster prüfen, und dann wissen wir eben, wo dran es liegen kann. Also ich kann Ihnen nur empfehlen, kommen Sie zu uns (mit dem Fenster unterm Arm), helfen Sie uns bei der Fensterprüfung, dann können Sie die Erfahrung sammeln. Ich meine, solche Kleinigkeiten gibt es ja nun, wenn die Dichtungen nicht anliegen. Man kann mit dem Papierstreifen reinlangen (aber auch nur mit entsprechender Erfahrung), wie groß der Ausziehwiderstand ist, das ist ein Hilfsmittel, oder man kann mit Knetmasse einen Abdruck machen im Falzbereich, wenn z. B. Löcher drin sind, wenn die Ecken nicht dicht sind usw., kommt natürlich dann Wasser durch.

Frage:

Wie muß die Fügefuge am Eckbereich des Flügelrahmens ausgebildet sein?

Schmid:

Da gibt es zwei Ausführungen, entweder, er wird glatt gestoßen oder er wird gerundet. Die Forderung ist in beiden Fällen die gleiche, die Fuge muß vollflächig verleimt sein. Wenn sie nicht verleimt ist, dann gibt es eine Kapillarfuge, die nur Ärger bringt. Der Vorteil der gerundeten Ausführung ist der, sie ist von der Herstellung sehr einfach und die äußeren Holzzonen, die dem täglichen Klimawechsel ausgesetzt sind, sind mehr oder weniger frei und belasten keine Leimfuge. Bei der ebenen Fuge haben Sie natürlich sofort eine Belastung in der äußeren Zone. Mit beiden Ausführungen können Sie, bei richtiger Umsetzung, dichte, dauerhafte Fugen erreichen, wenn die Zapfenteilung stimmt etc.

1. Podiumsdiskussion am 7. 3. 1995

Frage:
Können wir es uns wirklich leisten, die alten Fenster zu erhalten und mit sehr großem Aufwand zu restaurieren oder müssen wir nicht z.B. angesichts des umfangreichen Instandsetzungsbedarfs an den Fenstern der Altbauten in den neuen Bundesländern aus wirtschaftlichen Gründen andere Wege gehen?

Meyer*:
Ich denke, daß Sie da unterscheiden müssen zwischen Denkmälern und Altbausubstanz. Denkmäler sind ausgesprochen wichtige Objekte, deren Erhaltung die Gemeinschaft unseres Volkes beschlossen hat. Die Altbausubstanz fällt nicht voll darunter. Wenn man den Durchschnitt der gesamten Bausubstanz nimmt, z. B. der Stadt Aachen, wo ich den Prozentsatz einigermaßen genau kenne, da sind 11 % der Bausubstanz Denkmäler. Und bei diesen 11 % Denkmälern hier in Aachen haben wir noch in 9–10 % dieser Denkmäler originale Fenstersubstanz.
Ich meine, wenn ich bei 10 % der Bausubstanz noch einmal nur 10 % der Fenster erhalten habe, daß ich dann keine unkeusche Forderung stelle, wenn ich verlange, diese paar Fenster zu erhalten. Ich halte es für etwas ganz anderes, über diese wenigen Fenster zu diskutieren, als über alle Altbaufenster.
Zu diesen Aspekten kommt noch etwas zweites hinzu:
Wir haben ja erst seit Hinzukommen der neuen Bundesländer, durchgängig in ganz Deutschland Denkmalschutzgesetze. Mit diesen neuen Denkmalschutzgesetzen wird auch all das, was der Denkmalpfleger macht, justiziabel. Ich denke, daß das wichtig ist und habe deshalb ganz bewußt nur vom Erhalten der Substanz gesprochen. Ihr Interesse gilt allerdings wesentlich mehr dem Ersatz. Beim Ersatz kommt es uns auf das Erscheinungsbild an. Wir reden dort von Material-, Funktions-, Farb- und Formgerechtigkeit. Danach muß beim Ersatz, denke ich, ein gemeinsamer Kompromiß zu finden sein. Wo der Denkmalpfleger wirklich hart und kompromißlos sein muß, ist beim Erhalt. Beim Ersatz können wir nur nach Kompromissen suchen.

Oswald:
Unser Thema lautet „Neue Fenster in alten Häusern", mir war im wesentlichen an dem großen Bestand gelegen, der nicht unter Denkmalschutz steht, bei dem aber stadtbildprägende Aspekte zu beachten sind und wo die Denkmalpflege ein vernünftiges Wort mitreden sollte. Bedenklich finde ich es z. B. wenn der Denkmalpfleger beim Einbau neuer Fenster Regenschutzschienen ablehnt und eingefräste Nuten im Holz fordert, die selbstverständlich ein extrem wartungsintensives Fenster zur Folge haben.

Meyer:
Ich kann beim Einbau neuer Fenster nur auf das Denkmalschutzgesetz hinweisen und darauf, daß ich Erfahrungen gemacht habe, wo die Gerichte eine Schranke einbauen, daß übertriebene Forderungen unmöglich werden. Ich weiß, daß ich mit der folgenden Äußerung meinen Kollegen weh tun kann. Wir haben in erster Linie Substanz zu erhalten und erst in zweiter Linie das Erscheinungsbild. Ich bin ein ausgebildeter Architekt, und wenn ich sehe, was einige Kollegen als originalen Nachbau von Fenstern betrachten, bin ich verzweifelt. Allein wenn man über die Sprosse spricht, stößt man sehr schnell auf Grenzen. Bei Doppelverglasung sind keine 24 oder 28 Millimeter breite Sprossen zu schaffen. Das ist überhaupt nicht möglich. Wenn ein neues Fenster eingebaut werden muß, sollte man darüber diskutieren, ob die Sprosse überhaupt erforderlich ist. Es gibt sicherlich Bauten, wo Sprossen wichtig sind. Hier hat der Denkmalpfleger eine Bringschuld. Sprechen Sie mit dem Denkmalpfleger und fragen Sie ihn, warum er ein bestimmtes Fenster bei einem konkreten Fall für erforderlich hält. Nach einem solchen Gespräch müßte schnell ein gangbarer Weg gefunden werden können.

Oswald:
Hier ist in den Fragen ein typisches Beispiel angesprochen: Siedlungsbau der 20er Jahre, an der Hauptausfallstraße liegend, nun sollen die alten Fenster erhalten werden. Wie bringen Sie da z. B. Denkmalschutz und Schallschutz zum Einklang?

---
* Herr Dr. Meyer nahm in Vertretung von Herrn Prof. Schulze an der Podiumsdiskussion teil.

Gerwes:

Denkmalschutz bezieht sich aber nicht nur auf die Fenster, sondern auch auf die Fassaden, auf Haustüren, auf Dächer. Wir stellen einfach fest, daß wir in einigen Siedlungen, wo wir ziemlich ausgefallene Dächer haben, z. B. Mansarddächer, durchaus auf Baukosten kommen, die bis zu 25 % höher liegen als im Neubaubereich, und deswegen dürfte man nach meiner Ansicht das Problem des denkmalwürdigen Fensters nicht aus der Gesamtbetrachtung der Kosten für das komplette Haus herausnehmen.

Oswald:

Gerade mit Blick auf den Instandsetzungsbedarf am Altbaubestand der neuen Bundesländer muß man sich aber fragen, was kann man sich an Aufwand leisten und wo muß man einfach Abstriche machen, um z. B. bezahlbare Mieten zu erreichen und das ganze gebrauchstauglich zu erhalten. Um es überspitzt zu sagen: Ich habe manchmal das Gefühl, die Denkmalpfleger gehen bei ihren Forschungen von der irrigen Annahme aus, wir hätten unendlich viel Geld.

Meyer:

Ich glaube nicht, daß die Denkmalpfleger davon ausgehen, daß wir unendlich viel Geld haben. Was mich in allen Diskussionen in 15 Jahren Praxis immer wieder gestört hat, ist das Pauschalisieren. Das gilt auch beim Ersatz von Fenstern. Bereits wenn ich davon spreche, ein Fenster zu erhalten, wird es schwierig. Die Kollegen kommen dann meistens mit der Argumentation, daß die ganze Fassade auseinanderfällt. Das ist unzweifelhaft so. Denn dann stehen die massiven Profile unserer heute technisch hoch ausgebildeten Fensterbaukunst neben den höchst eleganten, historischen, allerdings bauphysikalisch nicht ganz zulänglichen Fenstern. Aber die raren Originale sollten uns doch so wichtig sein, daß wir auch eine uneinheitliche Fassade in Kauf nehmen. Deshalb ist auch eine konkrete Bestandsaufnahme so erforderlich.

Selbst unter dem Gesichtspunkt des Schallschutzes können Fenster die 100 Jahre gesessen und geringe Mängel haben, erhalten werden. Der erforderliche Schallschutz und die Wärmedämmung sind durch Kastenfenster einzuhalten. Ich bin mir wohlgemerkt, darüber im klaren, daß auch das Kastenfenster denkmalpflegerische Substanzverluste beinhaltet. Aber Kastenfenster, Doppelfenster oder aufgesetzte Flügel sind Möglichkeiten, Substanz zu wahren und andere Belange die wir haben, wie Wärmeschutz und Schallschutz, einfließen zu lassen. Man darf nicht unerwähnt lassen, daß das Kastenfenster in der Regel schallschutzmäßig wesentlich besser ist, als eine Doppelverglasung.

Pohlenz:

Bei allen funktionellen Nachteilen, die natürlich so ein Kastenfenster zweifellos hat, also doppelte Anzahl der Scheiben, Pflegeaufwand, erhöhter Bedienungsaufwand, ist das Kastenfenster das Nonplusultra aus der Sicht des Schallschutzes, das ist gar keine Frage. Wenn die bekannten Nachteile nicht wären, gäbe es keinen Grund, Schallschutzfenster nicht als Kastenfenster auszubilden, weil einfach alle technischen und physikalischen Grundvoraussetzungen beim Kastenfenster gegeben sind.

Willmann:

Mir wurde bei meinen Bemühungen, zu harmonisieren, u. a. auch immer gesagt, daß die auf uns gekommene schützenswerte Bausubstanz in der Bundesrepublik nur bei ungefähr 2 % liegt. Es gibt außer den ausdrücklich in die Denkmalliste eingetragenen Objekten auch noch die Gestaltungssatzungen, die sich gerade die um ihr Ortsbild besorgten Gemeinden häufig von westdeutschen Architekturbüros aufstellen lassen, und da steht dann in der Regel drin: „nur Holzfenster". Das macht dann diesen Leuten erhebliche Schwierigkeiten, denn es gibt eben auch Objekte, bei denen es darauf ankommt, daß der Ensembleeindruck gewahrt wird, wo es aber nicht um historische Bausubstanz geht, die wir unseren Kindern und Enkeln überliefern sollten. Ich versuche dann auch mit den zuständigen Leuten vernünftige Kompromisse zu finden, und ich bin der Meinung, daß auch Beiträge unserer Zeit sich mit überkommener Bausubstanz vertragen können, wenn es einfühlsam und technisch einwandfrei gemacht ist auch mit anderen – also neuen, zeitgemäßen – Materialien!

Oswald:

Typisches Beispiel: Regenschutzschiene. Wir haben doch heute nun mal Konstruktionen, wo unten dieser weiße Streifen der Regenschutzschiene sichtbar bleibt. Warum soll man nicht diesen Beitrag der heutigen Zeit zum Fenster zeigen, muß man da nun unbedingt wieder, den alten Wetterschenkel haben, von dem wir alle wissen, daß nicht lange hält?

Meyer:

Ich weiß, daß ich vielleicht mit einigen in Konflikt gerate, mit dem, was ich jetzt sage. Die Denkmalpflege verlangt in der Regel, wenn etwas neu zu machen ist, daß auch der Neubauteil datierbar ist. Es sollte deutlich erkennbar sein, daß dieser Teil in unserer Zeit entstanden ist. Wir wollen keinen Historismus und genau diese Aussage müßte auch beim Ersatz von Fenstern gelten. Aber jetzt kommt ein anderes Problem hinzu. Wenn Sie so ein schönes expressionistisches Gebäude haben mit den vielen liegenden Fensterformaten, dann kann ein modernes Fenster den Eindruck dieses Baues total kaputt machen. Es hängt dann von Ihrem Geschick ab, daß dieses nicht geschieht. Wichtig scheint mir auch hier zu sein, das zu erhalten, was uns überliefert ist. Da wo Neues entstehen soll, darf es den Gesamteindruck des Objektes nicht zerstören, soll aber gleichzeitig datierbar sein. Bei jeder Maßnahme besonders in der Denkmalpflege sollte immer auch die Reparaturfähigkeit von Material und Objekt mit in die Überlegung einfließen.

Frage:
Können Kunststoffenster repariert werden?

Willmann:

Es hat niemand behauptet, daß es völlig wartungsfreie Fenster gibt. Das Kunststoffenster jedoch muß nicht so intensiv gepflegt werden und hat dadurch gerade für die Wohnungswirtschaft, aber auch für die Hausbesitzer erhebliche Vorteile, weil man eben nicht dauern streichen muß und weil es in der Wartung weniger anspruchsvoll ist; nach den Beschlägen sollte trotzdem hin und wieder geschaut werden.

Frage:
Kann man über die Dauerhaftigkeit von Naturfarbenanstrichen bei bewitterten Holzbauteilen, wie z. B. Fenstern, schon etwas sagen?

Löfflad:

Dazu möchte ich auf eine Diplomarbeit an der Fachhochschule Rosenheim verweisen. In dieser Diplomarbeit sind Vergleiche zwischen Naturfarben und synthetischen Farben in Hinblick auf unterschiedliche Systeme untersucht worden. Die Naturfarben haben dabei nicht schlecht abgeschnitten, in verschiedenen Punkten sogar besser als die herkömmlichen synthetischen Farben. Diese Diplomarbeit ist frei erhältlich in Rosenheim. Bezüglich des immer wiederkehrenden Anstriches stellt sich mir die Frage, wie oft muß man ein Fenster neu streichen? Ich wohne in einem Altbau. Die Fenster in diesem Haus sind vor 10 Jahren das letzte Mal gestrichen worden und der Anstrich ist noch völlig in Ordnung. Es bedarf keines weiteren Anstriches im momentanen Falle. Ich muß dazu sagen, die Fenster haben einen sehr guten konstruktiven Gebäudeschutz. Zum Streichen selber möchte ich sagen, ich habe immer einen sehr großen globalen Anspruch und ich bin bereits im Laufe des Gespräches auf die Beschäftigungspolitik eingegangen in Hinblick auf Arbeitslose und Arbeitsbeschaffungsmaßnahmen. Die Sozialabgaben müssen auch finanziert werden.

Oswald:

Mit diesem Argument könnte man jeder nicht dauerhaften und wartungsintensiven Konstruktion einen positiven Aspekt abgewinnen. Ich halte dieses Argument daher nicht für stichhaltig.

Frage:
Wo werden Holzfenster, wo werden Kunststoffenster und wo werden Aluminiumfenster eingesetzt?

Löfflad:

Holzfenster sind meistens in Eigentumswohnungen und in privaten Häusern vorhanden. Kunststoffenster findet man meistens in Mietwohnungen, wo der Besitzer des Hauses nicht mehr innerhalb dieses Hauses lebt. Aluminiumfenster finden sie meistens bei großen Fensteranlagen. Dies geschieht meist aus fertigungstechnischen Gründen, wo man immer sehr große Spannweiten übertragen muß. Vom PVC-Fenster wird ja auch suggeriert, man müsse sich nicht mehr um das Fenster kümmern.

Gerwers:

Wir haben auch Mietverträge, wo der Mieter für den Innenanstrich der Fenster zuständig ist. Sie können sicher sein, daß ohne langwierige Aufklärungsarbeit der große Teil der Mieter nicht dazu gebracht werden kann, entsprechende

Lacke zu verwenden und gemäß der Normgröße der Fenster anzustreichen. Ich habe da so meine Bedenken. Es ist schon in den meisten Fällen am vernünftigsten, pflegearme Fenster einzubauen.

Froelich:

Die von Herrn Löfflad propagierte Verwendung von Naturfarben bei Fenstern sehe ich sehr kritisch. Die Anstriche sind oftmals unzureichend. Auch beim Holzschutz der Fenster sind DIN 18 355 bzs. DIN 68 800 T 3 zu beachten. Wenn der Auftraggeber auf den Holzschutz verzichten will, dann kann er es, dann muß er aber auch eine schriftliche Vereinbarung zwischen Auftraggeber und Auftragnehmer gemäß DIN 60 800 treffen.

Löfflad:

Ich möchte hier noch einen Hinweis bringen. Die DIN 68 800 bezieht sich auf statische Bauteile, auf statisch tragende Bauteile.

Froelich:

Die Behandlung von Fenstern hat zu erheblichen Diskussionen mit dem Ausschuß der DIN 68 800 geführt. Man hat dann die DIN 68 805 zurückgezogen und diesen Teil in die DIN 68 800 eingebaut. Also dieser Teil gilt ausdrücklich auch für Fenster, in einer abgeminderten Form. DIN 68 800 berücksichtigt verschiedene Holzarten. Es gibt resistente Holzarten und weniger resistente. Für die weniger resistenten Holzarten, dazu gehören Fichte und Kiefer, ist der Holzschutz nach dieser Norm vorgesehen und wenn einer sagt, nein, ich will diesen Holzschutz nicht, ich will diese Gifte nicht, dann kann er es haben, er muß aber ausdrücklich dazu sein Einverständnis erklären, daß der Auftraggeber von dieser Verpflichtung befreit ist. Für andere Hölzer, die wenig bläueanfällig sind, brauchen sie auch keinen Bläueschutz, das ist von der Holzart abhängig.

Löfflad:

Also, für das Fenster liegt der Holzschutz hauptsächlich im Bläueschutz.

Froelich:

Der Bläueschutz wird normalerweise immer gemacht, aber es gibt eben Hölzer, die zusätzlich auch einen Holzschutz gegen holzzerstörende Pilze benötigen. Wenn das jemand nicht will, weil er sagt, das kann nur letztlich ein Gift schaffen, diese holzstörenden Pilze abzuhalten, dann muß er darauf verzichten. Natürlich ist uns auch der konstruktive Holzschutz viel wichtiger als der chemische Holzschutz; ich sage nur, das ist das gültige Regelwerk.

Löfflad:

Die andere Seite ist, ein Fenster muß man nach DIN mit 13 % plus minus 2 % Holzfeuchte einbauen, das ist die Holzausgleichsfeuchte im Bauteil selber. Pilze, die sonst entstehen können, wachsen ab einer Holzfeuchtigkeit von 18 %. Also müßte am Bauteil ein konstruktiver Einbaufehler vorliegen, wenn die Holzfeuchtigkeit permanent über 18 % steigt.

Oswald:

Wir können hier die Frage des Holzschutzes nicht weiter vertiefen.

Frage:

Wieso werden Ein- und Zweifamilienhäuser nicht nach DIN 4109 vor Außenlärm geschützt? Welche Bedeutung hat die DIN 4109, nachdem das OLG Hamm entschieden hat, daß die dort festgestellten Werte als überholt gelten?

Pohlenz:

Zum ersten: Selbstverständlich gibt es für Ein- und Zweifamilienhäuser für jedwede Wohnungs- und Büronutzung Anforderungen an den Schallschutz gegen Außenlärm. Die Tabelle, die ich Ihnen gezeigt habe, gilt insgesamt für alle genutzten Gebäude. Es gelten lediglich keine Anforderungen im Inneren von Einfamilienhäusern, also zwischen den Zimmern, z. B. Wohn- und Schlafräumen. Gegen Außenlärm sind selbstverständlich die Anforderungen der DIN 4109 einzuhalten. Zum 2. Teil der Frage ist grundsätzlich folgendes zu sagen: Wir planen und bauen, wie wir es ja heute auch wieder gehört haben und wie wir es eigentlich nicht müde werden sollen, zu betonen, nicht nach DIN-Normen, sondern primär nach den allgemein anerkannten Regeln der Technik, und wie weit eine DIN-Norm diesen anerkannten Regeln der Technik entspricht, steht Gewerk für Gewerk, Problem für Problem auf einem anderen Blatt. Es ist in der Tat so, daß in einigen Bereichen der Anforderungen die in DIN 4109 aufgeführten Werte nicht den allgemein anerkannten Regeln der Technik entsprechen. Hier wäre der Mindestschallschutz zwischen normalen Etagengeschoßwohnungen zu nennen. Die dort aufgeführten Werte sind ganz eindeutig Kompromißwerte, die nach den Erhebungen, die wir kennen, von der Mehrzahl der Gebäude deutlich überschritten werden. Damit ist eindeutig der Beweis erbracht, daß der Schallschutz mittlerer Art und Güte eben über den Mindestanforderungen liegt. D. h., wenn geplant wird, gilt ganz eindeutig, daß dieser Mindestschallschutz zu überschreiten ist. Die zweite Sache, die sich auch aus dieser Frage ablesen läßt, ist: Wir müssen uns auch angewöhnen, genau zu zitieren, denn dieses Gerichtsurteil bezieht sich auf einen ganz speziellen Fall, nämlich welcher Schallschutz zwischen Geschoßwohnungen einzuhalten ist, nicht auf die DIN ganz allgemein. Also kurz und gut, die Mindestanforderungen sind bauordnungsrechtlich festgeschrieben, sie sind nicht zu unterschreiten. Wir schulden als Planer einem Auftraggeber aber einen angemessenen Schallschutz, und die Frage, was angemessen ist, hängt immer vom Einzelfall ab, von der Belastung auf der einen Seite, von der Störempfindlichkeit der Nutzung auf der anderen Seite, und ich kann nur jedem raten: Vereinbaren Sie grundsätzlich den angestrebten Schallschutz mit Ihren Auftraggebern. Wir kennen alle die Problematik der DIN 4109. Als die Norm 1989 vorgestellt wurde, hat sich eine große Zahl von Sachverständigen dazu geäußert und gesagt: Diese Norm ist in diesem und jenem Punkt nichts und wir finden uns damit nicht ab. Das hieß, den 10jährigen Streit bis zur Veröffentlichung der Norm bis heute weiterzuführen. Das ist für uns Planende eine mißliche Situation. Und damit wir nun überhaupt irgendeinen Anhalt haben, wie wir uns verhalten können, ist eine VDI-Richtlinie 4100, die jetzt im vergangenen Jahr endgültig als Weißdruck erschienen ist, erarbeitet worden. Sie beschäftigt sich mit dem Schallschutz von Wohnungen und gibt Empfehlungen für anzustrebende Schalldämmwerte zwischen Wohnungen für alle Bereiche, für die Innenbauteile, Decken, Wände, Türen, auch für die Außenbauteile. Diese VDI 4100 unterteilt sozusagen die Planungsziele in drei Schallschutzstufen, wobei die Schallschutzstufe 1 generell Mindeststandard nach DIN 4109 bedeutet, die Schallschutzstufe 2 ein gehobener Standard etwa in der Qualität des erhöhten Schallschutzes ist und die Schallschutzstufe 3 ein noch mal um 3 bis 5 dB höheren Schallschutz bewirkt. In dieser selben VDI 4100 ist eine weitere kleine wichtige Tabelle enthalten, aus der hervorgeht, wie diese Schalldämmaße vom Empfinden her einzustufen sind, und das finde ich, ist eine sehr hilfreiche Sache.

Oswald:

Ich möchte Ihre letzte Aussage unterstreichen: Es ist wichtig, daß der Vertragspartner, der nicht fachkundig ist, erkennen kann, was er sich eigentlich mit einem bestimmten Schallschutzwert einhandelt. Sonst ist eine solche Vereinbarung unter Umständen nämlich nicht wirksam.

Frage:

Wie wird das Längsschalldämmaß von Fensterbändern aus Aluminium- und Vorhangfassaden ermittelt bzw. im Schallschutznachweis erfaßt?

Pohlenz:

Das ist eine wirklich ganz entscheidende, wichtige Frage. Zunächst einmal: Erfassen läßt es sich sehr leicht. Es gibt Prüfstände, in denen Längsschalldämmaße, oder Schall-Längsdämm-Maße, wie sie offiziell heißen, ermittelbar sind. Der rechnerische Nachweis nach DIN 4109 Beiblatt 1 erlaubt es uns, bei Kenntnis der Längsschalldämmaße die Nachweise zu führen. Was die Sache schwierig macht, ist, daß es diese Prüfzeugnisse nicht gibt. Mir ist eigentlich unbegreiflich, daß Quadratkilometer von Glasfassaden an Bürogebäuden gebaut werden, für die es Anforderungen zu erfüllen gibt – ordnungsrechtlicher Natur zwischen den Geschossen 54 dB bewertetes Schalldämmaß –, die unter Garantie von fast allen diesen Glasfassaden unterlaufen werden. Ich bin ganz sicher, daß wir in vielen Fällen diesen Schallschutz nicht erreichen und dort wird mit relativ großer Leichtfertigkeit ein Schallschutznachweis nicht geführt, weil einfach die Daten nicht da sind. Die großen Hersteller, die solche Fassaden herstellen, sind bis heute nicht willens oder imstande, uns die erforderlichen Planungsunterlagen zu liefern, und da denke ich, ist es eigentlich unsere Aufgabe darauf zu drängen, daß dieser Beweisnotstand abgeschafft wird, in dem wir die erforderlichen Daten wieder und wieder abverlangen.

Oswald:

Herr Löfflad, ich fand es sehr gut, daß Sie gesagt haben, daß die ökologische Einstufung eines so komplexen Gegenstandes wie das Fenster im Grunde genommen eine Frage des jeweiligen Wertesystems ist, weil sehr viele unterschiedliche Faktoren gewichtet und gegeneinander verrechnet werden müssen. Im öffentlichen Bereich werden uns aber bestimmte Bewertungen aufoktroyiert. Es heißt: Wir dürfen das PVC-Fenster nicht verwenden, es darf kein Metall mehr ins Holzfenster eingebaut werden und ähnliches. Da wird im Grunde genommen das Wertesystem nicht mehr dem Einzelnen überlassen, sondern es wird uns übergestülpt. Das ist doch dann nicht richtig?

Löfflad:

Es ist einerseits nicht richtig, aber wie wollen Sie solche Sachen verhindern? Sie können nicht eindeutige Kriterien für alle Zwecke entwickeln. Das ist unmöglich, da haben sich bereits viele Leute die Köpfe heiß geredet und sind zu keinem Ergebnis gekommen. Ich würde sagen, auch wenn das eine oder andere Fenstermaterial eine ungünstigere Bilanz hat vom ökologischen Gesichtspunkt her, kann es unter bestimmten Voraussetzungen zum Einsatz kommen. Stellen Sie sich nur einmal vor, daß Sie eine Fensteraußenfassade haben im 4. Stock, die nicht zu öffnen und ständig der Witterung ausgesetzt ist, und Sie bauen dort ein Holzfenster ein. Im Falle einer Renovierung eines Fensters müssen Sie ein Gerüst aufbauen. Das ist einfach zu teuer. Da ist es eventuell sinnvoll, ein PVC-Fenster einzusetzen. Da ich von Haus aus ein Holzmensch bin, würde ich eher auf ein Holz-Aluminium-Profil gehen, aber das muß immer am jeweiligen Objekt entschieden werden. Es gibt keine Pauschalaussage, und wenn man eine Pauschalaussage macht, gut, ich würde mich nicht so weit vortrauen, ich kann es nicht.

Willmann:

Wir kommen uns näher, das ist ja meine These gewesen, von Fall zu Fall vernünftig miteinander zu reden, daß hat nichts mit weichlichem Kompromißlertum zu tun, sondern wir müssen miteinander Lösungen finden, und dabei spielt die wirtschaftliche Komponente eben auch eine Rolle. Es ist vielleicht in diesem Zusammenhang nicht ganz uninteressant, daß die Rechnungshöfe, auch der Bundesrechnungshof sich endlich auch Gedanken über die Unterhaltung der Fenster machen. Es gibt einen Erlaß, bei der Entscheidung über Fensterrahmenmaterialien gefälligst daran zu denken, welche Kosten in absehbarer Zeit entstehen!

Löfflad:

Die Problematik ist doch folgende – wenn irgendwelche Behörden sagen, die Fenster müssen gestrichen werden, dann werden sämtliche Fenster gestrichen. Es ist egal, ob sie sich im Osten, Süden, im Westen oder im Norden befinden, und es wird dabei außer acht gelassen, welcher Dachüberstand vorliegt. Man müßte ein bißchen genauer differenzieren und es sollte ein vernünftiger Gebäudeschutz aufgebaut werden. Man sollte Fenster nicht vorne an die Fassade hängen. Natürlich habe ich in diesem Fall einen größeren Wartungsaufwand. Man muß intelligent planen, das ist der Punkt.

Mattil
(Vertreter eines Kunststoffensterherstellers):
Herr Löfflad hat in der Diskussion mit Herrn Froelich eben gezeigt, welche Probleme das Holzfenster beinhaltet. Herr Dr. Meyer hat gesagt, daß abgesehen von den wenigen, direkt unter Denkmalschutz stehenden Fenstern auch die Materialien dieses Jahrhunderts eingesetzt werden können und die technisch angepaßten, höheren Funktionen gleichzeitig mit erfüllt werden können. Natürlich muß dabei auf einen angemessenen optischen Eindruck geachtet werden. Im übrigen ist nicht nur das Recycling von Kunststoffenstern ein ganz heißes Thema. Es darf nach der Kleinfeuerstättenverordnung ein lasiertes Holzfenster nicht verbrannt werden, es muß als Sondermüll entsorgt werden.

Löfflad:

Holzfenster können in jeder Müllverbrennungsanlage entsorgt werden, jedoch nicht in einer Kleinverbrennungsanlage. Im weiteren können wir auch auf die Problematiken von PVC-Fenstern eingehen speziell in der Herstellung und Fertigung, welche Rohmaterialien verwendet werden usw.

Frage:

Kostenbeteiligung an den Forderungen durch den Denkmalschutz.

Meyer:

Diese Kostenbeteiligung ist eine Frage an unsere Gesellschaft. Was ist unserer Gesellschaft das wert, was wir als Denkmäler erhalten wollen. Das ist kein Problem, was wir hier als Techniker lösen können, sondern ein politisches Problem. Bei der Frage nach den Kosten muß man auch bedenken, daß dies eine Verteilungsangelegenheit ist. Wenn die Politiker den Aufbau Ost finanzieren müssen und dafür die Denkmalmittel hier einschränken, dann ist das eine Sache, über die man kaum diskutieren kann.

Es wurde eine weitere Frage gestellt, nach den Forderungen, die die Denkmalpflege stellt.

Das was der Denkmalschutz fordert, fordert er im Rahmen des Denkmalschutzgesetzes. Das Maß der Durchsetzung kann jedoch das Gesetz nicht festlegen. Wieviel ein Denkmalpfleger an denkmalpflegerischen Interessen durchsetzen kann, hängt vom Antragsverfahren ab. Oft werden Anträge gestellt, in denen der Architekt bewußt übertriebene Forderungen an den Substanzerhalt stellt, um Verhandlungsspielraum zu erzielen. Im folgenden Interessenausgleich müssen dann mühselig die Positionen zurückgesteckt werden. Ich glaube, es ist verständlich, wenn Denkmalpfleger, die ein solches Verfahren immer wieder erleben, sich dann auch manchmal auf die gleiche Position stellen und fordern. Andererseits hat der Denkmalpfleger als Anwalt des Denkmals und Vertreter eines öffentliches Belanges auch die Verpflichtung, klare Forderungen aufzustellen.

Ich möchte noch ein anderes Thema, das bei der Diskussion zur Sprache gekommen ist, aufgreifen: Es ist hier über ein ungeheuer breites Spektrum gesprochen worden und über Materialien die sehr jung sind. Ich habe in meiner Baupraxis eine Erfahrung gemacht, die ich Ihnen gerne mitteilen möchte. Ich habe als Maurergeselle begonnen. Wir haben zu dieser Zeit Vorhangfassaden gemacht. Sie wurden mit verzinkten Blechen eingebaut; das war das neuste, der Zink konnte ja nicht rosten. Heute wissen wir es besser. Als Denkmalpfleger habe ich mit dem Aachener Dom zu tun. Da ist das Mittel des 19. Jahrhunderts verwendet worden: Eisenanker mit Bleimennige. Das war damals das modernste Mittel. Die mit Bleimennige gestrichenen Anker konnten ja nicht rosten. Heute wissen wir es besser. Als ich noch Bauleiter war, haben wir verzinkte Bleche durch V2A ersetzt. V2A konnte ja nicht rosten. Heute wissen wir es besser. Inzwischen bauen wir 4A ein. Ich mache jede Wette, in 20 oder 30 Jahren steht der nächste Denkmalpfleger da und sagt: Das hätte man doch besser wissen müssen.

Oswald:

Bei Sachverständigen laufen Sie mit diesem Argument offene Türen ein. Gerade wir, die täglich vor Ort die Schäden sehen, sind gegenüber schnellen Versprechungen bei neuen Bauwesen skeptisch. Trotzdem kommen wir nicht drumherum, uns mit den modernen Konstruktionsweisen auseinanderzusetzen und sie technisch richtig anzuwenden. Ganz abgesehen davon haben Sie im Vortrag selbst erwähnt, daß auch historische Fensterkonstruktionen eine begrenzte Lebensdauer haben und dann durch neue ersetzt werden müssen.

Willmann:

Genau, bei den Kunststoffenstern handelt es sich nicht um Neuentwicklungen aus der letzten Zeit, sondern da haben wir doch nun über 30 Jahre Erfahrung, die Kinderkrankheiten sind längst überstanden. Deswegen wird auch das Recyclingproblem in Einzelfällen aktuell. Dabei kommt beim Kunststoffenster eine gewisse unterschwellige emotionale Aversion hinzu. Also der Qualitätskunststoff PVC ist kein Surrogat, kein Ersatz, sondern ein durchaus hochwertiges Fensterrahmenmaterial mit besonderen Vorzügen, aber zugegebenermaßen auch Grenzen bei den Einsatzmöglichkeiten. Dabei muß ich jetzt wieder sagen, ich bin für die Fensterhersteller der verschiedensten Kategorien zuständig und sollte gar nicht einseitig Partei ergreifen, wehre mich allerdings gegen einseitige, voreingenommene, manchmal auch unqualifizierte Argumentationen.

Löfflad:

Ich möchte noch kurz auf das außereuropäische Holz im Fensterbau zu sprechen kommen. Tropenholzverbot ist in allen Ohren, aber auch die Menschen in den Tropen müssen ihren Wald wieder aufforsten und benötigen die Arbeitsplätze. Hier liegt es an uns, den Leuten in diesen Ländern zu zeigen, wie man vernünftige Forstwirtschaft betreibt, damit ihre Wälder auch erhalten bleiben. Zu diesem Anlaß gibt es einen Kongreß. Im Rahmen dieses Kongresses findet eine große Diskussion über Tropenholz statt. Es sind Vertreter aus Ländern, die Tropenholz in ihren Wäldern haben, Vertreter der Industrie und Vertreter von Initiativen wie „Rettet den Regenwald" eingeladen worden. Es findet eine Pro und Contra Diskussion statt. Es soll hiermit darauf hingelenkt werden, daß in den Dritte-Welt-Ländern eine vernünftige Forstwirtschaft aufgebaut wird, so daß diese Menschen auch langfristig Geld haben und damit langfristig unsere Erde erhalten bleibt.

Schlußbemerkung

Oswald:

Lassen Sie auch zum Abschluß der Diskussion anmerken, daß es nicht sinnvoll war – hier alle erdenklichen Fensterbaumaterialien anzusprechen – ich bitte also um Verständnis, daß z.B. Acryl-Silikat-Materialien u.a. unerwähnt bleiben. Es ging uns darum, vor allem an Hand der Alternative Holz-Kunststoff (PVC) die verschiedenen grundsätzlichen Fragestellungen der Denkmalpflege, der Dauerhaftigkeit, der Wirtschaftlichkeit und der Ökologie zu behandeln.

2. Podiumsdiskussion am 7. 3. 1995

Oswald:

Herr Froelich zeigte, daß am Rahmen üblicher Dachflächenfenster winterliche Oberflächentemperaturen von nur +3–4 °C auftreten können. Der Mindestwärmeschutz nach DIN 4108 zielt auf eine Oberflächentemperatur von mindestens +12 °C ab. Muß da nicht der Schluß gezogen werden, daß die meisten heute üblichen Dachflächenfenster wärmeschutztechnisch grundsätzlich mangelhaft sind?

Froelich:

Das ist natürlich eine etwas provozierende Frage, die auch sicher mit Absicht so gestellt ist, daß man auf das Kernproblem kommt. Diese ganze Thematik der niedrigen Temperaturen an den Rändern, ist mit Sicherheit in der Vergangenheit einfach zu stark vernachlässigt worden. Das betrifft nicht nur das Dachflächenfenster, sondern auch andere Konstruktionen, wo es ähnliche Probleme gibt. In vielen Fällen ist offenbar durch eine günstige Heizungsanordnung und eine starke Warmluftzufuhr dieses Problem nicht so kraß zum Ausdruck gekommen. Es ist schwierig den Mangel hier klar abzugrenzen; ist es nun wirklich ein Konstruktionsmangel oder ein Fenstermangel, oder ist es letztlich doch ein Problem der Beheizung und Belüftung und Benutzung usw. Das ist unser Problem bei der Begutachtung, und wir müssen eigentlich sagen, daß das Problem einfach nicht zufriedenstellend gelöst ist.

Oswald:

Sie meinen also, da diese Konstruktionen seit vielen Jahren üblich sind und auch überwiegend funktionieren, kann man nicht von einem technischen Mangel sprechen?

Froelich:

Es wurden ja Millionen von Dachflächenfenstern gebaut und bei weitem nicht bei jedem Dachflächenfenster sind diese Probleme aufgetreten. Aber mit zunehmender Dichtigkeit, mit zunehmendem Wärmeschutz der Gebäude kommt eben dieses Problem viel stärker auf den Tisch und muß jetzt wirklich gelöst werden.

Oswald:

Hier muß sich dringend etwas ändern. Der Sachverständige, der im Einzelfall die Ursachen von Tauwasserproblemen an Dachflächenfensterrahmen zu beurteilen hat, tut sich schwer, aufgrund eines Einzelfalles die grundsätzliche Mangelhaftigkeit der Produkte eines ganzen Industriezweiges zu diagnostizieren.
Wir sind also einer Meinung, daß angesichts der zukünftigen ungünstigeren Raumklimabedingungen unbedingt der Wärmeschutz dieser Fenster verbessert werden sollte, damit sie nicht als Mangelhaft eingestuft werden müssen.

Froelich:

Es wird zukünftig wahrscheinlich so aussehen, daß es ein differenziertes Angebot geben wird. Natürlich kostet das auch mehr. Man wird aber zumindest das Angebot erweitern, so daß man dem Auftraggeber sagen kann, es gibt hier deutlich verbesserte Lösungen, so daß die letzte Entscheidung beim Auftraggeber liegt, ob er das macht oder nicht will.

Frage:

Gibt es Lichtkuppeln über Fluchtwegen, die schwer entflammbar, also B1 sind?

Horstmann:

Grundsätzlich kann dazu gesagt werden, daß PMMA oder Acrylglas nicht in der Brandklasse B1 hergestellt wird. Die Lieferanten bzw. Hersteller von Acrylglas haben es bisher noch nicht geschafft, dieses in einer schwer entflammbaren Ausführung zu liefern. Polycarbonat gibt es zwar in der BA-Ausführung, ist aber äußerst schwierig zu verarbeiten und damit sehr teuer. Polycarbonat-Lichtkuppeln gibt es ebenfalls in allen Größen, sie sind bedingt durch den hohen Preis aber nicht im Gespräch.
Lichtkugeln aus glasfaserverstärktem Polyester gibt es ebenfalls nicht in B1-Ausführung, obwohl in dieser Ausführung die DIN 4102 B2, Teil 7, (harte Bedachung) erreicht wird. Glasfaserverstärkte Polyester-Lichtkuppeln sind selbstverlöschend und nicht brennend abtropfend.

Polycarbonat-Lichtkuppeln haben also das Zertifikat B1, aber wiederum nicht das Zertifikat „harte Bedachung"; genau dieser Punkt ist der Nachteil von Thermoplasten. Thermoplaste verformen sich bei hohen Temperaturen, deformieren sich und brennen bzw. schmelzen durch. Über Fluchtwegen werden normalerweise Lichtkuppeln aus glasfaserverstärktem Polyester angeboten, diese haben dann wenigstens das Zertifikat „harte Bedachung".

Frage:

Wird der Staudruck des Regenwassers von unten bei der Überprüfung der Schlagregensicherheit von Dachflächenfenstern berücksichtigt?

Froelich:

Es wird im Prinzip nur die Dichtheit zwischen dem Rahmen und dem Flügel geprüft, der Anschluß zwischen dem Fenster und dem Dach selbst ist nicht Gegenstand der Prüfungen. Durch die Beregnung von oben, also senkrecht auf das Fenster wird durch die Länge der Prüfzeit und durch den kontinuierlich erzeugten Staudruck das Wasser wirklich in die Fugen und Ritzen gedrückt, sodaß dadurch schon eine sehr hohe Belastung stattfindet. Ob das Wasser nun senkrecht oder etwas schräg aufgesprüht wird, ist nicht so entscheidend. Natürlich könnte ich sagen, wenn ich unter ganz bestimmten Auftreffwinkeln prüfe, dann kann sich das Ergebnis noch einmal ändern. Aber hier sind natürlich die Verhältnisse zu unsicher. Probleme mit den Übertragungen der Prüfergebnisse auf die Praxis gab es eigentlich bisher nicht.

Oswald:

Wie dicht sind nun Dachflächenfenster für den Fall, daß Feuchtigkeit von unten in die Konstruktion eingetrieben wird?
Ich hatte einen Fall zu bearbeiten, bei einer sehr starken Schlagregenbeanspruchungssituation. Es ging um die Frage, ob die Undichtigkeit am Dachflächenfenster dem Dachdecker oder dem Hersteller anzulasten sei. Eine Wasserschlauchprobe ergab, daß bei leicht schräg von unten auftreffenden Wasserstrahl das Fenster sehr undicht war. Dabei war auszuschließen, daß das Wasser durch die Fensteranschlüsse gelaufen war.

Froelich:

Dieses Problem haben wir ständig, wenn wir vor Ort mit dem Schlauch prüfen, auch bei normalen Fenstern. Je nachdem wie man den Schlauch richtet, kriegt man relativ leicht und schnell Wasser durch oder auch nicht. Die Fenster, die nach diesem System geprüft sind, machen nach den bisherigen Erfahrungen in der Praxis keine Probleme mit Schlagregendichtheit. Meistens, wenn die Probleme auftreten, sind es entweder unterbrochene Dichtungen oder irgendwelche Verarbeitungsmängel.

Frage:

Herr Froelich zeigte, daß die Dachflächenfenster nach den gleichen Grundsätzen zu prüfen sind wie Fassadenfenster. Dabei ist aber zu berücksichtigen, daß wir bei Fassadenfenstern einen aerodynamischen cd-Wert von 0,8–1,3 haben, bei Dachflächenfenstern insbes. bei einer Neigung von 20–30° aber einen doppelten bis dreifachen cd-Wert. Es müssen daher wahrscheinlich doch neue Prüfkriterien für Dachflächenfenster festgelegt werden.

Froelich:

Ich denke, daß man diese Fragen im Rahmen der europäischen Normung – da unterhält man sich ja genau über die Fragen – d. h. die entsprechenden Beiwerte usw. berücksichtigt. Da werden im Zusammenhang mit den Prüfkriterien auch solche Fragen besprochen.

Frage:

Holzschutz Dachflächenfenster, Anstrich vor Verglasung, Schlußanstrich?

Froelich:

Das ist ein Punkt, der noch nicht ganz zufriedenstellend gelöst ist. Es wird hier mit Holzschutzbehandlungen gearbeitet, und es wird meistens keine weitere Beschichtung aufgetragen, weil man das nach dem Einbau dem Eigentümer oder dem Bauherrn überläßt, wie er sein Fenster weiterbehandelt. Nach unserer Meinung wäre natürlich ein entsprechend besserer Voranstrich hier günstiger. Dies scheitert aber offensichtlich bisher an der Praxis, weil man eben dann schon etwas mehr in der Anstrichart festgelegt ist.

Frage:

Sie kritisieren, daß Lichtkuppeln über 1,5 m Seitenfläche in vielen Fällen mit nur einer Aufstellvorrichtung (respektive Zuhaltung) hergestellt werden. Warum wird die notwendige Mindestzahl von Aufstellvorrichtungen für alle Lichtkuppelgrößen nicht vom Fachverband Lichtkuppeln festgelegt?

Horstmann:

Ich muß dazu folgendes sagen:
In unserem Fachverband Lichtkuppeln haben wir momentan mit ganz anderen Problemen zu kämpfen, die eigentlich noch viel wichtiger sind und zwar dem Rauch- und Wärmeabzug. Der Rauch- und Wärmeabzug steht hier an allererster Stelle. Es gibt immer wieder Lieferanten innerhalb des Verbandes, die sich einfach nicht daran halten wollen oder können, Rauch- und Wärmeabzugsklappen zu liefern, die DIN- oder VdS-gerecht sind.

Unter diesen Gesichtspunkten tritt das Problem, ob ein oder zwei Öffnungsvorrichtungen bei großen Lichtkuppeln eingebaut werden, erst einmal in den Hintergrund.

Oswald:

Sie dürfen sich daher dann auch nicht darüber wundern, daß der Ruf der Lichtkuppeln als gut funktionierende Teile schlecht ist. Das kann doch nicht im Interesse der Gesamtheit der seriösen Hersteller sein.

Horstmann:

Nein, wir vom Fachverband arbeiten ja mit aller Macht daran, Qualität zu liefern, und genau deswegen bin ich auch hier und werde mit Sicherheit nichts verheimlichen oder vertuschen, denn auf Dauer kann sich nur Qualität durchsetzen.

Oswald:

Für uns Sachverständige ist es wichtig zu wissen, daß auf dem Lichtkuppelsektor eine Anzahl von Problemen tatsächlich konstruktionsbedingt ist.

Frage:

Verschleißen Rolladenschienendichtungen bzw. müssen sie gewartet werden?

Dahmen:

Selbstverständlich unterliegen elastische Dichtungsprofile in den Führungsschienen bzw. am Auslaßschlitz einem Verschleiß. Solche Profile können in der Regel nicht gewartet, sondern nur im Bedarfsfall erneuert werden, wobei die Erneuerungsintervalle von den Beanspruchungen im Einzelfall abhängen, z. B. wie häufig der Rolladen betätigt wird. Da aber der k-Wert des Systems Fenster-Rolladen u. a. entscheidend durch die Dichtigkeit des Rolladens und seiner Anschlüsse bestimmt wird, ist eine Überprüfung der Dichtungsprofile in regelmäßigen Abständen erforderlich. Hierin ist sicherlich ein Schwachpunkt dieser Konstruktion zu sehen.

Oswald:

Herr Dahmen hat ein Beispiel eines Rolladenkastens mit einer vorderen Schürze gezeigt, die mit einer Metallschiene seitlich in den Putz eingreift. Mir sind viele Schadensfälle bekannt, wo der Putz an den einbindenden Schienen deutlich einreißt. Die Hersteller behaupten, daß dies als „unvermeidlich" hinzunehmen ist. Herr Froelich sind Sie mit mir der Meinung, daß diese Rolladenschienen falsch konstruiert sind?

Froelich:

Nein, es ist keine konstruktive Notwendigkeit, da gibt es bessere Lösungen auf dem Markt. Das ist keine Lösung, die so aussehen muß.

Frage:

Woher stammt die Behauptung, Rolläden verbessern den k-Wert eines Fensters in der Regel um mind. 50 %, und wieso meinen Sie, dieser Ersparnisfaktor sei zu hoch?

Dahmen:

Diese Behauptung steht in einer Anmerkung der DIN 18 073 zu 5.2 Rolläden mit besonderen Anforderungen an den Wärmeschutz, allerdings mit dem Zusatz „Rolläden, die an der Außenseite eines Fensters angeordnet werden und den Anforderungen der Abschnitte 5.2.1 bis 5.2.5 entsprechen". In dieser Form habe ich den Satz zitiert. Darüber hinaus wurden die in den genannten Abschnitten beschriebenen Anforderungen, die von einem lichten Mindestabstand zwischen Rollpanzer und Fensterrahmen über die Dichtigkeit des Rolladens bis zu Dämmaßnahmen im Bereich des Rolladenkastens reichen, in meinem Referat im einzelnen wiedergegeben.

Es wurde anhand eines Diagramms des Instituts für Fenstertechnik e. V. (s. Abb. 3 meines Aufsatzes) dargestellt, daß das angegebene Verbesserungsmaß von mind. 50 % nur für herkömmliche Isolierverglasungen gilt, bei den heute fast schon in der Regel verwendeten Wärmeschutzgläsern aber deutlich geringer ist.

Je kleiner der k-Wert eines Fensters ist, der der Ausgangswert für die Beurteilung ist, um so kleiner wird das Verbesserungsmaß. Darüber hinaus ist anzumerken, daß eine solche Verbesserung nur bei geschlossenem Rolladen möglich ist. Da von diesem Zustand aber nur zeitweise ausgegangen werden kann, ist eine Wichtung der Verbesserung vorzunehmen, die über den Deckelfaktor erfolgen kann.

Frage:

Wie müssen die unteren Glas-Falze von Dachflächenfenstern entwässert werden?

Froelich:

Es gibt Prüfergebnisse. Nach unserer Definition ist das eigentlich keine Entwässerung, sondern eine Falzbelüftung. D. h. der Falz, in dem die Scheibe steht, muß mit der Außenluft in Verbindung stehen, so daß eben dort möglicherweise anfallendes Tauwasser abgeführt wird. Das bedeutet aber nicht, daß das Wasser irgendwo reinlaufen kann und dann durch Löcher im Falz wieder nach außen abgeführt wird, das würde verhängnisvoll sein, da es gerade bei Holzfenstern unter Umständen Schäden verursachen kann, die lange Zeit verdeckt bleiben.

Oswald:

Herr Froelich, ich sehe da einen Widerspruch. Einerseits propagiert das ift die zweistufige Abdichtung, aber an dieser Stelle sagen Sie, daß die Glashalteleiste bzw. die Abdichtung des Glases 100 % dicht sein muß, eine weitere Entwässerung des in den Falz eingedrungenen Wassers brauche, also nicht vorgesehen werden. Warum genügt Ihnen hier – übrigens im Gegensatz zu den Aussagen mancher Isolierglashersteller – das einstufige Abdichtungsprinzip?

Froelich:

Es wird hier immer wieder mit dem Begriff der „Entwässerung" gearbeit. Der Begriff der „Entwässerung" ist in diesem Fall aus unserer Sicht sehr verfänglich, denn damit gehen viele den Weg, daß sie sagen: Die Verglasung muß gar nicht dicht sein, sie wird ja entwässert, aber eine Entwässerung im klassischen Sinne findet dort nicht statt. Das Wasser sammelt sich im Falzraum in Mengen, die überhaupt nicht mehr aus dem Fenster rausgehen. Es kommt dort erstens zu frühzeitigen Ausfällen der Isolierglasscheibe, wenn größere Mengen an Wasser im Falz stehen. Zweitens kommt es auch zu Schäden am Holz. Ich will nicht so theoretisch sein, daß ich sage, es kommt da nie Wasser rein; ich sage jedoch, daß grundsätzlich zunächst mal die Verglasung dicht sein muß. Grundsätzlich heißt: Wenn da mal ein paar Tropfen irgendwo reinkommen, ist das nicht tragisch. Aber daß ich das Wasser gleich da reinlaufen lasse und sage, das läuft schon wieder raus, das würde ich nicht unterschreiben.

Oswald:

Sie geben damit das zweistufige Prinzip an dieser Stelle auf.

Froelich:

Das zweistufige Prinzip nur insofern, als ich sage, es gibt dort eben keinen Wasserdurchlauf, es gibt dort eine äußere und innere dichte Ebene für den Anschluß des Glases und außen eine verdeckte Öffnung für die Dampfentspannung.

Frage:

Warum liefen die Dachflächenfensterhersteller ihre Fenster nicht endbeschichtet? Der Schlußanstrich auf der Baustelle ist doch sehr problematisch.

Froelich:

Das ist ein rein logistisches, herstellungstechnisches Problem, weil Dachflächenfenster auf Lager, quasi nach Programm hergestellt werden. Um sie möglichst vielseitig verwenden zu können, werden sie eben nur mit dieser Oberflächenbehandlung versehen. Wenn man das kommissionsweise für den Auftrag machen würde, wäre das selbstverständlich machbar. Wenn man aber den Kundenwunsch nicht kennt und nur auf Vorrat fertigt, erscheint mir das fast nicht lösbar. Wenn der Kundenwunsch genau ermittelt wird, gibt es Lösungen.

Oswald (nach Zwischenrufen):

Ich möchte die Meinung der Kollegen im Publikum so zusammenfassen:
Wir brauchen das werkseitig endbehandelte Dachflächenfenster! Nur so kann übrigens – wie bei anderen Fensterkonstruktionen auch – der Glasfalz vor dem Verglasen ausreichend vorbehandelt werden.

Froelich:

Ich werde Ihre Sorgen an die Hersteller weitergeben. Es ist unumstritten, daß das für normale Fenster so gilt. Aber wir haben keine Gütegemeinschaft Dachflächenfenster. Es gibt von uns auch keine Betreuung über Gütesicherung bei den Dachflächenfensterherstellern. Soweit wir Einfluß nehmen können und wir können das vorzugsweise über die Gütegemeinschaft, können wir das auch durchsetzen. Bei den Dachflächenfenstern haben wir aber nicht diese Möglichkeiten. Es ist jedoch anzumerken, daß auch heute schon fertig behandelte Dachflächenfenster auf dem Markt angeboten werden.

Oswald:

Ich habe den Eindruck, daß die Diskussion über Dachflächenfenster, Rolläden und Lichtkuppeln eine Anzahl wichtiger Probleme aufdecken konnte, die vom Hersteller und Sachverständigen beherzigt werden müssen. Sicher ist, daß diese Bauteile auch bei zukünftigen Tagungen reichlichen Diskussionsstoff bieten werden.

Verzeichnis der Aussteller

Informationsausstellung während der Tagung

Während der Aachener Bausachverständigentage wurde in einer begleitenden Ausstellung den Sachverständigen und Architekten interessierende Meßgeräte, Literatur und Serviceleistungen vorgestellt.

Aussteller waren:

AHLBORN Meß- und Regelungstechnik
Eichenfeldstraße 1–3, 83607 Holzkirchen,
vertreten durch:
Dipl.-Ing. F. Schoenenberg,
Petunienweg 4, 50127 Bergheim
Tel. (0 22 71) 9 48 43
Meßgeräte für Temperatur (auch für Infrarot), Feuchtigkeit, Druck, Luftgeschwindigkeit, Meßwerterfassung,
Temperatur-Feuchte-Schreiber,
Hand-Speichermeßgeräte,
k-Wert-Programme etc.

BUCHLADEN PONTSTRASSE 39
Pontstraße 39, 52062 Aachen
Tel.: (02 41) 2 80 08
Fachbuchhandlung, Versandservice

FRANKENNE
An der Schurzelter Brücke, 52074 Aachen
Templergraben 48, 52062 Aachen
Tel.: (02 41) 17 60 11
Vermessungsgeräte, Messung von Maßtoleranzen, Zubehör für Aufmaße; Rißmaßstäbe; Bürobedarf; Zeichen- und Grafikmaterial, Overheadprojektoren

HEINE OPTOTECHNIK
Kientalstraße 7, 82211 Herrsching
Tel.: (0 81 52) 3 80
HEINE Technoskope,
netzunabhängige Endoskope; Rißlupe

HIMO – Handwerker Innovationszentrum Monschau
c/o Wirtschaftsförderungsgesellschaft
Kreis Aachen, Herr Otten,
Theaterstraße 15, 52062 Aachen
Tel.: (02 41) 2 24 88

INGENIEURGEMEINSCHAFT
Bau + Energie + Umwelt GmbH
Am Elmschenbruch, 31832 Springe
Tel.: (0 50 44) 3 80 + 18 80
Messung von Luftundichtigkeiten in der Gebäudehülle, „Blower-Door-Verfahren";
umweltbezogene Beratung und Analytik
Vertrieb der Minneapolis Blower-Door

IRB – Fraunhofer-Informationszentrum
Raum und Bau
Nobelstraße 12, 70569 Stuttgart
Tel.: (07 11) 9 70 26 00
SCHADIS; bebilderte Volltext-Datenbank zu Bauschäden, Literatur-Datenbanken, Veröffentlichungen des IRB-Verlags

ISO 2 – Wärmebrückenberechnung
Thermisch-hygrische Bauteilanalyse,
vertreten durch:
Dipl.-Ing. Rolf Weyer,
Bauphysikalische Beratungen
Orpundstraße 11, CH-2504 Biel/Bienne
Tel.: (00 41) 32 42 53 20;
Dr.-C.-Otto-Straße 31, D-44879 Bochum
Tel.: (02 34) 49 14 41

MUNTERS Trocknungs-Service GmbH
Süderstraße 165, 20537 Hamburg
Tel.: (0 40) 25 15 32-0
Ausstellung über Trocknungs- und Sanierungsmethoden und über Meßtechniken;
z. B.: Thermographie,
Baufeuchtemessung, Leckortung etc.

SUSPA Spannbeton GmbH
Germanenstraße 8, 86343 Königsbrunn
Tel.: (0 82 31) 9 60 70
Baufeuchtemessung (z. B. CM-Gerät,

Gann Hydromette); Betonprüfgeräte, Bewehrungssucher, CANIN-Korrosionsanalyse; vielfältiges Zubehör zur Probenentnahme, Meßlupe, Rißmaßstäbe etc.

Register 1975–1995

Rahmenthemen	**Seite 188**
Autoren	**Seite 189**
Vorträge	**Seite 192**
Stichwortverzeichnis	**Seite 211**

Rahmenthemen der Aachener Bausachverständigentage

1975 – Dächer, Terrassen, Balkone
1976 – Außenwände und Öffnungsanschlüsse
1977 – Keller, Dränagen
1978 – Innenbauteile
1979 – Dach und Flachdach
1980 – Probleme beim erhöhten Wärmeschutz von Außenwänden
1981 – Nachbesserung von Bauschäden
1982 – Bauschadensverhütung unter Anwendung neuer Regelwerke
1983 – Feuchtigkeitsschutz und -schäden an Außenwänden und erdberührten Bauteilen
1984 – Wärme- und Feuchtigkeitsschutz von Dach und Wand
1985 – Rißbildung und andere Zerstörungen der Bauteiloberfläche
1986 – Genutzte Dächer und Terrassen
1987 – Leichte Dächer und Fassaden
1988 – Problemstellungen im Gebäudeinneren – Wärme, Feuchte, Schall
1989 – Mauerwerkswände und Putz
1990 – Erdberührte Bauteile und Gründungen
1991 – Fugen und Risse in Dach und Wand
1992 – Wärmeschutz – Wärmebrücken – Schimmelpilz
1993 – Belüftete und unbelüftete Konstruktionen bei Dach und Wand
1994 – Neubauprobleme – Feuchtigkeit und Wärmeschutz
1995 – Öffnungen in Dach und Wand

Verlage: bis 1978 Forum-Verlag, Stuttgart
           ab 1979 Bauverlag, Wiesbaden / Berlin

Lieferbare Titel bitte bei den Verlagen erfragen; vergriffene Titel können als Kopie beim AIBau bezogen werden.

Autoren der Aachener Bausachverständigentage

(die fettgedruckte Ziffer kennzeichnet das Jahr; die zweite Ziffer die erste Seite des Aufsatzes)

Achtziger, Joachim, **83**/78; **92**/46
Arendt, Claus, **90**/101
Arnds, Wolfgang, **78**/109; **81**/96
Arndt, Horst, **92**/84
Arnold, Karlheinz, **90**/41
Aurnhammer, Hans Eberhardt, **78**/48
Balkow, Dieter, **87**/87; **95**/51
Baust, Eberhard, **91**/72
Bindhardt, Walter, **75**/7
Bleutge, Peter, **79**/22; **80**/7; **88**/24; **89**/9; **90**/9; **92**/20; **93**/17
Bölling, Willy H., **90**/35
Böshagen, Fritz, **78**/11
Brand, Hermann, **77**/86
Braun, Eberhard, **88**/135
Cammerer, Walter F., **75**/39; **80**/57
Casselmann, Hans F., **82**/63; **83**/57
Cziesielski, Erich, **83**/38; **89**/95; **90**/91; **91**/35; **92**/125; **93**/29
Dahmen, Günter, **82**/54; **83**/85; **84**/105; **85**/76; **86**/38; **87**/80; **88**/111; **89**/41; **90**/80; **91**/49; **92**/106; **93**/85; **94**/35; **95**/135
Dartsch, Bernhard, **81**/75
Döbereiner, Walter, **82**/11
Draerger, Utz, **94**/118
Ehm, Herbert, **87**/9; **92**/42
Erhorn, Hans, **92**/73; **95**/35
Fix, Wilhelm, **91**/105
Franzki, Harald, **77**/7; **80**/32
Friedrich, Rolf, **93**/75
Froelich, Hans, **95**/151
Gehrmann, Werner, **78**/17
Gertis, Karl A., **79**/40; **80**/44; **87**/25; **88**/38
Gerwers, Werner, **95**/131
Gösele, Karl, **78**/131
Groß, Herbert, **75**/3
Grosser, Dietger, **88**/100, **94**/97
Grube, Horst, **83**/103
Grün, Eckard, **81**/61
Grunau, Edvard B., **76**/163
Haack, Alfred, **86**/76
Haferland, Friedrich, **84**/33
Hauser, Gerd; Maas, Anton, **91**/88
Hauser, Gerd, **92**/98
Hausladen, Gerhard, **92**/64
Heck, Friedrich, **80**/65
Herken, Gerd, **77**/89; **88**/77
Hilmer, Klaus, **90**/69
Hoch, Eberhard, **75**/27; **86**/93
Höffmann, Heinz, **81**/121
Horstmann, Herbert, **95**/142
Horstschäfer, Heinz-Josef, **77**/82
Hübler, Manfred, **90**/121
Hummel, Rudolf, **82**/30; **84**/89

Hupe, Hans-H., **94**/139
Jagenburg, Walter, **80**/24; **81**/7; **83**/9; **84**/16; **85**/9; **86**/18; **87**/16; **88**/9 **90**/17; **91**/27
Jebrameck, Uwe, **94**/146
Jeran, Alois, **89**/75
Jürgensen, Nikolai, **81**/70; **91**/111
Kamphausen, P. A., **90**/135; **90**/143
Kießl, Kurt, **92**/115; **94**/64
Kirtschig, Kurt, **89**/35
Klein, Wolfgang, **80**/94
Klocke, Wilhelm, **81**/31
Klopfer, Heinz, **83**/21
Kniese, Arnd, **87**/68
Knöfel, Dietbert, **83**/66
Knop, Wolf D., **82**/109
König, Norbert, **84**/59
Kolb, E. A., **95**/23
Kramer, Carl; Gerhardt, H. J.; Kuhnert, B., **79**/49
Künzel, Helmut, **80**/49; **82**/91; **85**/83; **88**/45; **89**/109
Künzel, Helmut; Großkinsky, Theo, **93**/38
Lamers, Reinhard, **86**/104; **87**/60; **88**/82; **89**/55; **90**/130; **91**/82; **93**/108; **94**/130
Liersch, Klaus W., **84**/94; **87**/101; **93**/46
Löfflad, Hans, **95**/127
Lohmeyer, Gottfried, **86**/63
Lohrer, Wolfgang, **94**/112
Lühr, Hans Peter, **84**/47
Mantscheff, Jack, **79**/67
Mauer, Dietrich, **91**/22
Mayer, Horst, **78**/90
Memmert, Albrecht, **95**/92
Meyer, Hans Gerd, **78**/38; **93**/24
Moelle, Peter, **76**/5
Motzke, Gerd, **94**/9; **95**/9
Müller, Klaus, **81**/14
Muhle, Hartwig, **94**/114
Muth, Wilfried, **77**/115
Neuenfeld, Klaus, **89**/15
Obenhaus, Norbert, **76**/23; **77**/17
Oswald, Rainer, **76**/109; **78**/79; **79**/82; **81**/108; **82**/36; **83**/113; **84**/71; **85**/49; **86**/32; **86**/71; **87**/94; **87**/21; **88**/72; **89**/115; **91**/96; **92**/90; **93**/100; **94**/72; **95**/119
Pauls, Norbert, **89**/48
Pfefferkorn, Werner, **76**/143; **89**/61; **91**/43
Pilny, Franz, **85**/38
Pohl, Wolf-Hagen, **87**/30; **95**/55
Pohlenz, Rainer, **82**/97; **88**/121; **95**/109
Pott, Werner, **79**/14; **82**/23; **84**/9
Prinz, Helmut, **90**/61
Pult, Peter, **92**/70
Reichert, Hubert, **77**/101
Rogier, Dietmar, **77**/68; **79**/44; **80**/81; **81**/45; **82**/44; **83**/95; **84**/79; **85**/89; **86**/111
Royar, Jürgen, **94**/120
Ruffert, Günther, **85**/100; **85**/58
Sand, Friedhelm, **81**/103
Schaupp, Wilhelm, **87**/109
Schellbach, Gerhard, **91**/57
Schießl, Peter, **91**/100

Schickert, Gerald, **94**/46
Schild, Erich, **75**/13; **76**/43; **76**/79; **77**/49; **77**/76; **78**/65; **78**/5; **79**/64; **79**/33; **80**/38; **81**/25; **81**/113; **82**/7; **82**/76; **83**/15; **84**/22; **84**/76; **85**/30; **86**/23; **87**/53; **88**/32; **89**/27; **90**/25; **92**/33
Schlapka, Franz-Josef, **94**/26
Schlotmann, Bernhard, **81**/128
Schnell, Werner, **94**/86
Schmid, Josef, **95**/74
Schnutz, Hans H., **76**/9
Schubert, Peter, **85**/68; **89**/87; **94**/79
Schulze, Horst, **88**/88; **93**/54
Schulze, Jörg, **95**/125
Schumann, Dieter, **83**/119; **90**/108
Schütze, Wilhelm, **78**/122
Seiffert, Karl, **80**/113
Siegburg, Peter, **85**/14
Soergel, Carl, **79**/7; **89**/21
Stauch, Detlef, **93**/65
Steger, Wolfgang, **93**/69
Steinhöfel, Hans-Joachim, **86**/51
Stemmann, Dietmar, **79**/87
Tanner, Christoph, **93**/92
Tredopp, Rainer, **94**/21
Trümper, Heinrich, **82**/81; **92**/54
Usemann, Klaus W., **88**/52
Venter, Eckard, **79**/101
Vogel, Eckhard, **92**/9
Vygen, Klaus, **86**/9;
Weber, Helmut, **89**/122
Weber, Ulrich, **90**/49
Weidhaas, Jutta, **94**/17
Werner, Ulrich, **88**/17; **91**/9; **93**/9
Wesche, Karlhans; Schubert, P., **76**/121
Willmann, Klaus, **95**/133
Wolf, Gert, **79**/38; **86**/99
Zeller, M.; Ewert, M., **92**/65
Zimmermann, Günter, **77**/26; **79**/76; **86**/57

Die Vorträge der Aachener Bausachverständigentage, geordnet nach Jahrgängen, Referenten und Themen

(die fettgedruckte Ziffer kennzeichnet das Jahr; die zweite Ziffer die erste Seite des Aufsatzes)

75/3
Groß, Herbert
Forschungsförderung des Landes Nordrhein-Westfalen.

75/7
Bindhardt, Walter
Der Bausachverständige und das Gericht.

75/13
Schild, Erich
Ziele und Methoden der Bauschadensforschung.
Dargestellt am Beispiel der Untersuchung des Schadensschwerpunktes Dächer, Dachterrassen, Balkone.

75/27
Hoch, Eberhard
Konstruktion und Durchlüftung zweischaliger Dächer.

75/39
Cammerer, Walter F.
Rechnerische Abschätzung der Durchfeuchtungsgefahr von Dächern infolge von Wasserdampfdiffusion.

76/5
Moelle, Peter
Aufgabenstellung der Bauschadensforschung.

76/9
Schnutz, Hans H.
Das Beweissicherungsverfahren. Seine Bedeutung und die Rolle des Sachverständigen.

76/23
Obenhaus, Norbert
Die Haftung des Architekten gegenüber dem Bauherrn.

76/43
Schild, Erich
Das Berufsbild des Architekten und die Rechtsprechung.

76/79
Schild, Erich
Untersuchung der Bauschäden an Außenwänden und Öffnungsanschlüssen.

76/109
Oswald, Rainer
Schäden am Öffnungsbereich als Schadensschwerpunkt bei Außenwänden.

76/121
Wesche, Karlhans; Schubert, Peter
Risse im Mauerwerk – Ursachen, Kriterien, Messungen.

76/143
Pfefferkorn, Werner
Längenänderungen von Mauerwerk und Stahlbeton infolge von Schwinden und Temperaturveränderungen.

76/163
Grunau, Edvard B.
Durchfeuchtung von Außenwänden.

77/7
Franzki, Harald
Die Zusammenarbeit von Richter und Sachverständigem, Probleme und Lösungsvorschläge.

77/17
Obenhaus, Norbert
Die Mitwirkung des Architekten beim Abschluß des Bauvertrages.

77/26
Zimmermann, Günter
Zur Qualifikation des Bausachverständigen.

77/49
Schild, Erich
Untersuchung der Bauschäden an Kellern, Dränagen und Gründungen.

77/68
Rogier, Dietmar
Schäden und Mängel am Dränagesystem.

Schild, Erich
Nachbesserungsmaßnahmen bei Feuchtigkeitsschäden an Bauteilen im Erdreich.

77/82
Horstschäfer, Heinz-Josef
Nachträgliche Abdichtungen mit starren Innendichtungen.

77/86
Brand, Hermann
Nachträgliche Abdichtungen auf chemischem Wege.

77/89
Herken, Gerd
Nachträgliche Abdichtungen mit bituminösen Stoffen.

77/101
Reichert, Hubert
Abdichtungsmaßnahmen an erdberührten Bauteilen im Wohnungsbau.

77/115
Muth, Wilfried
Dränung zum Schutz von Bauteilen im Erdreich.

78/5
Schild, Erich
Architekt und Bausachverständiger.

78/11
Böshagen, Fritz
Das Schiedsgerichtsverfahren.

78/17
Gehrmann, Werner
Abgrenzung der Verantwortungsbereiche zwischen Architekt, Fachingenieur und ausführendem Unternehmer.

78/38
Meyer, Hans-Gerd
Normen, bauaufsichtliche Zulassungen, Richtlinien, Abgrenzungen der Geltungsbereiche.

78/48
Aurnhammer, Hans Eberhardt
Verfahren zur Bestimmung von Wertminderungen bei Baumängeln und Bauschäden.

78/65
Schild, Erich
Untersuchung der Bauschäden an Innenbauteilen.

78/79
Oswald, Rainer
Schäden an Oberflächenschichten von Innenbauteilen.

78/90
Mayer, Horst
Verformungen von Stahlbetondecken und Wege zur Vermeidung von Bauschäden.

78/109
Arnds, Wolfgang
Rißbildungen in tragenden und nichttragenden Innenwänden und deren Vermeidung.

78/122
Schütze, Wilhelm
Schäden und Mängel bei Estrichen.

78/131
Gösele, Karl
Maßnahmen des Schallschutzes bei Decken, Prüfmöglichkeiten an ausgeführten Bauteilen.

79/7
Soergel, Carl
Die Prozeßrisiken im Bauprozeß.

79/14
Pott, Werner
Gesamtschuldnerische Haftung von Architekten, Bauunternehmern und Sonderfachleuten.

79/22
Bleutge, Peter
Umfang und Grenzen rechtlicher Kenntnisse des öffentlich bestellten Sachverständigen.

79/33
Schild, Erich
Dächer neuerer Bauart, Probleme bei der Planung und Ausführung.

79/38
Wolf, Gert
Neue Dachkonstruktionen, Handwerkliche Probleme und Berücksichtigung bei den Festlegungen, der Richtlinien des Dachdeckerhandwerks – Kurzfassung.

79/40
Gertis, Karl A.
Neuere bauphysikalische und konstruktive Erkenntnisse im Flachdachbau.

79/44
Rogier, Dietmar
Sturmschaden an einem leichten Dach mit Kunststoffdichtungsbahnen.

79/49
Kramer, Carl; Gerhardt, H. J.; Kuhnert, B.

Die Windbeanspruchung von Flachdächern und deren konstruktive, Berücksichtigung.

79/64
Schild, Erich
Fallbeispiel eines Bauschadens an einem Sperrbetondach.

79/67
Mantscheff, Jack
Sperrbetondächer, Konstruktion und Ausführungstechnik.

79/76
Zimmermann, Günter
Stand der technischen Erkenntnisse der Konstruktion Umkehrdach.

79/82
Oswald, Rainer
Schadensfall an einem Stahltrapezblechdach mit Metalleindeckung.

79/87
Stemmann, Dietmar
Konstruktive Probleme und geltende Ausführungsbestimmungen bei der Erstellung von Stahlleichtdächern.

79/101
Venter, Eckard
Metalleindeckungen bei flachen und flachgeneigten Dächern.

80/7
Bleutge, Peter
Die Haftung des Sachverständigen für fehlerhafte Gutachten im gerichtlichen und außergerichtlichen Bereich, aktuelle Rechtslage und Gesetzgebungsvorhaben.

80/24
Jagenburg, Walter
Architekt und Haftung.

80/32
Franzki, Harald
Die Stellung des Sachverständigen als Helfer des Gerichts, Erfahrungen und Ausblicke.

80/38
Schild, Erich
Veränderung des Leistungsbildes des Architekten im Zusammenhang, mit erhöhten Anforderungen an den Wärmeschutz.

80/44
Gertis, Karl A.
Auswirkung zusätzlicher Wärmedämmschichten auf das bauphysikalische Verhalten von Außenwänden.

80/49
Künzel, Helmut
Witterungsbeanspruchung von Außenwänden, Regeneinwirkung und thermische Beanspruchung.

80/57
Cammerer, Walter F.
Wärmdämmstoffe für Außenwände, Eigenschaften und Anforderungen.

80/65
Heck, Friedrich
Außenwand – Dämmsysteme, Materialien, Ausführung, Bewährung.

80/81
Rogier, Dietmar

Untersuchung der Bauschäden an Fenstern.

80/94
Klein, Wolfgang
Der Einfluß des Fensters auf den Wärmehaushalt von Gebäuden.

80/113
Seiffert, Karl
Die Erhöhung des opitimalen Wärmeschutzes von Gebäuden bei erheblicher Verteuerung der Wärme-Energie.

81/7
Jagenburg, Walter
Nachbesserung von Bauschäden in juristischer Sicht.

81/14
Müller, Klaus
Der Nachbesserungsanspruch – seine Grenzen.

81/25
Schild, Erich
Probleme für den Sachverständigen bei der Entscheidung von Nachbesserungen.

81/31
Klocke, Wilhelm
Preisabschätzung bei Nachbesserungsarbeiten und Ermittlung von Minderwerten.

81/45
Rogier, Dietmar
Grundüberlegungen bei der Nachbesserung von Dächern.

81/61
Grün, Eckard
Beispiel eines Bauschadens am Flachdach und seine Nachbesserung.

81/70
Jürgensen, Nikolai
Beispiel eines Bauschadens am Balkon/Loggia und seine Nachbesserung.

81/75
Dartsch, Bernhard
Nachbesserung von Bauschäden an Bauteilen aus Beton.

81/96
Arnds, Wolfgang
Grundüberlegungen bei der Nachbesserung von Außenwänden.

81/103
Sand, Friedhelm
Beispiel eines Bauschadens an einer Außenwand mit nachträglicher Innendämmung und seine Nachbesserung.

81/108
Oswald, Rainer
Beispiel eines Bauschadens an einer Außenwand mit Riemchenbekleidung und seine Nachbesserung.

81/113
Schild, Erich
Grundüberlegungen bei der Nachbesserung von erdberührten Bauteilen.

81/121
Höffmann, Heinz
Beispiel eines Bauschadens an einem Keller in Fertigteilkonstruktion und seine Nachbesserung.

81/128
Schlotmann, Bernhard
Beispiel eines Bauschadens an einem Keller mit unzureichender Abdichtung und seine Nachbesserung.

82/7
Schild, Erich
Die besondere Situation des Architekten bei der Anwendung neuer Regelwerke und DIN-Vorschriften.

82/11
Döbereiner, Walter
Die Haftung des Sachverständigen im Zusammenhang mit den anerkannten Regeln der Technik.

82/23
Pott, Werner
Haftung von Planer und Ausführendem bei Verstößen gegen allgemein anerkannte Regeln der Bautechnik.

82/30
Hummel, Rudolf
Die Abdichtung von Flachdächern.

82/36
Oswald, Rainer
Zur Belüftung zweischaliger Dächer.

82/44
Rogier, Dietmar
Dachabdichtungen mit Bitumenbahnen.

82/54
Dahmen, Günter
Die neue DIN 4108 und die Wärmeschutzverordnung, ihre Konsequenzen für Planer und Ausführende, winterlicher und sommerlicher Wärmeschutz.

82/63
Casselmann, Hans F.
Die neue DIN 4108 und die Wärmeschutzverordnung, ihre Konsequenzen für Planer und Ausführende, Tauwasserschutz im Inneren von Bauteilen nach DIN 4108, Ausg. 1981.

82/76
Schild, Erich
Zum Problem der Wärmebrücken; das Sonderproblem der geometrischen Wärmebrücke.

82/81
Trümper, Heinrich
Wärmeschutz und notwendige Raumlüftung in Wohngebäuden.

82/91
Künzel, Helmut
Schlagregenschutz von Außenwänden, Neufassung in DIN 4108.

82/97
Pohlenz, Rainer
Die neue DIN 4109 – Schallschutz im Hochbau, ihre Konsequenzen für Planer und Ausführende.

82/109
Knop, Wolf D.
Wärmedämm-Maßnahmen und ihre schalltechnischen Konsequenzen.

83/9
Jagenburg, Walter
Abweichen von vertraglich vereinbarten Ausführungen und Änderungen bei der Nachbesserung.

83/15
Schild, Erich
Verhältnismäßigkeit zwischen Schäden und Schadensermittlung, Ausforschung – Hinzuziehen von Sonderfachleuten.

83/21
Klopfer, Heinz
Bauphysikalische Betrachtungen zum Wassertransport und Wassergehalt in Außenwänden.

83/38
Cziesielski, Erich
Außenwände – Witterungsschutz im Fugenbereich – Fassadenverschmutzung.

83/57
Casselmann, Hans F.
Feuchtigkeitsgehalt von Wandbauteilen.

83/66
Knötel, Dietbert
Schäden und Oberflächenschutz an Fassaden.

83/78
Achtziger, Joachim
Meßmethoden – Feuchtigkeitsmessungen an Baumaterialien.

83/85
Dahmen, Günter
Kritische Anmerkungen zur DIN 18195.

83/95
Rogier, Dietmar
Abdichtung erdberührter Aufenthaltsräume.

83/103
Grube, Horst
Konstruktion und Ausführung von Wannen aus wasserundurchlässigem Beton.

83/113
Oswald, Rainer
Abdichtung von Naßräumen im Wohnungsbau.

83/119
Schumann, Dieter
Schlämmen, Putze, Injektagen und Injektionen. Möglichkeiten und Grenzen der Bauwerkssanierung im erdberührten Bereich.

84/9
Pott, Werner
Regeln der Technik, Risiko bei nicht ausreichend bewährten Materialien und Konstruktionen – Informationspflichten/-grenzen.

84/16
Jagenburg, Walter
Beratungspflichten des Architekten nach dem Leistungsbild des 15 HOAI.

84/22
Schild, Erich
Fortschritt, Wagnis, Schuldhaftes Risiko.

84/33
Haferland, Friedrich
Wärmeschutz an Außenwänden – Innen-, Kern- und Außendämmung, k-Wert und Speicherfähigkeit.

84/47
Lühr, Hans Peter
Kerndämmung – Probleme des Schlagregens, der Diffusion, der Ausführungstechnik.

84/59
König, Norbert
Bauphysikalische Probleme der Innendämmung.

84/71
Oswald, Rainer
Technische Qualitätsstandards und Kriterien zu ihrer Beurteilung.

84/76
Schild, Erich
Flaches oder geneigtes Dach – Weltanschauung oder Wirklichkeit.

84/79
Rogier, Dietmar
Langzeitbewährung von Flachdächern, Planung, Instandhaltung, Nachbesserung.

84/89
Hummel, Rudolf
Nachbesserung von Flachdächern aus der Sicht des Handwerkers.

84/94
Liersch, Klaus W.
Bauphysikalische Probleme des geneigten Daches.

84/105
Dahmen, Günter
Regendichtigkeit und Mindestneigungen von Eindeckungen aus Dachziegel und Dachsteinen, Faserzement und Blech.

85/9
Jagenburg, Walter
Umfang und Grenzen der Haftung des Architekten und Ingenieurs bei der Bauleitung.

85/14
Siegburg, Peter
Umfang und Grenzen der Hinweispflicht des Handwerkers.

85/30
Schild, Erich
Inhalt und Form des Sachverstänigengutachtens.

85/38
Pilny, Franz
Mechanismus und Erfassung der Rißbildung.

85/49
Oswald, Rainer
Rissebildungen in Oberflächenschichten, Beeinflussung durch Dehnungsfugen und Haftverbund.

85/58
Rybicki, Rudolf
Setzungsschäden an Gebäuden, Ursachen und Planungshinweise zur Vermeidung.

85/68
Schubert, Peter

Rißbildung in Leichtmauerwerk, Ursachen und Planungshinweise zur Vermeidung.

85/76
Dahmen, Günter
DIN 18550 Putz, Ausgabe Januar 1985.

85/83
Künzel, Helmut
Anforderungen an die thermo-mechanischen Eigenschaften von Außenputzen zur Vermeidung von Putzschäden.

85/89
Rogier, Dietmar
Rissebewertung und Rissesanierung.

85/100
Ruffert, Günther
Ursachen, Vorbeugung und Sanierung von Sichtbetonschäden.

86/9
Vygen, Klaus
Die Beweismittel im Bauprozeß.

86/18
Jagenburg, Walter
Juristische Probleme im Beweissicherungsverfahren.

86/23
Schild, Erich
Die Nachbesserungsentscheidung zwischen Flickwerk und Totalerneuerung.

86/32
Oswald, Rainer
Zur Funktionssicherheit von Dächern.

86/38
Dahmen, Günter
Die Regelwerke zum Wärmeschutz und zur Abdichtung von genutzten Dächern.

86/51
Steinhöfel, Hans-Joachim
Nutzschichten bei Terrassendächern.

86/57
Zimmermann, Günter
Die Detailausbildung bei Dachterrassen.

86/63
Lohmeyer, Gottfried
Anforderungen an die Konstruktion von Parkdecks aus wasserundurchlässigem Beton.

86/71
Oswald, Rainer
Begrünte Dachflächen – Konstruktionshinweise aus der Sicht des Sachverständigen.

86/76
Haack, Alfred
Parkdecks und befahrbare Dachflächen mit Gußasphaltbelägen.

86/93
Hoch, Eberhard
Detailprobleme bei bepflanzten Dächern.

86/99
Wolf, Gert
Begrünte Flachdächer aus der Sicht des Dachdeckerhandwerks.

86/104
Lamers, Reinhard
Ortungsverfahren für Undichtigkeiten und Durchfeuchtungsumfang.

86/111
Rogier, Dietmar
Grundüberlegungen und Vorgehensweise bei der Sanierung genutzter Dachflächen.

87/9
Ehm, Herbert
Möglichkeiten und Grenzen der Vereinfachung von Regelwerken aus der Sicht der Behörden und des DIN.

87/16
Jagenburg, Walter
Tendenzen zur Vereinfachung von Regelwerken, Konsequenzen für Architekten, Ingenieure und Sachverständige aus der Sicht des Juristen.

87/21
Oswald, Rainer
Grenzfragen bei der Gutachtenerstattung des Bausachverständigen.

87/25
Gertis, Karl A.
Speichern oder Dämmen? Beitrag zur k-Wert-Diskussion.

87/30
Pohl, Wolf-Hagen
Konstruktive und bauphysikalische Problemstellungen bei leichten Dächern.

87/53
Schild, Erich
Das geneigte Dach über Aufenthaltsräumen, Belüftung – Diffusion – Luftdichtigkeit.

87/60
Lamers, Reinhard
Fallbeispiele zu Tauwasser- und Feuchtigkeitsschäden an leichten Hallendächern.

87/68
Kniese, Arnd
Großformatige Dachdeckungen aus Aluminium- und Stahlprofilen.

87/80
Dahmen, Günter
Stahltrapezblechdächer mit Abdichtung.

87/87
Balkow, Dieter
Glasdächer – bauphysikalische und konstruktive Probleme.

87/94
Oswald, Rainer
Fassadenverschmutzung, Ursachen und Beurteilung.

87/101
Liersch, Klaus W.
Leichte Außenwandbekleidungen.

87/109
Schaupp, Wilhelm

88/9
Jagenburg, Walter
Die Produzentenhaftung, Bedeutung für den Baubereich.

88/17
Werner, Ulrich
Die Grenzen des Nachbesserungsanspruchs bei Bauschäden.

88/24
Bleutge, Peter
Aktuelle Aspekte der neuen Sachverständigenordnung, Werbung des Sachverständigen.

88/32
Schild, Erich
Fragen der Aus- und Fortbildung von Bausachverständigen.

88/38
Gertis, Karl A.
Temperatur und Luftfeuchte im Inneren von Wohnungen, Einflußfaktoren, Grenzwerte.

88/45
Künzel, Helmut
Instationärer Wärme- und Feuchteaustausch an Gebäudeinnenoberflächen.

88/52
Usemann, Klaus W.
Was muß der Bausachverständige über Schadstoffimmissionen im Gebäudeinneren wissen?

88/72
Oswald, Rainer
Der Feuchtigkeitsschutz von Naßräumen im Wohnungsbau nach dem neuesten Diskussionsstand.

88/77
Herken, Gerd
Anforderungen an die Abdichtung von Naßräumen des Wohnungsbaues in DIN-Normen.

88/82
Lamers, Reinhard
Abdichtungsprobleme bei Schwimmbädern, Problemstellung mit Fallbeispielen.

88/88
Schulze, Horst
Fliesenbeläge auf Gipsbauplatten und Spanplatten in Naßbereichen.

88/100
Grosser, Dietger
Der echte Hausschwamm (Serpula lacrimans), Erkennungsmerkmale, Lebensbedingungen, Vorbeugung und Bekämpfung.

88/111
Dahmen, Günter
Naturstein- und Keramikbeläge auf Fußbodenheizung.

88/121
Pohlenz, Rainer
Schallschutz von Holzbalkendecken bei Neubau- und Sanierungsmaßnahmen.

88/135
Braun, Eberhard
Maßgenauigkeit beim Ausbau, Ebenheitstoleranzen, Anforderung, Prüfung, Beurteilung.

89/9
Bleutge, Peter
Urheberschutz beim Sachverständigengutachten, Verwertung durch den Auftraggeber, Eigenverwertung durch den Sachverständigen.

89/15
Neuenfeld, Klaus
Die Feststellung des Verschuldens des objektüberwachenden Architekten durch den Sachverständigen.

89/21
Soergel, Carl
Die Prüfungs- und Hinweispflicht der am Bau Beteiligten.

89/27
Schild, Erich
Mauerwerksbau im Spannungsfeld zwischen architektonischer Gestaltung und Bauphysik.

89/35
Kirtschig, Kurt
Zur Funktionsweise von zweischaligem Mauerwerk mit Kerndämmung.

89/41
Dahmen, Günter
Wasseraufnahme von Sichtmauerwerk, Prüfmethoden und Aussagewert.

89/48
Pauls, Norbert
Ausblühungen von Sichtmauerwerk, Ursachen – Erkennung – Sanierung.

89/55
Lamers, Reinhard
Sanierung von Verblendschalen dargestellt an Schadensfällen.

89/61
Pfefferkorn, Werner
Dachdecken- und Geschoßdeckenauflage bei leichten Mauerwerkskonstruktionen, Erläuterungen zur DIN 18530 vom März 1987.

89/75
Jeran, Alois
Außenputz auf hochdämmendem Mauerwerk, Auswirkung der Stumpfstoßtechnik.

89/87
Schubert, Peter
Aussagefähigkeit von Putzprüfungen an ausgeführten Gebäuden, Putzzusammensetzung und Druckfestigkeit.

89/95
Cziesielski, Erich
Mineralische Wärmedämmverbundsysteme, Systemübersicht, Befestigung und Tragverhalten, Rißsicherheit, Wärmebrückenwirkung, Detaillösungen.

89/109
Künzel, Helmut
Wärmestau und Feuchtestau als Ursachen von Putzschäden bei Wärmedämmverbundsystemen.

89/115
Oswald, Rainer
Die Beurteilung von Außenputzen, Strategien zur Lösung typischer Problemstellungen.

89/122
Weber, Helmut
Anstriche und rißüberbrückende Beschichtungssysteme auf Putzen.

90/9
Bleutge, Peter
Beweiserhebung statt Beweissicherung.

90/17
Jagenburg, Walter
Juristische Probleme bei Gründungsschäden.

90/25
Schild, Erich
Allgemein anerkannte Regeln der Bautechnik.

90/35
Bölling, Willy H.
Gründungsprobleme bei Neubauten neben Altbauten, zeitlicher Verlauf von Setzungen.

90/41
Arnold, Karlheinz
Erschütterungen als Rißursachen.

90/49
Weber, Ulrich
Bergbauliche Einwirkungen auf Gebäude, Abgrenzungen und Möglichkeiten der Sanierung und Vermeidung.

90/61
Prinz, Helmut
Grundwasserabsenkung und Baumbewuchs als Ursache von Gebäudesetzungen.

90/69
Hilmer, Klaus
Ermittlung der Wasserbeanspruchung bei erdberührten Bauwerken.

90/80
Dahmen, Günter
Dränung zum Schutz baulicher Anlagen, Neufassung DIN 4095.

90/91
Cziesielski, Erich
Wassertransport durch Bauteile aus wasserundurchlässigem Beton, Schäden und konstruktive Empfehlungen.

90/101
Arendt, Claus
Verfahren zur Ursachenermittlung bei Feuchtigkeitsschäden an erdberührten Bauteilen.

90/108
Schumann, Dieter
Nachträgliche Innenabdichtungen bei erdberührten Bauteilen.

90/121
Hübler, Manfred
Bauwerkstrockenlegung, Instandsetzung feuchter Grundmauern.

90/130
Lamers, Reinhard
Unfallverhütung beim Ortstermin.

90/135
Kamphausen, P. A.
Bewertung von Verkehrswertminderungen bei Gebäudeabsenkungen und Schieflagen.

90/143
Kamphausen, P. A.
Bausachverständige im Beweissicherungsverfahren.

91/9
Werner, Ulrich
Auslegung von HOAI und VOB, Aufgabe des Sachverständigen oder des Juristen?

91/22
Mauer, Dietrich
Auslegung und Erweiterung der Beweisfragen durch den Sachverständigen.

91/27
Jagenburg, Walter
Die außervertragliche Baumängelhaftung.

91/35
Cziesielski, Erich
Gebäudedehnfugen.

91/43
Pfefferkorn, Werner
Erfahrungen mit fugenlosen Bauwerken.

91/49
Dahmen, Günter
Dehnfugen in Verblendschalen.

91/57
Schellbach, Gerhard
Mörtelfugen in Sichtmauerwerk und Verblendschalen.

91/72
Baust, Eberhard
Fugenabdichtung mit Dichtstoffen und Bändern.

91/82
Lamers, Reinhard
Dehnfugenabdichtung bei Dächern.

91/88
Hauser, Gerd; Maas, Anton
Auswirkungen von Fugen und Fehlstellen in Dampfsperren und Wärmedämmschichten.

91/96
Oswald, Rainer
Grundsätze der Rißbewertung.

91/100
Schießl, Peter
Risse in Sichtbetonbauteilen.

91/105
Fix, Wilhelm
Das Verpressen von Rissen.

91/111
Jürgensen, Nikolai
Öffnungsarbeiten beim Ortstermin.

92/9
Vogel, Eckhard
Europäische Normung, Rahmenbedingungen, Verfahren der Erarbeitung, Verbindlichkeit, Grundlage eines einheitlichen europäischen Baumarktes und Baugeschehens.

92/20
Bleutge, Peter
Aktuelle Probleme aus dem Gesetz über die Entschädigung von Zeugen und Sachverständigen (ZSEG).

92/33
Schild, Erich
Zur Grundsituation des Sachverständigen bei der Beurteilung von Schimmelpilzschäden.

92/42
Ehm, Herbert
Die zukünftigen Anforderungen an die Energieeinsparung bei Gebäuden, die Neufassung der Wärmeschutzverordnung.

92/46
Achtziger, Joachim
Wärmebedarfsberechnung und tatsächlicher Wärmebedarf, die Abschätzung des erhöhten Heizkostenaufwandes bei Wärmeschutzmängeln.

92/54
Trümper, Heinrich
Natürliche Lüftung in Wohnungen.

92/64
Hausladen, Gerhard
Lüftungsanlagen und Anlagen zur Wärmerückgewinnung in Wohngebäuden.

92/65
Zeller, M.; Ewert, M.
Berechnung der Raumstörung und ihres Einflusses auf die Schwitzwasser- und Schimmelpilzbildung auf Wänden.

92/70
Pult, Peter
Krankheiten durch Schimmelpilze.

92/73
Erhorn, Hans
Bauphysikalische Einflußfaktoren auf das Schimmelpilzwachstum in Wohnungen.

92/84
Arndt, Horst
Konstruktive Berücksichtigung von Wärmebrücken, Balkonplatten, Durchdringungen, Befestigungen.

92/90
Oswald, Rainer
Die geometrische Wärmebrücke, Sachverhalt und Beurteilungskriterien.

92/98
Hauser, Gerd
Wärmebrücken, Beurteilungsmöglichkeiten und Planungsinstrumente.

92/106
Dahmen, Günter
Die Bewertung von Wärmebrücken an ausgeführten Gebäuden, Vorgehensweise, Meßmethoden und Meßprobleme.

92/115
Kießl, Kurt
Wärmeschutzmaßnahmen durch Innendämmung, Beurteilung und Anwendungsgrenzen aus feuchtetechnischer Sicht.

92/125
Cziesielski, Erich
Die Nachbesserung von Wärmebrücken durch Beheizung der Oberflächen.

93/9
Werner, Ulrich
Erfahrungen mit der neuen Zivilprozeßordnung zum selbständigen Beweisverfahren.

93/17
Bleutge, Peter
Der deutsche Sachverständige im EG-Binnenmarkt – Selbständiger, Gesellschafter oder Angestellter, Tendenzen in der neuen Muster-SVO des DIHT.

93/24
Meyer, Hans Gerd
Brauchbarkeits-, Verwendbarkeits- und Übereinstimmungsnachweise nach der neuen Musterbauordnung.

93/29
Cziesielski, Erich
Belüftete Dächer und Wände, Stand der Technik.

93/38
Künzel, Helmut; Großkinsky, Theo
Das unbelüftete Sparrendach, Meßergebnisse, Folgerungen für die Praxis.

93/46
Liersch, Klaus W.
Die Belüftung schuppenförmiger Bekleidungen, Einfluß auf die Dauerhaftigkeit.

93/54
Schulze, Horst
Holz in unbelüfteten Konstruktionen des Wohnungsbaus.

93/65
Stauch, Detlef
Unbelüftete Dächer mit schuppenförmigen Eindeckungen aus der Sicht des Dachdeckerhandwerks.

93/69
Steger, Wolfgang
Die Tragkonstruktionen und Außenwände der Fertigungsbauarten in den neuen Bundesländern – Mängel, Schäden mit Instandsetzungs- und Modernisierungshinweisen.

93/75
Friedrich, Rolf
Die Dachkonstruktionen der Fertigteilbauweisen in den neuen Bundesländern, Erfahrungen, Schäden, Sanierungsmethoden.

93/92
Tanner, Christoph
Die Messung von Luftundichtigkeiten in der Gebäudehülle.

93/85
Dahmen, Günter
Leichte Dachkonstruktionen über Schwimmbädern – Schadenserfahrungen und Konstruktionshinweise.

93/100
Oswald, Rainer
Zur Prognose der Bewährung neuer Bauweisen, dargestellt am Beispiel der biologischen Bauweisen.

93/108
Lamers, Reinhard
Wintergärten, Bauphysik und Schadenserfahrung.

94/9
Motzke, Gerd
Mängelbeseitigung vor und nach der Abnahme – Beeinflussen Bauzeitabschnitte die Sachverständigenbegutachtung?

94/17
Weidhaas, Jutta
Die Zertifizierung von Sachverständigen

94/21
Tredopp, Rainer
Qualitätsmanagement in der Bauwirtschaft

94/26
Schlapka, Franz-Josef
Qualitätskontrollen durch den Sachverständigen

94/35
Dahmen, Günter
Die neue Wärmeschutzverordnung und ihr Einfluß auf die Gestaltung von Neubauten.

94/46
Schickert, Gerald
Feuchtemeßverfahren im kritischen Überblick.

94/64
Kießl, Kurt
Feuchteeinflüsse auf den praktischen Wärmeschutz bei erhöhtem Dämmniveau.

94/72
Oswald, Rainer
Baufeuchte – Einflußgrößen und praktische Konsequenzen.

94/79
Schubert, Peter
Feuchtegehalte von Mauerwerkbaustoffen und feuchtebeeinflußte Eigenschaften.

94/86
Schnell, Werner
Das Trocknungsverhalten von Estrichen – Beurteilung und Schlußfolgerungen für die Praxis.

94/97
Grosser, Dietger
Feuchtegehalte und Trocknungsverhalten von Holz und Holzwerkstoffen.

94/111
Oswald, Rainer
Das aktuelle Thema: Gesundheitsrisiken durch Faserdämmstoffe? Konsequenzen für Planer und Sachverständige.

94/112
Lohrer, Wolfgang
Das aktuelle Thema: Gesundheitsrisiken durch Faserdämmstoffe? Konsequenzen für Planer und Sachverständige.

94/114
Muhle, Hartwig
Das aktuelle Thema: Gesundheitsrisiken durch Faserdämmstoffe? Konsequenzen für Planer und Sachverständige.

94/118
Draeger, Utz
Das aktuelle Thema: Gesundheitsrisiken durch Faserdämmstoffe? Konsequenzen für Planer und Sachverständige.

94/120
Royar, Jürgen
Das aktuelle Thema: Gesundheitsrisiken durch Faserdämmstoffe? Konsequenzen für Planer und Sachverständige.

94/124
Diskussion
Gesundheitsgefährdung durch künstliche Mineralfasern?

94/128
Anhang zur Mineralfaserdiskussion
Presseerklärung des Bundesministeriums für Umwelt, Naturschutz und Reaktorsicherheit und des Bundesministeriums für Arbeit vom 18. 3. 1994.

94/130
Lamers, Reinhard
Feuchtigkeit im Flachdach – Beurteilung und Nachbesserungsmethoden.

94/139
Hupe, Hans-Heiko
Leitungswasserschäden – Ursachenermittlung und Beseitigungsmöglichkeiten.

94/146
Jebrameck, Uwe
Technische Trocknungsverfahren.

95/9
Motzke, Gerd
Übertragung von Koordinierungs- und Planungsaufgaben auf Firmen und Hersteller, Grenzen und haftungsrechtliche Konsequenzen für Architekten und Ingenieure.

95/23
Kolb, E. A.
Die Rolle des Bausachverständigen im Qualitätsmanagement.

95/35
Erhorn, Hans
Die Bedeutung von Mauerwerksöffnungen für die Energiebilanz von Gebäuden.

95/51
Balkow, Dieter
Dämmende Isoliergläser – Bauweise und bauphysikalische Probleme.

95/55
Pohl, Wolf-Hagen
Der Wärmeschutz von Fensteranschlüssen in hochwärmegedämmten Mauerwerksbauten.

95/74
Schmid, Josef
Funktionsbeurteilungen bei Fenstern und Türen.

95/92
Memmert, Albrecht
Das Berufsbild des unabhängigen Fassadenberaters.

95/109
Pohlenz, Rainer
Schallschutz – Fenster und Lichtflächen

95/119
Oswald, Rainer
Die Abdichtung von niveaugleichen Türschwellen.

95/125
Schulze, Jörg
das aktuelle Thema: Der Streit um das „richtige" Fenster im Altbau.

95/127
Löfflad, Hans
Das aktuelle Thema: Der Streit um das ,,richtige" Fenster im Altbau.

95/131
Gerwers, Werner
Das aktuelle Thema: Der Streit um das ,,richtige" Fenster im Altbau.

95/133
Willmann, Klaus
Das aktuelle Thema: Der Streit um das ,,richtige" Fenster im Altbau.

95/135
Dahmen, Günter
Rolläden und Rolladenkästen aus bauphysikalischer Sicht.

95/142
Horstmann, Herbert
Lichtkuppeln und Rauchabzugsklappen – Bauweisen und Abdichtungsprobleme.

95/151
Froelich, Hans
Dachflächenfenster – Abdichtung und Wärmeschutz.

Stichwortverzeichnis

(die fettgedruckte Ziffer kennzeichnet das Jahr; die zweite Ziffer die erste Seite des Aufsatzes)

Abdichtung, Anschluß **75**/13; **77**/89; **86**/23; **86**/38; **86**/57; **86**/93
- begrüntes Dach **86**/99
- bituminöse **77**/89; **82**/44
- Dach **79**/38; **84**/79
- Dachterrasse **75**/13: **81**/70; **86**/57
- erdberührte Bauteile; siehe auch → Kellerabdichtung **77**/86; **77**/101; **81**/128; **83**/65; **83**/95; **90**/69
- nachträgliche **77**/86; **77**/89; **90**/108
- Naßraum **83**/113; **88**/72; **88**/77; **88**/82
- Schwimmbad **88**/92
- Umkehrdach **79**/76

Abdichtungsverfahren **77**/89
Ablehung des Sachverständigen **92**/20
Abnahme **77**/17; **81**/14; **83**/9; **94**/9
Abriebfestigkeit, Estrich **78**/122
Absanden, Naturstein **83**/66
   – Putz **89**/115
Absprengung, Fassade **83**/66
Abstrahlung, Tauwasserbildung durch **87**/60; **93**/38; **93**/46
Absturzsicherung **90**/130
Abweichklausel **87**/9
Akkreditierung **94**/17; **95**/23
Alkali-Kieselsäure-Reaktion **93**/69
Anstriche **80**/49; **85**/89; **88**/52; **89**/122
Anwesenheitsrecht **80**/32
Arbeitsraumverfüllung **81**/128
Architekt, Leistungsbild **76**/43; **78**/5; **80**/38; **84**/16; **85**/9; **95**/9
   – Sachwaltereigenschaft **89**/21
   – Haftpflicht **84**/16
   – Haftung **76**/23; **76**/43; **80**/24; **82**/23
Architektenwerk, mangelhaftes **76**/23; **81**/7
Armierungsbeschichtung **80**/65
Armierungsputz **85**/93
Attika; siehe auch → Dachrand
   – Fassadenverschmutzung **87**/94
   – Windbeanspruchung **79**/49
   – WU-Beton **79**/64
Auditierung **95**/23
Auflagerdrehung, Betondecke **78**/90; **89**/61
Aufsichtsfehler **80**/24; **85**/9; **89**/15
Augenscheinnahme **83**/15
Augenscheinsbeweis **86**/9
Ausblühungen **81**/103; **83**/66; **89**/35; **89**/48; **92**/106
   siehe auch → Salze
Ausgleichsfeuchte, praktische **94**/72
Ausforschung **83**/15
Ausführungsfehler **78**/17; **89**/15
Aussteifung **89**/61
Austrocknung **93**/29; **94**/46; **94**/72; **94**/86; **94**/146
Austrocknung – Flachdach **94**/130

Austrocknungsverhalten 82/91; 89/55; **94**/79; **94**/146
Außendämmung 80/44; **84**/33
Außenecke, Wärmebrücke **92**/20
Außenhüllfläche, Wärmeschutz **94**/35
Außenputz; siehe auch → Putz
Außenputz, Rißursachen **89**/75
    – Spannungsrisse 82/91; **85**/83; **89**/75; **89**/115
Außenverhältnis **79**/14
Außenwand; siehe auch → Wand
    – Schadensbild **76**/79
    – Schlagregenschutz 80/49; **82**/91
    – therm. Beanspruchung **80**/49
    – Wassergehalt 76/163; **83**/21; **83**/57
    – Wärmeschutz 80/44; **80**/57; **80**/65; **84**/33; **94**/35
    – zweischalige 76/79; **93**/29
Außenwandbekleidung 81/96; **85**/49; **87**/101; **87**/109; **93**/46

Balkon **95**/119
    – Sanierung **81**/70
Balkonplatte, Wärmebrücke **92**/84
Bauaufsicht; siehe auch → Bauüberwachung 80/24; **85**/9; **89**/15
Bauaufsichtliche Anforderungen **93**/24
Baubestimmung, technische **78**/38
Baubiologie **93**/100
Baufeuchte 89/109; **94**/72
Bauforschung **75**/3
Baugrund; siehe → Setzung; Gründung; Erdberührte Bauteile
Baukosten **81**/31
Bauleistungsbeschreibung **92**/9
Baumbewuchs **90**/61
Bauordnung **87**/9
Bauproduktenrichtlinie 92/9; **93**/24
Bauprozeß **86**/9
Baurecht 93/9; **85**/14
Bausachverständiger; siehe auch → Sachverständiger
Bausachverständiger **75**/7; **78**/5; **79**/7; **80**/7; **90**/9; **90**/143; **91**/9; **91**/22; **91**/111
    – angestellter **93**/117
    – Ausbildung **88**/32
    – Benennung 76/9; **95**/23
    – Bestellungsvoraussetzung 77/26; **83**/15; **93**/17; **95**/23
    – freier **77**/26
    – Haftung **77**/7; **79**/7; **80**/7; **82**/11
    – Pflichten **80**/32
    – Rechte **80**/32
    – selbständiger **93**/17
    – staatlich anerkannter **95**/23
    – vereidigter **77**/26
    – Vergütung **75**/7; **92**/20
    – Versicherung **91**/111
Bauschadensforschung, Außenwand 76/5; **76**/109
    – Dach, Dachterrasse, Balkon **75**/13
Bautagebuch **89**/15
Bautechnik, Beratung **78**/5
Bauüberwachung; siehe auch → Bauaufsicht 76/23; **81**/7; **85**/9
Bauvertrag 77/17; **83**/9; **85**/14

Bauweise, biologische **93**/100
Bauwerkstrockenlegung **90**/121
Bauwerkstrocknung **94**/146
Bedenkenhinweispflicht; siehe auch → Hinweispflicht
Bedenkenhinweispflicht **82**/30; **89**/21
Befangenheit **76**/9; **77**/7; **86**/18
Befestigungselemente, Außenwandbekleidung **87**/109
Befestigungselemente, Leichtes Dach **87**/30
Begutachtungspflicht **75**/7
Behinderungsgrad **76**/121
Belüftung; siehe auch → Lüftung
Belüftung **75**/13; **75**/27; **87**/53; **87**/101; **93**/29; **93**/46
Belüftungsebene, Dach **93**/38
Belüftungsöffnung **82**/36; **89**/35; **93**/29
Belüftungsstromgeschwindigkeit **84**/94
Beratungspflicht **84**/16; **89**/21
Bergschäden **90**/49
Beschichtung **85**/89
    – Außenwand **80**/65
    – bituminöse **90**/108
    – Dachterrasse **86**/51
Beschichtungsstoffe **80**/49
Beschichtungssysteme **89**/122
Beton, Schadensbilder **81**/75
Beton, wasserundurchlässiger; siehe auch → Sperrbeton
Beton, wasserundurchlässiger **83**/103; **86**/63; **90**/91; **91**/96
Betondachelemente **93**/75
Betondeckung **85**/100
Betonplatten **86**/76
Betonsanierung **77**/86; **81**/75
Betonsanierung Kelleraußenwand **81**/128
Betonsanierung mit Wärmedämmverbundsystem **89**/95
Betontechnologie **91**/100
Betonzusammensetzung **86**/63
BET-Technologie **83**/21
Bewegungsfugen; siehe auch → Dehnungsfugen
Bewehrung, Außenputz **89**/115
    – Stahlbeton **76**/143
    – WU-Beton **86**/63
Beweisaufnahme **93**/9
Beweisbeschluß **75**/7; **76**/9; **77**/7; **80**/32
Beweiserhebung **90**/9
Beweisfrage **77**/7; **91**/22
    – Erweiterung **87**/21; **91**/22
Beweislast **85**/14
Beweismittel **86**/9
Beweissicherung **79**/7
Beweissicherungsverfahren **75**/7; **76**/9; **79**/7; **86**/9; **86**/18; **90**/9; **90**/143
Beweisverfahren, selbständiges **90**/9; **90**/143; **93**/9
Beweiswürdigung **77**/7
Bewertung, Mangel **78**/48; **84**/71
Bitumen, Verklebung **79**/44
Bitumendachbahn **82**/44; **86**/38; **94**/130
Bitumendachbahn, Dehnfuge **91**/82
Blasenbildung, Wärmedämmverbundsystem **89**/109

Blend- und Flügelrahmen 80/81
Blitzschutz 79/101
Blower-Door-Messung 93/92; 94/Aussteller
Bodenfeuchtigkeit 77/115; 83/85; 83/119; 90/69
Bodengutachten 81/121
Bodenpressung 85/58
Bohrlochverfahren 77/76; 77/86; 77/89; 81/113
Brandschutz 84/95
Brauchbarkeitsnachweis 78/38; 93/24
Braunfäule 88/100

Calcium-Carbid-Methode 83/78; 90/101; 94/46
CEN, Comit Europen de Normalisation 92/9
CM-Gerät 83/78; 90/101; 94/86
CO_2-Emission 92/42; 94/35; 95/127

Dach; siehe auch → Flachdach, geneigtes Dach, Steildach
    – Auflast 79/49
    – begrüntes; siehe → Dachbegrünung
    – belüftetes 79/40; 84/94; 93/29; 93/38; 93/46; 93/65; 93/75
    – Durchbrüche 87/68
    – Einlauf 86/32
    – Entwässerung 86/32
    – Funktionssicherheit 86/32
    – Gefälle 86/32; 86/71
    – genutztes; siehe auch → Dachterrassen, Parkdecks
    – genutztes 86/38; 86/51; 86/57; 86/111
    – Lagenzahl 86/32; 86/71
    – leichtes; siehe → Leichtes Dach
    – unbelüftetes 93/38; 93/54; 93/65
    – Wärmeschutz 86/38
    – zweischaliges 75/27; 75/39; 79/82
Dachabdichtung 75/13; 82/30; 82/44; 86/38
    – Aufkantungshöhe 86/32; 95/119
Dachabläufe 87/80
Dachanschluß 87/68
    – metalleingedecktes Dach 79/101
Dachbegrünung 86/71; 86/93; 86/99; 90/25
Dachdeckerhandwerk 93/65
Dachdurchbrüche 95/142
Dacheindeckung 79/64; 93/65
    – Blech; siehe auch → Metalldeckung
    – Blech 84/105
    – Dachziegel, Dachsteine 84/105
    – Faserzement 84/105
    – schuppenförmige 93/46
Dachflächenfenster 95/151
Dachhaut 81/45; 84/79
    – Risse 81/61
    – Verklebung 79/44
Dachneigung 79/82; 84/105; 87/60; 87/68
Dachrand; siehe auch → Attika 79/44; 79/67; 81/70; 86/32; 87/30; 93/85
Dachterrasse 86/23; 86/51; 86/57; 95/119
Dampfdiffusion; siehe auch → Diffusion
Dampfdiffusion 75/27; 75/39; 76/163; 77/82

- Estrich **78**/122
Dampfsperre **79**/82; **81**/113; **82**/36; **82**/63; **87**/53; **87**/60; **92**/115; **93**/29; **93**/38; **93**/46; **93**/54
- Fehlstellen **91**/88
Dampfsperrwert, Dach **79**/40; **87**/80
Darrmethode **90**/101; **94**/46
Dämmplatten; siehe auch → Wärmedämmung
Dämmplatten **80**/65
Dämmschicht, Durchfeuchtung **84**/47; **84**/89; **94**/64
Dämmschichtanordnung **80**/44
Dämmstoffe für Außenwände **80**/44; **80**/57; **80**/65
Decken, abgehängte **87**/30
Deckenanschluß **78**/109
Deckendurchbiegung **76**/121; **76**/143; **78**/65; **78**/90
Deckenrandverdrehung **89**/61
Deckenschlankheit **78**/90; **89**/61
Deckelfaktor **95**/135
Dehnfuge; siehe auch → Fuge
Dehnfuge **85**/49; **85**/89; **88**/111; **91**/35; **91**/49
- Abstand **76**/143; **85**/49; **91**/49
- Dach **79**/67; **86**/93; **91**/82
- Verblendung **81**/108
Dehnungsdifferenz **76**/143; **89**/61
Dichtstoff, bituminös **77**/89
- Fuge **83**/38; **91**/72
Dichtungsprofil, Glasdach **87**/87
Dichtungsschicht, elastische **81**/61
Dichtschlämme **77**/82; **77**/86; **83**/119; **90**/109
Dielektrische Messung **83**/78; **90**/101
Diffusion; siehe auch → Dampfdiffusion, Wasserdampfdiffusion
Diffusion **87**/53; **91**/88; **92**/115; **94**/64; **94**/130
Diffusionsstrom **82**/63; **83**/21; **94**/64; **94**/72; **94**/130
DIN 1045 **86**/63
DIN 18195 **83**/85
DIN 18516 **93**/29
DIN 18550 **85**/76; **85**/83
DIN 4095 **90**/80
DIN 4108 **84**/47; **84**/59; **92**/46; **92**/73; **92**/115; **93**/29; **93**/38; **93**/46; **93**/54; **95**/151
DIN 4701 **84**/59
DIN 68880 **93**/54
DIN Normen **82**/11; **78**/5; **81**/7; **82**/7
- Abweichung **82**/7
- Entstehung **92**/9
Doppelstehfalzeindeckung **79**/101
Dränung **77**/49; **77**/68; **77**/76; **77**/115; **81**/113; **81**/121; **81**/128; **83**/95; **90**/69; **90**/80
Druckbeiwert **79**/49
Druckdifferenz **87**/30
Druckwasser; siehe auch → Grundwasser
Druckwasser **81**/128; **83**/95; **83**/119; **90**/69
Duldung **86**/9
Durchbiegung **78**/90; **78**/109; **79**/38; **87**/80
Durchfeuchtung, Außenwand **76**/79; **76**/163; **81**/103; **89**/35; **89**/48
- Balkon **81**/70
- leichtes Dach **87**/60
- Wärmedämmung **86**/104
Durchfeuchtungsschäden **83**/95; **89**/27

Ebenheitstoleranzen **88**/135
EG-Binnenmarkt **92**/9; **93**/17
EG-Richtlinien **94**/17
Einbaufeuchte **94**/79
Einheitsarchitektenvertrag **85**/9
Eisschanzen **87**/60
Elektrokinetisches Verfahren **90**/121
Elektroosmose **90**/121
Endoskop **90**/101
Energiebilanz **95**/35
Energieeinsparung **92**/42; **93**/108
    – Fenster **80**/94; **95**/127
Energieverbrauch **80**/44; **87**/25; **95**/127
Enthalpie **92**/54
Entsalzung von Mauerwerk **90**/121
Entschädigung **79**/22
Entschädigungsgesetz ZSEG **92**/20
Entwässerung **86**/38
    – begrüntes Dach **86**/93
    – genutztes Dach **86**/51; **86**/57; **86**/76
    – Umkehrdach **79**/76
Epoxidharz **91**/105
Erdberührte Bauteile; siehe auch → Gründung; Setzung
Erdberührte Bauteile **77**/115; **81**/113; **83**/119; **90**/61; **90**/69; **90**/80; **90**/101; **90**/108; **90**/121
Erdwärmetauscher **92**/54
Erfüllungsanspruch **94**/9
Erfüllungsgehilfe **95**/9
Erfüllungsstadium **83**/9
Erkundigungspflicht **84**/22
Ersatzvornahme **81**/14; **86**/18
Erschütterungen **90**/41
Erschwerniszuschlag **81**/31
Erweiterung der Beweisfrage **87**/21
Estrich **78**/122; **85**/49; **94**/86
    – schwimmender **78**/131; **88**/111
Extensivbegrünung **86**/71

Fachingenieur **95**/92
Fachkammer **77**/7
Fachwerk, neue Bauweise **93**/100
Fahrlässigkeit, leichte und grobe **80**/7; **92**/20; **94**/9
Fanggerüst **90**/130
Farbgebung **80**/49
Faserzementwellplatten **87**/60
Fassade **83**/66
Fassadenberater **95**/92
Fassadenbeschichtung **76**/163; **80**/49; **89**/122
Fassadengestaltung **87**/94; **95**/92
Fassadenhinterwässerung **87**/94
Fassadensanierung **81**/103
Fassadenverschmutzung **83**/38; **87**/94; **89**/27
Fenster, Anschlußfugen **95**/35
    – Bauschäden **80**/81
    – Konstruktion **95**/74
    – Material **80**/81; **95**/127; **95**/131; **95**/133

– Schallschutz **95**/109
– Wärmeschutz **80**/94; **95**/51; **95**/55; **95**/74; **95**/151
– Wartung **95**/74
Fensteranschluß **80**/81; **95**/35; **95**/55; **95**/74
Fensterbank **87**/94
Fenstergröße **80**/94
Fertigstellungsfrist **77**/17
Fertigteilbauweise **93**/69; **93**/75
Fertigteilkonstruktion Keller **81**/121
Feuchte, relative **92**/54
Feuchtegehalt, praktischer **94**/64; **94**/72; **94**/79; **94**/86
Feuchtemeßgerät **83**/78; **90**/101; **94**/46
Feuchteemission **88**/38; **94**/146
Feuchtestau **89**/109
Feuchtetransport; siehe auch → Wassertransport
Feuchtetransport **84**/59; **89**/41; **90**/91; **92**/115; **94**/64
Feuchteverteilung **94**/46; **94**/74
Feuchtigkeit Dach **79**/64; **94**/130; **94**/146
Feuchtigkeitsbeanspruchung, begrüntes Dach **86**/99
Feuchtigkeitsgehalt, kritischer **83**/57; **89**/41
Feuchtigkeitsmessung **83**/78; **94**/46
Feuchtigkeitsschutz, erdberührte Bauteile; siehe auch → Abdichtung **77**/76; **81**/113
– Naßraum **88**/72
Feuchtigkeitssperre **88**/88
Firstlüftung **84**/94
Flachdach; siehe auch → Dach
Flachdach **79**/33; **79**/40; **84**/76; **84**/79; **84**/89; **86**/32; **93**/75
– Alterung **81**/45
– Belüftung **82**/36
– Dehnfuge **86**/111; **91**/82
– gefällelos **84**/76
– Instandhaltung **84**/79
– Reparatur **84**/89
– Schadensbeispiel **81**/61; **86**/111; **94**/130
– Schadensrisiko **81**/45
– Windbeanspruchung **79**/49
– zweischalig **82**/36
Flachdachabdichtung **82**/30
Flachdachanschlüsse **84**/89
Flachdachrichtlinien **75**/27; **82**/30; **82**/44; **82**/7
Flachdachwartung **82**/30; **84**/89
Flankenschall **82**/97; **88**/121
Fliesenbelag **88**/88
Folgeschaden **78**/17; **88**/9
Formänderung des Untergrundes **88**/88
– Estrich **94**/86
– Putz **85**/83
– Mauerwerk **76**/143
– Stahlbeton **76**/143
Forschungsförderung **75**/3
Fortbildung **76**/43; **77**/26; **78**/5; **79**/33; **88**/32
Fortschritt im Bauwesen **84**/22
Freilegung **83**/15
Frostbeanspruchung **89**/35; **89**/55
– Dachdeckung **93**/38; **93**/46

Frostwiderstandsfähigkeit **89**/55
Fuge; siehe auch → Dehnfuge
Fuge **91**/43; **91**/72; **91**/82
    – Außenwand **83**/38
    – WU-Beton **83**/103; **86**/63; **90**/91
Fugenabdichtung **83**/38; **83**/103; **91**/72
    – Kellerwand **81**/121
Fugenabstand **86**/51
Fugenausbruch **89**/27
Fugenband **83**/38; **91**/72
Fugenblech **83**/103
Fugenbreite **83**/38
Fugendichtung, Fenster-, Türleibung **76**/109; **93**/92; **95**/55; **95**/74
Fugendurchlaßkoeffizient (a-Wert) **82**/81; **83**/38; **87**/30
Fugenglattstrich **91**/57
Fugenloses Bauwerk **91**/43
Fugenstoß **76**/109
Fußbodenheizung **78**/79; **88**/111

Gamma-Strahlen-Verfahren **83**/78
Gebäudeabsenkung; siehe → Setzung
Gebäudedehnfuge; siehe auch → Setzungsfuge
Gebäudedehnfuge **91**/35
Gebrauchswert **78**/48; **94**/9
Gefälle **82**/44; **86**/38; **87**/80
Gegenantrag **90**/9
Gegengutachten **86**/18
Gelbdruck, Weißdruck **78**/38
Gelporenraum **83**/103
Geltungswert **78**/48; **94**/9
Geneigtes Dach; siehe auch → Dach
Geneigtes Dach **84**/76; **87**/53
Gericht **91**/9; **91**/22
Gesamtschuldverhältnis **89**/15; **89**/21
Geschoßdecken **78**/65
Gesetzgebungsvorhaben **80**/7
Gesundheitsgefährdung **88**/52; **92**/70; **94**/111
Gewährleistung **79**/14; **81**/7; **82**/23; **84**/9; **84**/16; **85**/9; **88**/9; **91**/27
Gewährleistungsanspruch **76**/23; **86**/18
Gewährleistungseinbehalt **77**/17
Gewährleistungspflicht **89**/21
Gewährleistungsstadium **83**/9
Gewährung des rechtlichen Gehörs **78**/11
Gipsbaustoff **83**/113
Gipskartonplattenverkleidungen **78**/79; **88**/88
Gipsputz, Naßraum **88**/72; **83**/113
Gitterrost **86**/57; **95**/119
Glasdach **87**/87; **93**/108
Glaser-Verfahren **82**/63; **83**/21
Glasfalz **80**/81; **87**/87; **95**/74
Glaspalast **84**/22
Gleichgewichtsfeuchte, hygroskopische **83**/21; **83**/57; **83**/119; **94**/79; **94**/97
Gleichstromimpulsgerät **86**/104
Gleitlager; siehe auch → Deckenanschluß **79**/67
Gleitschicht **77**/89

Gravimetrische Materialfeuchtebestimmung **83**/78
Grenzabmaß **88**/135
Grundwasser; siehe auch → Druckwasser
Grundwasser **83**/85
Grundwasserabsenkung **81**/121; **90**/61
Gründung; siehe auch → Erdberührte Bauteile; Setzung
Gründung **77**/49; **85**/58
Gründungsschäden **90**/17
Gußasphaltbelag **86**/76
Gutachten **77**/26; **85**/30; **95**/23
    – Auftraggeber **87**/121
    – Erstattung **79**/22; **87**/21; **88**/24
    – fehlerhaftes **77**/26
    – Gebrauchsmuster **89**/9
    – gerichtliches **79**/22
    – Grenzfragen **87**/21
    – Individualität des Werkes **89**/9
    – juristische Fragen **87**/21
    – Nuzungsrecht **89**/9
    – privates **75**/7; **79**/22; **86**/9
    – Schutzrecht **89**/9
    – Urheberrecht **89**/9
g-Wert **95**/51; **95**/151

Haarriß **89**/115; **91**/96
Haftung **78**/11; **79**/22; **90**/17; **91**/27
    – Architekt und Ingenieur; siehe auch → Architektenhaftung
    – Architekt und Ingenieur **82**/23; **85**/9
Haftung, Ausführender **82**/23; **95**/9
    – außervertraglich **91**/27
    – deliktische **91**/27
    – des Sachverständigen; siehe auch → Bausachverständiger, Haftung
    – des Sachverständigen **88**/24
    – gesamtschuldnerische **76**/23; **78**/17; **79**/14; **80**/24
Haftungsausschluß **80**/7
Haftungsbeteiligung, Bauherr **79**/14
    – Hersteller **95**/9
Haftungsrisiko **84**/9
Haftungsverteilung, quotenmäßige **79**/14
Haftverbund **85**/49; **89**/109
Harmonisierung; siehe → Vorschriften
Hausschwamm **88**/100
Haustrennwand **77**/49; **82**/109
Hebeanlage **77**/68
Heizestrich, Verformung und Rißbildung **88**/111
Heizkosten **80**/113
Heizwärmebedarf; siehe auch → Wärmeschutz **92**/42; **92**/46; **94**/35
Herstellerrichtlinien **82**/23
Hinterlüftung, Fassade **87**/109
Hinweispflicht **78**/17; **79**/14; **82**/23; **83**/9; **84**/9; **85**/14; **89**/21
HOAI **78**/5; **80**/24; **84**/16; **85**/9; **91**/9
Hochpolymerbahn **82**/44
Hohlraumbedämpfung **88**/121
Holz, Riß **91**/96
Holzbalkendach **75**/27

Holzbalkendecke 88/121; **93**/100
Holzbalkendecke, Trocknung **94**/146
Holzbau, Wärmebrücke im **92**/98
Holzfeuchte 88/100; **93**/54; **93**/65; **94**/97
Holzkonstruktion, unbelüftet **93**/54
Holzschutz 88/100; **93**/54
Holzschutzmittel 88/52; 88/100
Holzwerkstoffe 88/52
Holzwolleleichtbauplatte 82/109
Horizontalabdichtung 77/86; **90**/121
Hydrophobierung 83/66; 85/89; 89/48; 89/55; **91**/57
H-X-Diagramm **92**/54

ibac-Verfahren 89/87
Immission 83/66; 88/52
Imprägnierung; siehe auch → Wasserabweisung 81/96, 83/66
Induktionsmeßgerät 83/78; 86/104
Industrie- und Handelskammer 79/22
Infrarotmessung 83/78; 86/104; **90**/101; **93**/92; **94**/46
Injektagemittel 83/119
Injektionsverfahren 77/86
Innenabdichtung 77/49; 77/86; 81/113; 81/121
  − nachträgliche 77/82; **90**/108
  − Verpressung **90**/108
Innendämmung 80/44; 81/103; 84/33; 84/59; **92**/84; **92**/115
  − nachträgl. Schaden 81/103
Innendruck Dach 79/49
Innenverhältnis 76/23; **79**/14; **88**/9
Innenwand, nichttragend 78/65; 78/109
Innenwand, tragend 78/65; 78/109
Installation 83/113; **94**/139
Instandhaltung 84/71; 84/79
Institut für Bautechnik 78/38
Internationale Normung ISO **92**/9
Isolierdicke 80/113
Isolierglas 87/87; **92**/33; **95**/51
Isolierglasfenster **95**/51; **95**/109
Isothermen **95**/55; **95**/151

Jahreswärmebedarf; siehe auch → Wärmeschutz **94**/35

Kaltdach; siehe auch → Dach zweischalig, Dach belüftet
Kaltdach 84/94
Kapillarität 76/163; 89/41; **92**/115
Kapillarwasser 77/115
Karbonatisierung **93**/69
Karsten Prüfröhrchen 89/41; **90**/101; **91**/57
Kellerabdichtung; siehe auch → Abdichtung, Erdberührte Bauteile 77/76; 81/128
  − Schadensbeispiel 81/121; 81/128
Kellernutzung, hochwertige 77/76; 77/101; 83/95
Kellerwand 77/49; 77/76; 77/101; 81/128
Keramikbeläge; siehe auch → Fliesen
Keramikbeläge 88/111
Kerndämmung 80/44; 84/33; 84/47; 89/35; **91**/57
k_F-Wert **95**/151

Kiesbett **86**/51
Kiesrandstreifen **86**/93
Klimatisierte Räume **79**/82
Kohlendioxiddichtigkeit **89**/122
Kompetenz-Kompetenz-Klausel **78**/11
Kondensation; siehe auch → Diffusion, Wasserdampfdiffusion **76**/163; **82**/81
Kondensfeuchtigkeit **83**/119
Kontaktfederung **82**/109
Konterlattung **93**/38; **93**/46; **93**/65
Konvektion **91**/88; **93**/92; **93**/108
Koordinierungsfehler **80**/24; **95**/9
Koordinierungspflicht **78**/17; **95**/9
Korrosion, Leitungen **94**/139
Korrosionsschutz, Sperrbetondach **79**/67
Korrosionsschutz, Stahlleichtdach **79**/87
Kostenrechnung nach ZUSEG **79**/22
Kostenschätzung **81**/108
Kostenüberschreitung **80**/24
Körperschall **78**/131
Kriechen, Wasser **76**/163
Kriechverformung; siehe auch → Längenänderung
Kriechverformung **78**/65; **78**/90
Kristallisation **83**/66
Kristallisationsdruck **89**/48
Kritische Länge **79**/40
Krustenbildung **83**/66
Kunstharzputze **85**/76
Kunstharzsanierung, Beton **81**/75
Kunststoffdachbahn **84**/89; **86**/38; **91**/82
k-Wert **82**/54; **82**/63; **84**/22; **84**/71; **87**/25; **92**/46; **92**/106

Last, dynamische **86**/76
Lastbeanspruchung **91**/100
Längenänderung, thermische **76**/143; **78**/65; **81**/108
Lebensdauer, Flachdach **81**/45
    – technische **84**/71
Leichtbetonkonstruktion **81**/103
Leichtes Dach; siehe auch → Stahlleichtdach
Leichtes Dach **79**/44; **87**/30; **87**/60
Leichtmauerwerk **85**/68; **89**/61
Leichtmörtel **85**/68
Leistendeckung **79**/101
Leistung, Besondere **95**/9
Leistungsbeschreibung **94**/26
Leistungsersetzung **81**/14
Leistungstrennung **95**/9
Leistungsverweigerungsrecht **94**/9
Leitern **90**/130
Leitungswasserschaden **94**/139
Lichtkuppelanschluß **79**/87; **81**/61; **95**/142
Lichtschacht **77**/49
Lichttransmissionsgrad **95**/51
Luftdichtheit; siehe auch → Luftundichtigkeit **79**/82; **93**/85; **93**/92
    – Dach **87**/30; **87**/53
    – Gebäudehülle **95**/55

      – neue Bauweisen **93**/100
Luftdurchströmung **87**/30; **92**/54; **92**/65
Luftfeuchte, relative **82**/76; **82**/81; **83**/21; **88**/45; **94**/46
Luftfeuchtigkeit **75**/27; **92**/73; **92**/106
      – Innenraum **88**/38
Luftraum abgehängte Decke **93**/85
Luftschallschutz; siehe auch → Schallschutz
Luftschallschutz **78**/131; **82**/97; **88**/121
Luftschicht, ruhende **82**/36
Luftschichtdicke **75**/27; **82**/91
Luftschichtplatten **84**/47
Luftstromgeschwindigkeit **75**/27
Lufttemperatur, Innenraum **82**/76; **88**/38; **88**/45
Luftundichtigkeit **93**/92; **94**/35; siehe auch → Luftdichtheit
Luftüberdruck **79**/82; **87**/30
Luftverschmutzung **87**/94
Luftwechsel **82**/81; **88**/38; **93**/92; **95**/35
Luftwechselrate **92**/90
Lüftung; siehe auch → Belüftung
Lüftung **82**/81; **88**/38; **88**/52; **92**/33; **92**/54; **92**/65; **93**/92; **93**/108
Lüftungsanlagen **92**/64; **92**/70; **93**/85
Lüftungsöffnung, Fenster **95**/109
Lüftungsquerschnitt **75**/39; **84**/94; **87**/53; **87**/60
Lüftungsverhalten **92**/33; **92**/90; **95**/35; **95**/131
Lüftungswärmeverlust **82**/76; **91**/88; **94**/35; **95**/35; **95**/55

MAK-Wert **88**/52; **92**/54; **94**/111
Mangel **78**/48; **82**/11; **85**/9; **85**/14; **86**/23
      – Verursacher **89**/15; **89**/21
Mastixabdichtung **86**/76
Maßtoleranzen **88**/135
Mauerwerk; siehe auch → Außenwand
Mauerwerk **76**/121; **94**/79
      – Abdeckung **89**/27
      – Formänderung **76**/121; **76**/143; **94**/79
      – Gestaltung **89**/27
      – leichtes **89**/61; **89**/75
      – Rißbildung **76**/121
      – zweischalig **84**/47; **89**/35; **89**/55
Mauerwerksanker **89**/35
Mängelbeseitigung Kosten **81**/14; **81**/31; **88**/17; **94**/9
Mängelbewertung **94**/26
Meßtechnik **85**/38
      – Schadstoffimmission **88**/52
Meßverfahren Luftwechsel **93**/92
Metalldeckung **79**/82; **79**/101; **84**/105; **87**/30; **87**/60; **87**/68; **93**/85
Mikrowellenverfahren **83**/78; **90**/101
Minderwert **78**/48; **81**/31; **81**/108; **86**/32; **87**/21; **91**/9; **91**/96
Mindestschallschutz **82**/97
Mindestwärmeschutz **82**/76; **92**/73; **92**/90
Mineralfasern **93**/29; **94**/111
Mischmauerwerk **76**/121; **78**/109
Modernisierung **93**/69
Mörtel **85**/68; **89**/48
Mörtelfuge **91**/57

Muldenlage **85**/58
Musterbauordnung **78**/38; **87**/9; **93**/24
Mustersachverständigenordnung **77**/26
Myzel **88**/100

Nachbarbebauung **90**/17; **90**/35
Nachbesserung **76**/9; **81**/7; **81**/25; **83**/9; **85**/30; **86**/23; **87**/21; **88**/9; **94**/9
— Außenwand **76**/79; **81**/96; **81**/108
— Beton **81**/75
— Flachdach **81**/45
Nachbesserungsanspruch **76**/23; **81**/14; **88**/17
Nachbesserungsaufwand **88**/17
Nachbesserungskosten **81**/14; **81**/25; **81**/31; **81**/108
Nachbesserungspflicht **88**/17
Nachprüfungspflicht **78**/17
Nagelbänder **79**/44
Naßraum **83**/113; **88**/72; **88**/77
— Abdichtung **88**/77
— Anschlußausbildung **88**/88
— Beanspruchungsgruppen **83**/113
Naturstein **83**/66; **88**/111
Neue Bundesländer **93**/69; **93**/75
Neuherstellung **81**/14
Neutronensonde **86**/104; **90**/101
Neutronen-Strahlen-Verfahren **83**/78
Nichtdrückendes Wasser; siehe auch → Grundwasser
Nichtdrückendes Wasser **83**/85; **90**/69
Niedrigenergiehaus **95**/35
Niedrigenergiehausstandard; siehe auch → Wärmeschutzverordnung **92**/42
Norm, europäische **92**/9; **92**/46; **94**/17
— Harmonisierung **92**/9; **94**/17
— technische **87**/9; **90**/25
— Verbindlichkeit **90**/25; **92**/9
Normenausschuß Bauwesen **92**/9
Nutzerverhalten **92**/33; **92**/73
Nutzschicht Dachterrasse **86**/51
Nutzungsdauer Flachdach **86**/111

Oberflächenebenheit, Estrich **78**/122; **88**/135
Oberflächenschäden, Innenbauteile **78**/79
Oberflächenschutz, Beton **81**/75
— Dachabdichtung **82**/44
— Fassade **83**/66
Oberflächenspannung **89**/41
Oberflächentauwasser **77**/86; **82**/76; **83**/95; **92**/33
Oberflächentemperatur **80**/49; **92**/65; **92**/73; **92**/90; **92**/98; **92**/106; **92**/125
— Putz **89**/109
Obergutachten **75**/7
Optische Beeinträchtigung **87**/94; **89**/75; **89**/115; **91**/96
Ortbeton **86**/76
Ortstermin **75**/7; **80**/32; **86**/9; **90**/130; **91**/111; **94**/26
Ortungsverfahren für Undichtigkeit in der Abdichtung **86**/104
Öffnungsanschluß; siehe auch → Fenster
— Außenwand **76**/79; **76**/109
— Stahlleichtdach **79**/87

Öffnungsarbeit, Ortstermin **91/111**

Pariser Markthallen **84/22**
Parkdeck **86/63; 86/76**
Parkettschäden **78/79**
Parteigutachten **75/7; 79/7; 87/21**
Partialdruckgefälle **83/21**
Paxton **84/22**
Phasenverzögerung **92/106**
Pilzbefall **88/52; 88/100; 92/70**
Planungsfehler **78/17; 80/24; 89/15**
Planungskriterien **78/5; 79/33**
Planungsleistung **76/43; 95/9**
Plattenbauweise; siehe auch → Fertigteilbauweise
Plattenbauweise **93/75**
Plattenbelag auf Fußbodenheizung **78/79**
Polyesterfaservlies **82/44**
Polymerbitumenbahn **82/44; 91/82**
Polystyrol-Hartschaumplatten **79/76; 80/65; 94/130**
Polyurethanharz **91/105**
Polyurethanschaumstoff **79/33**
Porensystem, Ausblühungen **89/48**
Praxisbewährung von Bauweisen **93/100**
Produktinformation; siehe auch → Planungskriterien
Produktinformation **79/33**
Produktzertifizierung **94/17**
Produzentenhaftung **88/9; 91/27**
Prozeßrisiko **79/7**
Prüfungs- und Hinweispflicht **79/14; 83/9; 84/9; 85/14; 89/21**
Prüfzeichen **78/38; 87/9**
Putz; siehe auch → Außenputz
     – Anforderungen **85/76; 89/87**
     – hydrophobiert **89/75**
     – Prüfverfahren **89/87**
     – Riß **89/109; 89/115; 89/122; 91/96**
     – wasserabweisend **85/76**
Putzdicke **85/76; 89/115**
Putzmörtelgruppen **85/76**
Putzschäden **78/79; 85/83; 89/109**
Putzsysteme **85/76**
Putzuntergrund **89/122**
Putzzusammensetzung **89/87**
Putz-Anstrich-Kombination **89/122**

Qualitätssicherung **94/17; 94/21; 94/26; 95/23**
Qualitätsstandard **84/71**
Quellen von Mauerwerk **89/75**
     – Holz **94/97**
Querlüftung **92/54**
Querschnittsabdichtung; siehe auch → Abdichtung, Erdberührte Bauteile **81/113; 90/121**

Radon **88/52**
Rammarbeiten **90/41**
Rauchabzugsklappe **95/142**
Raumentfeuchtung **94/146**

Raumklima 79/64; **84**/59; **88**/52; **92**/33; **92**/65; **92**/70; **92**/73; **92**/115; **93**/108
Raumlufttemperatur **88**/45
Raumlüftung **80**/94; **82**/81
Rechtsvorschriften **78**/38; **87**/9
Reduktionsverfahren **81**/113
Regeln der Bautechnik, allgemein anerkannte **78**/38; **79**/64; **79**/67; **79**/76; **80**/32; **81**/7; **82**/7; **82**/11; **82**/23; **83**/113; **84**/9; **84**/71; **87**/9; **87**/16; **89**/15; **89**/27; **90**/25; **91**/9
Regelquerschnitt, Außenwand **76**/79; **76**/109
Regelwerke **81**/25; **82**/23; **84**/71; **87**/9; **87**/16
Regelwerke, neue **82**/7
Rekristallisation **89**/122
Residenzpflicht **88**/24
Resonanzfrequenz **82**/109
Richtlinien; siehe auch → Normen
Richtlinien **78**/38; **82**/7
Riemchenbekleidung **81**/108
Ringanker/-balken **89**/61
Risse verpressen **85**/89; **91**/105
Riß Außenwand **76**/79; **91**/100
    – Bergbauschäden **90**/49
    – Bewertung **85**/89
    – Estrich **78**/122
    – Gewährleistung **85**/89
    – Injektion **91**/105
    – Innenbauteile **78**/65; **78**/109
    – Leichtmauerwerk **85**/68; **89**/61
    – Mauerwerk **89**/75
    – Nachbesserung **85**/89
    – Oberfläche **85**/49
    – Riemchen **81**/108
    – Schattennut, Außenwand **81**/103
    – Stahlbeton **78**/90; **78**/109
    – Sturz **76**/109
    – Trennwand **78**/90
Rißbewertung **91**/96
Rißbildung **85**/38
    – Fassade **83**/66; **91**/100
Rißbreitenbeschränkung **91**/43
Rißformen **85**/38
Rißsanierung **78**/109; **79**/67; **85**/89
    – Außenwand **81**/96
Rißsicherheit **76**/121
    – Kennwert **89**/87
Rißüberbrückung **89**/122; **91**/96
Rißverlauf **76**/121
Rißweite **76**/143
Rohrdurchführung **83**/113
Rolladen, -kasten **95**/135
Rolläden, Schallschutz **95**/109
Rollschicht **89**/27; **90**/25
Rückstau **77**/68

Sachgebietseinteilung **77**/26
Sachverständigenbeweis **77**/7; **86**/9
Sachverständigenentschädigung **92**/20

Sachverständigenordnung **79**/22; **88**/24; **93**/17
Sachverständigenwesen, europäisches **95**/23
Sachverständiger; siehe → Bausachverständiger
Salzanalyse **83**/119; **90**/101
Salze **77**/86; **89**/48; **90**/108
Sanierputz **83**/119; **90**/108
Sanierung **86**/23
    – Flachdach **81**/61
    – genutztes Flachdach **86**/111
    – Verblendschalen **89**/55
    – von Dächern **93**/75
Sanierungsplanung im Gutachten **82**/11; **87**/21
Sattellage **85**/58
Saurer Regen **85**/100
Sättigungsfeuchtigkeitsgehalt **83**/57
Schadensanfälligkeit, Flachdach **82**/36; **86**/111
    – Naßraum **88**/72
    – von Bauweisen **93**/100
Schadensbeispiel, Balkon **95**/119
Schadensermittlung **81**/25; **83**/15
Schadensersatzanspruch **76**/23; **78**/17; **81**/7; **81**/14
Schadensersatzpflicht **80**/7
Schadensminderungspflicht **85**/9
Schadensstatistik, Dach/Dachterrasse **75**/13
    – Öffnungen **76**/79; **79**/109; **80**/81
Schadensursachenermittlung **81**/25
Schadstoffimmission **88**/52
Schalenabstand, Schallschutz **88**/121
Schalenfuge, vermörtelt **81**/108; **91**/57
Schalenzwischenraum, Dach **82**/36
Schallbrücke **82**/97
Schalldämmaß **82**/97; **82**/109; **95**/109
Schallschutz **84**/59; **88**/121
    – Fenster **95**/109
    – im Hochbau DIN 4109 **82**/97
Scharenabmessung **79**/101
Scheinfugen **88**/111
Scherspannung, Putz **89**/109
Schiedsgerichtsverfahren **78**/11
Schiedsgutachten **76**/9; **79**/7
Schimmelpilzbildung **88**/38; **88**/52; **92**/33; **92**/65; **92**/73; **92**/90; **92**/98; **92**/106; **92**/125
Schlagregenbeanspruchungsgruppen **80**/49; **82**/91
Schlagregenschutz **83**/57; **87**/101
    – Kerndämmung **84**/47
    – Putz **89**/115
    – Verblendschale **76**/109; **81**/108; **89**/55; **91**/57
Schlagregensicherheit **89**/35; siehe auch → Wassereindringprüfung
Schlagregensperre **83**/38
Schleppstreifen **87**/80; **91**/82
Schmutzablagerung **89**/27
Schrumpfsetzung **90**/61
Schubverformung **76**/143
Schuldhaftes Risiko **84**/22
Schüttung, Schallschutz **88**/121
Schweigepflicht des Sachverständigen **88**/24

Schweißnaht, Dachhaut 81/45
Schwellenanschluß; siehe auch → Abdichtung, Anschluß 95/119
Schwimmbad 88/82
    – Klima 93/85
Schwimmender Belag 85/49
Schwimmender Estrich 78/122; 88/121
Schwindriß 85/38
    – Holz 91/96; 94/97
Schwindverformung 76/143; 78/65; 78/90; 79/67; 89/75
Schwingungsgefährdung 79/49
Schwingungsgeschwindigkeit 90/41
Sekundärtauwasser 87/60; 93/38; 93/46
Setzungen; siehe auch → Erdberührte Bauteile, Gründung
Setzungen 78/65; 78/109; 85/58; 90/35; 90/61; 90/135
    – Bergbau 90/49
Setzungsfuge 77/49; 91/35
Setzungsmaß 90/35
Sichtbetonschäden 85/100; 91/100
Sichtmauerwerk 89/41; 89/48; 89/55; 91/49; 91/57
Sickerschicht; siehe auch → Dränung
Sickerschicht 77/68; 77/115
Sickerwasser 83/95; 83/119
Simulation, Wärmebrückenberechnung 92/98
Simulationsprogramm Raumströmung 92/65
Sockelhöhe 77/101
Sogbeanspruchung; siehe auch → Windsog
Sogbeanspruchung 79/44; 79/49
Sohlbank 89/27
Solargewinne 95/35
Solarhaus 95/35
Sollfeuchte 94/97
Sollzustand 84/71
Sonderfachmann 83/15; 89/15
Sonneneinstrahlung 87/25; 87/87
Sonnenschutz 80/94; 93/108
Sonnenschutzglas 87/87
Sorgfaltspflicht 82/23
Sorption 83/21; 83/57; 88/38; 88/45; 92/115; 94/64; 94/79
    – Holz 94/97
    – Therme 83/21; 92/115
Sozietät von Sachverständigen 93/17
Spachtelabdichtung 88/72
Spanplatte, Naßraum 88/72; 88/88
Spanplattenschalung 82/36
Sperrbeton; siehe auch → Beton wasserdurchlässig, WU-Beton
Sperrbeton 77/49
Sperrbetondach 79/64; 79/67
Sperrestrich 77/82
Sperrmörtel 77/82
Sperrputz 76/109; 77/82; 83/119; 85/76; 90/108
Spritzbeton Nachbesserung 81/75
Stahlbeton; siehe auch → Beton
Stahlbeton Riß 91/96; 91/100
Stahlleichtdach 79/38; 79/87
Stahltrapezdach 79/8; 79/82; 87/80

Stand der Forschung **84/22**
Stand der Technik; siehe auch → Regeln der Bautechnik
Stand der Technik **78**/17; **79**/33; **80**/32; **81**/7; **82**/11
Stand der Wissenschaft und Technik **82**/11
Stauwasser **77**/68; **77**/115; **83**/35
Steildach **86**/32
Stelzlager **86**/51; **86**/111
Stoßfuge, unvermörtelt **89**/75
Strahlungsaustausch **92**/90
Streitverkündung **93**/9
Strömungsgeschwindigkeit **82**/36
Structural glazing **87**/87
Sturmschaden **79**/44; **79**/49
Subsidiaritätsklausel **79**/14; **85**/9

Tagewerk **81**/31
Taupunkttemperatur **75**/39
Tausalz **86**/76
Tauwasser **82**/63; **92**/65; **92**/90; **92**/115; **92**/125
Tauwasser, Dach **79**/40; **82**/36; **94**/130; **95**/142
  – Kerndämmung **84**/47
Tauwasserausfall **75**/13; **75**/39; **89**/35; **92**/33
Tauwasserbildung **87**/60; **87**/101; **87**/109; **88**/38; **88**/45; **92**/106
  – Außenwand **81**/96; **87**/101
Technische Güte- u. Lieferbedingungen TGL **93**/69
Technische Normen, überholte; siehe auch → Stand der Technik **82**/7; **82**/11
Temperaturdifferenz, Flachdach **81**/61
Temperaturverformung **79**/67
Temperaturverlauf, instationärer **89**/75
Terminüberschreitung **80**/24
Terrassentür **86**/57; **95**/119
Thermografie **83**/78; **86**/104; **90**/101; **93**/92
Toleranzen, Abmaße **88**/135
Transmissionswärmeverlust; siehe auch → Wärmeverlust, Wärmeschutz
Transmissionswärmeverlust **91**/88; **92**/46; **94**/35; **95**/35; **95**/55
Trapezprofile **87**/68
Traufe **86**/57
Trennlage **86**/51
Trennschicht **77**/89
Treppenraumwand, Schallschutz **82**/109
TRK-Wert **94**/111
Trittschallschutz **78**/131; **82**/97; **82**/109; **88**/121
Trocknung von Mauerwerk **90**/121; **94**/79
  – von Estrichen **94**/86; **94**/146
Trocknungsberechnung **82**/63
Trocknungsverfahren, technisches **94**/146
Trocknungsverlauf **94**/72; **94**/146
Trombe-Wand **84**/33
Tropfkante **87**/94
Türschwellenhöhe **95**/119

Ultraschallgerät **90**/101
Umkehrdach **79**/40; **79**/67; **79**/76; **86**/38
Undichtigkeit **86**/104
Unfallverhütungsvorschriften **90**/130

Unmittelbarkeitsklausel **79**/14
Unparteilichkeit **78**/5; **80**/32; **92**/20
Unterböden **88**/88
Unterdach **84**/94; **84**/105; **87**/53; **93**/46; **93**/65
Unterdecken **88**/121
Unterdruck Dach **79**/49
Unterkonstruktion, Außenwandbekleidung **87**/101; **87**/109
   – Dach **79**/40; **79**/87
   – metalleinged. Dach **79**/101
   – Umkehrdach **79**/76
Unterspannbahn **84**/105; **87**/53
Untersuchungsverfahren, technische **86**/104; **90**/101; **93**/92
Unverhältnismäßigkeitseinwand **94**/9
Unwägbarkeiten **81**/25
Urkundenbeweis **86**/9
Überdeckung, Dacheindeckung **84**/104
Überdruckdach **79**/40
Übereinstimmungsnachweis **93**/24
Überlaufrinne **88**/82

Verankerung der Wetterschale **93**/69
Verblendschale; siehe auch → Sichtmauerwerk
Verblendschale **89**/27; **91**/57
   – Sanierung **89**/55
   – Verformung **91**/49
Verbundbelag; siehe auch → Haftverbund
Verbundverlag **85**/49
Verbundestrich; siehe auch → Estrich
Verbundpflaster **86**/76
Verdichtungsarbeiten **90**/41
Verdunstung **90**/91; **94**/64
Verformung, Außenwand **80**/49
   – Stahlbeton-Bauteile **78**/90
Verfugung; siehe auch → Fuge; Außenwand, Sichtmauerwerk **91**/57
Verglasung **80**/94; **95**/74
   – Schallschutz **95**/109
   – Wintergarten **87**/87; **93**/108
Vergleichsvorschlag **77**/7
Verhältnismäßigkeitsprüfung **94**/9
Verjährung **76**/9; **84**/16; **86**/18; **88**/9; **90**/17
Verjährungsfrist **76**/23; **77**/17; **79**/14
Verkehrserschütterungen **90**/41
Verkehrswertminderung; siehe auch → Wertminderung
Verkehrswertminderung **90**/135
Verklebung, Dachabdichtung; siehe auch → Bitumen; Abdichtung, Dach **82**/44; **95**/142
Verklotzung **87**/87; **95**/55
Versanden **77**/68
Verschleißschicht **89**/122
Verschmutzung; siehe auch → Fassadenverschmutzung
Verschmutzung, Wintergarten **93**/108
Verschulden des Architekten **89**/15
   – des Auftraggebers **89**/21
   – vorsätzliches **80**/7
Verschuldenfeststellung **76**/9
Verschuldensbeurteilung **81**/25

Versiegelung, Estrich **78**/122
Vertragsbedingungen, allgemeine **77**/17; **79**/22; **94**/26
Vertragsfreiheit **77**/17
Vertragsrecht AGB **79**/22
Vertragsstrafe **77**/17
Vertragsverletzung, positive **84**/16; **85**/9; **89**/15
Vertreter, vollmachtloser **83**/9
Verwendbarkeitsnachweis **93**/24
VOB **91**/9
VOB B **77**/17; **83**/9
VOB-Bauvertrag **85**/14
Vorhangfassade **87**/101; **87**/109; **95**/92
Vorlegeband, Glasdach **87**/87
Vorleistung **89**/21
Vorschriften, Harmonisierung **93**/24; **94**/17

Wandanschluß, Dachterrasse **86**/57
Wandbaustoff; siehe auch → Außenwand **80**/49
Wandentfeuchtung, elektro-physikalische **81**/113
Wandorientierung **80**/49
Wandquerschnitt **76**/109
Wandtemperatur **82**/81
Wannenausbildung **86**/57
Warmdachaufbau; siehe auch → Dach, einschalig, unbelüftet; Flachdach
Warmdachaufbau **79**/87
Wasserableitung **89**/35
Wasserabweisung; siehe auch → Imprägnierung **89**/122
Wasseraufnahme, Außenwand **82**/91; **94**/79
Wasseraufnahme, kapillare **83**/57
  – /-abgabe **89**/41
Wasseraufnahmekoeffizient **76**/163; **89**/41
Wasserbeanspruchung **83**785; **90**/69; **90**/108
Wasserdampfdiffusion; siehe auch → Diffusion
Wasserdampfdiffusion **75**/39; **83**/57; **88**/45; **89**/109; **93**/85
Wasserdampfkondensation **82**/81
Wasserdampfmitführung **87**/30; **87**/60; **91**/88; **93**/85
Wasserdampfstrom, konvektiver **87**/30; **87**/60; **91**/88; **93**/85
Wassereindringtiefe **83**/103
Wassereindringprüfung (Karsten) **89**/41; **90**/101; **91**/57
Wasserlast **79**/38
Wasserpumpe **81**/128
Wasserspeicherung, Außenwand **81**/96; **83**/21; **83**/57
Wassertransport; siehe auch → Feuchtetransport
Wassertransport **76**/163; **83**/21; **89**/41; **90**/108
Wasserzementwert **83**/103
Wasser-Bindemittelwert **89**/87
Wasseraufnahme, Grenzwerte **89**/41
Wärmebedarf **82**/46; **94**/35
Wärmebrücke **84**/59; **88**/38; **92**/33; **92**/46; **92**/84; **92**/98; **92**/115; **92**/125; **94**/35; **95**/35
  – Beheizung einer **92**/125
  – Bewertung **92**/106; **95**/55
  – Dach **79**/64
  – geometrische **82**/76; **92**/90
  – Schadensbilder **92**/106
Wärmedämmung; siehe auch → Dämmstoffe, Wärmeschutz

Wärmedämmung 80/57; **93**/69
    – Außenwand, nachträgliche 81/96
    – durchfeuchtete 86/23; 86/104; **94**/130
    – Fehlstellen 91/88
    – geneigtes Dach 87/53
    – Keller 81/113
Wärmedämmverbundsystem 85/49; **89**/95; **89**/109; **89**/115
    – Systemübersicht **89**/95
Wärmedurchgangskoeffizient 82/54; 82/76
Wärmedurchgang **95**/55
Wärmedurchlaßwiderstand 82/54; 82/76; 82/109
Wärmegewinn, -verlust 80/94; **95**/55
Wärmegewinn, solarer **94**/46
Wärmeleitfähigkeitsmessung 83/78
Wärmeleitzahl 82/63
Wärmeleitzahländerung **76**/163
Wärmerückgewinnung 82/81; **92**/42; **92**/54; **92**/64
    – Dach **79**/40
Wärmeschutz 80/94; 80/113; 82/81; 87/25; 87/101; **94**/64
    – Baukosten 80/38
    – Bautechnik 80/38
    – Dach **79**/76
    – Energiepreis 80/44; 80/113
    – erhöhte Anforderungen 1980 80/38
    – im Hochbau DIN 4108 82/54; 82/63; 82/76
    – sommerlicher **93**/108
    – temporärer **95**/135
Wärmeschutzverordnung 1982 82/54; 82/81; **92**/42; **94**/35
Wärmespeicherfähigkeit 84/33; 87/25; 88/45; **94**/64
Wärmestau **89**/109
Wärmestromdichte 83/95; **92**/106; **94**/64
Wärmeströme **95**/55
Wärme- und Feuchtigkeitsaustausch 88/45; **94**/64; siehe auch → Sorption
Wärmeübergangskoeffizient **92**/90
Wärmeübergangswiderstände 82/54
Wärmeübertragung 84/94
Wärmeverlust Fuge 83/38; **95**/55
Weiße Wanne 83/103; **91**/43
Werbung des Sachverständigen 88/24
Werkunternehmer **89**/21
Werkvertragsrecht **76**/43; **77**/17; **78**/17; 80/24
Wertminderung; siehe auch → Minderwert
Wertminderung, technisch-wirtschaftliche 78/48; 81/31; **90**/135
Wertsystem 78/48; **94**/26
Wertverbesserung 81/31
Winddichtigkeit **93**/92; **93**/128
Winddruck /-sog **76**/163; **79**/38; 87/30; **89**/95
Windlast **79**/49
Windsog an Fassaden **93**/29
Windsperre 87/53; **93**/85; siehe auch → Luftdichtheit → Winddichtigkeit
Windverhältnisse **89**/91
Winkeltoleranzen 88/135
Wintergarten 87/87; **92**/33; **93**/108; **94**/35
Wohnungslüftung **92**/54
Wohnungstrennwand 82/109

Wurzelschutz **86**/93; **86**/99
WU-Beton; siehe auch → Beton, wasserundurchlässig; Sperrbeton
WU-Beton **83**/103; **90**/91; **91**/43

Zementleim **91**/105
Zertifizierung **94**/17; **95**/23
Zeuge, sachverständiger **92**/20
Zeugenbeweis **86**/9
Zeugenvernehmung **77**/7
ZSEG **92**/20
ZTV Beton **86**/63
Zugbruchdehnung **83**/103
Zugspannung **78**/109
Zulassung, bauaufsichtlich **87**/9
   – behördliche **82**/23
Zulassungsbescheid **78**/38
Zwangskraftübertragung **89**/61
Zwängungsbeanspruchung **78**/90; **91**/43; **91**/100